国家出版基金项目
NATIONAL PUBLICATION FOUNDATION

"十二五""十三五"国家重点图书出版规划项目

风力发电工程技术丛书

风电场安全生产标准化

中国三峡新能源有限公司　编

中国水利水电出版社
www.waterpub.com.cn
·北京·

内 容 提 要

本书是《风力发电工程技术丛书》之一，主要内容有安全生产标准化概述，电力安全生产标准化，风电场安全生产标准化，安全生产目标、机构、投入，安全管理制度、教育培训，生产设备设施，作业安全，隐患排查、重大危险源，职业健康，应急救援，信息报送和事故调查处理，绩效评定和持续改进，风电场安全生产标准化案例。

本书可供风电场安全管理人员和运行人员使用，也可作为相关从业人员的参考用书。

图书在版编目（ＣＩＰ）数据

风电场安全生产标准化 / 中国三峡新能源有限公司
编. -- 北京 : 中国水利水电出版社，2017.3
（风力发电工程技术丛书）
ISBN 978-7-5170-5505-1

Ⅰ. ①风… Ⅱ. ①中… Ⅲ. ①风力发电－发电厂－电力安全－标准化管理 Ⅳ. ①TM614

中国版本图书馆CIP数据核字(2017)第126936号

书　　名	风力发电工程技术丛书 **风电场安全生产标准化** FENGDIANCHANG ANQUAN SHENGCHAN BIAOZHUNHUA
作　　者	中国三峡新能源有限公司　编
出版发行	中国水利水电出版社 （北京市海淀区玉渊潭南路1号D座　100038） 网址：www.waterpub.com.cn E-mail：sales@waterpub.com.cn 电话：(010) 68367658（营销中心）
经　　售	北京科水图书销售中心（零售） 电话：(010) 88383994、63202643、68545874 全国各地新华书店和相关出版物销售网点
排　　版	北京万水电子信息有限公司
印　　刷	北京瑞斯通印务发展有限公司
规　　格	184mm×260mm　16开本　22印张　522千字
版　　次	2017年3月第1版　2017年3月第1次印刷
定　　价	**98.00元**

主要参编单位 （排名不分先后）

河海大学

中国长江三峡集团公司

中国水利水电出版社

水资源高效利用与工程安全国家工程研究中心

水电水利规划设计总院

水利部水利水电规划设计总院

中国能源建设集团有限公司

上海勘测设计研究院有限公司

中国电建集团华东勘测设计研究院有限公司

中国电建集团西北勘测设计研究院有限公司

中国电建集团中南勘测设计研究院有限公司

中国电建集团北京勘测设计研究院有限公司

中国电建集团昆明勘测设计研究院有限公司

中国电建集团成都勘测设计研究院有限公司

长江勘测规划设计研究院

中水珠江规划勘测设计有限公司

内蒙古电力勘测设计院

新疆金风科技股份有限公司

华锐风电科技股份有限公司

中国水利水电第七工程局有限公司

中国能源建设集团广东省电力设计研究院有限公司

中国能源建设集团安徽省电力设计院有限公司

华北电力大学

同济大学

华南理工大学

中国三峡新能源有限公司

华东海上风电省级高新技术企业研究开发中心

浙江运达风电股份有限公司

本书编委会

主　　编：陈小群

参编人员：（按姓氏笔画排序）

王清莲　田　宇　邢新强　任　泽　刘玉颖

刘艳阳　李　明　杨　旭　杨培华　吴国磊

何　艳　张燕东　林浩然　胡永辉　姚经春

聂熙隽　盛　洲　董杭州　韩立江　焦占一

雷发霄　潘郑超

前　言

　　风电场建设地点一般选址较多在地属戈壁、山间、草原等人烟稀少，常年伴有 5～8 级大风气候的区域。风电场的建设相比较火电、水电项目有建设工期短、速度快等特点。风电场主要设备设施是风电机组、箱式变压器、场内集电线路、主变压器以及配套的控制设备、输送电线路、无功补偿设备、户外高压开关设备等电气设备。风电机组属于自动化程度较高的设备，其控制回路包括变频器、PLC 等精密仪器，由于风电场地域和环境的特殊性，大风、沙尘易造成精密仪器故障频发，使得维护和检修的工作难度大，安全风险隐患复杂。

　　风电场开展安全生产标准化建设工作，涵盖了企业加强员工安全素质、提高设备设施水平、改善作业环境、强化责任制落实等安全生产管理的全过程；以岗位达标、专业达标和企业达标来促进风电企业进一步落实安全生产主体责任，规范安全生产行为，改善安全生产条件，强化安全基础管理；从根本上保证风电场"人、机、环、管"安全的持续有效实现风电场安全生产运行稳定可靠。

　　本书中引用的附录 A、附录 B、附录 C、附录 D、附录 E 特指《发电企业安全生产标准化规范及达标评级标准》（电监安全〔2011〕23 号）中的附录 A（电力企业规章制度目录）、附录 B（电力企业应急预案及典型现场处置方案目录）、附录 C（脚手架和登高用具）、附录 D（起重机械）、附录 E（电气安全用具及电动工器具），在此列出，请读者另行查阅。

　　本书由中国三峡新能源有限公司负责组织编写。其中，第 1 章～第 3 章由陈小群编写；第 4 章由陈小群、刘玉颖编写；第 5 章由胡永辉、杨旭编写；第

6章由刘艳阳、李明、田宇、张燕东、焦占一、盛洲、何艳、雷发霄、任泽编写；第7章由姚经春、韩立江、杨培华、潘郑超、吴国磊编写；第8章由王清莲、邢新强编写；第9章由林浩然编写；第10章由聂熙隽编写；第11章由董杭州编写；第12章由潘郑超编写；第13章由刘玉颖、王清莲、林浩然编写。

本书编写过程中得到中国三峡集团公司质量安全部、中国三峡新能源有限公司领导的大力支持以及相关单位、部门的积极配合，在此表示衷心感谢。本书编写过程中参阅了大量的文献，在此对其作者一并表示感谢。

由于编者水平有限，疏漏之处恳请读者批评指正。

《风电场安全生产标准化》编委会

2017 年 1 月

目　录

第1章 概　　述

企业开展安全生产标准化建设是国务院加强安全生产工作的重要决策部署；是落实企业安全生产主体责任的重要途径；是进一步规范企业安全生产管理行为；是改善安全生产条件，强化安全基础管理、有效防范和坚决遏制重特大事故发生的有效制度。

2004年1月《国务院关于进一步加强安全生产工作的决定》（国发〔2004〕2号）提出企业普遍要开展安全生产标准化建设。2010年7月《国务院关于进一步加强企业安全生产工作的通知》（国发〔2010〕23号）文件进一步强调了安全生产标准化工作，要求深入开展以岗位达标、专业达标和企业达标为内容的安全生产标准化建设，凡在规定时间内未实现达标的企业要依法暂扣其生产许可证、安全生产许可证，责令停产整顿；对整改逾期未达标的，地方政府要依法予以关闭。2010年4月国家安全监管总局发布了《企业安全生产标准化基本规范》（AQ/T 9006—2010），自2010年6月1日起实施。

2011年5月《国务院安委会关于深入开展企业安全生产标准化建设的指导意见》（安委〔2011〕4号），对全面推进企业安全生产标准化的重要意义、总体要求、目标任务、实施方法、工作要求等方面做出要求。

2014年11月《国务院安全生产委员会关于加强企业安全生产诚信体系建设的指导意见》（安委〔2014〕8号）指出开展安全生产诚信评价，把企业安全生产标准化建设评定的等级作为安全生产诚信等级，并相应地划分为一级、二级、三级，原则上不再重复评级。安全生产标准化等级的发布主体是安全生产诚信等级的授信主体，一年向社会发布一次。

1.1　安全生产标准化的意义

安全生产是一个系统工程，它与国家法律法规、国家及行业标准、企业管理、科技进步、培训教育、监督监察等诸多方面密切相关。企业安全生产标准化工作的主要目的就是进一步加强企业主体责任，在企业内部建立一套规范、系统的安全管理机制，实现以事故预防与风险控制管理为核心的安全生产标准化管理模式，建立安全生产的长效机制。安全生产标准化建设是企业加强安全基础管理的重要抓手，企业将安全生产标准化引入和延伸到安全管理工作中，按标准化要求来组织和推进企业的安全生产工作，使企业的本质安全水平不断得到提升，保障企业安全生产处于良好稳定状态。

（1）落实企业安全生产主体责任的必要途径。国家有关安全生产法律法规和规定明确要求，要严格企业安全管理，全面开展安全达标。企业是安全生产的责任主体，也是安全生产标准化建设的主体，要通过加强企业每个岗位和环节的安全生产标准化建设，不断提高安全管理水平，促进企业安全生产主体责任落实到位。

（2）强化企业安全生产基础工作的长效制度。安全生产标准化建设涵盖了增强人员安全素质、提高装备设施水平、改善作业环境、强化岗位责任落实等各个方面，是一项长期的、基础性的系统工程，有利于全面促进企业提高安全生产保障水平。

（3）政府实施安全生产分类指导、分级监管的重要依据。实施安全生产标准化建设考评，将企业划分为不同等级，能够客观真实地反映出各地区企业安全生产状况和不同安全生产水平的企业数量，为加强安全监管提供有效的基础数据。

（4）有效防范事故发生的重要手段。深入开展安全生产标准化建设，能够进一步规范从业人员的安全行为，提高机械化和信息化水平，促进现场各类隐患的排查治理，推进安全生产长效机制建设，有效防范和遏制事故发生，促进全国安全生产状况持续稳定好转。

1.2　总体要求和目标任务

安全生产标准化工作具有继承性、规范性、科学性、系统性和创新性的特点。与以往传统安全管理相比，它的新特征就在于：①突出了"预防为主，安全第一，综合治理"的方针和"以人为本"的科学发展观；②强调企业安全生产工作的规范化、制度化、标准化、科学化、法制化；③体现安全与质量、安全与健康、安全与环境之间的内在联系和统一性，把安全与质量、健康与环境作为一项完整的工作来抓；④起点更高，标准更严；⑤对企业安全基础管理工作的拓展、规范和提升。

1. 总体要求

深入贯彻落实科学发展观，坚持"安全第一、预防为主、综合治理"的方针，牢固树立"以人为本、安全发展"的理念，全面落实《国务院关于进一步加强企业安全生产工作的通知》（国发〔2010〕23 号）和《国务院办公厅关于继续深化"安全生产年"活动的通知》（国办发〔2011〕11 号）精神，按照《企业安全生产标准化基本规范》（AQ/T 9006—2010）和相关规定，制定并完善安全生产标准和制度规范。严格落实企业安全生产责任制，加强安全科学管理，实现企业安全管理的规范化。加强安全教育培训，强化安全意识、技术操作和防范技能，杜绝"三违"。加大安全投入，提高专业技术装备水平，深化隐患排查治理，改进现场作业条件。通过安全生产标准化建设，实现岗位达标、专业达标和企业达标，促进各行业（领域）企业的安全生产水平的提高，增强安全管理和事故防范能力。

2. 目标任务

建立健全各行业（领域）企业安全生产标准化评定标准和考评体系；进一步加强企业安全生产规范化管理，推进全员、全方位、全过程安全管理；加强安全生产科技装备，提高安全保障能力；严格把关，分行业（领域）开展达标考评验收；不断完善工作机制，将安全生产标准化建设纳入企业生产经营全过程，促进安全生产标准化建设的动态化、规范化和制度化，有效提高企业本质安全水平。

1.3 实施方法

事故发生的原因主要集中在：企业内部管理松弛；工作人员违反操作规程和劳动纪律；企业安全生产条件差；设备、设施安全保障能力低；生产场所环境不良等。每一起安全事故的背后都可能伴随着数十次、数百次甚至上千次的违章操作行为。特别是重特大突发事件，不论是自然灾害还是责任事故，都存在不同程度的主体责任未落实、隐患排查治理不彻底、法规标准不健全、安全监管执法不严格、监管体制机制不完善、安全基础薄弱、应急救援能力不强等问题。开展安全生产标准化工作，就是要从从业人员的工作岗位入手，使每个从业人员按照岗位标准进行操作，杜绝违章操作，消除不安全行为；从企业的安全管理基础入手，规范企业安全管理的各个环节，避免管理上出现漏洞、存在隐患。

开展企业安全生产标准化建设的实施方法如下：

（1）打基础，建章立制。按照《基本规范》要求，将企业安全生产标准化等级划分为一、二、三级。各地区、各有关部门要分行业（领域）制定安全生产标准化建设实施方案，完善达标标准和考评办法，并于2011年5月底前将本地区、本行业（领域）安全生产标准化建设实施方案报国务院安委会办公室。企业要从组织机构、安全投入、规章制度、教育培训、装备设施、现场管理、隐患排查治理、重大危险源监控、职业健康、应急管理以及事故报告、绩效评定等方面，严格执行评定标准要求，建立完善的安全生产标准化建设实施方案。

（2）重建设，严抓整改。企业要对照规定要求，深入开展自检自查，建立企业达标建设基础档案，加强动态管理，分类指导，严抓整改。对评为安全生产标准化一级的企业要重点抓巩固、二级企业着力抓提升、三级企业督促抓改进，对不达标的企业要限期抓整顿。各地区和有关部门要加强对安全生产标准化建设工作的指导和督促检查，对问题集中、整改难度大的企业要组织专业技术人员进行"会诊"，提出具体办法和措施，集中力量，重点解决；要督促企业做到隐患排查治理的措施、责任、资金、时限和预案"五到位"，对存在重大隐患的企业要责令停产整顿并跟踪督办。对发生较大以上生产安全事故、存在非法违法生产经营建设行为、重大隐患限期整顿仍达不到安全要求，以及未按规定要求开展安全生产标准化建设且在规定限期内未及时整改的，取消其安全生产标准化达标参评资格。

（3）抓达标，严格考评。各地区、各有关部门要加强对企业安全生产标准化建设的督促检查，严格组织开展达标考评。对安全生产标准化一级企业的评审、公告、授牌等有关事项，由国家有关部门或授权单位组织实施；二级、三级企业的评审、公告、授牌等具体办法，由省级有关部门制定。各地区、各有关部门在企业安全生产标准化创建中不得收取费用。要严格达标等级考评，明确企业的专业达标最低等级为企业达标等级，有一个专业不达标则该企业不达标。

各地区、各有关部门要结合本地区、本行业（领域）企业的实际情况，对安全生产标准化建设工作作出具体安排，积极推进，成熟一批、考评一批、公告一批、授牌一批。对在规定时间内经整改仍不具备最低安全生产标准化等级的企业，地方政府要依法责令其停产整改直至依法关闭。各地区、各有关部门要将考评结果汇总后报送国务院安委会办公室备案，国务院安委会办公室将适时组织抽检。

1.4 工 作 要 求

推进安全生产标准化工作，是加强安全生产工作的一项基础性、长期性、根本性的工作。无论是当前和今后，大力推动安全生产标准化工作对提高企业安全生产管理水平具有现实和深远的意义。开展企业安全生产标准化建设的工作要求如下：

1. 加强领导，落实责任

按照属地管理和"谁主管、谁负责"的原则，企业安全生产标准化建设工作由地方各级人民政府统一领导，明确相关部门负责组织实施。国家有关部门负责指导和推动本行业（领域）企业安全生产标准化建设，制订实施方案和达标细则。企业是安全生产标准化建设工作的责任主体，要坚持高标准、严要求，全面落实安全生产法律法规和标准规范，加大投入，规范管理，加快实现企业高标准达标。

2. 分类指导，重点推进

对于尚未制定企业安全生产标准化评定标准和考评办法的行业（领域），要抓紧制定；已经制定的，要按照《基本规范》和相关规定进行修改完善，规范已达标企业的等级认定。要针对不同行业（领域）的特点，加强工作指导，把影响安全生产的重大隐患排查治理、重大危险源监控、安全生产系统改造、产业技术升级、应急能力提升、消防安全保障等作为重点，在达标建设过程中切实做到"六个结合"：与深入开展执法行动相结合，依法严厉打击各类非法违法生产经营建设行为；与安全专项整治相结合，深化重点行业（领域）隐患排查治理；与推进落实企业安全生产主体责任相结合，强化安全生产基层和基础建设；与促进提高安全生产保障能力相结合，着力提高先进安全技术装备和物联网技术应用等信息化水平；与加强职业安全健康工作相结合，改善从业人员的作业环境和条件；与完善安全生产应急救援体系相结合，加快救援基地和相关专业队伍标准化建设，切实提高实战救援能力。

3. 严抓整改，规范管理

严格安全生产行政许可制度，促进隐患整改。对达标的企业，要深入分析二级与一级、三级与二级之间的差距，找准薄弱点，完善工作措施，推进达标升级；对未达标的企业，要盯住抓紧，督促加强整改，限期达标。通过安全生产标准化建设，实现"四个一批"：对在规定期限内仍达不到最低标准、不具备安全生产条件、不符合国家产业政策、破坏环境、浪费资源，以及发生各类非法违法生产经营建设行为的企业，要依法关闭取缔一批；对在规定时间内未实现达标的，要依法暂扣其生产许可证、安全生产许可证，责令停产整顿一批；对具备基本达标条件，但安全技术装备相对落后的，要促进达标升级，改造提升一批；对在本行业（领域）具有示范带动作用的企业，要加大支持力度，巩固发展一批。

4. 创新机制，注重实效

各地区、各有关部门要加强协调联动，建立推进安全生产标准化建设工作机制。及时发现并解决建设过程中出现的突出矛盾和问题，对重大问题要组织相关部门开展联合执法。切实把安全生产标准化建设工作作为促进落实和完善安全生产法规规章、推广应用先进技术装备、强化先进安全理念、提高企业安全管理水平的重要途径。作为落实安全生产企业主体责任、部门监管责任、属地管理责任的重要手段，作为调整产业结构、加快转变经济发展方式的重要方式，扎实推进。要积极研究采取相关激励政策措施，将达标结果向银行、证券、保险、担保等主管部门通报，作为企业绩效考核、信用评级、投融资和评先推优等的重要参考依据，促进提高达标建设的质量和水平。

5. 严格监督，加强宣传

各地区、各有关部门要分行业（领域）、分阶段组织实施，加强对安全生产标准化建设工作的督促检查，对有关评审和咨询单位进行严格规范管理。要深入基层、企业，加强对重点地区和重点企业的专题服务指导。加强安全专题教育，提高企业安全管理人员和从业人员的技能素质。充分利用各类舆论媒体，积极宣传安全生产标准化建设的重要意义和具体标准要求，营造安全生产标准化建设的浓厚社会氛围。国务院安委会办公室以及各地区、各有关部门要建立公告制度，定期发布安全生产标准化建设进展情况和达标企业、关闭取缔企业名单；及时总结推广有关地区、有关部门和企业的经验做法，培育典型，示范引导，推进安全生产标准化建设工作广泛深入、扎实有效开展。

1.5 《企业安全生产标准化基本规范》简介

1. 《企业安全生产标准化基本规范》

2010 年 4 月 15 日，国家安全生产监督管理总局第 9 号公告批准《企业安全生产标准化基本规范》（AQ/T 9006—2010）为国家安全生产行业标准，自 2010 年 6 月 1 日起施行。

《企业安全生产标准化基本规范》（AQ/T 9006—2010），由前言和正文部分（包括范围、规范性引用文件、术语和定义、一般要求、核心要求等 5 章）组成。基本规范核心要求：一级要素 13 个，二级要素 42 个。

（1）一般要求。对开展企业安全生产的原则、建立与保持、评定和监督等内容作出了规定。企业开展安全生产标准化工作原则，遵循"安全第一、预防为主、综合治理"的方针，以隐患排查治理为基础，提高安全生产水平，减少事故发生，保障人身安全健康，保证生产经营活动的顺利进行。

（2）核心要求。对企业安全生产工作的目标、组织机构和职责、安全生产投入、法律法规与安全管理制度、教育培训、生产设备设施、作业安全、隐患排查和治理、重大危险源监控、职业健康、应急救援、事故报告、调查和处理、绩效评定和持续改进等 13 个要素的内容作了具体规定。

企业安全生产标准化工作采用"策划、实施、检查、改进"动态循环的模式，依据标准的要求，结合自身特点，建立并保持安全生产标准化系统；通过自我检查、自我纠正和自我完善，建立安全绩效持续改进的安全生产长效机制。企业安全生产标准化工作实行企业自主评定、外部评审的方式。企业应当根据该标准和有关评分细则，对本企业开展安全生产标准化工作情况进行评定；自主评定后申请外部评审定级。安全生产监督管理部门对评审定级进行监督管理。

安全生产标准化评审分为一级、二级、三级，一级为最高。

2.《企业安全生产标准化基本规范（修改稿）》

2015 年 10 月 13 日，根据《国家安全监管总局办公厅关于再次征求〈企业安全生产标准化基本规范〉（修改稿）意见的函》（厅函〔2015〕245 号），国家安全监管总局委托中国安全生产协会组织开展了《企业安全生产标准化基本规范》（AQ/T 9006—2010）的修订工作，拟由行业标准 AQ 修订为国家标准 GB。

修订本着精简程序、注重效能的原则，将原 13 个一级要素优化为 8 个，即目标职责、法规制度、教育培训、运行控制、隐患治理、应急救援、事故查处、持续改进。原 42 个二级要素也优化到 21 个。在"5.2.1 安全生产规章制度"中增加了"企业安全生产承诺"制度建设的有关要求。将原一级要素"5.9 重大危险源监控"调整为二级要素"5.5.2 风险管理"，广义上包含重大危险源的监控，具体见表 1-1。

表 1-1 《企业安全生产标准化基本规范》（AQ/T 9006—2010）要素优化表

序号	原一级要素	优化后的一级要素	优化后的二级要素
1	5.1 目标； 5.2 组织机构和职责； 5.3 安全生产投入	5.1 目标职责	5.1.1 目标
			5.1.2 机构和职责
			5.1.3 安全生产投入
			5.1.4 安全文化建设
2	5.4 法律法规与安全管理制度	5.2 法规制度	5.2.1 法律法规及规章制度
			5.2.2 岗位安全操作规程
			5.2.3 文档管理
3	5.5 教育培训	5.3 教育培训	5.3.1 教育培训管理
			5.3.2 人员教育培训
4	5.6 生产设备设施； 5.7 作业安全； 5.10 职业健康	5.4 运行控制	5.4.1 设备设施管理
			5.4.2 作业安全
			5.4.3 职业健康
5	5.8 隐患排查和治理； 5.9 重大危险源监控	5.5 隐患治理	5.5.1 隐患排查治理
			5.5.2 风险管理
			5.5.3 预测预控
6	5.11 应急救援	5.6 应急救援	5.6.1 应急准备
			5.6.2 应急响应
7	5.12 事故报告、调查和处理	5.7 事故查处	5.7.1 事故报告
			5.7.2 事故调查和处理
8	5.13 绩效评定和持续改进	5.8 持续改进	5.8.1 绩效评定
			5.8.2 持续改进

第2章 电力安全生产标准化

按照国务院安委会的统一部署,国家能源局会同国家安全生产监督管理总局积极推进电力安全生产标准化建设工作,相继出台了《关于深入开展电力安全生产标准化工作的指导意见》(电监安全〔2011〕21号)、《电力安全生产标准化达标评级管理办法(试行)》(电监安全〔2011〕28号)、《电力安全生产标准化达标评级实施细则(试行)》(办安全〔2011〕83号)、《国家能源局 国家安全监管总局关于推进电力安全生产标准化建设工作有关事项的通知》(国能安全〔2015〕126号)等规范性文件,并印发了发电企业、电网企业、电力工程建设项目和电力勘测设计、建设施工企业等标准化规范和达标评级标准,形成了较为完善的标准化达标评级制度和标准体系。

2013年7月国家能源局印发了《关于电力安全生产标准化达标评级修订和补充的通知》(国能综电安〔2013〕210号),按照国务院机构设置和职能转变有关要求,为进一步有序推进电力安全生产标准化达标评级工作,对达标评级组织方式进行了修订和完善,保障了标准化工作的平稳过渡,确保了达标评级工作不断、管理不乱。截至2013年年底,全国共有1000多家电力企业实现了标准化达标,其中一级企业200多家,二级企业600多家,三级企业230多家;另有300多家正在进行中;有700多家正在前期准备中,全国大中型发电企业基本完成或即将完成电力安全生产标准化达标。

2015年2月国家发展和改革委员会(简称国家发改委)印发《电力安全生产监督管理办法》(国家发展和改革委员会2015年第21号令)将开展电力安全生产标准化建设作为电力企业一项安全生产管理基本职责。

2015年4月《国家能源局 国家安全监管总局关于推进电力安全生产标准化建设工作有关事项的通知》(国能安全〔2015〕126号)将电力安全生产标准化建设工作由电力企业按照电力安全生产标准化标准规范自主开展,国家能源局及其派出机构不再组织电力企业安全生产标准化达标评级工作。

2.1 开展电力安全生产标准化建设工作的要求

(1)电力安全生产标准化建设工作由电力企业自主开展。电力企业要落实《中华人民共和国安全生产法》等法律法规,按照相关标准规范,强化自主管理,继续加强安全标准化建设。要将标准化建设作为企业日常安全管理的重要内容,结合本单位实际和安全风险预控体系建设,进一步完善安全生产管理标准、作业标准和技术标准,全方位和持续改进地开展标准化建设工作,促进企业安全生产水平的不断提升。

(2)电力企业要认真贯彻落实《国务院安全生产委员会关于加强企业安全生产诚信体系建设的指导意见》(安委〔2014〕8号)和《电力安全生产监督管理办法》(国家发展和

改革委员会 2015 年第 21 号令），依法依规、诚实守信开展标准化建设工作。国家能源局派出机构、各地安全监管部门对未开展标准化建设的电力企业，应责令其限期完成；对拒不开展标准化建设和弄虚作假的，应将其列入安全生产不良信用记录；对未开展标准化建设和按照相关标准规范自评未达到 70 分（小型发电企业除外），并发生电力事故的，依法依规责令其停产整顿。

（3）电力企业要对照电力安全生产标准化规范及标准，结合日常安全大检查工作，按照"边查边改"的原则，每年组织开展标准化自查自评工作，并将经上级单位审批的自评报告抄送当地派出机构，作为开展标准化工作的依据。国家能源局及其派出机构不再受理现场查评申请，不再颁发证书和牌匾。

（4）能源监管机构、各地安全监管部门要加强监督指导，结合日常安全监管工作，通过安全生产风险预控体系建设、安全生产诚信体系建设、安全检查、专项监管和问题监管等方式，督促电力企业开展标准化建设工作。要结合电力安全事故（事件）调查处理，查找电力企业标准化建设工作中存在的突出问题，依法依规予以处理。

（5）国家能源局、国家安全生产监督管理总局（简称国家安全监管总局）印发的关于电力安全生产标准化建设方面的相关文件有不一致的，按照国能安全〔2015〕126 号执行。

2.2　电力勘测设计企业安全生产标准化

2014 年 4 月，为贯彻落实《国务院关于进一步加强企业安全生产工作的通知》（国发〔2010〕23 号）、《国务院关于坚持科学发展安全发展促进安全生产形势持续稳定好转的意见》（国发〔2011〕40 号）等文件精神，加强电力安全生产监督管理，推进电力勘测设计企业和电力建设施工企业安全生产标准化建设，国家能源局和国家安全监管总局联合制定《电力勘测设计企业安全生产标准化规范及达标评级标准》和《电力建设施工企业安全生产标准化规范及达标评级标准》两项标准，印发了《关于印发〈电力勘测设计企业、电力建设施工企业安全生产标准化规范及达标评级标准〉的通知》（国能安全〔2014〕148 号）文件。

《电力勘测设计企业安全生产标准化规范及达标评级标准》适用于中华人民共和国境内从事电力勘测、设计、咨询、科研试验等业务（不含核岛）的企业；适用于上述企业电力勘测、设计、咨询、科研试验、工程总承包管理及监理等业务（不含核岛部分）。《电力勘测设计企业安全生产标准化规范及达标评级标准》，由前言和正文部分（包括适用范围、规范性引用文件、术语和定义、一般要求、核心要求等 5 章）组成，并列出 6 个附录。

（1）一般要求。企业开展安全生产标准化工作，遵循"安全第一、预防为主、综合治理"的方针，以危险源动态管理和隐患排查治理为基础，提高安全生产水平，减少事故发生，保障人身安全健康，保证生产经营活动的顺利进行。企业安全生产标准化工作采用"策划、实施、检查、改进"动态循环的模式，依据标准的要求，结合自身特点，建立并保持安全生产标准化系统。通过自我检查、自我纠正和自我完善，建立安全绩效持续改进的安全生产长效机制。企业安全生产标准化工作实行企业自主评定、外部评审的方式。安全生产标准化评审等级分为一级、二级、三级，一级为最高。一级得分率应不小于 90%，二级得分率应不小于 80%，三级得分率应不小于 70%。

（2）核心要求。电力勘测设计企业核心要求的 13 个要素为：安全生产目标、组织机构和职责、安全生产投入、法律法规与安全管理制度、教育培训、设备设施、作业安全、隐患排查和治理、危险源辨识及重大危险源监控、职业健康、应急救援、信息报送、事故报告和调查处理、绩效评定和持续改进等。13 个要素的标准分设为 1100 分。

2.3　电力建设施工企业安全生产标准化

2014 年 4 月，国家能源局和国家安全监管总局《关于印发〈电力勘测设计企业、电力建设施工企业安全生产标准化规范及达标评级标准〉的通知》（国能安全〔2014〕148号），颁发了《电力建设施工企业安全生产标准化规范及达标评级标准》。

《电力建设施工企业安全生产标准化规范及达标评级标准》适用于中华人民共和国境内从事电源（不含核岛部分）、电网建设的施工企业；适用于上述企业涉电业务范围，其他业务按国家有关规定执行。《电力建设施工企业安全生产标准化规范及达标评级标准》由前言和正文部分（包括适用范围、规范性引用文件、术语和定义、一般要求、核心要求等 5 章）组成，并包含 8 个附录。

（1）一般要求。电力建设施工企业一般要求的原则、建立与保持、评审与监督等，与其他电力企业基本一致。实行企业自主评定、外部评审的方式。安全生产标准化评审等级分为一级、二级、三级，一级为最高。评审得分 90 分及以上为一级，得分 80 分及以上为二级，得分 70 分及以上为三级。评审范围包括企业本部和本企业承揽的工程项目（工程项目一般抽查 20%。申报一级企业，最少抽查 2 个处于施工高峰期的项目，最多抽 5 个；申报二级、三级的企业，评审期内处于施工高峰的项目数不能为零，且最少抽查 1 个项目；所参建项目中已有通过建设方组织的工程建设项目达标评级的，可以核减 1 个项目；施工企业承建的国外项目可参加安全标准化评审）。评审时间，外部评审时间，企业自评后进行安全生产标准化达标申报，与评审机构确定评审时间。抽查的项目应与已核准并处于施工高峰期（火电工程：首台锅炉大板梁吊装至系统调试阶段；水电工程：挡水建筑物完成 50% 至机电设备开始安装；输变电工程：变电工程主变压器安装就位前或线路工程导地线架线前；其他电力工程建设项目部可根据工程情况确定）。

（2）核心要求。电力建设施工企业核心要求的 13 个要素为安全生产目标、组织机构和职责、安全生产投入、法律法规与安全管理制度、教育培训、施工设备管理、作业安全、隐患排查和治理、危险源辨识及重大危险源监控、职业健康、应急救援、信息报送、事故报告和调查处理、绩效评定和持续改进等。13 个要素的标准分设为 1000 分。

2.4　电网企业安全生产标准化

2014 年 6 月，国家能源局和国家安全监管总局出台《电网企业安全生产标准化规范及达标评级标准》（国能安全〔2014〕254 号）规范了电网企业安全生产标准化工作。国家电力监管委员会和国家安全监管总局 2012 年 10 月 11 日颁布的《电网企业安全生产标准化规范及达标评级标准（试行）》同时废止。

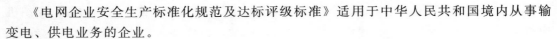

　　《电网企业安全生产标准化规范及达标评级标准》适用于中华人民共和国境内从事输变电、供电业务的企业。

　　《电网企业安全生产标准化规范及达标评级标准》由前言和正文（包括适用范围、规范性引用文件、术语和定义、基本要求、核心要求、评审用表等 6 章）组成，并列有附录。

　　（1）基本要求。电网企业开展安全生产标准化工作，应遵循"安全第一、预防为主、综合治理"的方针，以隐患排查治理为基础，从岗位达标、专业达标做起，直至企业达标，建立安全生产长效机制，提高安全生产水平，减少事故发生，保障人身安全健康，保证生产经营活动的顺利进行。

　　（2）达标评定。电网企业应当根据达标基本条件和必备条件，对本企业评审期内开展安全生产标准化工作情况进行评定，自主评定后申请外部评审定级。企业实行企业自主评定、外部评审的方式。安全生产标准化评审等级分为一级、二级、三级，一级为最高。评审得分 90 分及以上为一级，得分 80 分及以上为二级，得分 70 分及以上为三级。

　　（3）达标基本条件。达标基本条件包括：①取得电力业务许可证；②评审期内未发生负有责任的人身死亡或 3 人以上重伤的电力人身事故、较大以上电力设备事故、电力安全事故以及对社会造成重大不良影响的事件；③无其他因违反安全生产法被处罚的行为。

　　（4）达标必备条件，见表 2－1。

表 2－1　达　标　必　备　条　件

序号	项目	三级企业	二级企业	一级企业
1	目标	一年内未发生负有责任的人身死亡或 3 人以上重伤的电力人身事故、一般及以上电力设备事故、电力安全事故、火灾事故和负有同等及以上责任的生产性重大交通事故，以及对社会造成重大不良影响的事件	二年内未发生负有责任的人身死亡或 3 人以上重伤的电力人身事故、一般及以上电力设备事故、电力安全事故、火灾事故和负有同等及以上责任的生产性重大交通事故，以及对社会造成重大不良影响的事件	三年内未发生负有责任的人身死亡或 3 人以上重伤的电力人身事故、一般及以上电力设备事故、电力安全事故、火灾事故和负有同等及以上责任的生产性重大交通事故，以及对社会造成重大不良影响的事件
2	组织机构和职责	设置独立的安全生产监督管理机构；配备满足安全生产要求的安全监督人员	设置独立的安全生产监督管理机构；配备满足安全生产要求的安全监督人员	设置独立的安全生产监督管理机构；配备满足安全生产要求的安全监督人员；安全监督人员中至少 1 人具有注册安全工程师资格
3	法律法规和安全管理制度	识别并获取有效的安全生产法律法规、标准规范，建立符合本单位实际的安全生产规章制度	识别、获取有效的安全生产法律法规、标准规范，建立符合本单位实际的安全生产规章制度；安全生产规章制度中至少应包含附录 A 中的内容	识别、获取有效的安全生产法律法规、标准规范，建立符合本单位实际的安全生产规章制度；安全生产规章制度中至少应包含附录 A 中的内容；加强安全生产规章制度的动态管理，根据企业实际定期进行评估、修订、完善
4	宣传教育培训	建立全员安全生产教育培训制度，对从业人员进行安全生产教育和培训；企业主要负责人或主要安全生产管理人员按规定取得培训合格证	建立全员安全生产教育培训制度，对从业人员进行安全生产教育和培训；企业主要负责人和主要安全生产管理人员按规定取得培训合格证	建立全员安全生产教育培训制度，对从业人员进行安全生产教育和培训；企业主要负责人和安全生产管理人员按规定全部取得培训合格证；按照《企业安全文化建设导则》（AQ/T 9004—2008）的要求开展安全文化建设

续表

序号	项目	三级企业	二级企业	一级企业
5	生产设备设施			
5.1	设备设施管理	制定了设备设施规范化管理制度并贯彻实施；开展了技术监督管理、可靠性管理、运行管理、检修管理等工作	制定了设备设施规范化管理制度并贯彻实施；开展了技术监督管理、可靠性管理、运行管理、检修管理等工作；3～5年内进行一次输电网或供电企业安全评价（风险评估）	制定了设备设施规范化管理制度并贯彻实施；开展了技术监督管理、可靠性管理、运行管理、检修管理等工作；3～5年内进行一次输电网或供电企业安全评价（风险评估）
5.2	高压电网和中低压电网①	城市电网具有一定的综合供电能力，基本满足各类用电需求；主供电网（500kV、330kV、220kV、110kV、66kV等电压等级）结构清晰，如形成网络或可靠的两级及以上辐射型多回路供电通道；城区内中低压电网主要供电区域至少有两个电源供电；制定了电网安全风险控制方案；各种新能源、分布式能源等接入系统有相关规定，可方便接入	城市电网具有较为充足的综合供电能力，可满足各类用电需求；主供电网（500kV、330kV、220kV、110kV、66kV等电压等级）结构合理、运行灵活、适应性强，如形成环网结构；正常运行方式（不含检修方式）基本满足N-1要求；城区内中低压电网具有开环运行的单环网结构且部分电网实现了配网自动化；制定了电网安全风险控制方案；各种新能源、分布式能源等接入系统有相关规定，可方便接入	城市电网具有充足的综合供电能力，满足各类用电需求；主供电网（500kV、330kV、220kV、110kV、66kV等电压等级）结构坚强合理、安全可靠、运行灵活，具有较强的适应性，如形成双环网结构（含3～5年规划可形成双环网）；除当年新上变电站、线路外，正常（含检修）运行方式均满足N-1要求；城区内中低压电网具有开环运行的双环网结构；城市骨干网架实现了配网自动化；制定了电网安全风险控制方案； 电网具有一定的电源支撑，各种新能源、分布式能源等接入系统有相关规定，可方便接入
5.3	电网主设备	企业主供电网（500kV、330kV、220kV、110kV、66kV等电压等级）在用主设备（主变压器、换流器、断路器、线路、继电保护装置及安全自动装置等）满足运行要求；输电线路可用系数不小于99.5%，变压器可用系数不小于99.5%；对电力设施治安风险进行了评估，落实了安全防范要求	企业主供电网（500kV、330kV、220kV、110kV、66kV等电压等级）在用主设备（主变压器、换流器、断路器、线路、继电保护装置及安全自动装置等）满足运行要求；无国家明令淘汰设备；输电线路可用系数不小于99.90%，变压器可用系数不小于99.95%；对电力设施治安风险进行了评估，落实了安全防范要求	企业主供电网（500kV、330kV、220kV、110kV、66kV等电压等级）在用主设备（主变压器、换流器、断路器、线路、继电保护装置及安全自动装置等）满足运行要求；无国家明令淘汰设备；输电线路可用系数不小于99.99%，变压器可用系数不小于99.995%；对电力设施治安风险进行了评估，落实了安全防范要求
5.4	电能质量①	电网综合电压合格率不小于97%，其中A类电压不小于99%；城市居民电压合格率不小于95%，城市居民供电可靠率不小于99%；农村电压合格率、供电可靠率符合监管机构的规定；限制用户谐波电流有措施	电网综合电压合格率不小于98%，其中A类电压不小于99%；城市居民电压合格率不小于95%，城市居民供电可靠率不小于99.93%；农村电压合格率、供电可靠率符合监管机构的规定；开展用户谐波电流普测	电网综合电压合格率不小于99%，其中A类电压不小于99%；城市居民电压合格率不小于95%，城市供电可靠率不小于99.96%；农村电压合格率、农村供电可靠率符合监管机构的规定；开展用户谐波电流普测，变电站谐波电压、电流合格

续表

序号	项目	三级企业	二级企业	一级企业
6	作业安全	生产现场安全管理、作业行为管理、相关方管理规范；特种作业和特种设备作业人员全部持有效证件上岗	生产现场安全管理、作业行为管理、相关方管理规范；特种作业和特种设备作业人员全部持有效证件上岗	生产现场安全管理、作业行为管理、相关方管理规范；特种作业和特种设备作业人员全部持有效证件上岗
7	隐患排查治理	建立并落实隐患排查治理制度，不存在重大隐患或重大隐患按照《关于印发〈电力安全隐患监督管理暂行规定〉的通知》（电监安全〔2013〕5号）的要求进行整改	建立并落实隐患排查治理制度；不存在重大隐患或重大隐患按照《关于印发〈电力安全隐患监督管理暂行规定〉的通知》（电监安全〔2013〕5号）的要求进行整改	建立并落实隐患排查治理制度；不存在重大隐患或重大隐患按照《关于印发〈电力安全隐患监督管理暂行规定〉的通知》（电监安全〔2013〕5号）的要求进行整改；建立健全隐患排查治理长效机制
8	职业健康	应当为从业人员创造符合国家职业卫生标准和卫生要求的环境和条件，并采取措施保障从业人员获得职业卫生保护；建立健全工作场所职业病危害因素检测及评价制度	应当为从业人员创造符合国家职业卫生标准和卫生要求的环境和条件，并采取措施保障从业人员获得职业卫生保护；建立健全工作场所职业病危害因素检测及评价制度	应当为从业人员创造符合国家职业卫生标准和卫生要求的环境和条件，并采取措施保障从业人员获得职业卫生保护；建立健全工作场所职业病危害因素检测及评价制度；按照《职业健康安全管理体系要求》（GB/T 28001—2011）建立并实施职业健康安全管理体系
9	应急救援管理	建立安全生产应急管理机构或指定专人负责安全生产应急管理工作，应急预案基本符合要求，定期开展应急演练	建立安全生产应急管理机构，制定了符合本单位实际的应急预案体系和应急预案，按照《国家能源局关于印发〈电力企业应急预案管理办法〉的通知》（国能安全〔2014〕508号）组织开展应急演练	建立安全生产应急管理机构，制定了符合本单位实际的应急预案体系和各级应急预案，按照《国家能源局关于印发〈电力企业应急预案管理办法〉的通知》（国能安全〔2014〕508号）组织开展应急演练，综合应急预案按照有关规定落实评审、备案、修订等要求
10	信息报送和事故（事件）调查处理	未发生瞒报、谎报、迟报、漏报事故（事件）和故意破坏事故（事件）现场的情况	未发生瞒报、谎报、迟报、漏报事故（事件）和故意破坏事故（事件）现场的情况	未发生瞒报、谎报、迟报、漏报事故（事件）和故意破坏事故（事件）现场的情况

①　输变电企业不考核中低压电网要求及城市居民和农村居民电压合格率、供电可靠率等。

（5）核心要求（评分项目）。电网企业有13个核心要求：目标；组织机构和职责；安全生产投入；法律法规与安全管理制度；宣传教育培训；生产设备设施；作业安全；隐患排查治理；危险源辨识及（重大）危险源监控；职业健康；应急救援管理；信息报送；事故（事件）报告和调查处理；绩效评定和持续改进等。标准总分为1400分。

（6）评审用表为：电网企业安全生产标准化达标评级总分表；电网企业安全生产标准化达标评级明细表；电网企业安全生产标准化达标评级核心要素发现问题及扣分项评分结果；电网企业安全生产标准化达标评级评审记录（样表）；评审员现场评审到位记录表。

2.5 发电企业安全生产标准化

2011 年 8 月国家能源局和国家安全监管总局发布《关于印发〈发电企业安全生产标准化规范及达标评级标准〉的通知》（电监安全〔2011〕23 号），其中《发电企业安全生产标准化规范及达标评级标准》适用于中华人民共和国境内从事发电生产的火电、核电（常规岛）、水电（含抽水蓄能电站）、风电企业，其他发电类企业参照执行。

《发电企业安全生产标准化规范及达标评级标准》由前言和正文部分（包括适用范围、规范性引用文件、术语和定义、一般要求、核心要求等 5 章）组成。

（1）一般要求。发电企业安全生产标准化实行企业自主评定、外部评审的方式。安全生产标准化评审等级分为一级、二级、三级，一级为最高。评审得分 90 分及以上为一级，得分 80 分及以上为二级，得分 70 分及以上为三级。

（2）《发电企业安全生产标准化规范及达标评级标准》编制依据。依据《企业安全生产标准化基本规范》（AQ/T 9006—2010）制定，在结构上基本一致。具体相应内容依据国家法律法规、国家标准、行业标准等规定和技术要求。

（3）核心要求。发电企业核心要求的 13 个要素内容是：安全生产目标；组织机构和职责；安全生产投入；法律法规与安全管理制度；教育培训；施工设备管理；作业安全；隐患排查和治理；重大危险源监控；职业健康；应急救援；信息报送、事故报告和调查处理；绩效评定和持续改进等。13 个要素的标准总分为 1800 分。

1）安全生产目标。目标制定、目标的控制与落实、目标的监督与考核。

2）组织机构和职责。安全生产委员会、安全生产保障体系、安全生产监督体系、安全生产责任制。

3）安全生产投入。费用管理、费用使用。

4）法律法规与安全管理制度。法律法规与标准规范、规章制度、安全生产规程、评估和修订、文件和档案管理。

5）教育培训。教育培训管理、安全生产管理人员教育培训、操作岗位人员教育培训、其他人员教育培训、安全文化建设。

6）施工设备管理。设备设施管理、设备设施保护、设备设施安全、设备设施风险控制、设备设施防汛防灾、设备设施风险控制。

7）作业安全。生产现场管理、作业管理、标志标识、相关方安全管理、变更管理。

8）隐患排查和治理。隐患管理、隐患排查、隐患治理、监督检查。

9）重大危险源监控。辨识与评估、登记建档与备案、监控与管理。

10）职业健康。职业健康的管理、防护，职业危害的告知、警示和申报。

11）应急救援。应急管理与投入、应急机构和队伍、应急预案、应急设施、装备、物资、应急培训、应急演练、监测预警、应急响应与事故救援。

12）信息报送、事故报告和调查处理。信息报送、事故报告、事故调查处理。

13）绩效评定和持续改进等。建立机制、绩效评定、绩效改进、绩效考核。

第3章 风电场安全生产标准化

3.1 风电场安全生产标准化的必要性

3.1.1 我国风资源现状

近年来，我国风电产业快速发展取得了很大成就，无论从规模上还是技术水平，均已走在世界前列，在我国国民经济发展中占据十分重要位置，是国家调整能源结构、转变发展方式、应对全球气候变化、实现可持续发展的重要举措。根据国家能源局公布的数据，截至 2015 年年底，我国风电装机容量已达 1.2 亿 kW，是五年前风电装机容量的 3.8 倍，占全部发电装机容量的 8%，位居全球第一。2015 年的发电量 1850 亿 kW·h，占全部发电量的 3.3%，成为继火电、水电之后的第三大电源。根据《国家能源局关于下达 2016年全国风电开发建设方案的通知》（国能新能〔2016〕84 号）提出，2016 年全国风电开发建设总规模达到 3083 万 kW。那么，2020 年风电累计装机容量可能达到 2.5 亿 kW。

我国风能资源丰富，陆上 3 级及以上风能技术开发量（70m 高度）在 26 亿 kW 以上，现有技术条件下实际可装机容量可以达到 10 亿 kW 以上。此外，在水深不超过 50m 的近海海域，海上风电可装机容量约为 5 亿 kW。我国政府承诺到 2020 年我国非化石能源占一次能源消费比重达到 15%，到 2030 年要达到 20%。依据《中国可再生能源发展路线图2050》报告，2020 年风电装机容量将翻 1 倍，达 2 亿 kW。未来，我国风电发展规划仍然以陆上大型基地建设、陆上分散式并网开发、海上风电基地建设为发展主线，大规模风电并网技术、智能电网技术以及海上风电建设成为风电行业发展的方向。

3.1.2 风电场主要安全管理问题

风电场场址一般位于戈壁、山间、草原等人烟稀少、常年伴有 5～8 级大风气候的区域。风电场的建设相比火电、水电项目，具有建设工期短、速度快等特点。由于以上原因，造成风电场安全管理上存在问题。近年来风电场安全事故多发，表现在风电机组倒塌、电缆接头起火、起重机吊臂断裂、风电机组飞车倒地烧毁、蓄电池电压低至失电、塔筒法兰折断、叶片断裂等等。设备生产质量事故、安装调试安全事故、运行维护作业安全事故等给风电场安全生产工作带来很大影响。安全事故的主要原因表现为：

（1）工程施工遗留问题多，影响安全生产。目前，新投产风电机组大多在"时间短、任务重、工期紧"的情况下建设，为赶工期，忽视工程质量管理，存在较多安全隐患，虽然机组按期交付生产，但在设计、施工、设备验收等环节把关不严，留下严重安全隐患。

（2）设备质量潜在安全隐患。随着风电装机容量的增加，部分设备制造厂家为应付货源供应进度，降低了生产水平，导致产品设计不合理、质量不合格，出厂的电力设备存在很多的质量问题，一些不法厂家、供货商，受利益驱动，生产的备品备件质量严重不过关，以次充好，以劣充优，以假充真，给发电生产安全生产带来极大的安全隐患。

（3）安全管理水平低，缺乏有效安全教育培训。风电场技术工人紧缺，很多人员未经培训便匆忙上岗，不能按照风电场安全规程进行操作，在风电场运行过程中，有的运维人员不懂规程或不按规程操作，责任心不强，看到设备发出报警提示后，在未查明原因的情况下，便简单地将报警信号屏蔽，最终导致事故的发生。

3.1.3　风电场安全生产标准化的目的

风电场管理工作面积大。例如，一个装机容量 200MW 风电场，按单机容量 1.5MW 主流风电机组配置，数量就多达 134 台，加上配套箱变设备，则应配备的管理工作场地近 40km²。另外，风电场大部分工作需要登高作业，工作强度大时易发生疲劳作业的情况。风电场主要设备设施包括箱式变压器、场内集电线路、主变压器以及配套的控制设备、输送电线路、无功补偿设备，户外高压开关设备等。风电机组属于自动化程度较高的机组，控制回路包含很多变频器、PLC 等精密仪器，由于风电场地域和环境的特殊性，大风、沙尘会造成精密仪器故障频发，维护和检修的工作难度大，安全风险隐患多。

安全生产标准化，涵盖了企业增强员工安全素质、提高设备设施水平、改善作业环境、强化责任制落实等管理全过程，以岗位达标、专业达标和企业达标来促进风电企业进一步落实安全生产主体责任，规范安全生产行为，改善安全生产条件，强化安全基础管理，从根本上保证风电场"人、机、环、管"安全的持续有效，是做好安全生产工作的重要抓手，是风电场实现稳定可靠、可控的重要基础。

3.2　准　备　工　作

1. 成立安全生产标准化工作机构

根据《关于印发〈电力安全生产标准化达标评级实施细则（试行）〉的通知》（办安全〔2011〕83 号）第二条规定：风电场应当建立电力安全生产标准化管理责任体系，完善自查、自评组织机构，并明确专人负责电力安全生产标准化工作。

根据《关于深入开展电力安全生产标准化工作的指导意见》（电监安全〔2011〕21 号）文件工作要求，各单位要深刻认识开展电力安全生产标准化工作的重要意义，加强组织领导，明确责任部门并由专人负责电力安全生产标准化工作，扎实开展电力安全生产标准化工作，不断提高安全管理水平。

为此，风电场成立的安全生产标准化工作机构，是实施、协调开展安全生产标准化具体工作的组织机制。成立工作领导小组，设置组长、副组长各一名，委员若干。组长由企业一把手担任，副组长是分管领导兼任，委员由有关部门负责人兼任。工作领导小组下设工作小组，由有关部门工作人员兼任组成。

工作领导小组、工作小组要明确工作职责。

2. 申请评审基本条件

风电场申请电力安全生产标准化评审应当具备以下基本条件：

（1）取得电力业务许可证。

（2）评审期内未发生负有责任的人身死亡或 3 人以上重伤的人身事故、较大以上电力设备事故、电力安全事故以及对社会造成重大不良影响的事件。

（3）发电机组（或风电场）通过并网安全性评价。

（4）电力建设工程项目已经核准，并在所在地能源派出机构备案。

（5）无其他违反安全生产法律法规的行为。

3. 选择评审机构

根据《关于印发〈电力安全生产标准化达标评级实施细则（试行）〉的通知》（办安全〔2011〕83 号）文件要求，风电场应认真按照相关项目条款开展自查、自评工作，也可以通过选择委托评审机构开展现场评审工作。

评审机构应当具备以下条件：

（1）具有独立企业法人资格，能够客观、公正、独立地开展达标评级工作。

（2）具备从事电力安全生产工作或解决电力安全生产问题的能力，并取得良好业绩。

（3）具有电力安全生产标准化达标评级所需专业技术力量，电力行业中级以上职称、5 年以上电力安全生产工作经历的人员至少 10 名。

（4）现场评审人员经过电力安全生产标准化培训并考试合格。

3.3　达　标　评　级

根据《开展电力安全生产标准化工作的指导意见》（电监安全〔2011〕21 号）、《关于印发〈电力安全生产标准化达标评级管理办法（试行）〉的通知》（电监安全〔2011〕28 号）文件要求，风电场应按照有关电力安全生产标准化规范及达标评级标准开展相关工作。

3.3.1　达标评级的工作程序

根据《关于印发〈电力安全生产标准化达标评级管理办法（试行）〉的通知》（电监安全〔2011〕28 号）、《国家能源局　国家安全监管总局关于推进电力安全生产标准化建设工作有关事项的通知》（国能安全〔2015〕126 号）等文件规定，风电场开展安全生产标准化达标评级的主要程序如下：

（1）对照《关于印发〈发电企业安全生产标准化规范及达标评级标准〉的通知》（电监安全〔2011〕23 号）条款组织开展自查、自评工作，完成企业自评报告。

（2）根据本单位达标评级自评结果，向本单位上一级公司或集团公司主管部门提出评审申请。

（3）上一级公司或集团公司主管部门对风电场的评审申请材料进行审查。其中，对一级企业（或工程建设项目）的评审申请材料经审查合格后可以委托有资质评审机构或行业协会组织审查。

（4）获准评审的风电场应委托评审人员在经电力监管机构培训合格的评审机构中开展评审。

（5）评审机构按照标准内容和要求进行现场检查评审，完成《评审报告》。

（6）上一级公司或集团公司主管部门对风电场提交的《评审报告》组织审核。审核通过的，予以公告，并颁发相应级别的安全生产标准化证书和牌匾。

（7）风电场通过安全生产标准化达标评级后，并将每年组织开展标准化自查自评由上级单位审批的自评报告抄送至当地能源派出机构，作为开展标准化工作的依据。

3.3.2 达标评级的工作内容

1. 组织开展安全生产标准化培训

风电场和评审机构应组织本单位安全生产标准化各级管理人员和现场评审人员，进行安全生产标准化知识的培训，学习和掌握有关电力安全生产标准化规范及达标评级标准、达标评级管理规定和国家有关安全生产标准化工作要求。

2. 组织开展自查、自评工作，完成企业自评报告

风电场结合本单位现场工作实际情况，组织若干个工作小组人员，对照安全生产标准化规范及达标评级标准相应的项目条款，分组开展自查、自评工作。根据自查、自评及整改工作情况，完成《企业自评报告》。

《企业自评报告》包括：风电场概况及安全管理状况，基本条件的符合情况，自评工作开展情况，有关专业查评情况，自评结果（含自评得分），发现的主要问题，整改计划及措施，整改项目完成情况等。

3. 组织开展现场评审工作，完成评审报告

风电场可选择聘请评审机构来建立评审工作组织工作小组和相应技术人员、评审专家，制定现场评审工作方案，按照规定的程序和要求，客观、公正、独立地开展现场评审工作。现场评审的风电场技术人员、评审机构评审专家应认真查阅申请单位的安全生产文件和资料、运行记录和参数、电力设备设施有关台账和试验报告等，并经实地检查验证，确保现场评审工作质量。

（1）现场评审工作程序。

1）召开首次会议。明确评审目的、依据、范围、程序和方法，了解自评工作情况。

2）现场查证考评。对照安全生产标准化规范及达标评级标准内容和要求，查阅有关文件、资料，并进行现场实地检查考评，形成评审意见，提出整改意见和建议。

3）召开末次会议。通报评审工作情况和评审意见。

（2）完成评审报告。评审报告包括以下内容：

1）电力企业（或工程建设项目）概况。

2）安全生产管理及绩效。

3）评审人员组成及分工。

4）评审情况及得分。

5）存在的主要问题及整改建议。

6）评审结论。

4. 组织开展达标评级审核工作

根据《国家能源局国家安全监管总局关于推进电力安全生产标准化建设工作有关事项

的通知》(国能安全〔2015〕126 号)文件规定,达标评级审核工作由电力企业按照电力安全生产标准化标准规范自主开展。

风电场达标评级审核工作由上一级公司或集团公司主管部门组织实施。达标评级审核的重点对申请单位是否符合条件、现场评审是否规范、评审结果是否完整和真实等方面进行审核,对风电场提交的评审报告组织审核。审核通过的,予以公告并颁发相应级别的安全生产标准化证书和牌匾。对于申请单位隐瞒事实、不符合条件、评审过程不按规定程序开展以及评审结果严重失实的,不予认定申请级别,并视情况按规定对相关单位进行通报和处理。

3.4 自 查 自 评

根据《国家能源局 国家安全监管总局关于推进电力安全生产标准化建设工作有关事项的通知》(国能安全〔2015〕126 号),风电场要落实《中华人民共和国安全生产法》等法律法规,按照相关标准规范,强化自主管理,继续加强安全生产标准化建设。

3.4.1 达标升级

根据《关于深入开展电力安全生产标准化工作的指导意见》(电监安全〔2011〕21 号)文件工作要求,已经标准化达标的风电场要不断加强电力安全生产标准化建设,按照闭环管理和持续改进的要求,推进标准化达标升级,开展更高级别的安全生产标准化建设和达标评级工作。对于评为三级标准化的,要重点抓改进;评为二级标准化的,要重点抓提升;评为一级标准化的,要重点抓巩固。

达标升级的工作程序和工作内容按照达标评级过程逐项组织开展。

3.4.2 自查自评

风电场达标评级后,每年应组织开展标准化自查自评工作。

风电场组织开展自查自评工作要对照电力安全生产标准化规范及标准,结合日常安全大检查工作,按照"边查边改"的原则,每年组织开展标准化自查自评工作,并将经上级单位审批的自查自评报告抄送当地派出机构,作为开展标准化工作的依据。

第4章 安全生产目标、机构、投入

4.1 安 全 生 产 目 标

安全目标是企业依据本企业安全生产实际情况，在一定时期内（按一年设定）通过加强内部管理和大家共同努力而达到的安全生产目标值。

安全生产目标包括：目标的制定、目标的控制与落实、目标的监督与考核。

4.1.1 目标的制定

1. 概况

安全生产目标的制定是企业落实安全生产责任制的重要方式之一，是企业安全管理工作实现量化控制与持续改进的基础。目标的制定，应符合有关法律法规、上级安全管理部门工作要求及下达的安全目标和本单位安全风险等实际情况，有利于检查、评比、考核，有利于调动大家实现安全生产目标的积极性。

2. 内容及评分标准

目标的制定内容及评分标准见表 4-1。

表 4-1 目标的制定内容及评分标准

项目序号	项目	内 容	标准分	评 分 标 准	实得分
5.1.1	目标的制定	电力企业应制定明确的总体和年度安全生产目标。 安全生产目标应明确企业安全状况在人员、设备、作业环境、管理等方面的各项安全指标。 安全指标应科学、合理，包括：不发生人身重伤及以上人身事故、不发生一般以上各类电力安全事故。 安全生产目标应经企业主要负责人审批，以文件形式下达	10	①未制定总体和年度安全生产目标、未经企业主要负责人审批，不得分。 ②指标不全面、内容有缺失，扣2分。 ③指标不明确，不易于员工获取并贯彻落实，扣2分。 ④未以正式方式下达，扣2分	

3. 适用规范及有关文件

(1)《国务院关于进一步加强企业安全生产工作的通知》（国发〔2010〕23号）。

(2)《企业安全生产标准化基本规范》（AQ/T 9006—2010）。

(3)《中央企业安全生产监督管理暂行办法》（国务院国有资产监督管理委员会2008年第21号令）。

(4)《关于加强电力企业班组安全建设的指导意见》（电监安全〔2012〕28号）。

4. 工作要求

(1) 依据《国务院关于进一步加强企业安全生产工作的通知》要求，各地区、各有关部门要把安全生产纳入经济社会发展的总体布局，在制定国家、地区发展规划时，要同步明确安全生产目标和专项规划。企业要把安全生产工作的各项要求落实在企业发展和日常工作之中，在制定企业发展规划和年度生产经营计划中要突出安全生产，确保安全投入和各项安全措施到位。

（2）依据《企业安全生产标准化基本规范》要求，企业根据自身安全生产实际，制定总体和年度安全生产目标。按照所属基层单位和部门在生产经营中的职能，制定安全生产指标和考核办法。

（3）依据《中央企业安全生产监督管理暂行办法》要求，中央企业应当制定中长期安全生产发展规划，并将其纳入企业总体发展战略规划，实现安全生产与企业发展的同步规划、同步实施、同步发展。

（4）依据《关于加强电力企业班组安全建设的指导意见》要求，电力企业要根据工作实际，合理确定班组安全目标，努力实现班组控制未遂和异常、不发生人身轻伤和障碍，保证生产安全。

4.1.2　目标的控制与落实

1. 概况

风电场安全生产目标的控制与落实是把上级下达年度安全生产目标按照内部管理部门职责和管理层次分解到职能部门、班组和每一位员工（包含正式员工、劳务派遣人员等）。

2. 内容及评分标准

目标的控制与落实内容及评分标准见表 4-2。

表 4-2　目标的控制与落实内容及评分标准

项目序号	项目	内　　容	标准分	评　分　标　准	实得分
5.1.2	目标的控制与落实	根据确定的安全生产目标制定相应的分级（厂级、部门、班组）目标。基层单位或部门按照安全生产职责，制定相应的分级控制措施	15	①未制定相应目标和控制措施，不得分。②控制措施不明确、不具体，未结合岗位特点，扣 2 分	

3. 适用文件

（1）《国务院关于进一步加强企业安全生产工作的通知》（国发〔2010〕23 号）。

（2）《关于进一步加强中央企业全员业绩考核工作的指导意见》（国资发综合〔2009〕300 号）。

（3）《关于加强电力企业班组安全建设的指导意见》（电监安全〔2012〕28 号）。

4. 工作要求

（1）依据《国务院关于进一步加强企业安全生产工作的通知》文件要求，严格落实安全目标考核。对各地区、各有关部门和企业完成年度生产安全事故控制指标情况进行严格考核，并建立激励约束机制。

（2）依据《关于进一步加强中央企业全员业绩考核工作的指导意见》文件要求，各中央企业要针对企业所处不同行业、不同发展阶段的特点，针对管理层和部门的不同职责、员工所处的不同岗位，围绕集团公司的总体目标和发展战略，加强研究和完善业绩考核办法，科学合理地确立业绩考核指标，突出分类指导，不断增强业绩考核的导向性、针对性和实效性。

（3）依据《关于加强电力企业班组安全建设的指导意见》文件要求，电力企业必须建立健全班组安全生产责任制，把企业安全生产目标层层分解到班组，明确到岗位，落实到个人。

4.1.3　目标的监督与考核

1. 概况

风电场安全目标的监督与考核，是对实施过程中的风电场进行检查，找出管理运行缺陷和存在问题，是保证安全生产状况持续改进的主要手段。

2. 内容及评分标准

目标的监督与考核内容及评分标准见表4-3。

表4-3　目标的监督与考核内容及评分标准

项目序号	项目	内　　容	标准分	评　分　标　准	实得分
5.1.3	目标的监督与考核	制定安全生产目标考核办法。 定期对安全生产目标实施计划的执行情况进行监督、检查与纠偏。 对安全生产目标完成情况进行评估与考核	15	①未实现安全生产目标，不得分。 ②未制定目标考核办法，扣2分。 ③未对安全生产目标完成情况进行检查评估，未按办法对目标执行情况考核，扣2分	

3. 适用规范及有关文件

（1）《企业安全生产标准化基本规范》（AQ/T 9006—2010）。

（2）《关于进一步加强中央企业全员业绩考核工作的指导意见》（国资发综合〔2009〕300号）。

（3）《关于加强电力企业班组安全建设的指导意见》（电监安全〔2012〕28号）。

4. 工作要求

（1）依据《企业安全生产标准化基本规范》有：

1）企业应建立健全安全生产规章制度，并发放到相关工作岗位，规范从业人员的生产作业行为。

2）企业应每年至少一次对本单位安全生产标准化的实施情况进行评定，验证各项安全生产制度措施的适宜性、充分性和有效性，检查安全生产工作目标、指标的完成情况。企业主要负责人应对绩效评定工作全面负责。评定工作应形成正式文件，并将结果向所有部门、所属单位和从业人员通报，作为年度考评的重要依据。

（2）依据《关于进一步加强中央企业全员业绩考核工作的指导意见》要求，各中央企业要把业绩考核与薪酬激励和干部任免紧密挂钩，严格兑现奖惩，做到有目标、有记录、有评估，先考核后定绩效薪酬，赏罚分明。要合理确定业绩考核结果的分级比例，避免考核等级的平均化倾向。要高度重视业绩考核结果的反馈，提出改进方向，引导先进企业、优秀管理者和员工不断创造卓越业绩，激励后进企业、管理者和员工努力追赶先进目标。要通过全员业绩考核，促进企业深化内部制度改革，真正建立起管理者能上能下、员工能进能出、薪酬能高能低的有效激励约束机制。要将企业的发展战略与员工个人能力提升、职业发展规划有机结合，为被考核人提供相关业务培训的条件保障以及完成考核目标的必要指导。

（3）依据《关于加强电力企业班组安全建设的指导意见》要求，电力企业要建立班组安全生产绩效考核标准和班组安全生产目标考核奖惩制度，切实加强班组安全考核管理，考核结果要与班组成员的待遇、收入、晋级和使用挂钩。要加强班组长工作考核，将安全生产管理水平作为选拔任用班组长的首要条件，实施一票否决；对安全生产工作不称职或有严重失误的班组长，要及时进行调整。要健全人才成长和使用机制，利用一线班组培养安全管理优秀人才。

4.2　组织机构和职责

组织机构就是为了达到特定的目标，设置不同层次的权利和责任制度使全体参加者分工与协作，而构成的一种人的组合体。

组织机构是风电场开展安全管理工作的基础，是各项安全工作执行和落实的组织与职责保障。一般由安全生产领导机构、安全生产监督管理机构和安全监督管理人员等构成。

组织机构和职责包括：安全生产委员会、安全生产保障体系、安全生产监督体系、安全生产责任制 4 部分内容。

4.2.1　安全生产委员会

1. 概况

安全生产委员会（以下简称安委会）是风电场安全工作的最高决策机构，负责统一领导风电场的安全生产工作，研究决策风电场安全生产的重大问题。安委会主任应当由风电场安全生产第一责任人担任。安委会应当建立工作制度和例会制度。

风电场安委会应由风电场主要负责人和各职能部门的负责人组成，成立安委会同时明确安委会主任、副主任以及委员的安全工作职责，并至少每季度召开一次安委会并形成会议纪要。

2. 内容及评分标准

安全生产委员会内容及评分标准见表 4-4。

表 4-4　安全生产委员会内容及评分标准

项目序号	项目	内　　容	标准分	评　分　标　准	实得分
5.2.1	安全生产委员会	成立以主要负责人为领导的安全生产委员会，明确机构的组成和职责，建立健全工作制度和例会制度。 企业主要负责人应定期组织召开安全生产委员会会议，总结分析本单位的安全生产情况，部署安全生产工作，研究解决安全生产工作中的重大问题，决策企业安全生产的重大事项	10	①未成立企业安全生产委员会并建立相关制度，不得分。 ②未按规定召开会议或会议记录不完整，扣 2 分/次。 ③重大、重要安全事项未经安委会研究确定，扣 3 分	

3. 适用文件

（1）《中华人民共和国安全生产法》。

（2）《国务院关于进一步加强企业安全生产工作的通知》（国发〔2010〕23 号）。

（3）《中央企业安全生产监督管理暂行办法》（国务院国有资产监督管理委员会 2008 年第 21 号令）。

4. 工作要求

（1）根据《中华人民共和国安全生产法》规定，风电场应当具备安全生产法和有关法律、行政法规和国家标准或者行业标准规定的安全生产条件；不具备安全生产条件的，不得从事生产经营活动。

（2）根据《中央企业安全生产监督管理暂行办法》规定，中央企业必须建立健全安全生产的组织机构；中央企业应当对其独资及控股子企业（包括境外子企业）的安全生产认真履行安全生产条件具备情况，安全生产监督管理组织机构设置情况，安全生产责任制、安全生产各项规章制度建立情况，安全生产投入和隐患排查治理情况，安全生产应急管理情况，及时、如实报告生产安全事故等监督管理责任。

（3）安全生产委员会对场站上月安全生产情况进行分析和总结，对下月重要安全生产工作做出详细部署，研究解决安全生产工作中的重大问题，决策风电场安全生产的重大事项。

5. 常见问题及采取措施

（1）常见问题。

1）编制的安委会组织机构文件内容不完整。

2）安委会会议记录不全面。

（2）采取措施。根据《中华人民共和国安全生产法》《国务院关于进一步加强企业安全生产工作的通知》及《中央企业安全生产监督管理暂行办法》文件要求：安委会组织机构文件内容包括组织机构成员覆盖了生产经营活动全过程，明确安委会主任为安全生产第一责任人，明确了各机构成员的工作职责；制定安委会的工作制度和例会制度，每季度至少召开一次专题会议，记录内容包括时间、地点、参会人员、签到表、内容等，重大、重要安全事项的决策要有安委会研究的会议记录，并且做到有布置、有落实、有完成情况追溯。

4.2.2 安全生产保障体系

1. 概况

安全生产保障体系是为保障风电场安全生产管理工作有效开展，建立的人员、物资、费用等方面的保障体系。建立的风电场安全生产保障体系应明确保障体系中各级人员的安全工作职责。

安全生产保障体系由组织保证（风电场建立健全以主要负责人为安全第一责任人的安全生产保证体系）、管理保证（加强风电场班组建设，健全规范化班组安全管理机制）、投入保证（风电场主要负责人应保证安全生产条件所必需的资金投入，并对由于安全生产的必需的资金投入不足导致的后果承担责任）、技术保证（加强技术监督技术管理，应用、推广新的技术检测手段和装备）组成。

2. 内容及评分标准

安全生产保障体系内容及评分标准见表4-5。

表4-5 安全生产保障体系内容及评分标准

项目序号	项目	内 容	标准分	评 分 标 准	实得分
5.2.2	安全生产保障体系	建立由生产领导负责和有关单位主要负责人组成的安全生产保障体系。贯彻"管生产必须管安全"的原则。 企业、部门（车间）主要负责人应每月组织召开安全生产分析会议，形成会议记录并予以公布。 落实安全生产保障体系职责，保障安全生产所需的人员、物资、费用等需要	10	①未按要求建立安全生产保障体系，不得分。 ②未每月召开安全分析例会，扣2分/次；会议记录不完整或没有公布，扣1分/次；未分析安全生产存在的问题，扣1分/次；未针对问题制定改进措施，扣1分；未布置安全生产工作和明确完成时间、负责人，扣1分；上次布置的工作未闭环，扣1分。 ③安全保障体系不健全、不符合要求，职责未有效落实，扣1分/项	

3. 适用文件

（1）《中央企业安全生产监督管理暂行办法》（国务院国有资产监督管理委员会2008年第21号令）。

（2）《国家安全监管总局关于进一步加强企业安全生产规范化建设严格落实企业安全生产主体责任的指导意见》（安监总办〔2010〕139号）。

4. 工作要求

（1）加强安全生产管理体系的运行控制、过程督查、总结反馈、持续改进等管理过程，确保体系的有效运行。

（2）健全和完善安全生产例会制度，建立班组班前会、周安全生产活动日，车间周安全生产调度会，企业月安全生产办公会、季安全生产形势分析会、年度安全生产工作会等例会制度，定期研究、分析、布置安全生产工作的要求，每月召开部门安全生产分析会，并做好记录。

（3）及时落实风电场改进措施。

5. 常见问题及采取措施

（1）常见问题。

1）安全生产保障体系文件不完整。

2）月度安全分析会记录。

（2）采取措施。

1）安全生产保障体系文件应包含：决策指挥保证系统、执行运作保证系统、规章制度保证系统、设备管理保证系统、安全技术保证系统、教育培训保证系统。

2）月度安全分析会记录应包括：时间、地点、与会人员、签到表、内容等；内容包括：问题分析、针对问题的布置、落实、完成情况追溯；记录的公布情况。

4.2.3 安全生产监督体系

1. 概况

安全生产监督体系是指监督各层次安全组织机构的安全管理工作，对风电场生产全过程的人身与设备的安全开展监督工作。

安全监督体系由风电场安全监督人员、车间安全员、班组安全员组成的三级安全监督网构成。

2. 内容及评分标准

安全生产监督体系内容及评分标准见表4-6。

表4-6 安全生产监督体系内容及评分标准

项目序号	项目	内 容	标准分	评 分 标 准	实得分
5.2.3	安全生产监督体系	根据国家和上级单位规定要求，设置安全生产监督管理机构，配备满足安全生产要求的各级安全监督人员和所需的设施器材。 企业应当加强安全监督队伍建设，鼓励和支持安全生产监督管理人员取得注册安全工程师资质。 建立安全生产监督体系，健全安全生产监督网络，每月召开安全生产监督会，并做好会议记录。 安全生产监督网络要严格履行安全生产职责，布置、督促、落实企业的安全生产工作，检查安全生产工作开展情况，纠正违反安全生产规章制度的行为，严格安全生产考核，安全监督工作记录完整	20	①未按要求设置安全生产监督管理机构，不得分。 ②安全监督网络不健全，安全监督人员数量、素质及配备的设施器材不满足本单位安全监督需要的，扣5分；安监人员中没有安全注册工程师的，扣3分。 ③未按时召开会议或会议记录不完整，扣2分/次。 ④安全监督人员对关键工作、危险工作、重点工作未进行现场监督的，扣3分。 ⑤现场监督无记录，发现违章现象未制止并跟踪整改的，扣2分/次	

3. 适用文件

（1）《中华人民共和国安全生产法》。

（2）《中央企业安全生产监督管理规定》（国务院国有资产监督管理委员会2008年第21号令）。

4. 工作要求

（1）风电场场站应结合具体情况，建立风电场公司、部门、班组组成的三级安全监督管理体系，成立风电场安全生产领导小组，确定以总经理为第一责任人的安全管理体系，制定安全生产领导小组会议程序，明确安全生产领导小组下设的安全生产办公室为风电场安全生产管理机构，负责风电场日常安全管理工作，设置1名专职安全管理人员，并明确安全生产管理职责。

（2）加强安全生产管理体系的运行控制、过程督查、总结反馈、持续改进等管理过程，确保体系的有效运行。

（3）鼓励和支持安全监督管理人员获取注册安全工程师资格证书。

（4）制止对现场违章现象并教育整改，应及时完成现场监督记录。

5. 常见问题及采取措施

（1）常见问题。

1）安全生产监督机构设置文件内容应全面。

2）做好月度安全生产监督会议。

（2）采取措施。

1）安全生产监督机构设置文件应包括：机构组成人员覆盖场站情况、部门情况、班组三级安全教育情况；安监人员数量、素质及设施器材配置；安全注册工程师资格证等。

2）做好月度安全生产监督会议及对关键工作、危险工作、重点工作的现场监督的记录。

4.2.4 安全生产责任制

1. 概况

安全生产责任制是风电场根据《中华人民共和国安全生产法》建立的各级领导、职能部门、岗位操作人员在生产过程中对安全生产层层负责的制度。风电场制定的安全生产责任要明确各级管理人员、部门及场站的安全职责，建立有系统、分层次的安全生产保证体系和安全生产监督体系，做到各司其职，各负其责，共同做风电场的安全生产工作。安全生产责任制是电力企业中最基本的一项安全制度，也是企业安全生产、劳动保护管理制度的核心。

2. 内容及评分标准

安全生产责任制内容及评分标准见表 4-7。

表 4-7 安全生产责任制内容及评分标准

项目序号	项目	内 容	标准分	评分标准	实得分
5.2.4	安全生产责任制	制定符合本企业的安全生产责任制，明确各部门、各级、各类岗位人员安全生产责任。 企业主要负责人应按照安全生产法律法规赋予的职责，建立、健全本单位安全生产责任制，组织制定本单位安全生产规章制度和操作规程，保证本单位安全生产投入的有效实施，督促、检查本单位的安全生产工作，及时消除生产安全事故隐患，组织制定并实施本单位的生产安全事故应急救援预案，及时、如实报告生产安全事故。 各级、各类岗位人员要认真履行岗位安全生产职责，严格落实安全生产规章制度。 企业应建立责任追究制度，对安全生产职责履行情况进行检查、考核	20	①未建立安全生产责任制，或安全生产责任制未有效落实造成事故，不得分。 ②各级、各类人员安全职责未体现岗位工作相关性，未落实安全生产责任制，扣 5 分。 ③未制定责任追究制度和考核制度，无安全生产奖惩记录，扣 5 分	

3. 适用文件

（1）《中央企业安全生产监督管理暂行办法》（国务院国有资产监督管理委员会 2008 年第 21 号令）。

（2）《中华人民共和国安全生产法》。

4. 工作要求

（1）制定覆盖风电场所有生产经营和管理部门及各级员工的安全生产责任制，风电场领导、各部门、各岗位人员应认真履行岗位安全生产职责，严格落实安全生产规章制度。

（2）全面编写安全生产责任制的内容，避免遗漏和缺失。

5. 常见问题及采取措施

（1）常见问题。

1）各级人员安全生产责任制。

2）总经理安全责任制内容缺失。

3）各岗位人员的职责范围、所分管的工作内容及资格要求。

（2）采取措施。

1）各级安全生产责任制（决策层、管理层、一般从业人员）应分别明确各部门、各级、各类岗位（包括驾驶员、厨师等劳务派遣）安全生产责任。

2）总经理安全责任制中应注意不要缺少"组织制定并实施本单位安全生产教育和培训计划"和"及时、如实报告生产安全事故"等内容。

3）建立责任追究制度和考核制度，做好安全生产检查和奖惩记录。

4.3 安全生产投入

安全生产投入是风电场安全生产的基本保障，是风电场场站安全活动的一切人力、财力和物力的总和，包括安全设施、措施费用投入，个人防护用品投入，职业病防治费用、职业健康检查费用以及安全生产人力配置的投入等。

安全生产投入包括费用管理和费用使用两部分内容。

4.3.1 费用管理

1. 概况

风电场应保证法律法规要求的人力、物力、财力投入，通过满足安全生产需要的安全投入，使现场设备、设施符合安全生产条件，作业环境满足作业要求，杜绝由于安全投入不足引发的安全事故。

2. 内容及评分标准

费用管理内容及评分标准见表4-8。

表4-8 费用管理内容及评分标准

项目序号	项目	内 容	标准分	评 分 标 准	实得分
5.3.1	费用管理	制定满足安全生产需要的安全生产费用计划，严格审批程序，按上级规定提取安全生产费用并落实到位，企业主要领导定期组织有关部门对执行情况进行检查、考核	15	①未按规定提取安全生产费用，不得分。②未制定安全生产费用计划，扣3分。③审批程序不符合规定，扣2分	

3. 适用文件

(1)《中华人民共和国安全生产法》。

(2)《高危行业企业安全生产费用财务管理暂行办法》（财企〔2006〕478 号）。

4. 工作要求

(1) 制定安全生产费用管理制度。

(2) 制定下发年度安全生产费用投入计划。

(3) 制定下发反事故措施计划和劳动保护技术措施计划。

5. 常见问题及采取措施

(1) 常见问题。未按照《高危行业安全生产费用提取和使用管理办法》提取和使用安全生产费用，无法保证风电场安全生产投入资金，未设置专门用于改善安全生产条件的资金。

(2) 采取措施。风电场应结合实际情况，综合考虑第二年开展的安全管理工作，并按照《高危行业企业安全生产费用财务管理暂行办法》提取和使用安全生产费用，保证风电场安全生产投入资金，专门用于改善安全生产条件。

4.3.2　费用使用

1. 概况

费用的使用范围主要包括两措费用、安全评价、应急预案编制、应急物资、危险源监控整改和安全生产月活动等。

2. 内容及评分标准

费用使用内容及评分标准见表 4-9。

表 4-9　费用使用内容及评分标准

项目序号	项目	内　　容	标准分	评分标准	实得分
5.3.2	费用使用	安全生产费用主要用于以下方面： ①安全技术和劳动保护措施：安全标志、安全工器具、安全设备设施、安全防护装置、安全培训、职业病防护和劳动保护，以及重大安全生产课题研究和预防事故采取的安全技术措施工程建设等。 ②反事故措施：设备重大缺陷和隐患治理、针对事故教训采取的防范措施、落实技术标准及规范进行的设备和系统改造、提高设备安全稳定运行的技术改造等。 ③应急管理：预案编制、应急物资、应急演练、应急救援等。 ④安全检测、安全评价、事故隐患排查治理和重大危险源监控整改以及安全保卫等。 ⑤安全法律法规收集与识别、安全生产标准化建设实施与维护、安全监督检查、安全技术技能竞赛、安全文化建设与安全月活动等	25	①无安全生产费用，不得分。 ②安全生产费用使用中存在应投入而未投入的，扣 2 分/项	

3. 适用文件

(1)《中华人民共和国安全生产法》。

(2)《高危行业企业安全生产费用财务管理暂行办法》(财企〔2006〕478号)。

4. 工作要求

(1)按照安全管理工作计划合理安排使用安全生产费用,场站安全管理部门要对使用的每项安全生产费用进行审核,严禁乱用、挪用。

(2)风电场领导定期组织有关部门对执行情况进行检查、考核。

5. 常见问题

(1)在安全技术和劳动保护措施、反事故措施、应急管理、安全检测、评价、事故隐患排查治理、重大危险源监控及安全保卫、安全法律法规的收集与识别、安全生产标准化建设的实施与维护、安全监督检查、安全技能竞赛、安全文化建设与安全月活动等方面存在应投而未投的情况。

(2)有挪用安全生产费用情况;风电场年度安全生产费用投入计划表中未列支安全生产费用所包含内容,有缺项。

第 5 章　安全管理制度、教育培训

5.1　法律法规与安全管理制度

法律法规与安全管理制度是企业依据本企业安全生产实际情况，建立获取、更新安全生产法律法规与其他要求的管理制度。企业各部门要定期识别、获取本部门适用的相关安全法律法规并向主管部门汇总。通过对从业人员安全生产法律法规的培训、考核，进一步加强企业的生产安全。

法律法规包括：法律（全国人大颁布的安全生产法律）；法规（国务院和省级人大颁布的有关安全生产的法规）；规章（国务院各部、委、局和省级人民政府颁布的文件）；标准（国家、地方和行业颁布的安全标准）；国际公约（我国已签署的关于劳动保护的公约）；其他要求（各级政府有关安全生产方面的规范性文件，上级主管部门的要求，地方和相关行业有关的安全生产要求、非法规性文件和通知、技术标准规范等）。

5.1.1　法律法规与标准规范

1. 概况

法律法规与标准规范是企业通过识别和获取适用本企业生产和业务活动中的安全风险的法律法规、标准和其他要求，及时更新，并将这些信息及时传达给从业人员和相关方，以便严格遵守，消除违法行为和现象。

2. 内容及评分标准

法律法规与标准规范要求及评分标准见表 5-1。

表 5-1　法律法规与标准规范要求及评分标准

项目序号	项目	内　容	标准分	评分标准	实得分
5.4.1	法律法规与标准规范	建立识别和获取适用的安全生产法律法规、标准规范的制度，明确主管部门，确定获取的渠道、方式，及时识别和获取适用的安全生产法律法规、标准规范。 企业职能部门应及时识别和获取本部门适用的安全生产法律法规、标准规范，并跟踪、掌握有关法律法规、标准规范的修订情况，及时提供给企业内负责识别和获取适用的安全生产法律法规的主管部门汇总 企业应将适用的安全生产法律法规、标准规范及其他要求及时传达给从业人员。 企业应遵守安全生产法律法规、标准规范，并将相关要求及时转化为本单位（企业）规章制度，贯彻到日常安全管理工作中	15	①未明确识别主管部门的，扣 5 分。 ②未建立相关制度，扣 5 分。 ③未根据识别和获取的法律法规及时完善本企业规章制度和规程的，扣 1 分/项。 ④未将识别和获取的法律法规对相关人员进行教育培训的，扣 1 分/项	

3．适用规范及有关文件

（1）《中华人民共和国安全生产法》。

（2）《国务院关于进一步加强企业安全生产工作的通知》（国发〔2010〕23号）。

（3）《企业安全生产标准化基本规范》（AQ/T 9006—2010）。

（4）《国家安全监管总局关于进一步加强企业安全生产规范化建设严格落实企业安全生产主体责任的指导意见》（安监总办〔2010〕139号）。

4．工作要求

（1）根据《中华人民共和国安全生产法》规定，生产经营单位必须遵守本法和其他有关安全生产的法律、法规，加强安全生产管理，建立、健全安全生产责任制和安全生产规章制度，改善安全生产条件，推进安全生产标准化建设，提高安全生产水平，确保安全生产。

（2）根据《企业安全生产标准化基本规范》规定，企业应建立识别和获取适用的安全生产法律法规、标准规范的制度，明确主管部门，确定获取的渠道、方式，及时识别和获取适用的安全生产法律法规、标准规范。企业各职能部门应及时识别和获取本部门适用的安全生产法律法规、标准规范，并跟踪、掌握有关法律法规、标准规范的修订情况，及时提供给企业内负责识别和获取适用的安全生产法律法规的主管部门汇总。企业应将适用的安全生产法律法规、标准规范及其他要求及时传达给从业人员。企业应遵守安全生产法律法规、标准规范，并将相关要求及时转化为本单位的规章制度，贯彻到各项工作中。企业要严格执行安全生产法律法规和行业规程标准，加大安全生产标准化建设投入，积极组织开展岗位达标、专业达标和企业达标的建设活动，并持续巩固达标成果，实现全面达标、本质达标和动态达标。

（3）根据《国家安全监管总局关于进一步加强企业安全生产规范化建设严格落实企业安全生产主体责任的指导意见》规定，提高企业安全生产标准化水平。

5．常见问题及采取措施

（1）常见问题。

1）在工作实践中发现，部分电力企业未建立识别和获取适用的安全生产法律法规、标准规范的制度，未明确主管部门；获得的渠道、方式不明确；未及时识别和获取适用的安全生产法律法规、标准规范。

2）在查阅法律法规有关资料时，部分风电场制度建立后，归口管理部门、牵头部门、其他职能部门之间沟通不畅，相互推诿，机制不顺，时常出现信息识别和获取不全、不及时的情况。

3）电力企业在识别和获取适用的安全生产法律法规、标准规范后，较易忽视对相关人员的培训，且很少及时把培训、学习成果转化为完善、修订、增补制度及规程。

（2）采取措施。

1）电力企业应建立识别和获取适用的安全生产法律法规、标准规范的制度，明确主管部门，确定获取的渠道、方式，及时识别、获取和汇总适用的安全生产法律法规、标准规范。

2）电力企业应及时把适用的安全生产法律法规、标准规范及其他要求传达给从业人员，并转化为本企业规章制度，贯彻到日常安全管理工作中。

5.1.2　规章制度

1. 概况

电力企业应建立健全符合国家法律法规、国家及行业标准要求的各项规章制度，并发放到相关工作岗位，规范从业人员的生产作业行为。

2. 内容及评分标准

规章制度内容及评分标准见表 5-2。

表 5-2　规章制度内容及评分标准

项目序号	项目	内　　容	标准分	评　分　标　准	实得分
5.4.2	规章制度	建立健全符合国家法律法规、国家及行业标准要求的各项规章制度（包括但不仅限于附录 A），并发放到相关工作岗位，规范从业人员的生产作业行为	15	①规章制度不全，扣 2 分/项。②相关岗位的规章制度配置不全，扣 1 分/处	

3. 适用规范及有关文件

(1)《中华人民共和国安全生产法》。

(2)《国务院关于进一步加强企业安全生产工作的通知》（国发〔2010〕23 号）。

(3)《企业安全生产标准化基本规范》（AQ/T 9006—2010）。

4. 工作要求

根据《企业安全生产标准化基本规范》规定，企业应建立健全安全生产规章制度，并发放到相关工作岗位，规范从业人员的生产作业行为；安全生产规章制度至少应包含下列内容：安全生产职责、安全生产投入、文件和档案管理、隐患排查与治理、安全教育培训、特种作业人员管理、设备设施安全管理、建设项目安全设施"三同时"管理、生产设备设施验收管理、生产设备设施报废管理、施工和检维修安全管理、危险物品及重大危险源管理、作业安全管理、相关方及外用工管理，职业健康管理、防护用品管理，应急管理，事故管理等。

5. 常见问题及采取的措施

(1) 常见问题。

1) 在工作实践中发现部分电力企业虽较为严格地执行国家法律法规、国家级行业标准强制性条文，但并未严格执行国家及行业标准非强制性条文，且未结合电力企业实际的设备情况和实践经验，应明确规定取舍、补充完善。

2) 在查阅规章制度有关资料时，发现部分电力企业未将各项规章制度配置到岗位，尤其是专业性较强的标准、制度、规程，应建立、健全岗位配置规定，明确范围。若无规定，现场检查规章制度是否齐全，不易判断。

(2) 采取措施。

1) 电力企业制定的规章制度，要严格执行国家法律、法规的规定，保障本单位员工的劳动权利，督促员工履行劳动义务。制定规章制度应当体现权利与义务一致、奖励与惩罚结合，不得违反法律、法规的规定。

2）电力企业在制定本单位的规章制度时，应按照"先民主，后集中"的程序实施，全体员工应共同参与本单位规章制度的修订工作。经协商确定，总经理签字后，发布实施。

5.1.3　安全生产规程

1. 概述

电力企业的操作规程是为保证本单位的生产、工作能够安全、稳定、有效运转而制定的，相关人员在操作设备或办理业务时必须遵循的程序或步骤。

2. 内容及评分标准

安全生产规程内容及评分标准见表5-3。

表5-3　安全生产规程内容及评分标准

项目序号	项目	内　　容	标准分	评　分　标　准	实得分
5.4.3	安全生产规程	企业应配备国家及电力行业有关安全生产规程。 企业应编制运行规程、检修规程、设备试验规程、系统图册、相关设备操作规程等有关安全生产规程。 企业应将有关安全生产规程发放到相关岗位	10	①未明确各部门、岗位应配备的规章制度，扣2分/项；部门、班组、岗位没有获取到最新的安全生产规程，扣1分/项。 ②编制的安全生产规程内容不全或不符合要求，扣2分/项	

3. 适用规范

（1）《电业安全工作规程 第1部分 热力和机械》（GB 26164.1—2010）。

（2）《电力安全工作规程 电力线路部分》（GB 26859—2011）。

（3）《电力安全工作规程 发电厂和变电站电气部分》（GB 26860—2011）。

（4）《电力安全工作规程 高压试验室部分》（GB 26861—2011）。

（5）《风力发电场检修规程》（DL/T 797—2012）。

（6）《风力发电场运行规程》（DL/T 666—2012）。

（7）《电力设备典型消防规程》（DL 5027—2015）。

4. 工作要求

（1）《电业安全工作规程 第1部分 热力和机械》规定了从事电力生产的热力和机械作业的人员在生产现场或工作中的基本安全工作要求。适用于从事电力生产的所有人员和进入电力生产现场的有关人员。

（2）《电业安全工作规程 发电厂和变电站电气部分》规定了电力生产单位和在电力工作场所工作人员的基本电气安全要求。适用于具有66kV及以上电压等级设施的发电企业所有运用中的电气设备及其相关场所；具有35kV及以上电压等级设施的输电、变电和配电企业所有运用中的电气设备及其相关场所；具有220kV及以上电压等级设施的用电单位运用中的电气设备及其相关场所。

（3）《电业安全工作规程 高压试验室部分》规定了高压实验室的基本安全要求、管理

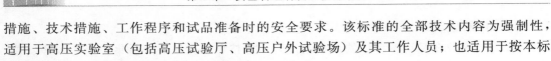

措施、技术措施、工作程序和试品准备时的安全要求。该标准的全部技术内容为强制性，适用于高压实验室（包括高压试验厅、高压户外试验场）及其工作人员；也适用于按本标准要求形成试区的变电站、发电厂现场高压试验。

（4）《电业安全工作规程 电力线路部分》规定了电力生产单位和在电力生产现场所工作人员的基本电气安全要求。适用于具有 66kV 及以上电压等级设施的发电企业所有运用中的电气设备及其相关场所；具有 35kV 及以上电压等级设施的输电、变电和配电企业所有运用中的电气设备及其相关场所；具有 220kV 及以上电压等级设施的用电单位运用中的电气设备及其相关场所。

（5）《风力发电场检修规程》规定了风力发电场检修的技术要求。适用于并网型陆上风力发电场。

（6）《风力发电场运行规程》规定了风力发电场（风电场）运行的基本技术要求。适用于并网型陆上风电场。

（7）《电力设备典型消防规程》规定了电力设备及其相关设施的防火和灭火措施，以及消防安全管理要求，适用于发电单位、电网经营单位、以及非电力单位使用电力设备的消防安全管理。电力设计、安装、施工、调试、生产应符合该规程的有关要求。

5. 常见问题及采取措施

（1）常见问题。

1）在工作实践中，发现电力企业未明确部门、岗位配置的规章制度和相关规程，未及时补充、更新完善；是否配置齐全，就看是否按照规定配置。

2）电力企业在安全生产规程管理过程中时常存在的漏洞，有的电力企业部门、班组、岗位无最新的安全生产规程，有的规程、制度的新版和旧版同时存在，有的仅有电子版或不完整、不齐全的签字审批程序。

3）有的电力企业编制安全生产规程、规章制度，内容不全或不符合要求。常见的情形主要有：风电场要求低于国家和行业强制性规定，有的内容未全面纳入本风电场规程制度，有的与国家和行业规定冲突，有的概念重复定义引起歧义等。

（2）采取措施。

1）电力企业要按照岗位工作发特点和任务，明确配备国家及电力行业有关安全生产规程、电力安全生产规程、系统图册和管理制度。并及时发放到相关岗位的从业人员，有条件的，可在部门增设资料室，努力减少规程制度管理难度。

2）电力企业要按照国家及电力行业有关规程标准，生产设备及设施的设计、制造、安装、调试、运行、检修及试验等资料，及时编制运行规程、检修规程、设备试验规程、系统图册、相关设备使用规程及典型事故处理要点等有关安全生产规程，履行审批程序后，由电力企业主要负责人发布实施。

5.1.4　评估和修订

1. 概况

电力企业安全生产责任制、安全生产规章制度、安全技术操作规程等规范制度，在发生变化时，应每年组织评估一次；每 3～5 年组织一次全面修订，重新印刷发布。确保安全管理制度的适宜性和有效性。

2. 内容及评分标准

评估和修订内容及评分标准见表5-4。

表5-4 评估和修订内容及评分标准

项目序号	项目	内 容	标准分	评分标准	实得分
5.4.4	评估和修订	每年至少一次对企业执行的安全生产法律法规、标准规范、规章制度、操作规程、检修、运行、试验等规程的有效性进行检查评估；及时完善规章制度、操作规程，每年发布有效的法律法规、制度、规程等清单。 每3～5年对有关制度、规程进行一次全面修订、重新印刷发布。 规章制度、操作规程的修订、审查应严格履行审批手续	10	①未公布现行有效的制度清单，不得分。 ②未按要求及时修订有关规程和规章制度，扣2分/项。 ③未按规定履行规程、规章制度审批手续，扣2分/项	

3. 适用规范及有关文件

(1)《国务院关于进一步加强企业安全生产工作的通知》(国发〔2010〕23号)。

(2)《企业安全生产标准化基本规范》(AQ/T 9006—2010)。

4. 工作要求

(1) 根据《企业安全生产标准化基本规范》规定，企业应每年至少一次对安全生产法律法规、标准规范、规章制度、操作规程的执行情况进行检查评估。应根据评估情况、安全检查反馈的问题、生产安全事故案例、绩效评定结果等，对安全生产管理规章制度和操作规程进行修订，确保其有效和适用，保证每个岗位所使用的为最新有效版本。

(2) 根据《国务院关于进一步加强企业安全生产工作的通知》规定，各行业管理部门和负有安全生产监管职责的有关部门要根据行业技术进步和产业升级的要求，加快制定修订生产、安全技术标准，制定和实施高危行业从业人员资格标准。对实施许可证管理制度的危险性作业要制定落实专项安全技术作业规程和岗位安全操作规程；企业每年对使用的规程、执行的安全生产法律法规、标准规范、规章制度，进行检查评估，确定其有效性，并发布有效的法律法规、规章制度、规程规范等清单；企业每3～5年对有关制度、规程进行一次全面修订，并严格按照程序，履行审查、批准手续，重新印刷发布。

5. 常见问题及采取措施

(1) 常见问题。

1) 在工作实践中，发现有的电力企业未定期检查评估，或检查评估时，内容不齐全，或未公布执行的有效清单。

2) 在查阅安全生产规程资料时，发现有的电力企业修订、完善的规章制度、规程规范等，履行审批手续不全，无效规章制度、规程规范管理不严，尤其是审批手续不全的电子版实际使用居多，而在生产实践中临时增补的措施，未纳入新规程规范的问题普遍存在。

(2) 采取措施。

1) 电力企业每年对使用的规程、执行的安全生产法律法规、标准规范、规章制度，进行检查评估，确定其有效性，并发布有效的法律法规、规章制度、规程规范等清单。

2）电力企业每 3～5 年对有关制度、规程进行一次全面修订，并严格按照程序，履行审查、批准手续，重新印刷发布。

5.1.5　文件和档案管理

1．概述

电力企业的文件、档案管理包含了文件的编写、审批、发放、使用、更改及作废等子过程，规定了各子过程负责人的职责，适用于各过程管理体系文件的控制。

2．规范及评分标准

文件和档案管理内容及评分标准见表 5-5。

表 5-5　文件和档案管理内容及评分标准

项目序号	项目	内　　容	标准分	评分标准	实得分
5.4.5	文件和档案管理	严格执行文件和档案管理制度，确保规章制度、规程编制、使用、评审、修订的有效性。 建立主要安全生产过程、事件、活动、检查的安全记录档案，并加强对安全记录的有效管理。安全记录至少包括：班长日志、巡检记录、检修记录、不安全事件记录、事故调查报告、安全生产通报、安全日活动记录、安全会议记录、安全检查记录等	10	①未建立档案管理制度，没有按制度执行，不得分。 ②未按规定做好安全台账、记录导致缺少的，扣 2 分/项或 2 分/次。 ③安全台账、记录内容不全面或不具体，扣 1 分/项	

3．适用规范及有关文件

(1)《国务院关于进一步加强企业安全生产工作的通知》（国发〔2010〕23 号）。

(2)《企业安全生产标准化基本规范》（AQ/T 9006—2010）。

4．工作要求

根据《企业安全生产标准化基本规范》规定，企业应严格执行文件和档案管理制度，确保安全规章制度和操作规程编制、使用、评审、修订的效力；应建立主要安全生产过程、事件、活动、检查的安全记录档案，并加强对安全记录的有效管理。

5．常见问题及采取措施

(1)常见问题。

1）在查阅电力企业文件和档案管理时，发现有的电力企业未建立健全文件、档案管理制度，或管理制度内容不全，或电力生产记录未全面反映电力安全生产过程中的主要事件、活动、检查等内容，或归档不及时。

2）在查阅安全生产规程资料时，发现有的电力企业未明确电力生产记录的类型、格式，既要保证记录的及时、完整、准确，又要努力减轻基层重复、繁杂的额外负担，全面避免规定的记录、台账等与现场实际不符。

3）有的电力企业未按照"5W1H"（What、When、Who、Where、Why、How，即什么事情、什么时间、谁做的、在哪里、为什么、如何做）的要求，规范记录，尤其是重要岗位的生产记录，应具有较强的可追溯性。

（2）采取措施。

1）电力企业要建立健全文件、档案管理制度，规范管理电力安全生产过程中主要事件、活动、检查等电力生产记录，确保规章制度及规程编制、使用、评审、修订的有效性，确保电力生产记录及时、完整、准确。

2）电力企业要明确电力生产记录的主要内容，规范电力生产记录，其中电力生产安全记录至少包括：班长日志、巡检记录、检修记录、不安全时间记录、事故调查报告、安全生产通报、安全日活动记录、安全会议记录、安全检查记录等。安全台账、记录内容做到规范、全面、具体。

5.2 教 育 培 训

电力企业安全教育培训是电力企业根据本单位安全生产状况、岗位特点、人员结构组成，有针对、有目的地对企业负责人、部门负责人、班组长、专（兼）职安全生产管理人员、操作岗位人员（特种作业人员）以及其他从业人员（外来施工人员）通过安全知识教育、劳动纪律教育、技能知识讲解等各方面教育及培训提高本企业安全管理水平和安全生产条件，从而减少各类事故的发生，保障企业安全生产。

教育培训包括：教育培训管理、安全生产管理人员教育培训、操作岗位人员教育培训、其他人员教育培训、安全文化建设。

5.2.1 教育培训管理

1. 概况

教育培训管理是一项系统工程，包括建立健全从业人员安全教育培训管理制度，明确安全教育培训主管部门及配合部门，牵头人或者专责人；以年度为期限，结合相关法律法规对生产经营单位安全培训的要求及企业人员、设备、管理实际，制定、实施安全教育年度培训计划；牵头人或者专责人需做好现场安全教育培训记录，建立安全教育培训档案，实施分级管理，对培训效果进行评估、持续改进；企业应提供人员、财力、场所等相应的资源保障，确保对年度安全教育培训工作的有效管控。

2. 内容及评分标准

教育培训管理内容及评分标准见表 5-6。

表 5-6　教育培训管理内容及评分标准

项目序号	项目	内　　容	标准分	评 分 标 准	实得分
5.5.1	教育培训管理	明确安全教育培训主管部门或专责人，按规定及岗位需要，定期识别安全教育培训需求，制定、实施安全教育培训计划，提供相应的资源保证。 做好安全教育培训记录，建立安全教育培训档案，实施分级管理，并对培训效果进行评估和改进	10	①安全教育培训主管部门或专责人不明确，扣3分。 ②没有教育培训计划，未建立安全教育培训记录和档案，扣3分。 ③没有培训效果评估报告，扣2分	

3. 适用文件

(1)《中华人民共和国安全生产法》。

(2)《生产经营单位安全培训规定》(国家安全监督管理总局令第 3 号)。

(3)《国务院安委会关于进一步加强安全培训工作的决定》(安委〔2012〕10 号)。

(4)《电力安全培训监督管理办法》(国能安全〔2013〕475 号)。

4. 工作要求

(1) 依据《生产经营单位安全培训规定》规定，生产经营单位负责本单位从业人员安全培训工作。生产经营单位应当按照安全生产法和有关法律、行政法规和本规定，建立健全安全培训工作制度。建立健全人员安全教育培训管理制度，制度中需明确安全教育培训主管部门。

(2) 依据《中华人民共和国安全生产法》规定，企业组织制定并实施本单位安全生产教育和培训计划。安全教育培训计应包括：安全教育培训的需求，安全教育培训的牵头部门和实施人员，安全培训资源等。

(3) 依据《国务院安委会关于进一步加强安全培训工作的决定》规定，要加强安全培训过程管理和质量评估。建立安全培训需求调研、培训策划、培训计划备案、教学管理、培训效果评估等制度，加强安全培训全过程管理。制定安全培训质量评估指标体系，定期向全社会公布评估结果，并将评估结果作为安全培训机构考评的重要依据。为全面提高安全培训质量培训效果评估，所有参与培训人员填写培训效果评估表，主管部门根据培训效果评估表对上一年度教育培训情况进行评估总结，并对后续安全教育培训持续改进。

5.2.2　安全生产管理人员教育培训

1. 概况

安全生产管理人员是指生产经营单位分管安全生产的负责人、安全生产管理机构负责人及其管理人员，以及未设安全生产管理机构的生产经营单位专、兼职安全生产管理人员等。电力企业安全生产管理人员应当由电力安全培训机构进行培训。

2. 内容及评分标准

安全生产管理人员教育培训内容及评分标准见表 5-7。

表 5-7　安全生产管理人员教育培训内容及评分标准

项目序号	项目	内　　容	标准分	评分标准	实得分
5.5.2	安全生产管理人员教育培训	企业主要负责人和安全生产管理人员应当接受安全培训，具备与本单位所从事的生产经营活动相适应的安全生产知识和管理能力；经安全生产监督管理部门认定的具备相应资质的培训机构培训合格，取得培训合格证书。企业主要负责人和安全生产管理人员初次安全培训时间不得少于 32 学时，每年再培训时间不得少于 12 学时	10	①企业的主要负责人和安全生产管理人员未按要求进行培训或取证，扣 3 分。②培训学时不符合规定，扣 2 分/人	

3. 适用规范及有关文件

(1)《国家能源局关于防范电力人身伤亡事故的指导意见》(国能安全〔2013〕427 号)。

（2）《电力安全培训监督管理办法》（国能安全〔2013〕475 号）。

（3）《关于印发〈电力行业安全培训工作实施方案（2013—2015 年）〉的通知》（办安全〔2013〕37 号）。

4．工作要求

（1）依据《国家能源局关于防范电力人身伤亡事故的指导意见》规定，要严格执行《关于印发〈电力行业安全培训工作实施方案（2013—2015 年）〉的通知》，做好企业从业人员安全培训工作，主要负责人、安全管理人员和特种作业人员必须经培训持证上岗。安全管理人员需按规定参加相关培训，培训内容需与本单位安全生产经营活动相对应，并取得相应合格证书。

（2）依据《电力安全培训监督管理办法》规定，发电企业和电网企业相关负责人、安全生产管理人员首次安全培训时间不得少于 32 学时。每年再培训时间不得少于 12 学时。

5.2.3 操作岗位人员教育培训

1．概况

操作岗位人员应具备必要的电气知识和业务技能，且按工作性质熟悉相关安全工作规程、操作规程，并接受生产技能培训、安全教育，同时特种（设备）作业人员需参加专门安全技术培训，并持证上岗。

2．内容及评分标准

操作岗位人员教育培训内容及评分标准见表 5-8。

表 5-8　操作岗位人员教育培训内容及评分标准

项目序号	项目	内　　容	标准分	评分标准	实得分
5.5.3	操作岗位人员教育培训	每年对生产岗位人员进行生产技能培训、安全教育和安全规程考试，使其熟悉有关的安全生产规章制度和安全操作规程，掌握触电急救及心肺复苏法，并确认其能力符合岗位要求。其中，班组长的安全培训应符合国家有关要求，工作票签发人、工作负责人、工作许可人须经安全培训、考试合格并公布。 新入厂员工在上岗前必须进行厂、车间、班组三级安全教育培训，岗前培训时间不得少于 24 学时。危险性较大的岗位人员应熟悉与工作有关的氧气、氢气、氯气、乙炔、六氟化硫、酸、碱、油等危险介质的物理、化学特性，培训时间不得少于 48 学时。 生产岗位人员转岗、离岗三个月以上重新上岗者，应进行车间和班组安全生产教育培训和考试，考试合格方可上岗。 特种（设备）作业人员应按有关规定接受专门的安全培训，经考核合格并取得有效资格证书后，方可上岗作业。离开特种作业岗位达 6 个月以上的特种作业人员，应当重新进行实际操作考核，经确认合格后方可上岗作业	20	①工作票签发人、工作负责人、工作许可人未经安全培训、考试合格并公布的或特种（设备）作业人员未取证上岗的，不得分。 ②现场作业人员未按要求进行安全生产规程考试或考核不合格仍进行作业，扣 1 分/人。 ③新入厂人员未进行安全生产三级教育的，扣 1 分/人。 ④现场作业人员不会紧急救护法的，扣 1 分/人。 ⑤相关人员不会使用防毒、防窒息等用品的，扣 1 分/人	

3．适用规范及有关文件

（1）《中华人民共和国安全生产法》。

（2）《特种作业人员安全技术培训考核管理规定》（国家安全生产监督管理总局令第30 号）。

（3）《风力发电场安全规程》（DL/T 796—2012）。

（4）《企业安全生产标准化基本规范》（AQ/T 9006—2010）。

4．工作要求

（1）依据《特种作业人员安全技术培训考核管理规定》规定，特种作业人员必须经专门的安全技术培训并考核合格，取得《中华人民共和国特种作业操作证》后方可上岗作业。

（2）担任"三种人"（工作票签发人、工作负责人、工作许可人）的人员应根据各自岗位职责并从事相应专业工作，每年接受涵盖安全生产知识和专业技能的专门培训，经考试合格，以正式文件形式将具备"三种人"资格的人员名单予以公布后，方可上岗。

（3）各类作业人员应通过安全思想教育、安全知识教育、安全技术教育和岗位技能培训，考试成绩合格后，才能从事相应岗位的工作。

（3）依据《企业安全生产标准化基本规范》规定，新入厂（矿）人员在上岗前必须经过厂（矿）、车间（工段、区、队）、班组三级安全教育培训。

（4）依据《风力发电场安全规程》规定，风电场工作人员应熟练掌握触电、窒息急救法，熟悉有关烧伤、烫伤、外伤、气体中毒等急救常识，学会正确使用消防器材、安全工器具和检修工器具。

（5）依据《电力安全培训监督管理办法》规定，电力企业其他从业人员安全培训应当包括下列内容：安全设备设施、个人防护用品的使用和维护。企业应对相关人员和现场从业人员了解并熟练使用防毒、防窒息等用品的使用。

5.2.4　其他人员教育培训

1．概况

企业应按照合同条款对相关方人员进行安全教育培训；外来作业人员进入作业现场前，由作业现场所在单位对其进行现场有关安全知识的教育培训，并经有关部门考试合格；对参观、学习等外来人员，企业需进行安全告知，并做好监护工作。

2．内容及评分标准

其他人员教育培训内容及评分标准见表 5-9。

表 5-9　其他人员教育培训内容及评分标准

项目序号	项目	内　　容	标准分	评　分　标　准	实得分
5.5.4	其他人员教育培训	企业应对相关方人员进行安全教育培训。作业人员进入作业现场前，应由作业现场所在单位对其进行现场有关安全知识的教育培训，并经有关部门考试合格。 　企业应对参观、学习等外来人员进行有关安全规定和可能接触到的危害及应急知识的教育和告知，并做好相关监护工作	10	①未对相关方人员进行安全教育培训，扣 1 分/人；承包方未经考试或考试不合格进入生产现场，扣 1 分/人；未进行安全技术交底，扣 1 分/次。 ②未对外来人员进行安全教育和告知的，扣 1 分/人；临时用工上岗前未进行培训，未经考试合格，扣 2 分	

3. 适用规范及有关文件

(1)《企业安全生产标准化基本规范》(AQ/T 9006—2010)。

(2)《国家能源局综合司关于进一步强化发电企业生产项目外包安全管理 防范人身伤亡事故的通知》(国能综安全〔2015〕694 号)。

4. 工作要求

(1)依据《国家能源局综合司关于进一步强化发电企业生产项目外包安全管理防范人身伤亡事故的通知》规定,发电企业要严格审查承包单位及人员的资质和能力,严禁使用不具备国家规定资质和安全生产保障能力的承包单位。要依法与承包单位签订合同和安全生产协议,明确各自的安全管理职责和应当采取的安全措施。在承包项目开工前,应对承包单位负责人、工程技术人员和安监人员进行全面的技术交底。

(2)依据《企业安全生产标准化基本规范》规定,企业应对外来参观、学习等人员进行有关安全规定、可能接触到的危害及应急知识的教育和告知。发电企业应对参观、学习等外来人员进行安全教育和告知;教育和告知的内容应结合现场实际情况,确保教育和告知符合现场实际。安全教育和告知期间应做好记录,且内容简单并具有规范性和时效性。

5.2.5 安全文化建设

1. 概况

企业安全文化是个人和集体的价值观、态度、能力和行为方式的综合产物,企业可通过安全文化活动,培养从业人员安全理念,营造良好的电力生产安全氛围。

2. 内容及评分标准

安全文化建设内容及评分标准见表 5-10。

表 5-10　安全文化建设内容及评分标准

项目序号	项目	内　　容	标准分	评分标准	实得分
5.5.5	安全文化建设	企业应制定企业安全文化建设规划纲要,重视企业安全文化建设,营造安全文化氛围,形成企业安全价值观,促进安全生产工作。 企业应采取多种形式的安全文化活动,引导从业人员安全态度和安全行为,形成全体员工所认同、共同遵守、带有本单位特点的安全价值观,实现法律和政府监管要求之上的安全自我约束,保障企业安全生产水平持续提高。 定期组织开展安全日活动,学习国家、上级单位、本单位有关安全生产的指示精神和规定以及本岗位安全生产知识,交流安全生产工作经验,分析本岗位安全生产风险和预防措施。 严格班前会、班后会。班前会要结合工作任务、设备及系统运行方式做好危险点分析,布置安全措施,讲解安全注意事项。工作结束应及时总结当班工作情况,分析工作中存在的问题,提出改进意见和建议	30	①企业未开展安全文化活动,不得分。安全文化未纳入企业文化建设,扣 5 分;无企业安全理念,扣 3 分;生产部门、班组未逐级制定相应的安全文化建设实施方案并开展活动,扣 1 分/项。 ②未制定"反违章"制度或活动方案,扣 5 分;每月未进行活动分析,扣 2 分;现场发现违章,扣 3 分/次。 ③安全日活动内容不充实,无针对性或记录不全,扣 3 分;企业和车间领导、管理人员未按照规定参加班组安全日活动,扣 1 分/次。 ④未组织班前会、班后会,扣 2 分/次;会议内容不充实,未能正常召开,无记录,有一项不符合,扣 3 分	

3. 适用文件

(1)《国家能源局关于防范电力人身伤亡事故的指导意见》(国能安全〔2013〕427号)。

(2)《国家安全监管总局关于进一步加强企业安全生产规范化建设严格落实企业安全生产主体责任的指导意见》(安监总办〔2010〕139号)。

(3)《国家能源局综合司关于进一步强化发电企业生产项目外包安全管理 防范人身伤亡事故的通知》(国能综安全〔2015〕694号)。

4. 工作要求

(1)依据《国家能源局关于防范电力人身伤亡事故的指导意见》要求:

1)企业应大力开展企业安全文化建设。牢固树立"以人为本,生命至上"的安全理念,企业应制定企业安全文化规划建设纲要,将企业安全文化建设内容纳入其中,生产部门、班组制定相应的安全文化建设实施方案并开展安全文化活动,逐渐形成全体员工所认同、共同遵守、带有本单位特点的安全理念。

2)企业应加大反"三违"工作力度。电力企业要把反"三违"作为防范人身伤亡事故的重点,完善工作机制,加大"三违"现场查处和纠正力度,规范作业安全行为。企业应制定"反违章"管理制度或"反违章"活动实施方案,加强现场巡视检查力度,及时对发现的问题进行纠正,每月末召开"反违章"活动分析及总结。

(2)依据《国家安全监管总局关于进一步加强企业安全生产规范化建设严格落实企业安全生产主体责任的指导意见》规定,建立安全生产例会制度。建立班组班前会、周安全生产活动日,车间周安全生产调度会,企业月安全生产办公会、季安全生产形势分析会、年度安全生产工作会等例会制度,定期研究、分析、布置安全生产工作。要重点抓好班组作业安全措施落实,严格班前班后会制度,接班(开工)前,要明确工作任务、工作地点、危险因素、安全措施和注意事项,交班(收工)时应对当日安全情况进行总结。

5.2.6　常见问题及采取措施

(1)常见问题。

1)在制度编写中,部分风电场安全教育培训管理制度中未明确主管部门及部门工作职责。

2)在教育培训中,部分风电场教育培训缺少对参加人员安全知识或技能水平等提出的要求;缺少企业对相关方人员或其他人员进入工作场区的要求;缺少月度教育培训工作的评估或年度教育培训的评估。

3)在召开会议中,部分风电场缺少企业主要负责人对月度安全生产工作提出要求;缺少对每日班前会、班后会的记录。

4)在资料审查时发现,部分风电场缺少相关方工作人员的备案资料。

(2)采取措施。

1)企业应根据《生产经营单位安全培训规定》重点理顺和细化归口管理部门和相关部门的工作职责,完善公司安全教育培训管理制度。

2)企业应根据有关法律法规及公司管理制度,加强对现场人员教育培训的要求,提高从业人员素质。

3）企业应完善会议管理制度及记录。

4）企业需根据《国家能源局综合司关于进一步强化发电企业生产项目外包安全管理防范人身伤亡事故的通知》加强对相关方从业人员的资质审查及培训，确保对相关方人员安全教育培训符合现场工作要求。

安全教育培训涉及各个部门、各个班组，只有明确从业人员"如何做、做什么、怎么做"，管理人员"管什么、怎么管"，有针对性、有操作性的开展安全教育培训，从而提高各级安全监管人员和公司安全管理人员素质。

第6章 生产设备设施

6.1 设备设施管理

6.1.1 生产设备设施建设

1. 概况

生产设备设施建设是指企业建设项目的所有设备设施应符合有关法律法规、标准规范要求。安全设备设施应与建设项目主体工程同时设计、同时施工、同时投入生产和使用。企业应按规定对项目建议书、可行性研究、初步设计、总体开工方案、开工前安全条件确认和竣工验收等阶段进行规范管理。生产设备设施变更应执行变更管理制度，履行变更程序，并对变更的全过程进行隐患控制。

2. 内容及评分标准

生产设备设施建设内容及评分标准见表6-1。

表6-1 生产设备设施建设内容及评分标准

项目序号	项目	内 容	标准分	评 分 标 准	实得分
5.6.1.1	生产设备设施建设	建立新、改、扩建工程安全"三同时"的管理制度。 安全设备设施应与建设项目主体工程同时设计、同时施工、同时投入生产和使用。 安全预评价报告、安全专篇（等同劳动安全与工业卫生专篇）、安全验收评价报告应当报有关部门备案	10	①新、改、扩建发电机组无该项制度的，不得分；制度不符合有关规定的，扣2分。 ②没有"三同时"的评估、审核认可手续，不得分；设计、评价或施工单位资质不符合规定的，扣2分；项目未按规定进行安全预评价或安全验收评价的，扣2分；初步设计无安全专篇的，扣2分；变更安全设备设施未经设计单位书面同意的，扣1分/处；隐蔽工程未经检查合格就投用的，扣1分/处；安全设备设施未同时投用的，扣1分。 ③无资质单位编制的，不得分；未备案的，不得分；少备案，扣1分/个	

3. 适用规范及有关文件

(1)《电力安全生产监督管理办法》（中华人民共和国国家发展和改革委员会2015年第21号令）。

(2)《中华人民共和国安全生产法》。

(3)《国务院关于进一步加强企业安全生产工作的通知》（国发〔2010〕23号）。

(4)《企业安全生产标准化基本规范》（AQ/T 9006—2010）。

(5)《建设项目安全设施"三同时"监督管理暂行办法》（国家安全生产监督管理总局

令第 36 号）。

（6）《作业场所职业健康监督管理暂行规定》（国家安全生产监督管理总局第 23 号令）。

（7）《中华人民共和国安全生产法》。

4. 工作要求

（1）建立新、改、扩建工程安全"三同时"的管理制度。

（2）安全设备设施应与建设项目主体工程同时设计、同时施工、同时投入生产和使用。

（3）安全预评价报告、安全专篇（等同劳动安全与工业卫生专篇）、安全验收评价报告应当报有关部门备案。

5. 常见问题及采取措施

（1）常见问题。制定的《新、改、扩建工程"三同时"管理制度》中缺少安全设施设计专篇应组织专家进行评审的相关内容。

（2）采取措施。按照《建设项目安全设施"三同时"监督管理办法》第三章的相关规定，补充安全设施设计专篇应组织专家进行评审的相关内容。

6.1.2 设备基础管理

1. 概况

设备基础管理是以企业生产经营目标为依据，运用各种技术、经济、组织措施，对设备从规划、设计、制造、购置、安装、使用、维护、修理、改造、更新直至报废的整改寿命周期进行全程的管理。

2. 内容及评分标准

设备基础管理内容及评分标准见表 6-2。

表 6-2 设备基础管理内容及评分标准

项目序号	项目	内　　容	标准分	评 分 标 准	实得分
5.6.1.2	设备基础管理	制定并落实设备责任制，保证设备分工合理、责任到岗。 组织制定并落实设备治理规划和年度治理计划。 加强设备质量管理，完善设备质量标准、缺陷管理、设备异动管理、保护投退等制度，明确相应工作程序和流程。 保证备品、备件满足生产需求。 加强设备档案管理，分类建立完善设备台账、技术资料和图纸等资料台账。 旧设备拆除前应进行风险评估，制定拆除计划和方案。凡拆除积存易燃、易爆及危险化学品的容器、设备、管道内应清洗干净，验收合格后方可拆除或报废	15	①未制定设备责任制，不得分；无设备质量管理制度、缺陷管理制度、设备异动管理制度、设备保护投退制度等不得分，制度制定不完善，扣 3 分。 ②设备治理规划和年度治理计划未落实，扣 5 分。 ③新增或改造设备未严格履行验收制度，扣 2 分。 ④异动管理、保护投退等不按规定办理，扣 3 分；设备缺陷未按时消除，扣 1 分/条。 ⑤备品、备件储备不能满足要求，扣 5 分。 ⑥图纸、资料不全，扣 2 分；未及时归档，扣 2 分。 ⑦拆除设备未制定和落实拆除方案，扣 2 分；拆除设备中含有危险化学品而未清洗即报废的，扣 3 分	

3．适用规范及有关文件

（1）《电力安全生产监督管理办法》（中华人民共和国国家发展和改革委员会 2015 年第 21 号令）。

（2）《安全评价通则》（AQ 8001—2007）。

（3）《企业安全生产标准化基本规范》（AQ/T 9006—2010）。

（4）《质量管理体系 要求》（GB/T 19001—2008）。

（5）《防止电力生产重大事故的二十五项重点要求》（国能安全〔2014〕161 号）。

（6）《架空输电线路运行规程》（DL/T 741—2010）。

（7）《电力变压器运行规程》（DL/T 572—2010）。

（8）《风力发电场检修规程》（DL/T 797—2012）。

（9）《电网调度管理条例》（中华人民共和国国务院令第 115 号）。

（10）《电网运行规则（试行）》（国家电力监管委员会令第 22 号）。

（11）《企业安全生产标准化基本规范》（AQ/T 9006—2010）。

（12）《电力安全工作规程 发电厂和变电所电气部分》（GB 26860—2011）。

（13）《建设工程安全生产管理条例》（中华人民共和国国务院令第 393 号）。

（14）《电力技术监督导则》（DL/T 1051—2007）。

（15）《中央企业安全生产监督管理暂行办法》（国务院国有资产监督管理委员会令第 21 号）。

4．工作要求

（1）制定并落实设备责任制，保证设备分工合理、责任到岗。

（2）组织制定并落实设备治理规划和年度治理计划。

（3）加强设备质量管理，完善设备质量标准、缺陷管理、设备异动管理、保护投退等制度，明确相应工作程序和流程。

（4）保证备品、备件满足生产需求。

（5）加强设备档案管理，分类建立完善设备台账、技术资料和图纸等资料台账。

（6）旧设备拆除前应进行风险评估，制定拆除计划和方案。凡拆除积存易燃、易爆及危险化学品的容器、设备、管道内应清洗干净，验收合格后方可拆除或报废。

5．常见问题及采取措施

（1）常见问题。制定的《保护投退制度》内容不全面，缺少继电保护由哪些电气设备保护，缺少保护投退由哪一级领导批准的相关内容。

（2）采取措施。按照《电力安全生产监督管理办法》第八条的要求，修改《设备保护投退规定》，在制度中增加电气设备保护的相关内容。

6.1.3　运行管理

1．概况

运行管理是指企业应对生设备实施进行规范化管理，保证其安全运行。企业应有专人负责管理各种安全设备设施，建立台账，定期检维修。对安全设备设施应制定检维修计划。设备设施检维修前应制订方案。检维修方案应包含作业行为分析和控制措施。检维修过程中应执行隐患控制措施并进行监督检查。安全设备设施不得随意拆除、挪用或弃置不用；确因检维修拆除的，应采取临时安全措施，检维修完毕后立即复原。

2. 内容及评分标准

运行管理内容及评分标准见表 6-3。

表 6-3　运行管理内容及评分标准

项目序号	项目	内　容	标准分	评　分　标　准	实得分
5.6.1.3	运行管理	遵守调度纪律，严格调度命令，落实调度指令。 认真监视设备运行工况，合理调整设备状态参数，正确处理设备异常情况。 完善设备检修安全技术措施，做好监护、验收等工作。 严格核对操作票内容和操作设备名称，加强操作监护并逐项进行操作。 按规定时间、内容及线路对设备进行巡回检查，随时掌握设备运行情况； 按规定时间和方法做好设备定期轮换和试验工作，做好相关记录。 制定万能解锁钥匙和配电室及配电设备钥匙的相关制度，并认真执行。 根据设备状况，合理安排机组运行方式，做好事故预想，开展反事故演习，并做好各类运行记录	20	①违反调度纪律，不得分。 ②因运行监视不到位发生不安全事件，扣 5 分。 ③存在无票操作，不得分；操作票不合格，扣 2 分/张。 ④设备定期轮换和试验工作未执行或执行不到位，扣 2 分。 ⑤设备巡检不符合要求，扣 2 分。 ⑥未制定万能解锁钥匙和配电室及配电设备钥匙制度，扣 5 分；未严格执行或记录不全，扣 2 分。 ⑦未定期组织开展反事故演习、进行事故预想，扣 2 分；记录不完整、不翔实，扣 1 分/次	

3. 适用规范及有关文件

(1)《电网调度管理条例》(中华人民共和国国务院令第 115 号)。

(2)《风力发电场运行规程》(DL/T 666—2012)。

(3)《关于加强电力企业班组安全建设的指导意见》(电监安全〔2012〕28 号)。

(4)《国家能源局关于防范电力人身伤亡事故的指导意见》(国能安全〔2013〕427 号)。

(5)《电业安全工作规程（发电厂和变电所电气部分）》(DL 408—1991)。

(6)《防止电力生产事故的二十五项重点要求》(国能安全〔2014〕161 号)。

(7)《安全生产工作规定》(国电办〔2000〕3 号)。

4. 工作要求

(1) 遵守调度纪律，严格调度命令，落实调度指令。

(2) 认真监视设备运行工况，合理调整设备状态参数，正确处理设备异常情况。

(3) 完善设备检修安全技术措施，做好监护、验收等工作。

(4) 严格核对操作票内容和操作设备名称，加强操作监护并逐项进行操作。

(5) 按规定时间、内容及线路对设备进行巡回检查，随时掌握设备运行情况。

(6) 按规定时间和方法做好设备定期轮换和试验工作，做好相关记录。

（7）制定万能解锁钥匙和配电室及配电设备钥匙的相关制度，并认真执行。

（8）根据设备状况，合理安排机组运行方式，做好事故预想，开展反事故演习，并做好各类运行记录。

5. 常见问题及采取措施

（1）常见问题。执行的操作票存在不合格问题，如已执行操作票编号：201604004，操作任务为 SVG 无功补偿装置由检修转运行，操作任务缺少检查检修工作票已全部结束，检修人员已退出现场，安全措施确保拆除，具备送电的检查条款，不符合要求。

（2）采取措施。按照《关于加强电力企业班组安全建设的指导意见》第七条的要求加强对操作票的管理，组织全体人员认真学习领会电力安全工作规程中关于操作票的要求，把执行操作票作为风险管控的重要手段，要按照电力安全工作规程对操作票的要求认真规范填写，操作票监护人、操作人要按照各自的职责，针对相应的操作任务，做到"事前风险辨识、事中风险管控、事后回顾总结"，确保操作安全。

6.1.4 检修管理

1. 概况

检修管理应实施全过程管理，使检修计划制定、材料和备品备件采购、技术文件编制、施工、验收及检修总结等环节处于受控状态，以达到预期的检修效果和质量目标。检修管理包括：故障检修、大部件检修、定期维护、状态检修、状态监测。

2. 内容及评分标准

检修管理内容及评分标准见表 6 - 4。

表 6 - 4　检修管理内容及评分标准

项目序号	项目	内　　容	标准分	评　分　标　准	实得分
5.6.1.4	检修管理	制定并落实设备检修管理制度，健全设备检修组织机构，编制检修进度网络图或控制表。 实行标准化检修管理，编制检修作业指导书或文件包，对重大项目制定安全组织措施、技术措施及施工方案。 严格执行工作票制度，落实各项安全措施。 严格检修现场隔离和定置管理，检修现场应分区域管理，检修物品实行定置管理。 严格工艺要求和质量标准，实行检修质量控制和监督三级验收制度，严格检修作业中停工待检点和见证点的检查签证	25	①未制定检修管理制度，不得分；制度不完善、机构不健全、落实存在问题，扣 5 分。 ②检修作业文件、作业指导书或文件包编制不完整或者内容简单，扣 2 分。 ③设备无检查记录扣 5 分；检查周期不符合要求，扣 2 分。 ④无票作业不得分。工作票不合格，扣 2 分/张。安全措施没有落实，扣 2 分/项。 ⑤检修现场隔离和定置管理不到位，扣 3 分/处。 ⑥检修质量控制和监督三级验收制度执行不到位，扣 10 分；验收资料不完整，扣 5 分	

3. 适用规范

（1）《发电企业设备检修导则》（DL/T 838—2003）。

（2）《电力变压器检修导则》（DL/T 573—2010）。

（3）《风力发电场检修规程》（DL/T 797—2012）。

（4）《企业安全生产标准化基本规范》（AQ/T 9006—2010）。

（5）《电力安全工作规程　发电厂和变电站电气部分》（GB 26860—2011）。

4. 工作要求

（1）风电场应该制定检修管理制度、作业指导书、对检修、技改项目实现三级验收。检修制度应包括检修组织、检修时间、检修计划、检修实施、检修进度、检修质量验收、检修总结和评估等要素，企业应严格落实检修制度中规定的各要素。检修管理应明确职能部门，负责落实检修工作目标和要求，制定相关检修方案。

（2）检修工作要编制现场作业指导书，对作业计划、准备、实施、总结等各个环节明确具体操作的方法、步骤、措施、标准和人员职责。

（3）风电场在设备检修工作中要做好设备检查，通过检查掌握设备运行情况和性能，为检修工作做好准备，提高检修质量和缩短检修时间。设备检查按时间可分为日常检查和定期检查。通过检查发现的问题，可以及时查明和消除设备隐患，提出检修的措施，有目的地做好检修前的各项准备工作，提高检修质量。各设备检查周期根据有关标准规范执行。

（4）依据《风力发电场安全规程》规定，风力发电机组调试、检修和维护工作均应参照《电力安全工作规程　发电厂和变电站电气部分》的规定执行工作票制度、工作监护制度和工作许可制度、工作间断转移和终结制度，动火作业必须开动火工作票。

（5）参照《电力安全工作规程　发电厂和变电站电气部分》要求，在检修工作中，要严格执行安全组织和技术措施，确保工作票所列安全措施正确完备，符合现场实际条件。

（6）设备检修工作中，必须使用围栏整体或间断隔离的方法，将检修区域隔离，并在检修现场明显位置放置安全警示标示。检修现场要用的设备、备品备件、要在指定区域内定置摆放，并做好标示。

（7）根据《发电企业设备检修导则》要求，检修质量管理宜实行质检点检查和三级验收相结合的方式，必要时可引入监理制。检修过程中发现的不符合项，应填写不符合项通知单，并按相应程序处理。所有项目的检修施工和质量验收应实行签字责任制和质量追溯制。设备质检点验收单应齐全，原始记录正确、详细；各种测量数据在标准范围以内。

6.1.5　技术管理

1. 概况

设备技术管理主要是设备在投入使用后为保持其技术状态完好所采取的一系列措施，目的是保持设备固有的技术性能，防止或减少故障和异常的发生。

2. 内容及评分标准

技术管理内容及评分标准见表 6－5。

表 6 - 5　技术管理内容及评分标准

项目序号	项目	内　容	标准分	评　分　标　准	实得分
5.6.1.5	技术管理	建立健全以总工程师或主管生产领导负责的技术监控（督）网络和各级监督岗位责任制，制定年度工作计划，定期组织开展技术监督活动，建立和保持技术监控（督）台账、报告、记录等资料的完整性。 制定技术改造管理办法，加强设备重大新增、改造项目可行性研究，组织编制项目实施的组织措施、技术措施和安全措施	20	①未制定技术监督管理制度，不得分；制度未有效落实，扣5分；未建立监督网络，扣5分。 ②未制定年度计划，扣5分。 ③未定期开展技术监督工作，扣5分；技术监督工作报告和技术分析报告存在较大问题，扣5分；措施制定和实施不及时，扣5分。 ④未制定并严格执行技术改造管理办法，扣5分；技改项目资料不完整，扣3分	

3. 适用规范

(1)《电力技术监督导则》（DL/T 1051—2007）。

(2)《企业安全生产标准化基本规范》（AQ/T 9006—2010）。

4. 工作要求

工作要求如下：

(1) 企业要建立健全技术监督网络和各级监督岗位责任制，开展本单位技术监督自查自评。

(2) 企业应结合现场设备设施配置和运行情况建立包括金属监督、电测监督、继电保护及安全自动装置监督、化学监督、绝缘监督、电能质量监督等相关专业的管理制度。

(3) 按照各个专业定期开展技术监督工作，技术监督工作应该有年度工作计划，编制年度技术监督工作总结。

(4) 技术监督工作报告和技术分析报告要包括本单位涉及的各技术专业的工作开展情况及相关分析，对本单位技术监督工作基本情况、目前存在的问题及下一步工作计划做出具体描述，对存在的问题要制定切实可行的整改措施。

(5) 企业要定期组织召开电力技术监督工作会议，总结、交流电力技术监督工作经验，通报电力技术监督工作信息，部署下阶段技术监督工作任务。

6.1.6　可靠性管理

1. 概况

可靠性管理是确定满足设备设施的可靠性要求所进行的一系列组织、计划、规划、控制、协调、监督、决策等活动和功能的管理。

2. 内容及评分标准

可靠性管理内容及评分标准见表 6 - 6。

表 6-6 可靠性管理内容及评分标准

项目序号	项目	内　　容	标准分	评 分 标 准	实得分
5.6.1.6	可靠性管理	制定可靠性管理工作规范，建立可靠性管理组织网络体系，设置可靠性管理专职（或兼职）工作岗位。可靠性专责人员参加岗位培训并取得岗位资格证书。 　　建立可靠性信息管理系统，采集、统计、审核、分析、报送可靠性信息。 　　编制可靠性管理工作报告和技术分析报告，评价分析设备、设施及电网运行的可靠性状况，制定提高可靠性水平的具体措施并组织实施。 　　定期对可靠性管理工作进行总结，并开展可靠性管理自查工作	10	①未制定可靠性管理工作规范，不得分；可靠性管理人员无证上岗，扣 5 分。 ②未建立可靠性信息管理系统，不得分。 ③可靠性管理工作报告和技术分析报告，存在较大问题，扣 5 分；措施制定和实施不及时，扣 5 分。 ④未进行可靠性管理工作总结或未开展可靠性管理自查工作，扣 5 分	

3. 适用规范和文件

（1）《企业安全生产标准化基本规范》（AQ/T 9006—2010）。

（2）《电力可靠性监督管理办法》（国家电力监管委员会令第 24 号）。

4. 工作要求

（1）根据现场查评情况，风电场应该制定可靠性管理办法，有年度可靠性管理工作报告，可靠性管理人员取得电力可靠性管理中心颁发的《电力可靠性岗位培训证书》。

（2）根据《电力可靠性监督管理办法》有：

1）电力可靠性监督管理包括下列内容：制定电力可靠性监督管理规章和电力可靠性技术标准；建立电力可靠性监督管理工作体系；组织建立电力可靠性信息管理系统，统计分析电力可靠性信息；组织电力可靠性管理工作检查；组织实施电力可靠性评价、评估工作；发布电力可靠性指标和电力可靠性监管报告；推动电力可靠性理论研究和技术应用；组织电力可靠性培训；开展电力可靠性国际交流与合作。

2）电力企业作为电力可靠性管理工作的责任主体，应当按照下列要求开展本企业电力可靠性管理工作，企业要贯彻执行有关电力可靠性监督管理的国家规定、技术标准，制定本企业电力可靠性管理工作规范，建立电力可靠性管理工作体系，落实电力可靠性管理岗位责任，建立电力可靠性信息管理系统，采集分析电力可靠性信息，准确、及时、完整地报送电力可靠性信息，开展电力可靠性成果应用，提高电力系统和电力设施可靠性水平，开展电力可靠性技术培训。

（3）企业编制可靠性分析报告应包括设备运行数据分析、影响设备因素、存在问题、整改措施等要素，对于分析出的问题，应制定合理的整改措施。

6.1.7 常见问题及采取措施

1. 常见问题

（1）现场查评过程中，发现设备技改时验收手续不齐全。

（2）现场查评过程中，发现未对主变进行技术情况分析。

2．采取措施

（1）企业要按照技术监督要求进行三级验收。

（2）企业要编制技术分析报告，需要根据主变预防性试验结果和主变油样检测结果，对主变的技术状况进行分析。

6.2　设备设施保护

6.2.1　制度管理

1．概况

企业应通过制定电力设备设施的安全保护制度，划分生产区域及非生产区域，并对本单位设备设施安全防护的组织体系、工作职责、防护措施进行规定。

2．内容及评分标准

制度管理内容及评分标准见表 6-7。

表 6-7　制度管理内容及评分标准

项目序号	项目	内　　容	标准分	评　分　标　准	实得分
5.6.2.1	制度管理	建立由企业主要领导负责和有关单位主要负责人组成的安全防护体系，明确主管部门，定期组织召开安全防护工作会议，严格履行安全防护职责，布置、督促、落实企业的安全防护工作，检查安全防护工作开展情况，纠正违反安全防护规章制度的行为，严格考核。 　制定电力设施安全保卫制度，加强出入人员、车辆和物品的安全检查，防止发生外力破坏、盗窃、恐怖袭击等事件。 　实行重要生产场所分区管理，严格重要生产现场准入制度	10	①没有建立安全防护体系，不得分；安全防护工作存在问题，扣3分。 ②没有电力设施安全保卫制度，不得分；内容不完善，扣2分。 ③重要生产场所未分区管理，扣2分。 ④未经许可进入生产现场，扣3分	

3．适用文件

（1）国家能源局 2012 年 1 月 4 日发布的《电力设施保护条例实施细则》。

（2）《企业事业单位内部治安保卫条件》（中华人民共和国国务院令第 421 号）。

（3）国家能源局 2012 年 1 月 4 日发布的《电力设施保护条例》。

4．工作要求

（1）依据《电力设施保护条例实施细则》规定，电力管理部门、公安部门、电力企业和人民群众都有保护电力设施的义务。各级地方人民政府设立的由同级人民政府所属有关部门和电力企业（包括电网经营企业、供电企业、发电企业）负责人组成的电力设施保护领导小组，负责领导所辖行政区域内电力设施的保护工作，其办事机构设在相应的电网经营企业，负责电力设施保护的日常工作。

（2）依据《企业事业单位内部治安保卫条例》规定，单位制定的内部治安保卫制度应当包括：门卫、值班、巡查制度；工作、生产、经营、教学、科研等场所的安全管理制度；现金、票据、印鉴、有价证券等重要物品使用、保管、储存、运输的安全管理制度；单位内部的消防、交通安全管理制度；治安防范教育培训制度；单位内部发生治安案件、涉嫌刑事犯罪案件的报告制度；安保卫工作检查、考核及奖惩制度；存放有爆炸性、易燃性、放射性、毒害性、传染性、腐蚀性等危险物品的单位，还应当有相应的安全管理制度；其他有关的治安保卫制度。

（3）依据《电力设施保护条例》规定，企业需将重要场所划分为生产区域和非生产区域，对于生产区域内的人员、车辆进出、区域标识、现场监控进行严格管理，任何人员未经许可登记，不得进入企业管辖区域。

6.2.2 保护措施

1. 概况

保护措施是电力企业根据电力设备设施进行的人防、技防、物防管理，按照不同安保级别，设立的监控系统及工作区保卫工作。

2. 内容及评分标准

保护措施内容及评分标准见表 6-8。

表 6-8 保护措施内容及评分标准

项目序号	项目	内　容	标准分	评分标准	实得分
5.6.2.2	保护措施	建立电力设施永久保护区台账和检查记录，架空、地下、海底等输电线路所处的永久保护区应有明显警示标识。 加强电力设施人防管理，在相关电力设施、生产场所周边设置固定、流动岗位，对人、车进行检查。 电力设施物防投入到位，及时加固、修缮重要电力生产场所防护体，按照需求配置、更新安保器材和防暴装置。 在重要电力设施内部及周界安装视频监控、高压脉冲电网、远红外报警等技防系统，根据需要将重点部位视频监控接入公安机关保安监控系统，实现多方监控。 安保器材、防暴装置配置、使用和维护管理到位	10	①未建立电力设施永久保护区台账和检查记录，不得分；永久保护区无明显警示标识，扣1分/处。 ②生产现场缺少安全保卫，扣1分/处。 ③防护体不牢固或安保器材缺失，扣1分/处。 ④未安装监控报警等设施或监控报警功能失效，扣2分。 ⑤安保器材失效，扣1分/项	

3. 适用规范及有关文件

（1）《电力安全生产监管办法》（中华人民共和国国家发展和改革委员会2015年第21号令）。

（2）国家能源局2012年1月4日发布的《电力设施保护条例》。

（3）《企业事业单位内部治安保卫条例》（中华人民共和国国务院令第421号）。

（4）《电力设施治安风险等级和安全防范要求》（GA 1089—2013）。

（5）《电力行业反恐怖防范标准》。

4. 工作要求

（1）依据《电力设施保护条例》要求，企业要在必要的架空电力线路保护区的区界上，应设立标志，并标明保护区的宽度和保护规定；在架空电力线路导线跨越重要公路和航道的区段，应设立标志，并标明导线距穿越物体之间的安全距离；地下电缆铺设后，应设立永久性标志和明显警示标识。

（2）依据《企业事业单位内部治安保卫条例》规定，单位内部治安保卫工作要有适应单位具体情况的内部治安保卫制度、措施和必要的治安防范设施，单位范围内的治安保卫情况有人检查，重要部位得到重点保护，治安隐患及时得到排查，单位范围内的治安隐患和问题及时得到处理，发生治安案件、涉嫌刑事犯罪的案件及时得到处置。

（3）依据《电力设施治安风险等级和安全防范要求》要求，电力设施设备区域安全防范系统应具备视频安防监控系统、入侵报警系统、防盗安全门、防盗栅栏等。企业要确保安保器材能够正常投入使用，并做好安保器材的维护保养。

（4）依据《电力行业反恐怖防范标准》要求，发电企业应根据现场安保实际情况，可选择配备防暴头盔、防刺服、防护服、防割手套、多发捕捉网发射器、电警棍、防暴棍、盾牌、手铐、催泪罐、空气呼吸器、防毒面具、防爆毯、防冲撞钉、与地方公安部门联网的通信器材、巡逻车等安保器材。企业要做好安保器材的维护保养。

6.2.3 保卫方式

1. 概况

企业可通过多种保卫方式保障设备设施安全，一般可采取警企联防、专群联防、企业自防等方式，特别要加强重要电力设施、生产场所安全保卫工作的组织领导及措施制定和执行。

2. 内容及评分标准

保卫方式内容及评分标准见表6-9。

表6-9 保卫方式内容及评分标准

项目序号	项目	内　　容	标准分	评分标准	实得分
5.6.2.3	保卫方式	根据重大活动时段安排和安全运行影响程度，确定保卫方式。 　　对重要的电力设施和生产场所应采用公安（武警）人员与本单位安全保卫人员联合站岗值勤（警企联防）。 　　对相关电力设施、生产场所采用本单位专业安保人员和当地群众进行现场值守和巡视检查（专群联防）。 　　组织企业有关人员、安全保卫人员在本单位辖区内现场值守和巡视检查（企业自防）	5	①被有关部门检查出存在安全保卫问题，不得分。 ②未按规定实施安保方式的，扣2分。 ③安保工作存在漏洞的，扣2分	

3. 适用文件

适用文件主要有《电力设施保护条例》（中华人民共和国国务院令第239号）。

4. 工作要求

（1）依据《电力设施保护条例》规定，电力设施的保护，实行电力管理部门、公安部门、电力企业和人民群众相结合的原则。企业要积极配合有关部门做好安全保卫工作，并按照有关要求建立安防联动机制，制定安防联动方案，完善安防设施。

（2）依据《电力设施保护条例》规定，电力企业应加强对电力设施的保护工作，对危害电力设施安全的行为，应采取适当措施，予以制止。企业应根据当地电力管理部门、公安部门的要求，不断完善安全保卫工作，及时查找和改进工作中存在的问题和不足。

6.2.4 处置与报告

1. 概况

企业发生设备设施安全保卫事件时，应按照应急处置方案及时有效的予以处置。安全保卫事件应当及时、准确、完整的向当地公安机关和电力监管机构报告。

2. 内容及评分标准

处置与报告内容及评分标准见表6-10。

表6-10 处置与报告内容及评分标准

项目序号	项目	内　容	标准分	评　分　标　准	实得分
5.6.2.4	处置与报告	重要电力设施遭受破坏后，电力企业应当及时进行处置，并向当地公安机关和所在地电力监管机构报告	5	未及时处置并报告，不得分	

3. 适用文件

适用文件主要有《电力设施保护条例》（中华人民共和国国务院令第239号）。

4. 工作要求

依据《电力设施保护条例》规定，重要电力设施遭受破坏后，电力企业应当及时进行处置，并向当地公安机关和所在地电力监管机构报告。企业应针对突发安全保卫事件的应急预案，建立与当地相关部门的联动机制，确保安全保卫事件能够得到及时有效的处置，事发信息能够及时正确报送。

6.2.5 常见问题及采取措施

1. 常见问题

（1）在查评过程中，发现有的风电场现场安全监控系统存在损坏，缺少安保器材和防暴装置；生产区域与非生产区域无明确区分。

（2）在查评过程中，发现有的风电场缺少安全防护体系，未落实责任；缺少电力设施永久保护区台账和巡查记录。

2. 采取措施

企业应建立健全安全防护组织体系，落实各项安全防护体系，及时排查监控，把不确定因素消除在萌芽状态。

6.3 设 备 设 施 安 全

设备设施安全，是指单位在生产经营活动中将危险有害因素控制在安全范围内以及预防、减少、消除危害所配备的设备和采取的措施。

风电场的设备设施主要包括：电气一次设备及系统、电气二次设备及系统、热控、自动化设备及计算机监控系统、信息网络设备及系统、风力发电设备及系统。

6.3.1 电气一次设备及系统

1. 概况

电气一次设备是企业设备设施安全工作的重点，是生产、输送和分配电能的关键设备。风电场一次设备主要包括风力发电机、变压器、断路器、隔离开关、母线、输电线路、电力电缆等。

2. 内容及评分标准

电气一次设备及系统内容及评分标准见表 6-11。

表 6-11　电气一次设备及系统内容及评分标准

项目序号	项目	内　　容	标准分	评分标准	实得分
5.6.3.1	电气一次设备及系统	发电机及其所属系统的设备状态良好，无缺陷；发电机转子碳刷与集电环接触良好；定子绕组、转子绕组和铁芯温度正常；冷却水进出水温度及流量符合规定；日补氢量在规定范围；检测仪表指示正确。 　变压器和高压并联电抗器的分接开关接触良好，有载开关及操动机构状况良好，有载开关的油与本体油之间无渗漏问题；冷却系统（如潜油泵风扇等）运行正常无缺陷；套管及本体，散热器、储油柜等部位无渗漏油问题。 　高低压配电装置的系统接线和运行方式正常，开关状态标识清晰，母线及架构完好，绝缘符合要求，隔离开关、断路器、电力电缆等设备运行正常无缺陷；防误闭锁设施可靠，互感器、耦合电容器、避雷器和穿墙套管无缺陷；过电压保护装置和接地装置运行正常。 　高压电动机运行电流、振动值、轴瓦（轴承）温度在允许范围；防护等级符合现场使用环境。 　所有一次设备绝缘监督指标合格	15	①存在影响电气一次设备安全稳定运行的重大缺陷或隐患，扣 3 分/项；未进行分析并制定措施，不得分；措施无针对性，扣 3 分。 ②一次设备绝缘监督指标不合格，扣 2 分/项。 ③发电机转子碳刷与集电环接触不好，造成发热和火花，扣 5 分。 ④发电机各部运行温度超标，未采取措施，扣 5 分。 ⑤变压器和高压并联电抗器本体、套管，散热器、储油柜等部位有渗漏油，扣 2 分/项。 ⑥高低压配电装置设备缺陷，扣 2 分/项	

3. 适用规范及有关文件

(1)《高压电气设备绝缘技术监督规程》（DL/ 1054—2007）。

(2)《变压器分接开关运行维修导则》（DL/T 574—2010）。

（3）《电力变压器运行规程》（DL/T 572—2010）。

（4）《电力设备预防性试验规程》（DL/T 596—1996）。

（5）《交流电气装置的过电压保护和绝缘配合》（DL/T 620—1997）。

（6）《电气装置安装工程电气设备交接试验标准》（GB 50150—2006）。

（7）《变压器油中溶解气体分析和判断导则》（DL/T 722—2014）。

（8）《风力发电机组振动状态监测导则》（NB/T 31004—2011）。

（9）《防止电力生产事故的二十五项重点要求》（国能安全〔2014〕161号）。

4. 工作要求

（1）按照《高压电气设备绝缘技术监督规程》有：

1）一次设备各单位应严格按照相关运行、检修规范和规程及反事故措施的要求，分别组织运行和检修人员对高压电气设备进行巡视检查和处理工作。发现异常时，应予以消除，对存在的问题需按相关规定加强运行监视。对运行中设备发生的事故，应组织或参与事故分析工作，制定反事故措施，并做好统计上报工作。

2）一次设备的绝缘应符合相关设备的具体要求，如试验数据出现异常，应立即组织相关部门和人员进行分析，必要时对设备进一步检查、检测和试验；当检查标明可能存在缺陷时，应采取措施予以消除。缺陷处理按照发现、处理和验收的顺序闭环运作。并制定相应的控制措施。

（2）按照《防止电力生产事故的二十五项重点要求》有：

1）发电机运行中应坚持红外成像检测滑环及碳刷温度，及时调整，保证电刷接触良好；必要时检查集电环椭圆度，椭圆度超标时应处理，运行中碳刷打火应采取措施消除，不能消除的要停机处理，一旦形成环火必须立即停机。单位应结合公司管理制度，定期开展相关测温工作，并做好相关数据的记录。如发生碳刷打火应根据现场情况制定相关控制措施。

2）监控风力发电机组的设备轴承、发电机、齿轮箱及机舱内环境温度变化，发现异常及时处理。定期对母排、并网接触器、励磁接触器、变频器、变压器等一次设备对其连接点及设备本体等部位进行温度检测对发电机及其电缆接头应定期开展测温工作。严格控制油系统加热温度在允许温度范围内，并有可靠的超温保护。单位应结合现场相关运行管理制度和设备厂家的规定，规定检查的具体项目和周期，并明确各种设备的正常运行温度范围。

3）防止人身触电事故要求：高低压配电装置的系统接线和运行方式正常，开关状态标识清晰，母线及架构完好，绝缘符合要求。具体设备相关要求请参考相关设备规定执行。

（3）按照《电力变压器运行规程》要求，变压器的油温和温度计应正常，储油柜的油位应与温度相对应，各部位无渗油、漏油；套管油位应正常，套管外部无破损裂纹、无严重油污、无放电痕迹及其他异常现象；散热器、储油柜等部位应无渗漏油。

6.3.2 电气二次设备及系统

1. 概况

电气二次设备电气二次设备是指对一次设备的工作进行监测、控制、调节、保护以及为运行、维护人员提供运行工况或生产指挥信号所需的低压电气设备，如熔断器、控制开关、继电器、控制电缆、仪表、信号设备、自动装置等。

2. 内容及评分标准

电气二次设备及系统内容及评分标准见表6-12。

表6-12 电气二次设备及系统内容及评分标准

项目序号	项目	内 容	标准分	评 分 标 准	实得分
5.6.3.2	电气二次设备及系统	励磁系统设备运行可靠，调节器在正常方式运行时稳定、可靠，调节器特性和定值满足要求；励磁系统的保护正确，强励能力符合要求，励磁变压器满足运行要求；新投入或大修后的励磁系统按要求进行各项试验，且试验合格。 继电保护及安全自动装置的配置符合要求，运行工况正常，定值应符合整定规程要求，并定期进行检验；故障录波器运行正常，需定期测试技术参数的保护，按规定进行测试，测试数据和信号指示齐全正确；二次回路和投入试验正常，仪器、仪表符合技术监督要求。 直流系统设备可靠符合运行要求，蓄电池设备安全可靠；升压站与机组直流系统相互独立；直流系统各级熔断器和空气小开关的定值有专人管理，备件齐全。 通信设备、电路及光缆线路的运行状况良好，电源系统正常；通信站防雷措施完善、合理	15	①存在影响机组安全稳定运行的缺陷和隐患，扣3分/项。 ②二次回路、二次设备存在未及时消除的缺陷，扣1分/项。 ③励磁系统设备存在缺陷，扣1分/项。 ④继电保护装置及安全自动装置未按规定检验，项目缺失，标识指示、信号指示缺失，扣2分。 ⑤故障录波器运行不正常或未投入运行，扣2分。 ⑥定期测试技术参数的保护，未进行测试，扣2分。 ⑦通信设备、电路、光缆线路及交直流电源的运行状况及环境存在问题，扣2分。 ⑧直流系统各级熔断器和空气小开关的定值没有专人管理，备件不齐全，扣5分。 ⑨蓄电池未做核对性试验，扣2分	

3. 适用规范及有关文件

(1)《防止电力生产事故的二十五项重点要求》（国能安全〔2014〕161号）。

(2)《继电保护和安全自动装置技术规程》（GB/T 14285—2006）。

(3)《发电机励磁系统技术监督规程》（DL/T 1049—2007）。

(4)《电气装置安装工程盘、柜及二次回路结线施工及验收规范》（GB 50171—1992）。

(5)《通信设备过电压保护用气体放电管通用技术条件》（GB/T 9043—2008）。

(6)《微机继电保护装置运行管理规程》（DL/T 587—2007）。

(7)《继电保护和电网安全自动装置检验规程》（DL/T 995—2006）。

(8)《电力系统用蓄电池直流电源装置运行与维护技术规程》（DL/T 724—2000）。

(9)《电网运行规则（试行）》（国家电力监管委员会令第22号）。

(10)《发电厂并网运行管理规定》（电监市场〔2006〕42号）。

（11）《电力系统安全稳定导则》（DL 755—2001）。

（12）《电网运行准则》（DL/T 1040—2007）。

（13）《电力用直流电源监控装置》（DL/T 856—2004）。

（14）《交流电气装置的接地设计规范》（GB/T 50065—2011）。

4．工作要求

（1）根据《发电机励磁系统调度管理规程》要求，发电厂应加强励磁系统的运行维护与管理，确保其稳定运行。励磁系统如出现非计划停运事故或引起电网异常扰动的情况，应及时报告相关调度部门和技术监督部门，并保留数据供分析。

（2）根据《防止电力生产事故的二十五项重点要求》有：

1）根据《防止电力生产事故的二十五项重点要求》风电场应在升压站内配置故障录波装置，启动判据应至少包括电压越限和电压突变量，记录升压站内设备在故障前200ms至故障后6s的电气量数据，波形记录应满足相关技术标准。风电场应结合现场运行规定，加强对故障录播和故障信息子站的巡视，对发现的问题应及时处理，并好记录。

2）根据《防止电力生产事故的二十五项重点要求》要求，发电企业应按相关规定进行继电保护整定计算，并认真校核与系统保护的配合关系。加强对主设备及厂用系统的继电保护整定计算与管理工作，安排专人每年对所辖设备的整定值进行全面复算和校核，注意防止因厂用系统保护不正确动作，扩大事故范围。风电场应结合本单位检修规程和《继电保护和电网安全自动装置检验规程》的要求，定期开展电气设备预防性试验，并对试验数据进行分析。

3）要求加强继电保护装置运行维护工作的要求，装置检验应保质保量，严禁超期和漏项，应特别加强对基建投产设备及新安装装置在一年内的全面校验，提高继电保护设备健康水平。风电场应结合《继电保护和电网安全自动装置检验规程》的相关要求具有相关检验资质的单位定期对继电保护设备进行检验。

4）根据《防止电力生产事故的二十五项重点要求》要求，直流系统控制保护应至少采用完全双重化配置，每套控制保护应有独立的硬件设备，包括专用电源、主机、输入输出电路和保护功能软件。现场应注意控制直流控制保护系统运行环境，监视主机板卡的运行温度、清洁度，运行条件较差的控制保护设备可加装小室、空调或空气净化器。

6.3.3 热控、自动化设备及计算机监控系统

1．概况

风电场的自动化设备及计算机监控系统主要是变电站自动化系统，变电自动化系统以远动控制装置为核心，连接保护装置和监控终端，并同时将变电站信息上报至电力调度数据网。该系统通过计算机技术、现代电子技术、通信技术和信息处理技术等实现对点电站全部设备的运行情况的执行监视、测量、控制、保护、自动调节的综合自动化系统，可实现采集大量的设备运行数据，并提供友好的人机界面。

2. 内容及评分标准

热控、自动化设备及计算机监控系统内容及评分标准见表 6－13。

表 6－13　热控、自动化设备及计算机监控系统内容及评分标准

项目序号	项目	内　　容	标准分	评分标准	实得分
5.6.3.3	热控、自动化设备及计算机监控系统	模拟量控制系统（MCS）、汽机数字电液控制与保护（DEH/ETS/TSI）、水轮机调速与保护系统、燃机控制与保护系统（TCS、TPS）、锅炉炉膛安全监控系统（FSSS）、顺序控制系统（SCS）、数据采集系统（DAS）等设备配置规范，机网协调功能（AGC、一次调频）齐全，逻辑正确，运行正常，DCS系统或水电厂计算机监控设备的抗射频干扰测试合格。 分散控制系统（DCS）或水电厂计算机监控系统的电子设备间环境、控制系统电源及接地、仪表控制气源的质量满足要求。 DCS操作员站、过程控制站、现地过程控制装置（LCU）、通信网络及电源有冗余配置。 工程师站分级授权管理制度健全，执行严格。 热工系统自动投入率、保护投入率、仪表准确率、DCS测点投入率达到标准要求	20	①存在影响机组安全稳定运行的缺陷和隐患，扣3分/项。 ②系统配置或功能不符合要求，扣2分/项。 ③电子间环境、电源、接地、仪用气质量不满足要求，扣2分/项。 ④分级授权制度不健全或执行不严格，扣2分。 ⑤热工系统自动投入率、保护投入率、仪表准确率、DCS测点投入率不满足标准要求，扣3分/项	

3. 适用规范及有关文件

（1）《电业安全工作规程　第1部分：热力和机械》（GB 26164.1—2011）。

（2）《通信中心机房环境条件要求》（YD/T 1821—2008）。

（3）《电网运行规则（试行）》（国家电力监管委员会令第22号）。

（4）《发电厂并网运行管理规定》（电监市场〔2006〕42号）。

（5）《电力系统安全稳定导则》（DL 755—2001）。

（6）《电网运行准则》（DL/T 1040—2007）。

（7）《防止电力生产事故的二十五项重点要求》（国能安全〔2014〕161号）。

（8）《风电场接入电力系统技术规定》（GB/Z 19963—2005）。

4. 工作要求

（1）根据国家能源局《防止电力生产事故的二十五项重点要求》有：

1）分散控制系统配置应能满足机组任何工况下的监控要求（包括紧急故障处理），控制站及人机接口站的中央处理器（CPU）负荷率、系统网络负荷率、分散控制系统与其他相关系统的通信负荷率、控制处理器周期、系统响应时间、事件顺序记录（SOE）分辨率、抗干扰性能、控制电源质量、全球定位系统（GPS）时钟等指标应满足相关标准的要求。分散控制系统的控制器、系统电源、为 I/O 模块供电的直流电源、通信网络等均应采用完全独立的冗余配置，且具备无扰切换功能；采用 B/S、C/S 结构的分散控制系统的

服务器应采用冗余配置，服务器或其供电电源在切换时应具备无扰切换功能。分散控制系统控制器应严格遵循机组重要功能分开的独立性配置原则，各控制功能应遵循任一组控制器或其他部件故障对机组影响最小的原则。重要参数测点、参与机组或设备保护的测点应冗余配置，冗余 I/O 测点应分配在不同模块上。

2）分散控制系统电源应设计有可靠的后备手段，电源的切换时间应保证控制器不被初始化；操作员站如无双路电源切换装置，则必须将两路供电电源分别连接于不同的操作员站；系统电源故障应设置最高级别的报警；严禁非分散控制系统用电设备接到分散控制系统的电源装置上；公用分散控制系统电源，应分别取自不同机组的不间断电源系统，且具备无扰切换功能。分散控制系统电源的各级电源开关容量和熔断器熔丝应匹配，防止故障越级。

3）分散控制系统接地必须严格遵守相关技术要求，接地电阻满足标准要求；所有进入分散控制系统的控制信号电缆必须采用质量合格的屏蔽电缆，且可靠单端接地；分散控制系统与电气系统共用一个接地网时，分散控制系统接地线与电气接地网只允许有一个连接点。

4）分散控制系统电子间环境满足相关标准要求，不应有 380V 及以上动力电缆及产生较大电磁干扰的设备。机组运行时，禁止在电子间使用无线通信工具。

5）根据现场机组的具体情况，建立分散控制系统故障时的应急处理机制，制定在各种情况下切实可操作的分散控制系统故障应急处理预案，并定期进行反事故演习。风电场应结合公司管理要求完善相关制度，并定期进行修编，开展演练工作。

（2）根据《风电场接入电力系统技术规定》要求，风电场调度自动化应符合：风电场应配备计算机监控系统（或 RTU）、电能量远方终端设备、二次系统安全防护设备、调度数据网络接入设备等，并满足电网公司电力系统二次系统设备技术管理规范要求。风电场调度自动化系统远动信息采集范围按电网公司调度自动化 EMS 系统远动信息接入规定的要求接入信息量。风电场电能计量点（关口）应设在风电场与电网的产权分界处，计量装置配置应按电网公司关口电能计量装置技术管理规范要求。风电场调度自动化、电能量信息传输宜采用主/备信道的通信方式，直送电力系统调度部门。风电场调度管辖设备供电电源应采用不间断电源装置（UPS）或站内直流电源系统供电，UPS电源在交流供电电源消失后，其带负荷运行时间应大于 40min。对于接入 220kV 及以上电压等级的风电场应配置 PMU 系统，保证其自动化专业调度管辖设备和继电保护设备等采用与电力系统调度部门统一的卫星对时系统。风电场二次系统安全防护应符合国家电力监管部门和电网运行部门的相关规定。风电场应结合当地电网的要求对设备的投运情况作出调整。

6.3.4 信息网络设备及系统

1. 概况

信息网络设备及系统是信息和应用的通信平台和载体，为各种复杂的计算机和应用提供可靠、安全、高效、可控、可扩展的底层支撑平台。

2．内容及评分标准

信息网络设备及系统内容及评分标准见表 6-14。

表 6-14　信息网络设备及系统内容及评分标准

项目序号	项目	内　　容	标准分	评分标准	实得分
5.6.3.9	信息网络设备及系统	信息网络设备及其系统设备可靠，符合相关要求；总体安全策略、网络安全策略、应用系统安全策略、部门安全策略、设备安全策略等应正确，符合规定。 构建网络基础设备和软件系统安全可信，没有预留后门或逻辑炸弹。接入网络用户及网络上传输、处理、存储的数据可信，非授权访问或恶意篡改。 电力二次系统安全防护满足《关于印发〈电力二次系统安全防护总体方案〉等安全防护方案的通知》（电监安全〔2006〕34号）中的《电力二次系统安全防护总体方案》和《发电厂二次系统安全防护方案》文件，具有数据网络安全防护实施方案和网络安全隔离措施，分区合理、隔离措施完备、可靠。 路由器、交换机、服务器、邮件系统、目录系统、数据库、域名系统、安全设备、密码设备、密钥参数、交换机端口、IP地址、用户账号、服务端口等网络资源统一管理。 安全区间实现逻辑隔离，有连接的生产控制大区和管理信息大区间应安装单向横向隔离装置，并且该装置应经过国家权威机构的测试和安全认证。 网络节点具有备份恢复能力，能够有效防范病毒和黑客的攻击所引起的网络拥塞、系统崩溃和数据丢失	10	①信息网络设备及其系统硬件存在缺陷，扣2分。 ②各类技术管理存在问题，扣2分。 ③电力二次系统安全防护存在安全隐患，扣3分。 ④安全区间安装的单向横向隔离装置未经过国家权威机构的测试和安全认证，扣3分。 ⑤备份恢复能力不健全，扣3分	

3．适用规范及有关文件

（1）《电力二次系统安全防护规定》（国家电力监管委员会令第5号）。

（2）《电力二次系统安全防护总体方案》（电监安全〔2006〕34号）。

（3）《中华人民共和国计算机信息系统安全保护条例》（中华人民共和国国务院令第147号）。

（4）《信息安全技术　信息系统物理安全技术要求》（GB/T 21052—2007）。

（5）《信息安全技术　网络基础安全技术要求》（GB/T 20270—2006）。

（6）《信息安全技术　服务器安全技术要求》（GB/T 21028—2007）。

（7）《信息安全技术　操作系统安全技术要求》（GB/T 20272—2006）。

（8）《防止电力生产事故的二十五项重点要求》（国能安全〔2014〕161号）。

4．工作要求

（1）根据《防止电力生产事故的二十五项重点要求》有：

1）通过灾备系统的实施做好信息系统及数据的备份，以应对自然灾难可能会对信息系统造成毁灭性的破坏。网络节点具有备份恢复能力，并能够有效防范病毒和黑客的攻击所引起的网络拥塞、系统崩溃和数据丢失。

2）在技术上合理配置和设置物理环境、网络、主机系统、应用系统、数据等方面的设备及安全措施；在管理上不断完善规章制度，持续改善安全保障机制。信息网络设备及其系统设备可靠，符合相关要求；总体安全策略、设备安全策略、网络安全策略、应用系统安全策略、部门安全策略等应正确，符合规定。构建网络基础设备和软件系统安全可信，没有预留后门或逻辑炸弹。接入网络用户及网络上传输、处理、存储的数据可信，杜绝非授权访问或恶意篡改。

（2）根据《电力二次系统安全防护规定》有：

1）在生产控制大区与广域网的纵向交接处应当设置经过国家指定部门检测认证的电力专用纵向加密认证装置或者加密认证网关及相应设施。

2）建立电力二次系统安全评估制度，采取以自评估为主、联合评估为辅的方式，将电力二次系统安全评估纳入电力系统安全评价体系。对生产控制大区安全评估的所有记录、数据、结果等，应按国家有关要求做好保密工作。建立健全电力二次系统安全的联合防护和应急机制，制订应急预案。电力调度机构负责统一指挥调度范围内的电力二次系统安全应急处理。风电场应结合根据国家能源局《防止电力生产事故的二十五项重点要求》中防止信息系统事故的要求，风电场应配备信息安全管理人员，并开展有效的管理、考核、审查与培训，并定期开展风险评估，并通过质量控制及应急措施消除或降低评估工作中可能存在的风险。

6.3.5　风力发电设备及系统

1. 概况

一套完整的风力发电设备主要包括风轮叶片、齿轮箱、电机、轴承、塔架、机舱罩和控制系统等，其中成本占比较大的有塔架、风轮叶片和齿轮箱等。

2. 内容及评分标准

风力发电设备及系统内容及评分标准见表 6－15。

表 6－15　风力发电设备及系统内容及评分标准

项目序号	项目	内　　容	标准分	评分标准	实得分
5.6.3.14	风力发电设备及系统	风力发电机组具备低电压穿越能力。风力发电机、变频变流系统和齿轮箱及其所属设备良好，无缺陷。 风电场无功补偿装置运行可靠，容量配置和有关参数整定满足系统电压调节需要。 风力发电机组各连接部位（塔筒之间、塔筒与机舱、机舱与轮毂、轮毂与叶片）符合要求。液压系统、润滑系统和冷却系统各构件的连接面连接可靠，无渗漏。 风力发电机组控制系统及保护系统的配置和运行工况正常，保护动作情况正确，定期进行检验。 风力发电机组远程监控系统运行良好	30	存在缺陷，扣2分/条	

3. 适用规范及有关文件

(1)《风电场接入电力系统技术规定》(GB/Z 19963—2005)。

(2)《风力发电机组验收规范》(GB/T 20319—2006)。

(3)《风力发电场设计技术规范》(DL/T 5383—2007)。

(4)《风力发电场运行规程》(DL/T 666—1999)。

(5)《电网运行规则(试行)》(国家电力监管委员会令第 22 号)。

(6)《发电厂并网运行管理规定》(电监市场〔2006〕42 号)。

(7)《电力系统安全稳定导则》(DL 755—2001)。

(8)《电网运行准则》(DL/T 1040—2007)。

(9)《风力发电场安全规程》(DL/T 796—2012)。

(10)《变压器油中溶解气体分析和判断导则》(SD 187—1986)。

(11)《高压电气设备绝缘技术监督规程》(DL/T 1054—2007)。

(12)《交流电气装置的接地设计规范》(GB/T 50065—2011)。

(13)《接地装置特性参数测量导则》(DL/T 475—2006)。

(14)《防止电力生产事故的二十五项重点要求》(国能安全〔2014〕161 号)。

4. 工作要求

(1) 根据《风电场接入电力系统技术规定》有:

1) 要求风电场并网点电压跌至 20% 标称电压时,风电场内的风电机组应保证不脱网连续运行 625ms。风电场并网点电压在发生跌落后 2s 内能够恢复到标称电压的 90% 时,风电场内的风电机组应保证不脱网连续运行。根据风电场所选的风力发电机类型,出具该类机型的低电压穿越试验报告。

2) 风电场安装的风电机组应满足功率因数在超前 0.95 至滞后 0.95 的范围内动态可调。对于直接接入公共电网的风电场,其配置的容性无功容量能够补偿风电场满发时场内汇集线路、主变压器的感性无功及风电场送出线路的一半感性无功之和,其配置的感性无功容量能够补偿风电场自身的容性充电无功功率及风电场送出线路的一半充电无功功率。风电场配置的无功装置类型及其容量范围应结合风电场实际接入情况,通过风电场接入电力系统无功电压专题研究来确定,并且要由专业的机构对无功补偿装置进行测试并出具报告。

(2) 按照《风力发电机组验收规范》并结合本单位相关规程要求对风力发电机组各连接部位(塔筒之间、塔筒与机舱、机舱与轮毂、轮毂与叶片)的螺栓连接进行定期检查,并做好记录,测试所使用的扭矩测量工具应经过校准并在有效期内。液压系统、润滑系统和冷却系统各构件的连接面连接可靠,无渗漏。

(3) 按照《风力发电场安全规程》的要求,应每年对风电机组的接地电阻进行测试一次,每年对轮毂至塔架底部的引雷通道进行检查和测试一次,每半年对塔架内安全钢丝绳、爬梯、工作平台、门防风挂钩检查一次;风电场安装的测风塔每半年对拉线进行紧固和检查,海边等盐雾腐蚀严重地区,拉线应至少每两年更换一次。每半年至少对变桨系统、液压系统、刹车机构、安全链等重要安全保护装置进行检测试验一次。每年对风电机组加热装置、冷却装置检测一次;每年在雷雨季节前对避雷系统监测一次,至少每三个月对变桨系统的后备电源、充电电池组进行充放电试验一次。其他检测应结合公司制度进行查评。

5. 常见问题及采取措施

（1）常见问题。

1）未重视变压器色谱分析报告，未及时用箱变氢气含量超标等排除电气故障法来分析、判断氢气含量高的原因。

2）检查现场缺陷记录，发现缺陷后未能及时的制定控制措施。

3）现场检查没有定期对接地装置引下线热稳定是否合格进行校验。

4）现场检查没有接地装置引下线的导通检测、分析比较工作报告。

5）未制定对分散控制系统故障的紧急处理措施。

6）有的风电场出现某主变与某保护柜等电位铜排用一根软质裸铜线与柜体连接，形成多点接地，降低保护装置抗干扰能力。

7）220kV系统电压互感器、电流互感器的底座和金属管外壳未进行焊接。

8）未能对信息系统开展风险评估，落实信息系统安全措施。

9）未能按时对重要安全保护装置进行检测试验。

（2）采取措施。

1）按照《变压器油中溶解气体分析和判断导则》进行分析，当油中出现的氢气组分增长较快，同时油中溶解气体中无乙炔、总烃值也小的情况下可以排除变压器内部缺陷。前提是应对油中含水量、含气量检测，对变压器进行吸收比检测。当油中微水含量也随之增长迅速时，可以怀疑是变压器密封存在缺陷，可在检修时仔细检查密封状况，滤油处理。投运后仍必须要进行一段时间的跟踪检验，确保密封状况的良好，直至氢气含量稳定后方可认为设备内部无故障。

2）按照《高压电气设备绝缘技术监督规程》一次设备的绝缘应符合相关设备的具体要求，如试验数据出现异常，应立即组织相关部门和人员进行分析，必要时对设备进一步检查、检测和试验：当检查标明可能存在缺陷时，应采取措施予以消除。缺陷处理按照发现、处理和验收的顺序闭环运作。并制定相应的控制措施。

3）按照《交流电气装置的接地设计规范》要求对接地装置引下线进行热稳定校核。

4）按照《接地装置特性参数测量导则》要求，尽快对变电站电气一次设备接地引下线导通电阻值、箱变接地引下线的导通电阻值进行测试，若接地网接地阻抗或接触电压和跨步电压测量不符合设计要求，怀疑接地网被严重腐蚀时，应进行开挖检查。如发现接地网腐蚀较为严重，应及时进行处理。

5）按照《防止电力生产事故的二十五项重点要求》中对分散控制系统故障的紧急处理措施的要求，根据现场机组的具体情况，建立分散控制系统故障时的应急处理机制，制订在各种情况下切实可操作的分散控制系统故障应急处理预案，并定期进行反事故演习。

6）按照《防止电力生产事故的二十五项重点要求》要求，等电位接地铜环网与站的主接地网只能存在唯一连接点，应拆除裸铜线，消除多点接地。

7）按照《防止电力生产事故的二十五项重点要求》要求，在用于穿二次电缆的金属管的上端与互感器的底座和金属外壳应良好焊接。

8）按照《防止电力生产事故的二十五项重点要求》中防止信息系统事故中的要求建立并完善信息系统安全管理机构，强化管理确保各项安全措施落实到位；定期开展风险评估，并通过质量控制及应急措施消除或降低评估工作中可能存在的风险。

9）按照《风力发电场安全规程》的要求，每半年至少对变桨系统、液压系统、刹车机构、安全链等重要安全保护装置进行一次检测试验。

6.4　设 备 设 施 风 险 控 制

6.4.1　电气设备及系统风险控制

电气设备及系统风险控制包括全厂停电风险控制和发电机损坏风险控制。

6.4.1.1　全厂停电风险控制

1. 概况

全厂停电是指应重大设备故障造成电力系统瘫痪的事故。发电厂内部站用电及主要电气设备的故障、主要母线故障、运行人员误操作等原因，可能导致全厂停电。通过严格执行两票制度、定期检查站用电系统、定期检验电气保护装置、加强稳控装置的维护，防止发全厂停电。

2. 内容及评分标准

全厂停电风险控制内容及评分标准见表 6－16。

表 6－16　全厂停电风险控制内容及评分标准

项目序号	项目	内　　　容	标准分	评 分 标 准	实得分
5.6.4.1.1	全厂停电风险控制	制定并落实防止全厂停电事故预防措施，特别是单机、单母线、单线路情况下的保障措施。 全厂机组运行方式安排合理，机组运行稳定。 严格升压站检修和倒闸操作管理，防止误碰、误动和误操作运行设备。 加强继电保护和直流管理，合理整定保护定值，杜绝继电保护误动、拒动及直流故障引发或扩大系统事故	10	①未制定防止全厂停电事故预防措施，不得分；措施制定不完善或落实不到位，扣5分。 ②保护装置误动、拒动，扣5分/次；影响到系统安全，不得分；发生误操作，不得分。 ③直流系统出现接地等异常未及时处理，扣2分/项	

3. 适用规范及有关文件

(1)《防止全厂停电措施》（能源部安保安〔1992〕40 号）。

(2)《继电保护和安全自动装置技术规程》（GB/T 14285—2006）。

(3)《继电保护及电网安全自动装置检验规程》（DL/T 995—2006）。

(4)《微机继电保护装置运行管理规程》（DL/T 587—2007）。

(5)《关于印发〈国家电网公司发电厂重大反事故措施（试行）〉的通知》（国家电网

生〔2007〕883号）。

（6）《发电厂并网运行管理规定》（电监市场〔2006〕42号）。

（7）《防止电力生产事故的二十五项重点要求》（国能安全〔2014〕161号）。

4. 工作要求

（1）依据《发电厂并网运行管理规定》要求，并网发电厂按照所在电网防止大面积停电预案的统一部署，落实相应措施，编制全厂停电事故处理预案及其他反事故预案，参加电网反事故演习。

（2）依据《防止电力生产事故的二十五项重点要求》要求，防止全厂停电应制定合理的全厂公用系统运行方式，防止部分公用系统故障导致全厂停电，重要公用系统在非标准运行方式时，应制定监控措施，保障运行正常。

（3）依据《继电保护和安全自动装置技术规程》要求，保护装置应具有独立的DC/DC变换器供应内部回路使用的电源，拉、合装置直流电源或直流电压缓慢下降及上升时，装置不应误动作，直流消失时，应有输出触点以启动告警信号，直流电源恢复，变流器应能自动启动。

（4）依据《关于印发〈国家电网公司发电厂重大反事故措施（试行）〉的通知》要求，直流系统母线应具有分段联络开关的两段母线，正常情况，两段母线分别独立运行，每段母线接一组蓄电池和一套工作整流装置，确保直流系统有一段接地，则不影响另一段正常工作。

6.4.1.2 电机损坏风险控制

1. 概况

风电机组长期工作在干燥、雷雨、潮湿等恶劣环境中，易发生多种机械或电气故障，企业要对风电机组定期开展发电机的故障诊断和日常维护，最大程度减少发电机损坏风险。

2. 内容及评分标准

发电机损坏风险控制内容及评分标准见表6-17。

3. 适用文件

（1）《发电机反事故技术措施》（水电部〔86〕电生火字第193号文）。

（2）《防止电力生产事故的二十五项重点要求》（国能安全〔2014〕161号）。

4. 工作要求

（1）依据《发电机反事故技术措施》要求，风电场应制定发电机反事故技术措施。

（2）依据《防止电力生产事故的二十五项重点要求》要求，微机自动准同期装置应安装独立的同期鉴定闭锁继电器，对新投产和大修机组进行同期回路和装置的全面细致的校核、传动，同时进行机组假同期试验等内容，防止发电机非同期并网。

（3）依据《防止电力生产事故的二十五项重点要求》要求，励磁系统低励限制环节动作值得整定应主要考虑发电机定子边段铁芯和结构件发热情况及对系统静态稳定的影响，并与发电机失励保护相配合在保护之前动作，当发电机进相运行受到扰动瞬间进入励磁调节器低励限制环节工作区域时，不允许发电机进入不稳定工作状态。

表 6 - 17　发电机损坏风险控制内容及评分标准

项目序号	项目	内　　容	标准分	评 分 标 准	实得分
5.6.4.1.2	发电机损坏风险控制	制定并落实发电机反事故技术措施。 　　加强对施加直流电压测量，不合格的应及时消缺。 　　风电机组检修时，检查定子绕组端部线圈的磨损、紧固情况，200MW 及以上风电机组在大修时应做定子绕组端部振型模态试验，防止定子绕组端部松动引起相间短路。 　　调峰运行风电机组在停机过程和大修中分别进行动态、静态匝间短路试验，有条件的可加装转子绕组动态匝间短路在线监测装置，发现转子绕组匝间短路较严重的应尽快处理。 　　发电机端部紧固件正常，发电机内未遗留金属异物。当定子接地保护报警时，应立即停机；当转子绕组发生一点接地时，应立即查明故障点与性质并处理。 　　自动励磁调节器的低励限制定值、过励限制和过励保护定值符合要求，励磁调节器正常、可靠运行。 　　氢内冷转子通风良好，当绝缘过热监测器过热报警时应立即取样进行色谱分析，必要时停机处理。 　　水内冷管道、阀门密封圈符合要求，设备正常可靠，水质控制在规定范围，并定期对定子线棒反冲洗。 　　严格控制氢冷发电机氢气湿度在规程允许的范围内，并做好氢气湿度的控制措施。 　　严禁发电机非同期并网，采取有效措施防止发电机非全相运行。 　　风电机组的自动控制及继电保护应具备对功率、风速、重要部件的温度、叶轮和发电机转速等信号进行检测判断，出现异常情况（故障）相应保护动作停机，并在紧急事故情况下，风电场解网时不应对风电机组造成损坏	10	①未制定发电机反事故技术措施，不得分；制定不完善或落实不到位，扣 5 分。 ②未对大型发电机环形接地、过渡引线、鼻部手包绝缘、引水管或接水头等处绝缘和对定子绕组端部手包绝缘进行检查和测试，停机过程中和大修中未进行相关试验，接地保护报警后未采取相应措施，自动励磁调节器保护定值存在问题，绝缘过热监测器出现过热报警没有采取相应措施，出现发电机非同期并网或发电机非全相运行，发生上述任一项问题，不得分。 ③200MW 及以上发电机在大修时未做定子绕组端部振型模态试验，扣 2 分。 ④发生定子、转子绝缘损坏，引水管或接头发生漏水，不得分。 ⑤励磁调节器存在短期缺陷，扣 2 分；存在长期缺陷，扣 5 分。 ⑥自动励磁调节器的低励限制定值、过励限制和过励保护定值不符合要求，扣 2 分。 ⑦水内冷管道、阀门密封圈不符合要求，水质未控制在规定范围，或未定期对定子线棒进行反冲洗，扣 2 分。 ⑧氢气湿度超限，或氢气湿度的控制措施执行不到位，扣 2 分。 ⑨漏氢量超过容许值，未及时处理，扣 2 分。 ⑩风电机组自动控制及保护功能不全，不得分；风速、发电机转速、温度、齿轮箱温度等测量设备存在缺陷未及时处理，扣 2 分/项；刹车系统存在缺陷，扣 3 分	

5. 常见问题及采取措施

（1）常见问题。

1）未落实保障安全运行的措施。

2）落实相关文件要求不到位。

（2）采取措施。

1）风电场应制定合理的运行方式、避免单机、单母线、单一线路运行等特殊运行方式，若必须特殊方式运行，应制定并落实保障安全运行的措施。

2）落实电力行业《防止电力生产事故的二十五项重点要求》的内容，结合风电场实际运行情况，加强生产队伍建设，提高运行人员技术水平，营造良好的电力安全生产氛围防止恶性电气误操作的发生。

3）按照电力行业规定，结合发电机检修运行积累的经验，风电场应制定发电机反事故技术措施和反事故演习。

6.4.1.3　高压开关损坏风险控制

1. 概况

高压开关损坏风险控制是指高压断路器、高压隔离开关与接地开关、高压负荷开关、高压自动重合与分段器，高压操作机构、高压防爆配电装置和高压开关柜等几大类设备，预防事故发生而在日常运行中通过制定反事故技术措施、定期试验、维护检查、巡视记录风措施的行为。做好高压开关损坏风险控制是保障企业安全稳定运行及预防人身安全事故的重要的前提。

2. 内容及评分标准

高压开关损坏风险控制内容及评分标准见表 6-18。

表 6-18　高压开关损坏风险控制内容及评分标准

项目序号	项目	内　容	标准分	评　分　标　准	实得分
5.6.4.1.3	高压开关损坏风险控制	制定并落实高压开关设备反事故技术措施。 完善高压开关设备防误闭锁功能。 开关设备断口外绝缘符合规定，否则应加强清扫工作或采用防污涂料等措施。 做好气体管理、运行及设备的气体监测和异常情况分析，包括 SF₆ 压力表和密度继电器的定期校验。 加强对隔离开关转动部件、接触部件、操作机构、机械及电气闭锁装置的检查和润滑，并进行操作试验；定期用红外线测温仪测量隔离开关接触部分的温度。 定期清扫气动机构防尘罩、空气过滤器，排放储气罐内积水，定期检查液压机构回路有无渗漏油现象，发现缺陷应及时处理	10	①发生高压开关损坏事故，不得分。 ②未制定高压开关设备反事故技术措施，不得分；制定不完善或落实不到位，扣 5 分。 ③高压开关设备防误闭锁功能不完善，扣 3 分/项；防误闭锁功能不完善造成事故，不得分。 ④未对隔离开关进行操作试验、检查和润滑，扣 2 分/项。 ⑤气体管理、运行及设备的气体监测和异常情况分析不到位，扣 3 分。 ⑥未定期测量温度，扣 5 分	

3. 适用规范及有关文件

（1）《电力设备预防性试验规程》（DL/T 596—1996）。

（2）《高压电气设备绝缘技术监督规程》（DL/T 1054—2007）。

（3）《关于印发〈国家电网公司发电厂重大反事故措施（试行）〉的通知》（国家电网生〔2007〕883号）。

（4）《关于印发国家电力公司〈高压开关设备管理规定〉〈高压开关设备反事故技术措施〉和〈高压开关设备质量监督管理办法〉三个文件的通知》（发输电输〔1999〕72号）。

4. 工作要求

（1）制定《高压开关设备反事故技术措施》。《高压开关设备反事故技术措施》是风险控制的技术文件，应根据现场设备的具体情况，分析可能存在的危险点，编制防止事故发生的预防措施等，具体可参照《关于印发〈国家电网公司发电厂重大反事故措施（试行）〉的通知》文件编制。

（2）制定《风电场设备管理规定》。在规定中明确高压开关设备的巡视检查、缺陷处理、定期试验、技术改造、日常管理等内容，结合三标一体表格模板，编制各项记录，如设备缺陷、测温、污闪清扫、设备台账、定期试验等情况的详细记录。

（3）编制预防性试验规程，做好试验记录。设备预防性试验是各单位每年应开展的工作，应将每种设备所需要做的试验罗列清楚，并详细说明技术要求及注意事项，除此之外，还需要将试验结果、试验报告存档。

（4）完善设备巡视检查记录。对设备的日常巡检情况，应通过值班日志、缺陷记录、设备台账等文件进行记录，整体形成闭环。

5. 常见问题及采取措施

（1）常见问题。

1）未制定高压开关设备反事故技术措施。

2）高压开关设备防误闭锁功能不完善。

3）未对隔离开关进行操作试验、检查和润滑。

4）气体管理、运行及设备的气体监测和异常情况分析不到位。

5）未定期测量温度。

（2）采取措施。

1）根据本单位设备情况制定高压开关设备反事故技术措施。

2）加强高压开关设备防误闭锁装置的检查与测试。

3）应定期组织对隔离开关等设备进行实验。

4）完善本单位巡视检查记录，包括气体、温度、外观等异常情况的记录和处理措施。

6.4.1.4 接地网事故风险控制

1. 概况

接地网事故风险控制是以预防接地网事故为核心，对接地网、接地装置的设计、施工、验收及投入使用全过程进行质量把控，接地网的热稳定容量、电阻应满足要求，连接部分应牢固可靠，连接方式应符合规定。

2. 内容及评分标准

接地网事故风险控制内容及评分标准见表6-19。

表 6-19　接地网事故风险控制内容及评分标准

项目序号	项目	内　　容	标准分	评　分　标　准	实得分
5.6.4.1.4	接地网事故风险控制	设备设施的接地引下线设计、施工符合要求，有关生产设备与接地网连接牢固。 　接地装置的焊接质量、接地试验应符合规定，各种设备与主接地网的连接可靠，扩建接地网与原接地网间应为多点连接。 　根据地区短路容量的变化，应校核接地装置（包括设备接地引下线）的热稳定容量，并根据短路容量的变化及接地装置的腐蚀程度对接地装置进行改造。 　每年进行一次接地装置引下线的导通检测工作，根据历次测量结果进行分析比较。 　对于高土壤电阻率地区的接地网，在接地电阻难以满足要求时，应有完善的均压及隔离措施。 　变压器中性点有两根与主接地网不同地点连接的接地引下线，每根接地引下线均应符合热稳定要求。 　重要设备及设备架构等宜有两根与主接地网不同地点连接的接地引下线，且每根接地引下线均应符合热稳定要求，连接引线应便于定期进行检查测试	5	①设备设施的接地引下线设计、施工不符合要求，生产设备与接地网连接不牢固，扣2分。 ②接地装置的焊接质量、接地试验不符合规定、连接存在问题，扣2分。 ③未对接地装置进行校核或改造，扣2分。 ④接地装置引下线的导通检测工作和分析不到位，扣2分。 ⑤高土壤电阻率地区的接地网电阻不符合要求，而又未采取均压及隔离措施，扣1分。 ⑥变压器中性点未采取两根引下线接地或不符合热稳定的要求，扣2分。 ⑦重要设备及设备架构等未采取两根引下线接地，或不符合热稳定的要求，扣2分	

3. 适用规范及有关文件

（1）《防止电力生产事故的二十五项重点要求》（国能安全〔2014〕161号文）。

（2）《系统接地的型式及安全技术要求》（GB 14050—2008）。

（3）《电气装置安装工程接地装置施工及验收规范》（GB 50169—2006）。

（4）《接地装置工频特性参数的测量导则》（DL/T 475—1992）。

（5）《交流电气装置的接地设计规范》（GB/T 50065—2011）。

（6）《电力设备预防性试验规程》（DL/T 596—2005）。

（7）《风力发电机组合格认证规则及程序》（GB/Z 25458—2010）。

（8）《风力发电机组质量保证期验收技术规范》（CNCA/CTS 0004—2014）。

4. 工作要求

（1）根据各单位《档案资料管理办法》，将升压站设计蓝图、施工改造、工程验收记录等工程资料归档保存，图纸资料应保留完整（如图纸不全，应及时与设计单位沟通，补充出具完整设计图纸）。

（2）应每年在雷雨季节来临前进行一次全站防雷检测，包括升压站内建筑物、接地网、接地装置引下线、风电机组等部分，根据检测报告进行技术分析，检验是否符合规定和设计要求，并将分析过程及结果应以文件记录保留备查。

（3）在设备预防性试验中，对变压器、设备架构等重要设备的接地装置及接地引下线的热稳定容量进行核算，并将核算资料保留存档。

（4）日常巡视中，应检查接地装置及接地引下线的连接点是否牢固、焊接质量是否合格、腐蚀情况等进行记录。

（5）对不符合规定的接地装置，应将预防措施、技术改造方案、工作计划等资料保留完整。

5. 常见问题及采取措施

（1）常见问题。

1）未对接地装置进行校核或改造。

2）变压器中性点或重要设备架构等未采取两根引下线接地或不符合热稳定的要求。

3）高土壤电阻率地区的接地网电阻不符合要求，而又未采取均压及隔离措施。

（2）采取措施。

1）在新建电站或增加设备时，应要求设计或施工单位对接地装置进行校核和热稳定容量计算。

2）对不符合接地网电阻要求的应采取均压措施，如加大接地网的面积和范围等。

6.4.1.5 污闪风险控制

1. 概况

设备外壳及线路绝缘子串的卫生管理和定期清是有效控制设备污闪风险的重要管理措施。

2. 内容及评分标准

污闪风险控制内容及评分标准见表6-20。

表6-20 污闪风险控制内容及评分标准

项目序号	项目	内 容	标准分	评 分 标 准	实得分
5.6.4.1.5	污闪风险控制	落实防污闪技术措施、管理规定和实施要求。 定期对输变电设备外绝缘表面进行盐密测量、污秽调查和运行巡视，及时根据情况变化采取防污闪措施。 运行设备外绝缘爬距，原则上应与污秽分级相适应，不满足的应予以调整。 坚持适时的、保证质量的清扫，落实"清扫责任制"和"质量检查制"	5	①发生污闪事件，引起电网或机组安全运行，不得分。 ②未严格落实防污闪技术措施、管理规定和实施要求，扣3分。 ③运行设备外绝缘爬距，未与污秽分级相适应，而又未采取措施，扣2分。 ④未进行定期清扫，扣3分	

3. 适用规范及有关文件

（1）《防止电力生产事故的二十五项重点要求》（国能安全〔2014〕161号文）。

（2）《电力系统电瓷外绝缘防污闪技术管理规定》（能源办〔1993〕45号）。

（3）《高压架空线路和发电厂、变电所环境污区分级及外绝缘选择标准》（GB/T 16434—1996）。

（4）《输电线路用绝缘子污秽外绝缘的高海拔修正》（DL/T 368—2010）。

（5）《风力发电机组合格认证规则及程序》（GB/Z 25458—2010）。

（6）《风力发电机组质量保证期验收技术规范》（CNCA/CTS 0004—2014）。

（7）《电力设备带电水冲洗导则》（GB/T 13395—2008）。

4. 工作要求

（1）完善防污闪管理体系，明确防污闪主管领导和专责人的具体职责。

（2）坚持定期对输变电设备外绝缘表面的盐密测量、污秽调查和运行巡视，及时根据变化情况采取防污闪措施和完善污秽区分布图，做好防污闪的基础工作。

（3）新建和扩建的输变电设备外绝缘配置应以污秽区分布图为基础并根据城市发展、设备的重要性等，在留有裕度的前提下选取绝缘子的种类、伞型和爬距。运行设备外绝缘的爬距，原则上应与污秽分级相适应，不满足的应予以调整，受条件限制不能调整爬距的应有主管防污闪领导签署的明确的防法闪措施。

（4）坚持适时的、保证质量的清扫，落实清扫责任制和质量检查制，带电水冲洗要严格执行《电力设备带电水冲洗导则》，并配备训练有素的熟练操作员。室内设备外绝缘爬距要符合户内设备技术条件，并适时安排清扫，严重潮湿的地区要提高爬距。查阅落实防污闪技术措施、管理规定符合要求。

（5）定期对输变电设备外绝缘表面进行盐密测量、污秽调查和运行巡视的记录完整。运行设备外绝缘爬距，原则上应与污秽分级相适应。

5. 常见问题及采取措施

（1）常见问题。

1）未严格落实防污闪技术措施、管理规定和实施要求。

2）运行设备外绝缘爬距，未与污秽分级相适应，而又未采取措施。

（2）采取措施。

1）应根据本单位设备情况制定防污闪技术措施和管理规定。

2）核对本单位设备外绝缘爬距及污闪等级，如不符合应制定定期相关措施。

3）应定期对设备外绝缘部分进行清扫，如隔离开关的绝缘瓷瓶等，并做好相关记录。

6.4.1.6　继电保护故障风险控制

1. 概况

继电保护的基本任务是当电力系统发生故障或异常工况时，在可能实现的最短时间和最小区域内，自动将故障设备从系统中切除，或发出信号由值班人员消除异常工况根源，以减轻或避免设备的损坏和对电网的影响。严格落实继电保护设备管理规范、规程是有效减少继电保护故障风险的重要前提。

2. 内容及评分标准

继电保护故障风险控制内容及评分标准见表6-21。

表 6‑21 继电保护故障风险控制内容及评分标准

项目序号	项目	内　　容	标准分	评分标准	实得分
5.6.4.1.6	继电保护故障风险控制	贯彻落实继电保护技术规程、整定规程、技术管理规定等。 　　重视大型发电机、变压器保护的配置和整定计算，包括与相关线路保护的整定配合；对于220kV及以上主变压器的微机保护必须双重化。 　　220kV及以上母线和重要电厂变电站应做到双套母差、开关失灵保护。 　　保证继电保护操作电源的可靠性，防止出现二次寄生回路，提高继电保护装置抗干扰能力。 　　机组大修后，发变组保护必须经一次短路试验来检验保护定值和动作情况；所有保护装置和二次回路检验工作结束后，必须经传动试验后，方可投入运行	10	①未落实继电保护技术规程、整定规程、管理规定，扣2分/条。 ②继电保护装置和安全自动装置整定值误差超规定，扣2分/项。 ③继电保护操作电源不可靠，扣2分/项。 ④出现误碰、误接线、误整定，不得分。 ⑤继电保护装置和安全自动装置误动、拒动，不得分	

3. 适用规范及有关文件

（1）《防止电力生产事故的二十五项重点要求》（国能安全〔2014〕161号文）。

（2）《电力监控系统安全防护规定》（中华人民共和国国家发展和改革委员会令第14号）。

（3）《电力二次系统安全防护总体方案》（电监安全〔2006〕34号）。

（4）《继电保护和安全自动装置技术规程》（GB/T 14285—2006）。

（5）《微机继电保护装置运行管理规程》（DL/T 587—2007）。

（6）《继电保护和电网安全自动装置检验规程》（DL/T 995—2006）。

（7）《电力系统继电保护及安全自动装置运行评价规程》（DL/T 623—2010）。

（8）《继电保护微机型试验装置技术条件》（DL/T 624—2010）。

（9）《母线保护装置通用技术条件》（DL/T 670—2010）。

（10）《220kV～750kV电网继电保护装置运行整定规程》（DL/T 559—2007）。

（11）《3kV～110kV电网继电保护装置运行整定规程》（DL/T 584—2007）。

（12）《电力系统微机继电保护技术导则》（DL/T 769—2001）。

（13）《微机型防止电气误操作系统通用技术条件》（DL/T 687—2010）。

4. 工作要求

（1）风电场应制定《风电场继电保护技术规程》《风电场继电保护设备管理规定》《风电场继电保护装置保护定值整定规程》等管理文件，完善保护定值管理、整定程序，提高保护装置可靠性。

（2）根据规程对继电保护装置的电源、遥测、遥信、控制等回路进行符合性检查，避免出现保护装置和自动装置出现误动、拒动情况。

（3）根据风电场的电压等级，配置完善相应的保护装置。

5. 常见问题及采取措施

（1）常见问题。

1）未落实继电保护技术规程、整定规程、管理规定。

2）出现误碰、误接线、误整定。

3）继电保护装置和安全自动装置误动、拒动。

（2）采取措施。

1）应分别制定继电保护技术规程、整定规程、管理规定，细化继电保护装置管理环节。

2）应加强继电保护装置安装、改造、施工过程中的监测和技术方案审核，防止出现技术错误。

3）应定期开展继电保护装置传动实验，检验各保护是否正确动作，并做好记录。

6.4.1.7 变压器、互感器损坏风险控制

1. 概况

变压器、互感器是电力系统的主要设备，通过规范的采购流程和监造过程和完善运行规程、检修规程、试验规程等制度性文件，强化运行管理，落实生产责任等多种手段，以达到有效控制损坏风险、避免事故的目的。

2. 内容及评分标准

变压器、互感器损坏风险控制内容及评分标准见表 6-22。

表 6-22 变压器、互感器损坏风险控制内容及评分标准

项目序号	项目	内　　容	标准分	评　分　标　准	实得分
5.6.4.1.7	变压器、互感器损坏风险控制	制定并落实变压器、互感器设备反事故技术措施。 加强变压器设备选型、订货、验收、投运全过程管理，220kV 及以上电压等级的变压器应赴厂监造和验收。 加强油质管理，对变压器油要加强质量控制。 大型变压器安装在线监测装置，在线监测完好。 在近端发生短路后，应做低电压短路阻抗测试或用频响法测试绕组变形，并与原始记录比较。 冷却装置电源定期切换，事故排油设施符合规定。 加强变压器绕组温度、铁芯温度和油温温升的检测检查	10	①未制定变压器、互感器设备反事故技术措施，不得分；制定不完善或落实不到位，扣 5 分。 ②变压器设备选型、订货、监造、验收、投运等过程管理不到位，扣 1 分/项。 ③变压器油存在质量问题，扣 2 分。 ④大型变压器未安装在线监测装置，扣 2 分。 ⑤在近端发生短路后，未做相应试验，不得分。 ⑥冷却装置电源未定期切换，扣 2 分。 ⑦事故排油设施不符合规定，扣 3 分	

3. 适用规范及有关文件

（1）《防止电力生产事故的二十五项重点要求》（国能安全〔2014〕161 号文）。

（2）《电力变压器 第 2 部分：液浸式变压器的温升》（GB 1094.2—2013）。

（3）《变压器油中溶解气体分析和判断导则》（GB/T 7252—2001）。

（4）《三相油浸式电力变压器技术参数和要求》（GB/T 6451—2008）。

（5）《电容式电压互感器》（GB/T 4703—2007）。

（6）《变压器油中溶解气体分析和判断导则》（DL/T 722—2014）。

（7）《电力技术监督导则》（DL/T 1051—2007）。

（8）《电力设备预防性试验规程》（DL/T 596—2005）。

（9）《配电变压器运行规程》（DL/T 1102—2009）。

（10）《电力变压器运行规程》（DL/T 572—2010）。

（11）《电力变压器检修导则》（DL/T 573—2010）。

（12）《互感器运行检修导则》（DL/T 727—2013）。

（13）《高压电气设备绝缘技术监督规程》（DL/T 1054—2007）。

（14）《变压器油中颗粒度限值》（DL/T 1096—2008）。

（15）《变压器油带电度现场测试导则》（DL/T 1095—2008）。

（16）《电力变压器绕组变形的电抗法检测判断导则》（DL/T 1093—2008）。

4．工作要求

（1）风电场应编制《变压器、互感器反事故技术措施》，重点防止变压器着火时的事故扩大。制定的变压器、互感器设备反事故技术措施，内容必须符合要求。大型变压器安装在线监测装置完好，设备技术台账、试验记录、运行记录、定期工作、检修记录等应齐全、完整、真实。

（2）明确变压器选型、订货、验收到投运的全过程管理人员及其职责。严格按有关规定对新购变压器类设备进行验收，确保改进措施落实在设备制造、安装、试验、投产时不遗留同类型问题。采购设备时应向制造厂索取做过突妞短路试验变压器的试验报告和抗短路能力动态计算报告；在设计联络会前，应取得所订购变压器的抗短路能力计算报告。

（3）220kV 及以上电压等级的变压器应赴厂监造和验收，按变压器赴厂监造关键控制点的要求进行监造，监造验收工作结束后，赴厂人员应提交监造报告，并作为设备原始资料存档。

5．常见问题及采取措施

（1）常见问题。

1）未制定变压器、互感器设备反事故技术措施。

2）大型变压器未安装在线监测装置。

3）冷却装置电源未定期切换。

4）事故排油设施不符合规定。

（2）采取措施。变压器、互感器作为与电网连接的主要设备，应根据实际情况制定反事故技术措施。

6.4.2　热控、自动化设备及系统风险控制

热控、自动化设备及系统风险控制包括分散控制系统、水电厂计算机监控系统失灵风险控制，热工保护拒动风险控制。就风电场而言，主要指计算机监控系统失灵和风机保护拒动的风险控制。

6.4.2.1 分散控制系统、水电厂计算机监控系统失灵风险控制

1. 概况

计算机监控系统是指以计算机网络技术为基础，对发电厂高压配电装置，及其他电力设备的计算机控制系统。企业通过电气二次系统安全防护，采用专用的、冗余配置的不间断电源供电，加装防雷电击装置，使用合格自动化设备等一系列措施来防止计算机监控系统失灵风险的发生。

2. 内容及评分标准

分散控制系统、水电厂计算机监控系统失灵风险控制内容及评分标准见表 6-23。

表 6-23 分散控制系统、水电厂计算机监控系统失灵风险控制内容及评分标准

项目序号	项目	内　容	标准分	评　分　标　准	实得分
5.6.4.2.1	分散控制系统、水电厂计算机监控系统失灵风险控制	严格执行分散控制系统或水电厂计算机监控系统有关技术规程和规定。 主要控制器应采用冗余配置，重要 I/O 点采用非同一板件的冗余配置。 系统电源有可靠后备手段，接地严格遵守技术要求。 CPU 负荷率、通信网络负荷率、电源容量均应有适当裕度，满足规范要求；主系统及与主系统连接的所用相关系统（包括专用装置）的通信负荷率控制在合理范围内。 所有进入 DCS 或 LCU 系统控制信号的电缆采用质量合格的屏蔽电缆，且有良好的单端接地。 独立于控制系统的后备操作手段配置符合要求。 规范控制系统软件和应用软件的管理，建立有针对性的系统防病毒措施	10	①发生分散控制系统或监控系统失灵事故，不得分。 ②未严格执行监控系统有关技术规程和规定，不得分。 ③主要控制器冗余配置不符合要求，扣 3 分。 ④系统电源及接地不符合要求，扣 3 分。 ⑤系统有关裕度不满足标准要求，主系统及与主系统连接的所用相关系统的通信负荷率超限，扣 3 分。 ⑥控制信号电缆选型和接地方式不符合要求，扣 2 分。 ⑦后备操作手段不健全，扣 2 分。 ⑧系统软件和应用软件管理不到位，或无良好的系统防病毒措施，扣 2 分	

3. 适用规范及有关文件

适用规范及有关文件如下：

（1）《防止电力生产事故的二十五项重点要求》（国能安全〔2014〕161 号）。

（2）《电力二次系统安全防护总体方案》（电监安全〔2006〕34 号）。

（3）《发电厂电力网络计算机监控系统设计技术规程》（DL/T 5226—2013）。

（4）《220～500kV 变电所计算机监控系统设计技术规程》（DL/T 5149—2001）。

（5）《电力监控系统安全防护总体方案》（国能安全〔2015〕36 号）。

4. 工作要求

（1）依据《防止电力生产事故的二十五项重点要求》有：

1）风电场应制定各项管理办法和规章制度，内容包括监控系统运行管理规程、监控系统运行管理办法、机房安全管理制度等内容。

2) 分散控制系统配置应能满足机组任何工况下的监控要求，控制站及人际接口站的中央处理器负荷率、系统网络负荷率、分散控制系统与其他相关系统的通信负荷率、控制处理器周期、系统响应时间、时间顺序记录分辨率、抗干扰性能、控制电源质量、全球定位系统时钟等指标应满足相关标准的要求。

3) 监控系统相关设备应加装防雷（强）电装置，相关机柜及柜间电缆屏蔽层应通过等电位网可靠接地。风电场所有通信线路必须有屏蔽，屏蔽电缆的铠装外皮要就近接地。

（2）依据《防止电力生产事故的二十五项重点要求》和《220～500kV 变电变电所计算机监控系统设计规范》要求，风电场监控服务器宜采用双机冗余配置，主机正常负荷率宜低于 30%，事故负荷率宜低于 50%，网络正常负荷率宜低于 20%，事故负荷率宜低于 40%。

（3）依据《防止电力生产事故的二十五项重点要求》和《电力二次系统安全防护总体方案》要求，风电场计算机监控系统的系统软件、应用软件、设置的参数、数据要定期用可靠的存储设备进行备份。

（4）依据《发电厂电力网络计算机监控系统设计技术规程》要求，风电场计算机监控系统的应该有可靠的电源，一般是通过 UPS 和蓄电池供电，将不必要的负荷从 UPS 系统中切除，保证电源容量应有适当裕度。

（5）依据《电力监控系统安全防护总体方案》要求，风电场计算机监控系统均应安装杀毒软件，并采用离线升级的方式定期对杀毒软件进行升级。

6.4.2.2 热工保护拒动风险控制

1. 概况

风电机组的设计应保证风电机组结构、机械系统、电气系统和控制系统安全，主要包括风电机组保护配置符合要求，保护定值的设定和核实检查，保护动作试验和相应仪表的校验按照制造厂家标准进行。企业通过加强后期的运行维护，来防止风电机组保护拒动。

2. 内容及评分标准

热工保护拒动风险控制内容及评分标准见表 6-24。

表 6-24 热工保护拒动风险控制内容及评分标准

项目序号	项目	内 容	标准分	评 分 标 准	实得分
5.6.4.2.2	热工保护拒动风险控制	热工各项保护配置符合要求，工作正常，电源可靠。就地取样测点和装置配置符合要求，安装规范，工作可靠。定期进行保护定值的核实检查、保护的动作试验和相应仪表的校验。热工保护装置（系统、包括一次检测设备）发生故障时，必须按照热工保护投、退制度，办理投、退手续，并限期恢复	10	①发生热工保护拒动事故，不得分。②保护配置不符合要求，扣3分。③保护装置及相关配套设施工作不正常，扣2分/项。④取样不符合要求或存在隐患，扣1分/项。⑤未定期进行检查、试验，扣3分。⑥故障处理时执行投退制度不严格或恢复不及时，扣3分	

3. 适用规范

(1)《风力发电场运行规程》(DL/T 666—2012)。

(2)《风力发电机组 设计要求》(GB/T 18451.1—2012)。

(3)《风力发电机组 验收规范》(GB/T 20319—2006)。

4. 工作要求

(1)依据《风力发电机组 设计要求》有：

1)风电机组超速、发电机超载或出现故障、过度震动、非正常电缆缠绕，风电机组保护功能被激活，保持风力发电机组处于安全状态。

2)风电机组长期退出运行时，应该做好机组安全措施，并定期对风电机组进行巡视检查。定期对风电机组内部蓄电池进行检测，发现缺陷后进行记录，在风电机组重新启动前进行更换。

(2)依据《风力发电场运行规程》要求，风电机组应该具备手动并网和解列的四种操作方式。遇到紧急情况时，风电机组能远方或者就地进行停机处理。

(3)依据《风力发电机组 验收规范》要求，应对风电机组控制系统安全保护功能进行检查和试验，主要包括转速超出限定值的紧急关机试验、功率超出限值得紧急关机试验、过度震动紧急关机试验、人工操作的紧急关机试验。

5. 常见问题及采取措施

在日常检查中发现 CPU 负荷率达不到要求，需要通过卸载多余软件和删除不必要进程提高 CPU 负荷率。

6.4.3　风力发电设备及系统风险控制

设备设施管理包括：电气设备及系统风险控制；热控、自动化设备及系统风险控制；风力发电设备及系统风险控制；其他设备及系统风险控制设备设施选购。设备设施安全管理工作必须坚持"安全第一，预防为主"的方针；必须坚持设备与生产全过程的系统管理方式；必须坚持不断更新改造；提新安全技术水平的原则；能及时有效地消除设备运行过程中的不安全因素，确保人身和设备安全。

6.4.3.1　风电机组着火风险控制

1. 概况

随着风电行业的迅猛发展，风电机组的火灾事故越来越多。火灾不仅会对风电机组带来毁灭性的破坏，如果连带点燃风电机组附近的草场或者林场，将会带来更大的社会风险。现在国内的风电机组大多只在风电机组机舱内和塔筒底部摆放手提灭火器，这些简易的消防装置在突如其来发生的火灾面前几乎没有用，因此提高风电机组的火灾防范水平是迫不及待的事情。

2. 内容及评分标准

风电机组着火风险控制内容及评分标准见表 6-25。

3. 适用规范及有关文件

(1)《风力发电场设计技术规范》(DL/T 5383—2007)。

(2)《电缆防火措施设计和施工验收标准》(DL GJ 154—2000)。

表 6 - 25　风电机组着火风险控制内容及评分标准

项目序号	项目	内　　容	标准分	评 分 标 准	实得分
5.6.4.7.1	风电机组着火风险控制	建立健全预防风电机组火灾的管理制度，严格风电机组内动火作业管理，定期巡视检查风电机组防火控制措施。 严格按设计图册施工，布线整齐，各类电缆按规定分层布置，电缆的弯曲半径应符合要求，避免交叉。 机舱、塔筒选用阻燃电缆，靠近加热器等热源的电缆应有隔热措施，靠近带油设备的电缆槽盒密封，电缆通道采取分段阻燃措施。 风电机组内禁止存放易燃物品，机舱保温材料必须阻燃。机舱通往塔筒穿越平台、柜、盘等处电缆孔洞和盘面缝隙采用有效的封堵措施。 定期监控设备轴承、发电机、齿轮箱及机舱内环境温度变化，发现异常及时处理。 定期对母排、并网接触器、励磁接触器、变频器、变压器等一次设备动力电缆连接点及设备本体等部位进行温度探测。 定期对风电机组防雷系统和接地系统检查、测试。 严格控制油系统加热温度在允许温度范围内，并有可靠的超温保护措施	15	①预防风电机组火灾的管理制度和措施不健全，不得分。 ②电缆布置不符合要求，扣 3 分/处。 ③电缆材质、隔热措施、阻燃措施不符合要求，扣 3 分/处。 ④风电机组内存放易燃物品，不得分；机舱保温材料不合格，不得分；电缆孔洞和盘面缝隙未采用封堵措施，扣 5 分/处。 ⑤未对设备轴承、发电机、齿轮箱及机舱内环境温度进行定期监控，扣 5 分。 ⑥未对母排、并网接触器、励磁接触器、变频器、变压器等一次设备动力电缆连接点及设备本体等部位进行温度探测，扣 5 分。 ⑦未对风电机组防雷系统和接地系统检查、测试，扣 5 分。 ⑧控制油系统加热温度超限，或无可靠的超温保护措施，扣 5 分/项	

（3）《防止电力生产事故的二十五项重点要求》（国能安全〔2014〕161 号）。

（4）《风力发电机组消防系统技术规程》（CECS 391：2014）。

（5）《中华人民共和国消防法》。

（6）《中华人民共和国安全生产法》。

（7）《风力发电机组》（GB/T 19960—2005）。

（8）《风力发电场安全规程》（DL/T 796—2012）。

（9）《风力发电场运行规程》（DL/T 666—2012）。

（10）《风力发电机组　验收规范》（GB/T 20319—2006）。

4. 工作要求

风电机组防火要求涉及整个系统，包括系统特有的高危险区域，如叶片、机舱（机壳）、塔内部件和塔筒等。根据风险的种类需要采取不同的防火措施。

风电场风电机组防火工作分为前期设计制造安装、投运前的管理工作、运行中的管理工作及维护保养、季节性检查及专项检查、各运行过程记录等。

（1）前期设计制造安装。在风电场设计初期由专业具备资质的设计机构进行设计，从风电机组机舱内控制柜、电容柜、发电机、变桨系统、加热器、刹车系统，考虑到风电机组在运行中会遇到：高温、通风不良、电气元件质量不过关、电气元件过热老化、润滑油泄漏、

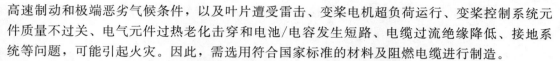

高速制动和极端恶劣气候条件，以及叶片遭受雷击、变桨电机超负荷运行、变桨控制系统元件质量不过关、电气元件过热老化击穿和电池/电容发生短路、电缆过流绝缘降低、接地系统等问题，可能引起火灾。因此，需选用符合国家标准的材料及阻燃电缆进行制造。

（2）投运前的管理工作。编制《防风电机组火灾的管理制度》《防止风电机组火灾反事故措施》《防止风电机组雷击反事故措施》《电缆防火管理制度》《缺陷管理制度》《风电机组定期工作计划》《风电机组巡检制度》《维护保养责任制及检修计划》《风电机组及检修作业指导书》《相关方用工安全管理制度》等文件。编制的制度以红头文件形式下发，组织全员学习并进行考试。

对风电机组防雷施工、电缆连接及发电主设备安装、风电机组调试等工作加强监督管理；施工完成后严格按照《风力发电机组 验收规范》逐项验收。

（3）运行中的管理工作及维护保养。日常主要进行的管理工作如下：

1）按照定期工作计划对风电机组进行日常巡视检查，风电机组部分电气主设备建立测温管理制度及测温记录。

2）做好日常保养工作，生产过程中设备发生故障应及时给予排除并进行质量检查的验收。

3）按照规定时间对风电机组进行 500 小时、半年、全年检修工作，在检修工作中按照检修内容逐条逐项进行，并及时消除设备隐患。

4）相关方或风电场人员需要进行动火作业时办理相应的工作票。

（4）季节性检查及专项检查。主要针对防雷、风电机组保护参数、油系统、季节性危险点进行重点排查，防止火灾发生。

1）在雷雨季节前对全场风电机组进行防雷系统和接地系统以及接闪器的检查、测试（接地电阻小于 4Ω），并记录数据或由当地防雷办出具检验报告。

2）夏季对风电机组进行各发电主设备、电缆接头处进行设备测温检查；冬季对风电机组内各加热元器件进行排查，杜绝火灾发生。

3）对风电机组发电主设备温度检测装置、加热装置保护定值进行核查。

4）在风电机组日常巡视中检查油系统无泄漏。

5）每季度对风电机组进行登机巡视检查风电机组安全运行设备隐患及设备缺陷。

（5）各运行过程记录。

1）设备前期工程施工资料的移交，设计、监造、土建、防雷接地工程、交接实验数据等资料的收集。

2）运行检修人员在日常值班风机数据、日常巡视检查、专项检查记录、风电机组缺陷故障统计、实验记录、检修记录、相关方人员安全记录及验收记录等。

5. 常见问题及采取措施

（1）常见问题。

1）风电机组塔基内控制柜内、在各层平台电缆孔洞采取防火封堵措施。

2）风电场没有对风电机组母排、并网接触器、变频器、变压器等一次设备动力电缆连接点及设备本体等部位进行温度探测。

3）风电机组塔筒内灭火器未定期检查，灭火器已经超周期，压力已失效。

4）未在雷雨季节前对全场风电机组进行防雷系统和接地系统以及接闪器的检查、测试。

5）风电机组日常巡视检查、专项检查记录、风电机组缺陷故障统计、实验记录、检修记录、相关方人员安全记录及验收记录不完整等。

（2）采取措施。

1）用防火材料对风电机组塔基内的电缆孔洞进行封堵。

2）制定风电机组现场测温的定期工作并严格执行。

3）对风电机组塔筒内消防系统定期检查，及时发现更换压力不足的灭火器。

4）在雷雨季节前对全场风电机组进行防雷系统和接地系统以及接闪器的检查、测试（接地电阻小于4Ω），并记录数据或由当地防雷办出具检验报告。

5）运行检修人员认真进行风电机组日常巡视检查记录、专项检查记录、风电机组缺陷故障统计、实验记录、检修记录、相关方人员安全记录及验收记录等。

6.4.3.2 倒塔风险控制

1. 概况

近年风电场风电机组整机倒塌、风电塔筒法兰盘连接处折断倒塌、风电机组坠头叶片损坏等事故倒塌事故时有发生，损失巨大。风电场需从设备质量、安装技术、运行管理等根本原因上避免风电机组倒塌事故，减少损失。

2. 内容及评分标准

倒塔风险控制内容及评分标准见表6-26。

表6-26 倒塔风险控制内容及评分标准

项目序号	项目	内　容	标准分	评　分　标　准	实得分
5.6.4.7.2	倒塔风险控制	风电机组塔筒及主机设备选型时应符合设计要求，安装时严格遵循安装作业指导要求，维护时认真做好力矩校准、油脂添加、定值核对及机械和电气试验等工作。 严格风电机组基础浇筑施工工艺，按规程规范要求做好基础养护和回填，在基础混凝土强度、接地电阻测试结果及基础环上法兰水平度合格后方可机组吊装作业。 每3个月对风电机组基础进行水平测试，基础水平测试有问题的机组应进行评估检查。 安装作业必须由具备设备安装企业二级及以上资质的单位进行，特种作业人员必须持证上岗。 所有螺栓紧固可靠，紧固顺序与紧固力矩符合要求。塔筒连接的高强度螺栓须经检验合格，塔筒螺栓力矩及焊缝须经验收。 加强塔筒连接部件和防腐情况的检查，定期开展风机基础沉降、塔筒垂直度、塔筒螺栓力矩的检测。 制定落实暴雨、台风、地震等自然灾害应对措施	15	①风电机组塔筒及主机设备选型、安装不符合要求，不得分；设备维护不到位，扣5分/次。 ②风电机组基础浇筑施工工艺不符合要求，扣5分/项。 ③未定期进行基础水平测试的，扣3分。 ④安装作业单位资质不合格，不得分；特种作业人员无证作业，扣3分/人/次。 ⑤螺栓安装和焊接不符合要求，扣5分/处。 ⑥塔筒连接部件和防腐情况检查不到位，扣5分；风电机组基础沉降、塔筒垂直度、塔筒螺栓力矩检测不到位，扣3分/项。 ⑦暴雨、台风、地震等恶劣自然灾害应对措施制定或落实不到位，扣5分	

3. 适用规范

（1）《风力发电场设计技术规范》（DL/T 5383—2007）。

（2）《风力发电机组 第2部分：通用试验方法》（GB/T 19960.2—2005）。

（3）《风力发电机组 验收规范》（GB/T 20319—2006）。

（4）《风力发电场安全规程》（DL/T 796—2012）。

（5）《风力发电场运行规程》（DL/T 666—2012）。

（6）《电力技术监督导则》（DL/T 1051—2015）。

4. 工作要求

风电机组倒塔事故需从设备选型、选用材质、安装技术、运行期管理、金属技术监督要求等着手，分为前期设计制造安装、投运前的管理工作、运行中的管理工作及维护保养、季节性检查及专项检查、各运行过程记录等。

（1）前期设计制造安装。在风电场设计初期由专业具备资质的设计机构按照最新技术进行设计，采购质量检验合格且符合国家标准的法兰、锚栓等连接部件，并对塔筒、叶片等进行监造，严格把控设备质量。

（2）投运前的管理工作。编制《防止风电机组倒塔反事故措施》《防汛、防强对流天气应急预案》《缺陷管理制度》《风电机组定期工作计划》《风电机组巡检制度》《维护保养责任制及检修计划》《风电机组及检修作业指导书》《相关方用工安全管理制度》《金属技术监督细则》等文件。编制的制度以红头文件形式下发，组织全员学习并进行考试。

对风电机组基础施工、风电机组吊装工作在建设期严格按照设计施工，加强监督管理；施工完成后严格按照《风力发电机组 验收规范》逐项验收。

（3）运行中的管理工作及维护保养。日常主要进行的管理工作如下：

1）按照定期工作计划对风电机组进行日常巡视检查，若发现风电机组锚栓、法兰连接螺栓及塔筒松动、断裂或裂纹应立即停机进行处理。

2）做好日常保养工作，生产过程中设备发生故障应及时给予排除并进行质量检查的验收。

3）按照规定时间对风电机组进行 500 小时、半年、全年检修工作，在检修工作中按照检修内容逐条逐项进行，并检查连接螺栓力矩符合要求。

4）相关方或风电场人员需要进行动火作业时办理相应的工作票。

5）运行中风电机组监控系统报出加速度超限或震动开关触发故障时应立即停机并登机检查。

6）风电机组上金属技术监督细则中要求的焊缝及旋转部分金属母材的要求。

（4）季节性检查及专项检查。主要针对风电机组保护参数，法兰连接、连接螺栓、锚栓、塔筒壁外观检查，专项测试等，防止倒塔事故的发生。

1）对风电机组发电主设备振动检测装置保护定值进行核查。

2）在风电机组日常巡视中检查地基锚栓无裂纹及断裂生锈现象。

3）每季度对风电机组进行登机巡视检查，确保风电机组无安全运行设备隐患及设备缺陷。

4）风电机组并网运行后每 3 个月进行一次风电机组沉降观测及塔筒垂直度检测，直到稳定为止。

（5）各运行过程记录。

1）设备前期工程施工移交资料的设计、监造、土建、吊装等资料的收集。

2）运行检修人员在日常值班风电机组数据、日常巡视检查、专项检查记录、风电机组缺陷故障统计、检修记录、塔筒垂直度、沉降度观测数据、相关方人员安全记录及验收记录等。

5. 常见问题及采取措施

(1) 常见问题。

1) 风电场采购的塔筒、叶片、法兰、锚栓等连接部件未严格把控，设备质量不符合国家标准。

2) 移交的前期、设计、监造、工程施工、土建、吊装等资料不全。

3) 风电机组发电主设备振动检测装置工作不正常，保护定值设定不满足要求。

4) 风电场未能做到每3个月对风电机组基础进行水平测试。

5) 风电场未开展风电机组基础沉降和塔筒垂直度检测工作。

(2) 采取措施。

1) 严格把控风电场采购的塔筒、叶片、法兰、锚栓等连接部件，设备质量必须符合国家标准。

2) 及时收集、移交前期、设计、监造、工程施工、土建、吊装等资料。

3) 调试、试运期间积极关注，且必须保证风电机组发电主设备振动检测装置、信号、定值正确。

4) 风电场定期每3个月对风电机组基础进行水平测试。

5) 风电场需进行风电机组基础沉降和塔筒垂直度检测工作。

6.4.3.3 控制轮毂（桨叶）脱落风险

1. 概况

近年风电场风电机组轮毂、（桨叶）脱落、断叶片裂事故时有发生，损失巨大。主要原因为设备质量、安装技术存在缺陷。为避免或降低风力发电机组轮毂（桨叶）脱落事故对风电场造成的重大经济损失和政治影响，避免和减轻因风力发电机组轮毂（桨叶）脱落事故可能造成的重大设备损坏事故，需要对此风险加以预防。

2. 内容及评分标准

控制轮毂（桨叶）脱落风险内容及评分标准见表6-27。

表6-27 控制轮毂（桨叶）脱落风险内容及评分标准

项目序号	项目	内　容	标准分	评分标准	实得分
5.6.4.7.3	控制轮毂（桨叶）脱落风险	完善风电机组巡检制度，加强对轮毂（叶片）的检查，发现螺栓松动、损伤、断裂等现象及时处理。 实时监控机舱振动、风电机组功率、主轴承温度等参数，发现异常，登塔检查。对振动异常的机组应进行空气动力方面的检查。 严格异常情况处理，由于振动触发安全链导致停机，未经现场叶片和螺栓检查不可启动风机；若风机达到极限风速而未停止，必须采取强制停机措施。 出厂前按要求做好风轮质量不平衡试验、桨叶与轮毂连接螺栓力矩测试、开桨收桨测试、开桨收桨偏移校准、正负流量测试、急停阀测试等工作	15	①未制定风电机组巡检制度，不得分；制度不完善或落实不到位，扣5分。 ②机舱振动、风电机组功率、主轴承温度等参数监控不到位，扣5分。 ③异常情况处理不正确，扣5分/次。 ④各项测试和试验未按规定执行，扣5分/项	

3. 适用规范

（1）《风力发电场设计技术规范》（DL/T 5383—2007）。

（2）《风力发电机组 第1部分：通用技术条件》（GB/T 19960.1—2005）。

（3）《风力发电机组 第2部分：通用试验方法》（GB/T 19960.2—2005）。

（4）《风力发电机组 验收规范》（GB/T 20319—2006）。

（5）《风力发电场安全规程》（DL/T 796—2012）。

（6）《风力发电场运行规程》（DL/T 666—2012）。

（7）《电力技术监督导则》（DL/T 1051—2015）。

（8）《风力发电场检修规程》（DL/T 797—2012）。

4. 工作要求

风电场风电机组防倒塔工作分为前期设计制造安装、投运前的管理工作、运行中的管理工作及维护保养、季节性检查及专项检查、各运行过程记录等。

（1）前期设计制造安装。在风电场设计初期由专业具备资质的设计机构按照最新技术进行设计，采购质量检验合格且符合国家标准的轮毂连接部件，并对叶片等进行监造，严格把控设备质量。

（2）投运前的管理工作。

1）编制《防止机舱、风轮和叶片坠落事故措施》《缺陷管理制度》《风电机组定期工作计划》《风电机组巡检制度》《维护保养责任制及检修计划》《风电机组及检修作业指导书》《相关方用工安全管理制度》《金属技术监督细则》等文件。编制的制度以红头文件形式下发，组织全员学习并进行考试。

2）在叶片组装及风电机组轮毂、叶片吊装工作时严格按照工序施工，加强监督管理；施工完成后严格按照《风力发电机组验收规范》逐项验收。

（3）运行中的管理工作及维护保养。运行中的管理工作及维护保养主要从日常需要进行的工作进行管理。

1）按照日常定期巡检对风电机组进行日常巡视检查，对风电机组叶片外观、清洁度、裂缝、声音异常、覆冰情况进行观察；每季度对叶片进行登塔巡视检查，对风电机组叶片除日常检查外还需进行防腐、防雷装置、急停顺桨、液压站、变桨蓄电池、控制系统、紧固螺栓检查。

2）好日常保养工作，生产过程中设备发生故障应及时给予排除并进行质量检查的验收。

3）按照规风电机组厂家规定对风电机组进行500小时、半年、全年检修工作，在检修工作中检查叶片有无裂缝、叶片内有无异物，同时对其他内容逐条逐项进行检查。

4）相关方或风电场人员需要进行动火作业时办理相应的工作票。

5）运行中风电机组监控系统报出加速度超限或震动开关触发故障时应立即停机并登机检查。

6）风电机组上金属技术监督细则中要求的叶片法兰焊缝及轮毂旋转部分金属母材的要求。

（4）季节性检查及专项检查。主要针对风电机组保护参数，叶片、轮毂外观检查，法兰连接检查等，防止轮毂（叶片）脱落事故的发生。

1）对风电机组发电主设备振动检测装置保护定值进行核查。

2）在风电机组日常巡视中检查叶片无裂纹、掉漆现象。

3）每季度对风电机组进行登机巡视检查风电机组无安全运行设备隐患及设备缺陷。

（5）各运行过程记录。

1）设备前期工程施工移交资料的设计、监造、吊装、出厂试验等资料的收集。

2）运行检修人员在日常值班风电机组数据、日常巡视检查、专项检查记录、风电机组缺陷故障统计、检修记录、相关方人员安全记录及验收记录等。

5. 常见问题及采取的措施

（1）常见问题。

1）风电机组叶片、轮毂连接部件不符合国家标准，质量不符合要求。

2）移交的设计、监造、吊装、出厂试验等资料不全。

3）未编制、落实《防止机舱、风轮和叶片坠落事故措施》《缺陷管理制度》《风电机组定期工作计划》《风电机组巡检制度》《维护保养责任制及检修计划》《风电机组检修作业指导书》《相关方用工安全管理制度》《金属技术监督细则》等文件。

4）未做好日常保养工作，未按照风电机组厂家规定，对风电机组进行 500 小时、半年、全年检修工作，在检修工作中检查叶片有无裂缝、叶片内有无异物，同时对其他检修内容逐条逐项进行，发生的故障未及时给予排除和验收。

（2）采取措施。

1）严格把控风电场采购的叶片、轮毂等连接部件质量必须符合国家标准。

2）及时收集移交设计、监造、吊装、出厂试验等资料。

3）调试、试运、运行期间密切关注必须保证风电机组发电主设备振动检测装置、信号、定值正确，出现异常现象及时排查治理。

4）及时编制管理制度并认真做好日常保养工作。

6.4.3.4　叶轮超速风险控制

1. 概况

风电机组在风速超过额定风速后保护装置未能自动调节桨距而导致风速超过额定转速的现象。

2. 内容及评分标准

叶轮超速风险控制内容及评分标准见表 6−28。

3. 适用规范

（1）《风力发电场设计技术规范》（DL/T 5383—2007）。

（2）《风力发电机组 第 2 部分：通用试验方法》（GB/T 19960.2—2005）。

（3）《风力发电机组 验收规范》（GB/T 20319—2006）。

（4）《风力发电场安全规程》（DL/T 796—2012）。

（5）《风力发电场运行规程》（DL/T 666—2012）。

（6）《风力发电场检修规程》（DL/T 797—2012）。

表 6-28 叶轮超速风险控制内容及评分标准

项目序号	项目	内　容	标准分	评　分　标　准	实得分
5.6.4.7.4	叶轮超速风险控制	完善风电机组巡检制度，认真检查刹车系统、转速检测装置，确保各个元件性能完好。 加强大风季节远控监督，若风速变化经常触发急停停机，超过4~5次后，应停止风电机组运行，进行现场检查，避免因风电机组频繁启停冲击导致超速保护系统元件损坏。 定期做好超速试验，风电机组超速保护试验合格。 弹性联轴节、复合联轴器连接牢固，控制系统可靠、保护定值符合要求，急停装置定期测试合格。 液压系统无缺陷或故障，各电磁阀动作可靠性	15	①未制定风电机组巡检制度，不得分；制度不完善或落实不到位，扣3分。 ②因风电机组频繁启停冲击导致超速保护系统元件损坏，不得分。 ③未定期开展超速试验，扣3分/次。 ④弹性联轴节、复合联轴器存在缺陷，控制系统及保护定值不符合要求，急停装置未进行定期测试，扣3分/项。 ⑤液压系统存在缺陷，扣2分/处	

4. 工作要求

风电场风电机组超速风险控制分为投运前的管理工作、运行中的管理工作及维护保养、季节性检查及专项检查、各运行过程记录等。

（1）投运前的管理工作。编制《防止风电机组超速反事故措施》《缺陷管理制度》《风电机组定期工作计划》《风电机组巡检制度》《维护保养责任制及检修计划》《风电机组及检修作业指导书》《相关方用工安全管理制度》等文件。编制的制度以红头文件形式下发，组织全员学习并进行考试。

风电机组控制系统试验及全部安全试验已全部都完成且符合规定，风电机组调试全部完成且按照验收标准验收合格。

（2）运行中的管理工作及维护保养。主要从日常需要进行的工作进行管理。

1）按照定期工作计划对风电机组进行日常巡视检查，对控制系统及通信机构进行检查，对控制系统、通信系统存在缺陷的风电机组应立即停机进行处理。

2）做好日常保养工作，生产过程中设备发生的一般故障应按照风及检修作业指导书及时给予排除并进行质量检查的验收。

3）按照规定时间对风电机组进行500小时、半年、全年检修工作，在检修工作中按照检修内容对电气控制元件逐条逐项进行检查。

4）相关方或风电场人员进行主控程序及控制系统修改时需要经场站负责人批准。

5）运行中风电机组监控系统报处通信异常或控制系统存在异常时应立即进行处理。

（3）季节性检查及专项检查。主要针对风电机组保护参数，控制系统通信系统是否正常进行检查，防止叶轮超速事故的发生。

1）每年对风电机组进行风电机组超速试验及保护定值核查。

2）每季度对风电机组进行登机巡视检查，对机组的通信系统进行检查，无安全运行设备隐患及设备缺陷。

（4）各运行过程记录。

1）设备前期工程施工移交资料的风机调试资料及试验资料的收集。

2）运行检修人员在日常值班风电机组数据、日常巡视检查、专项检查记录、风电机组缺陷故障统计、检修记录、风电机组版本号及保护定值更改记录等。

5. 常见问题及采取措施

（1）常见问题。

1）设备前期工程施工移交风机调试资料及试验资料不全。

2）未编制、落实《防止风电机组超速反事故措施》《缺陷管理制度》《风电机组定期工作计划》《风电机组巡检制度》《维护保养责任制及检修计划》《风电机组检修作业指导书》《相关方用工安全管理制度》等文件。

3）风电机组控制系统试验及全部安全试验不符合规定，风电机组调试完成后未按照验收标准验收。

4）未做好日常保养工作，未按照风电机组厂家规定，对风电机组进行 500 小时、半年、全年检修工作，发生的故障未及时给予排除和验收。

5）未按照定期工作计划对风电机组进行日常巡视检查，对控制系统及通信机构进行检查，对控制系统、通信系统存在缺陷的风电机组未立即停机进行处理。

6）未定期核查风电机组保护参数，未对控制系统通信系统是否正常进行检查。

（2）采取措施如下：

1）严格把控风电场采购的风电机组质量必须符合国家标准。

2）及时编制管理制度并认真做好日常保养工作。

3）及时收集移交调试资料及试验资料。

4）调试、试运必须保证风电机组控制系统试验及全部安全试验符合规定，并按照验收标准进行验收，并做好记录。

5）认真做好日常保养工作，未按照风电机组厂家规定，对风电机组进行 500 小时、半年、全年检修工作，对控制系统及通信机构进行检查，存在缺陷的风电机组立即进行处理。定期核查风电机组保护参数，对控制系统、通信系统进行检查，防止叶轮超速事故的发生。

6.4.3.5 齿轮箱损坏风险控制

1. 概况

风电机组中齿轮箱是一个重要组成机械部件，其主要作用是将风轮在风力作用下产生的动力传递给发电机并使其得到相应转速式齿轮箱的增速来达到发电机发电的要求。

2. 内容及评分标准

齿轮箱损坏风险控制内容及评分标准见表 6-29。

3. 适用规范

（1）《风力发电场安全规程》（DL/T 796—2012）。

（2）《风力发电场运行规程》（DL/T 666—2012）。

（3）《电力技术监督导则》（DL/T 1051—2015）。

（4）《风力发电场检修规程》（DL/T 797—2012）。

（5）《矿物油型和合成烃型液压油》（GB 11118.1—1994）。

表 6-29　齿轮箱损坏风险控制内容及评分标准

项目序号	项目	内　　容	标准分	评　分　标　准	实得分
5.6.4.7.5	齿轮箱损坏风险控制	定期进行油样化验检测，振动检测，根据检验报告进行状态检修，加强滤网前后压力、温度检测，必须按要求定期进行油滤芯更换工作	10	①检验报告已要求进行检修，过期不检修，不得分。 ②未定期进行油样化验检测，扣3分。 ③未定期进行振动检测，扣3分。 ④未按要求定期更换油滤芯，扣3分。 ⑤齿轮箱压力、温度测点有缺陷，扣2分	

（6）《风力发电机组　验收规范》（GB/T 20319—2006）。

4. 工作要求

风电场防止齿轮箱损坏工作分为投运前的管理工作、运行中的管理工作及维护保养、季节性检查及专项检查、各运行过程记录等。

（1）投运前的管理工作。

1）编制《缺陷管理制度》《风电机组定期工作计划》《风电机组巡检制度》《维护保养责任制及检修计划》《风电机组检修作业指导书》《相关方用工安全管理制度》《化学技术监督细则》等文件。编制的制度以红头文件形式下发，组织全员学习并进行考试。

2）对初次加入的齿轮箱油进行的检验，抽检试验结果合格；齿轮箱的验收应满足《风力发电机组　验收规范》中相关规定。

（2）运行中的管理工作及维护保养。主要从日常需要的工作进行管理。

1）按照定期巡视计划对风电机组齿轮箱声音、油位油色、箱体密封、支座老化、齿轮磨损等情况进行巡视检查，如发现严重缺陷应立即停机进行处理。

2）做好日常保养工作，生产过程中设备发生故障应及时给予排除并进行质量检查的验收。

3）按照规定时间对风电机组进行 500 小时、半年、全年检修工作，在检修工作中按照检修内容逐条逐项进行，并按照厂家出具的标准检查。

4）相关方或风电场人员需要对齿轮箱进行工作时办理相应的工作票。

5）运行中风电机组监控系统报齿轮箱类故障应立即停机并登机检查。

6）满足风电机组上化学技术监督细则中要求的液压油相关要求。

（3）季节性检查及专项检查。主要针对风电机组保护参数，齿轮油油色油位油质、齿轮箱振动情况、齿轮磨损情况进行检查，防止齿轮箱损坏事故的发生。

1）对齿轮箱相应保护定值进行核查。

2）每季度对风电机组进行登机巡视检查风电机组无安全运行设备隐患及设备缺陷。

3）每年至少进行一次齿轮箱油化验。

（4）各运行过程记录。

1）设备前期工程施工移交资料的设备使用说明书、出厂试验等资料的收集。

2）运行检修人员在日常值班风电机组数据、日常巡视检查、专项检查记录、风电机组缺陷故障统计、检修记录、相关方人员安全管理记录及验收记录等。

5. 常见问题及采取措施

（1）常见问题。

1）设备前期工程施工移交的设备使用说明书、出厂试验等资料不全。

2）未编制、落实《缺陷管理制度》《风电机组定期工作计划》《风电机组巡检制度》《维护保养责任制及检修计划》《风电机组检修作业指导书》《相关方用工安全管理制度》《化学技术监督细则》等文件。

3）未定期对风电机组齿轮箱声音、油位油色、箱体密封、支座老化、齿轮磨损等情况进行巡视检查。

4）未做好日常保养工作，未按照风电机组厂家规定，对风电机组进行 500 小时、半年、全年检修工作，对齿轮箱类故障未立即检查处理。

5）未进行每年至少进行一次齿轮箱油化验。

（2）采取措施。

1）及时收集设备使用说明书、出厂试验等资料。

2）及时编制管理制度并认真做好日常保养工作。

3）定期对风电机组齿轮箱声音、油位油色、箱体密封、支座老化、齿轮磨损等情况进行巡视检查，如发现严重缺陷应立即停机进行处理。

4）认真做好日常保养工作，按照风电机组厂家规定，对风电机组机进行 500 小时、半年、全年检修工作，对齿轮箱类故障及时进行处理。

5）每年至少进行一次齿轮箱油化验，不合格立即查明原因并更换。

6.4.3.6 风电机组防雷接地风险控制

1. 概况

风电机组的单机容量越来越大，为了吸收更多能量，轮毂高度和叶轮直径随着增高，也相对地增加了被雷击的风险，雷击成了自然界中对风电机组安全运行危害最大的一种灾害。雷电释放的巨大能量会造成风电机组叶片损坏、发电机绝缘击穿、控制元器件烧毁等。

2. 内容及评分标准

风电机组防雷接地风险控制内容及评分标准见表 6-30。

表 6-30　风电机组防雷接地风险控制内容及评分标准

项目序号	项目	内　容	标准分	评分标准	实得分
5.6.4.7.6	风电机组防雷接地风险控制	雷电高频发地区应加强桨叶、控制系统的防雷工作；对于长度大于 20m 的桨叶，应在长桨叶上设置多个接闪器，各接闪器均与内置的引下导体做电气连接，这样可以大幅度的改善防雷装置对雷电下行先导的拦截功能。定期对塔筒接地引下线的检查，检查项目包括接地引下线连接部分，导体本身受过电压冲击后的影响	10	①桨叶接闪器存在缺陷，不得分。②未定期对塔筒接地引下线检查，不得分。③防雷接地设施存在缺陷，未及时处理，扣 5 分。	

3. 适用规范及有关文件

(1)《风力发电场安全规程》(DL/T 796—2012)。

(2)《风力发电场运行规程》(DL/T 666—2012)。

(3)《风力发电场检修规程》(DL/T 797—2012)。

(4)《关于印发〈国家电网公司发电厂重大反事故措施(试行)〉的通知》(国家电网生〔2007〕883号)。

(5)《雷电电磁脉冲的防护 第1部分:通则》(GB/T 19271.1—2003)。

(6)《交流电气装置的接地设计规范》(GB/T 50065—2011)。

(7)《风力发电机组 验收规范》(GB/T 20319—2006)。

(8)《关于印发〈发电企业安全生产标准化规范及达标评级标准〉的通知》(电监安全〔2011〕23号)。

4. 工作要求

风电场防雷接地风险工作分为投运前的管理工作、运行中的管理工作及维护保养、季节性检查及专项检查、各运行过程记录等。

(1)投运前的管理工作。

1)编制《防止风电机组雷击反事故措施》《缺陷管理制度》《风电机组定期工作计划》《风电机组巡检制度》《维护保养责任制及检修计划》《风电机组检修作业指导书》《相关方用工安全管理制度》等文件。编制的制度以红头文件形式下发,组织全员学习并进行考试。

2)接地系统应按照《交流电气装置的接地设计规范》中"低压电气装置的接地装置和保护导体"进行设计,风电机组内所有配电及通信线缆应按照《雷电电磁脉冲防护 第1部分:通则》中"接地要求"及"屏蔽要求"进行施工;风电机组验收应满足《风力发电机组验收规范》中相关规定。

(2)运行中的管理工作及维护保养。主要从日常需要的工作进行管理。

1)按照日常定期巡检对风电机组进行日常巡视检查,对风电机组叶片、塔架、接地网按照《风力发电场运行规程》进行巡视检查,如发现严重缺陷应立即停机进行处理。

2)做好日常保养工作,生产过程中设备发生故障应及时给予排除并进行质量检查的验收。

3)按照规定时间对风电机组进行500小时、半年、全年检修工作,在检修工作中按照检修内容逐条逐项进行,并按照厂家出具的标准检查。

(3)季节性检查及专项检查。主要针对防雷系统、接地网系统进行检查。在雷雨季节前对全场风电机组进行防雷系统和接地系统以及接闪器的检查、测试(接地电阻小于4Ω),并记录数据或由当地防雷办出具检验报告。

(4)各运行过程记录完善。

1)设备前期工程施工移交的试验资料、土建资料、监理资料等资料的收集。

2)运行检修人员在日常值班风电机组数据、日常巡视检查、专项检查记录、风电机组缺陷故障统计、检修记录、相关方人员安全管理记录及验收记录等。

5. 常见问题及采取措施

（1）常见问题。

1）在工作实践中，发现有的风电场缺少底接地网定期检查记录。

2）风电场采购的桨叶防雷、控制系统防雷不符合国家标准。

3）风电机组各接闪器均与内置的引下导体电气连接不良。

4）未定期对塔筒接地引下线，接地网进行检查、试验。

（2）采取措施。

1）按照《关于印发〈发电企业安全生产标准化规范及达标评级标准〉的通知》（电监安全〔2011〕23 号）的规定，定期测试。

2）严格落实防雷接地相关规范标准，严把设计、制造、施工质量关。

3）在雷雨季节前对全场风电机组进行防雷系统和接地系统以及接闪器的检查、测试（接地电阻小于 4Ω），并记录数据或由当地防雷办出具检验报告。

6.4.3.7 燃油、润滑油系统着火风险控制

1. 概况

随着风电行业的迅猛发展，风电场内风电机组润滑油火灾事故时有发生。火灾不仅会对风电机组带来毁灭性的破坏，如果连带点燃风电机组附近的草场或者林场，后果不堪设想；现在国内的风电机组大多只在风电机组机舱内和塔筒底部摆放几个手提灭火器；这些简易的消防装置在突如其来发生的火灾面前，几乎成了完全没有用的摆设；因此需要提高风电机组的火灾防范水平是迫不及待的事情。

2. 内容及评分标准

燃油、润滑油系统着火风险控制内容及评分标准见表 6-31。

表 6-31 燃油、润滑油系统着火风险控制内容及评分标准

项目序号	项目	内　容	标准分	评 分 标 准	实得分
5.6.4.8.3	燃油、润滑油系统着火风险控制	储油罐或油箱的加热温度必须根据燃油种类严格控制在允许的范围内，加热燃油的蒸汽温度应低于油品的自燃点。 燃油系统无渗漏，设备完好。 润滑油系统无渗漏，法兰垫材质符合安全要求，管道支架牢固可靠，无振动及摩擦；油系统附近热源保温无破损和浸油，消防系统正常投运，消防器材配置符合要求。 油区、输卸油管道应有可靠的防雷、防静电安全接地装置，并定期测试接地电阻值。 油区内禁止存放易燃物品，消防系统应按规定定期进行检查试验	10	①燃油系统存在渗漏点，扣 2 分。 ②储油罐或油箱的加热温度不符合有关要求，不得分。 ③润滑油系统有渗漏点，扣 2 分。 ④法兰密封垫材质不符合要求，扣 1 分。 ⑤管道支架不符合要求，油系统附近热源保温破损和浸油，扣 2 分。 ⑥消防器材配备不符合要求，扣 2 分。 ⑦油区、输卸油管道未设置可靠的防静电安全接地装置，不得分；未定期进行接地电阻测试，扣 3 分。 ⑧油区内存放易燃物品，不得分；消防系统未按规定定期进行检查试验，消防器材配置不符合要求，扣 5 分	

3. 适用规范及有关文件

（1）《接地电阻表检定规程》（JJG 366—2004）。

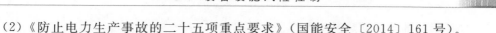

(2)《防止电力生产事故的二十五项重点要求》（国能安全〔2014〕161 号）。

(3)《风力发电场安全规程》（DL/T 796—2012）。

(4)《风力发电场检修规程》（DL/T 797—2012）。

(5)《风力发电机组验收规范》（GB/T 20319—2006）。

(6)《电力设备典型消防规程》（DL 5027—2015）。

4. 工作要求

燃油、润滑油着火风险控制工作分为投运前的管理工作、运行中的管理工作及维护保养、季节性检查及专项检查、各运行过程记录等。

（1）投运前的管理工作。编制《防风电机组火灾的管理制度》《防止风电机组火灾反事故措施》《缺陷管理制度》《风电机组定期工作计划》《风电机组巡检制度》《维护保养责任制及检修计划》《风电机组检修作业指导书》《相关方用工安全管理制度》等文件。编制的制度以红头文件形式下发，组织全员学习并进行考试。

风电机组施工完成后严格按照《风力发电机组验收规范》进行逐项验收。

（2）运行中的管理工作及维护保养。主要从日常需要的工作进行管理。

1）按照定期工作计划对风电机组进行日常巡视检查，风电机组部分电气主设备度测温管理制度及测温记录。

2）做好日常保养工作，生产过程中设备发生故障应及时给予排除并进行质量检查的验收。

3）按照规定时间对风电机组进行 500 小时、半年、全年检修工作，在检修工作中按照检修内容逐条逐项进行，并及时消除设备隐患。

4）相关方或风电场人员需要进行动火作业时办理相应的工作票。

5）每年由具备资质单位对消防系统的出具的检测报告。

6）油品库、油罐区消防系统定期巡视检查符合标准要求。

（3）季节性检查及专项检查。

1）主要针对防雷、风电机组保护参数、油系统、季节性危险点进行重点排查，防止火灾发生。

2）在雷雨季节前对全场风电机组进行防雷系统和接地系统以及接闪器的检查、测试（接地电阻小于 4Ω），并记录数据或由当地防雷办出具检验报告。

3）冬季对风电机组内个加热元器件进行排查，杜绝火灾发生。

4）对风电机组发电主设备温度检测装置、加热装置保护定值进行核查。

5）在风电机组日常巡视中检查油系统无泄漏。

6）每季度对风电机组进行登机巡视检查风电机组安全运行设备隐患及设备缺陷。

7）夏季安全大检查对油品、设备的重点防火检查内容。

（4）各运行过程记录。设备前期工程施工移交资料的设计安装、防雷接地工程、交接实验数据等资料的收集。运行检修人员在日常值班风电机组数据、日常巡视检查、专项检查记录、风电机组缺陷故障统计、实验记录、检修记录、相关方人员安全记录及验收记录等。

5. 常见问题及采取措施

（1）常见问题。

1）储油罐或油箱的加热温度不符合有关要求。

2）法兰密封垫材质不符合要求，燃油系统、润滑油系统有渗漏点。

3）管道支架不符合要求，油系统附近热源保温破损和浸油。

4）消防器材配备不符合要求。

5）油区、输卸油管道未设置可靠的防静电安全接地装置。

6）未定期进行接地电阻测试。

7）油区内存放易燃物品，消防系统未按规定定期进行检查试验，消防器材配置不符合要求。

（2）采取措施。

1）严格落实《电力设备典型消防规程》，定期巡视油品库、油罐区消防系统无异常。

2）定期对风电机组发电主设备温度检测装置、加热装置保护定值进行核查。

3）做好日常保养工作：日常巡视中检查油系统无泄漏；针对防雷、风电机组保护参数、油系统、季节性危险点进行重点排查，防止火灾发生；特别是电气设备测温，发生异常及故障应及时给予排除并进行质量检查的验收。

4）按照规定时间对风电机组进行500小时、半年、全年检修工作，在检修工作中按照检修内容逐条逐项进行，及时消除设备隐患。

5）在雷雨季节前对全场风电机组进行防雷系统和接地系统以及接闪器的检查、测试（接地电阻小于4Ω），并记录数据或由当地防雷办出具检验报告。

6.5 设备设施防汛、防灾

6.5.1 制度管理

1. 概况

制度是社会团体、企事业单位，为了维护正常的工作、劳动、学习、生活的秩序。制度的制定可以保证各项政策的顺利执行和各项工作的正常开展。

2. 内容及评分标准

制度管理内容及评分标准见表6-32。

表6-32 制度管理内容及评分标准

项目序号	项目	内 容	标准分	评 分 标 准	实得分
5.6.5.1	制度管理	建立、健全防汛、防范台风、暴雨、泥石流和地震等自然灾害规章制度和应急预案，落实责任制。 完善防范自然灾害影响工作机制，组织机构健全，及时研究解决影响防震减灾工作的突出问题。 强化自然灾害的应急管理，加强防灾减灾宣传教育和培训，定期组织预案演练	5	①未建立防灾减灾规章制度，未进行宣传教育和培训，有上述任一项，不得分。 ②防灾减灾的责任制落实和工作机制有缺失，扣2分。 ③未定期开展预案演练，扣3分	

3. 适用文件

（1）《中华人民共和国防汛条例》（中华人民共和国国务院令第 86 号）。

（2）《自然灾害救助条例》（中华人民共和国国务院令第 577 号）。

（3）《中华人民共和国防震减灾法》。

（4）《国务院关于进一步加强企业安全生产工作的通知》（国发〔2010〕23 号）。

4. 工作要求

（1）依据《中华人民共和国防汛条例》要求，石油、电力、邮电、铁路、公路、航运、工矿以及商业、物资等有防汛任务的部门和单位，汛期应当设立防汛机构。

（2）依据《自然灾害救助条例》要求，村民委员会、居民委员会、企业事业单位应当根据所在地人民政府的要求，结合各自的实际情况，开展防灾减灾应急知识的宣传普及活动。

（3）依据《中华人民共和国防震减灾法》要求，地震应急预案的内容应当包括：组织指挥体系及其职责，预防和预警机制，处置程序，应急响应和应急保障措施等；机关、团体、企业、事业等单位，应当按照所在地人民政府的要求，结合各自实际情况，加强对本单位人员的地震应急知识宣传教育，开展地震应急救援演练。

（4）安委会应完善防范自然灾害影响工作机制，组织机构健全，及时研究解决影响防震减灾工作的突出问题，建立、健全防汛、防范台风、暴雨、泥石流和地震等自然灾害规章制度和应急预案，落实责任制。

5. 常见问题及采取措施

（1）常见问题。

1）未建立识别和获取适用的安全生产法律法规标准规范的制度。

2）归口管理部门、牵头部门、其他职能部门之间沟通不畅。

（2）采取措施。

1）根据《国务院关于进一步加强企业安全生产工作的通知》要求，强化企业安全生产属地管理。

2）各职能部门应及时识别和获取本部门适用的安全生产法律规范，将相关要求及时转化为本单位的规章制度。

6.5.2 监测检查和风电场防洪调度

1. 概况

运用防洪工程或防洪系统中的设施，有计划地实时安排防洪调度以达到防洪最优效果。防洪调度的主要目的是减免洪水为害，同时还要适当兼顾其他综合利用要求，对多沙或冰凌河流的防洪调度，还要考虑排沙、防凌要求。

2. 内容及评分标准

风电场的防洪调度与水电站类似，监测检查和水电站防洪调度内容及评分标准见表 6-33。

3. 适用文件

（1）《中华人民共和国防震减灾法》。

（2）《中华人民共和国防汛条例》（中华人民共和国国务院令第 86 号）。

（3）《中华人民共和国防洪法》。

表 6-33 监测检查和水电站防洪调度内容及评分标准

项目序号	项目	内 容	标准分	评 分 标 准	实得分
5.6.5.2	监测检查和水电站防洪调度	定期组织开展防范自然灾害安全检查，及时消除厂区周围可能影响企业安全生产的问题以及厂区、大坝、贮灰场、水源地等可能存在的滑坡、泥石流等地质危害因素。 定期进行厂区主要建（构）筑物观测和分析，开展电力设备（设施）、建（构）筑物抗震性能普查和鉴定工作。 水电厂应编制年度洪水调度计划，并按规定报地方防汛部门备案或审批。 制定超过校核洪水的应急调度方案，报上级主管部门审批。 水情自动测报系统完好畅通，洪水预报准确。 严格按照批准的泄洪流量，确定闸门开启数量和开度；按规定程序操作闸门，并向有关单位通报信息	10	①未定期组织开展抗震减灾安全检查，或未及时消除问题，不得分。 ②未定期进行厂区主要建（构）筑物观测和分析，并开展抗震性能普查和鉴定工作，扣 5 分。 ③水电厂未编制年度洪水调度计划，扣 5 分；上报不及时，扣 2 分。 ④未制定超校核洪水的应急调度方案，扣 5 分；未上报，扣 2 分。 ⑤水情自动测报系统故障，扣 2 分；洪水预报不准确，扣 2 分/次。 ⑥未按批准的泄洪流量确定闸门开启数量和开度、违反规程操作闸门，或未向有关单位通报信息，扣 5 分	

4. 工作要求

(1) 依据《中华人民共和国防震减灾法》有：

1) 机关、团体、企业、事业等单位，应当按照所在地人民政府的要求，结合各自实际情况，加强对本单位人员的地震应急知识宣传教育，开展地震应急救援演练。

2) 新建、扩建、改建建设工程，应当达到抗震设防要求。

(2) 依据《中华人民共和国防汛条例》要求，有防汛任务的地方，应当根据经批准的防御洪水方案制定洪水调度方案。

(3) 依据《中华人民共和国防洪法》要求，在汛期，水库、闸坝和其他水工程设施的运用，必须服从有关的防汛指挥机构的调度指挥和监督。

(4) 各单位运行人员因定期组织开展防范自然灾害安全检查，及时消除厂区周围可能影响企业安全生产的问题以及厂区、大坝、贮灰场、水源地等可能存在的滑坡、泥石流等地质危害因素。

5. 常见问题及采取措施

(1) 常见问题。

1) 未定期组织开展抗震减灾安全检查，或未及时消除问题。

2) 未定期进行厂区主要建（构）筑物观测和分析，并开展抗震性能普查和鉴定工作。

3) 未按批准的泄洪流量确定闸门开启数量和开度、违反规程操作闸门，或未向有关单位通报信息。

(2) 采取措施。

1) 依据《中华人民共和国防震减灾法》积极组织开展定期抗震安全检查。

2) 联系相关部门开展抗震性能普查和鉴定工作。

3) 严格按照批准的泄洪流量，确定闸门开启数量和开度；按规定程序操作闸门，并向有关单位通报信息。

6.5.3 设防措施

1. 概况

加强电力设施抗灾能力建设，按照差异化设计要求，提高地震易发区和超标洪水多发区的电力设施设防标准。设防措施的制定因考虑严谨性、适用性、有效性。

2. 内容及评分标准

设防措施内容及评分标准见表 6-34。

表 6-34　设防措施内容及评分标准

项目序号	项目	内　容	标准分	评　分　标　准	实得分
5.6.5.3	设防措施	加强电力设施抗灾能力建设，按照差异化设计要求，提高地震易发区和超标洪水多发区的电力设施设防标准。 有针对性地对电力设施进行抗震加固和改造，落实主变压器、蓄电池及其他有关设备的抗震技术措施。 制定汛期、汛前、汛后检查大纲，检查项目齐全，检查总结及整改记录完整。 汛期坚守岗位，加强重点巡查，做好记录；发现险情，立即采取抢护措施，并及时报告；规定大洪水、高蓄水位、库水位骤涨骤落、大暴风雨、地震等特殊条件下的巡视检查重点部位、监测频次和方法，并严格执行。 完善厂区防台、防汛设施，保证厂房、泵房以及零米以下部位的永久性防汛设施处于良好状态	10	①设防标准不满足要求，不得分。 ②未落实抗震措施，不得分。 ③无防汛检查内容，扣 5 分；防汛检查漏项，扣 3 分；无防汛检查总结或整改不及时，扣 3 分。 ④汛期检查巡视不到位或记录不全，扣 2 分/项；出现险情，措施不力，不得分；未制定大洪水、高蓄水位、库水位骤涨骤落、大暴风雨、地震等特殊条件下的监测措施，扣 5 分；措施规定不具体或执行不好，扣 2 分/项。 ⑤厂区防台、防汛设施不能发挥作用，扣 2 分/项	

3. 适用规范及有关文件

（1）《电力设施抗震设计规范》（GB 50260—1996）。

（2）《中华人民共和国防汛条例》（中华人民共和国国务院令第 86 号）。

4. 工作要求

（1）依据《电力设施抗震设计规范》要求，蓄电池、电力电容器的安装设计应符合下列要求：蓄电池安装应装设抗震架；蓄电池间连线宜采用软导线或电缆连接，端电池宜采用电缆作为引出线；电容器应牢固地固定在支架上，电容器引线宜采用软导线。当采用硬母线时，应装设伸缩接头装置。

（2）依据《中华人民共和国防汛条例》要求，各级防汛指挥部应当在汛前对各类防洪设施组织检查，发现影响防洪安全的问题，责成责任单位在规定的期限内处理，不得贻误防汛抗洪工作。

5. 常见问题及采取措施

（1）常见问题。

1）设防标准不满足要求。

2）无防汛检查内容。

（2）采取措施。

1）依据《电力设施抗震设计规范》及《中华人民共和国防汛条例》做好地震防护措施，汛期防汛措施。

2）汛期坚守岗位，加强重点巡查，做好记录；发现险情，立即采取抢护措施，并及时报告。

6.5.4　技术研究和灾后修复

1. 概况

在工程建设中，设施建设应尽量避开自然灾害易发区，确需在灾害易发地区建设的要研究落实相应防护措施，科学地制订计划，有利于灾后的及时修复。

2. 内容及评分标准

技术研究和灾后修复内容及评分标准见表 6－35。

表 6－35　技术研究和灾后修复内容及评分标准

项目序号	项目	内　　　容	标准分	评　分　标　准	实得分
5.6.5.4	技术研究和灾后修复	开展自然灾害防护措施研究。电力设施建设应尽量避开自然灾害易发区，确需在灾害易发地区建设的要研究落实相应防护措施。 加强电力设施抵御自然灾害紧急自动处置技术系统研究，将紧急自动处置技术纳入安全运行控制系统，提高应对破坏性灾害的能力。 台风期和汛期编写大事记，及时进行总结；及时修复损坏工程	5	①未落实抗灾技术防护措施，不得分。 ②未编写防汛大事记或未做防汛总结，扣 3 分；损坏工程修复不及时，不得分	

3. 适用规范及有关文件

（1）《电力设施抗震设计规范》（GB 50260—1996）。

（2）《中华人民共和国防汛条例》（中华人民共和国国务院令第 86 号）。

4. 工作要求

依据《中华人民共和国防汛条例》要求，在发生洪水灾害的地区，物资、商业、供销、农业、公路、铁路、航运、民航等部门应当做好抢险救灾物资的供应和运输；民政、卫生、教育等部门应当做好灾区群众的生活供给、医疗防疫、学校复课以及恢复生产等救灾工作；水利、电力、邮电、公路等部门应当做好所管辖的水毁工程的修复工作。

5. 常见问题及采取措施

（1）常见问题。

1）未落实抗灾技术防护措施。

2）损坏工程修复不及时。

（2）采取措施。

1）根据《电力设施抗震设计规范》要求，做好抗灾技术防护措施。

2）各职能部门应制定灾后修复计划，及时修复。

第7章 作业安全

7.1 生产现场管理

7.1.1 建（构）筑物

1. 概况

建（构）筑物作为生产现场的有机组成部分，建（构）筑物的布局合理性、结构安全性、室内外整洁性、附属设施安装可靠性直接影响生产现场人员、设备及作业区域环境的安全。

2. 内容及评分标准

建（构）筑物内容及评分标准见表 7-1。

表 7-1 建（构）筑物内容及评分标准

项目序号	项目	内 容	标准分	评 分 标 准	实得分
5.7.1.1	建（构）筑物	建（构）筑物布局合理，易燃易爆设施、危险品库房与办公楼、宿舍楼等距离符合安全要求。 建（构）筑物结构完好，无异常变形和裂纹、风化、下塌现象，门窗结构完整。 建（构）筑物的化妆板、外墙装修不存在脱落伤人等缺陷和隐患，屋顶、通道等场地符合设计载荷要求。 生产厂房内外保持清洁完整，无积水、油、杂物，门口、通道、楼梯、平台等处无杂物阻塞。 防雷建筑物及区域的防雷装置应符合有关要求，并按规定定期检测	10	①建（构）筑物布局不合理，安全距离不符合安全要求，扣 5 分。 ②建（构）筑物结构存在重大变形、钢结构锈蚀严重，扣 5 分。 ③化妆板、外墙装修存在脱落伤人等缺陷和隐患，屋顶、通道等场地不符合设计载荷要求，扣 3 分。 ④生产厂房内外有积水、油、杂物，门口、通道、楼梯、平台等处有杂物阻塞，扣 2 分。 ⑤防雷装置不符合有关要求，未定期检测，扣 5 分	

3. 适用规范

（1）《火力发电厂与变电站设计防火规范》（GB 50229—2006）。

（2）《火力发电厂设计技术规程》（DL 5000—2000）。

（3）《交流电气装置的接地》（DL/T 621—1997）。

（4）《电业安全工作规程 第1部分：热力和机械》（GB 26164.1—2010）。

4. 工作要求

（1）厂区内建（构）筑物直接的防火间距应满足《火力发电厂与变电站设计防火规范》要求。

（2）根据《火力发电厂设计技术规程》有：

1）结构设计必须在承载力、稳定、变形和耐久性等方面满足生产使用要求，同时尚应考虑施工条件。对于混凝土结构必要时应验算结构的抗裂度或裂缝宽度。

2）建筑物的室内外墙面应根据使用和外观需要进行适当处理。

（3）防雷建筑物及区域的防雷装置应符合《交流电气装置的接地》的要求。

（4）根据《电业安全工作规程 第 1 部分：热力和机械》要求，门口、通道、楼梯和平台等处，不准放置杂物。

（5）按照要求留存生产现场建（构）筑物设计文件、施工方案、竣工图等设计及施工资料。

（6）生产现场建（构）筑物有监测要求的，按照要求进行沉降、变形观测并留有记录。

（7）生产现场人员定期对建（构）筑物外观、主体结构、外露钢结构等进行检查，并留有记录。

（8）建（构）筑物实际使用中，使用单位应该按照设计文件的要求，在建（构）筑物的功能范围内使用，严禁超出使用功能范围，或超出限定荷载。

（9）建（构）筑物使用单位应按照要求开展防雷检测工作，并保留防雷装置定期检测记录、接地电阻报告。

7.1.2 安全设施

1. 概况

安全设施是保证现场作业人员及作业行为安全的重要措施，除设备自带安全防护设施外，针对"井、坑、孔、洞"安全防护，高处作业、电气操作、高处作业等均应设置安全设施。安全设施设置的合理性、可靠性直接关系着现场作业人员及作业行为的安全。

2. 内容及评分标准

安全设施内容及评分标准见表 7-2。

表 7-2 安全设施内容及评分标准

项目序号	项目	内 容	标准分	评分标准	实得分
5.7.1.2	安全设施	楼板、升降口、吊装孔、地面闸门井、雨水井、污水井、坑池、沟等处的栏杆、盖板、护板等设施齐全，符合国家标准及现场安全要求；因工作需拆除防护设施，必须装设临时遮拦或围栏，工作终结后，及时恢复防护设施。电气高压试验现场应装设遮拦或围栏，设醒目安全警示牌。热水井、污水井具有防人员坠落措施。梯台的结构和材质良好，钢直梯护圈和踢脚板等防护功能齐全，符合国家安全生产要求。机器的转动部分防护罩或其他防护设备（如栅栏）齐全、完整，露出的轴端设有护盖。电气设备金属外壳接地装置齐全、完好。生产现场紧急疏散通道必须保持畅通	30	①安全设施不符合安全要求，扣 1 分/项。②电气高压试验现场未装设遮拦或围栏，未设醒目安全标识牌，扣 2 分。③热水井、污水井没有防人员坠落措施，扣 2 分。④梯台的结构和材质，钢直梯护圈和踢脚板等防护功能不符合国家安全生产要求，扣 1 分/项。⑤机器的转动部分防护罩或其他防护设备存在问题，扣 1 分/项。⑥电气设备金属外壳接地装置存在问题，扣 1 分/项。⑦生产现场紧急疏散通道不畅通，扣 3 分	

3. 适用规范

(1)《火力发电企业生产安全设施配置》(DL/T 1123—2009)。

(2)《固定式钢梯及平台安全要求 第1部分：钢直梯》(GB 4053.1—2009)。

(3)《安全标志及其使用导则》(GB 2894—2009)。

(4)《电业安全工作规程（发电厂和变电所电气部分）》(DL 408—1991)。

(5)《电气装置安装工程接地装置施工及验收规范》(GB 50169—2006)。

(6)《电业安全工作规程 热力和机械》(GB 26164.1—2010)。

4. 工作要求

(1) 根据《电业安全工作规程 热力和机械》要求，工作场所的井、坑、孔、洞或够到，必须覆以与地面齐平的坚固盖板。在检修工作中如需将盖板取下，必须设于牢固的临时围栏，并设有明显的警告标志。施工结束后，必须恢复原状。

(2) 电气高压试验现场安全措施应符合《电业安全工作规程（发电厂和变电所电气部分)》要求。

(3) 生产现场应设置安全设施的地方必须按照标准、规范要求设置安全防护设施，对设置的防护设施应留有台账记录。

(4) 安全设施的设置必须严格按照国家标准规范的要求。

7.1.3　生产区域照明

1. 概况

生产区域照明是确保生产现场人员安全操作、作业行为安全的重要措施，生产区域照明的设置一方面要求考虑作业现场光亮充足，另一方面要确保节能降耗、杜绝浪费，作业现场照明方式的选择、照度标准的设置、照明质量、光源选择、线路敷设直接影响现场作业行为的安全。

2. 内容及评分标准

生产区域照明内容及评分标准见表7-3。

表7-3　生产区域照明内容及评分标准

项目序号	项目	内　　容	标准分	评　分　标　准	实得分
5.7.1.3	生产区域照明	生产厂房内外工作场所常用照明应保证足够亮度，仪表盘、楼梯、通道以及机械转动部分和高温表面等地方光亮充足。 控制室、主厂房、母线室、开关室、升压站及卸煤机、翻车机房、油区、楼梯、通道等场所事故照明配置合理，自动投入安全可靠。 常用照明与事故照明定期切换并有记录。应急照明齐全，符合相关规定	10	①生产厂房内外工作场所和仪表盘、楼梯、通道以及机械转动部分和高温表面等地方亮度不足，扣2分。 ②控制室、主厂房、母线室、开关室、升压站及卸煤机、翻车机房、油区、楼梯、通道等场所事故照明不正常，扣1分/处。 ③应急照明不齐全，扣3分	

3. 适用规范

(1)《电业安全工作规程 第1部分：热力和机械》(GB 26164.1—2010)。

（2）《建筑照明设计标准》（GB 50034—2013）。

（3）《水利水电工程劳动安全与工业卫生设计规范》（DL 5061—1996）。

（4）《火力发电厂与变电站设计防火规范》（GB 50229—2006）。

（5）《水力发电厂照明设计规范》（DL/T 5140—2001）。

4. 工作要求

（1）根据《电业安全工作规程 第1部分：热力和机械》要求，工作场所必须设有符合规定照度的照明。主控制室、重要表计、主要楼梯、通道等地点，必须设有事故照明。工作地点应配有应急照明。

（2）按照要求留存生产现场照明设计文件、施工方案、竣工图等设计及施工资料。

（3）使用单位应对照设计文件等资料查验现场照明的实施是否符合要求。

（4）生产区域新增、更换照明设施应严格按照国家标准规范的要求，并留有记录。

（5）使用单位应建立应急照明管理制度。

（6）使用单位应对事故照明定期进行切换试验，并留有记录。

（7）使用单位应对生产区域现场照明设施进行日常检查并留有记录。

7.1.4 保温

1. 概况

生产区域保温设施通常分为高温设备的保温措施和人员、作业环境取暖、防寒防冻等措施。高温设备的保温措施旨在一方面确保热量的充分利用或再利用，另一方面确保设备表面温度符合要求，防止作业人员误碰导致烫伤。取暖及防护防冻保温措施主要适用于寒冷地区或特殊作业环境，旨在确保生产设备正常运行，作业环境符合要求，作业人员避免冻伤等。保温措施的完整性、保温效果，保温设备设置的合理性、安全可靠性直接关乎设备的正常运行及人员作业的安全。

2. 内容及评分标准

保温内容及评分标准见表7-4。

3. 适用规范

（1）《火力发电厂设计技术规程》（DL 5000—2000）。

表 7 - 4　保温内容及评分标准

项目序号	项目	内　　容	标准分	评　分　标　准	实得分
5.7.1.4	保温	高温管道、容器等设备保温齐全、完整，表面温度符合要求。 生产厂房取暖用热源有专人管理，设备及运行压力符合规定。 生产厂房内的暖气布置合理，效果明显。 各项防寒防冻措施落实	10	①高温管道、容器等设备保温存在缺陷，表面温度超标，扣3分。 ②生产厂房取暖用热源无专人管理，或设备及运行压力不符合规定，扣3分。 ③生产厂房暖气布置不合理，扣2分。 ④防寒防冻措施落实不到位，存在受冻设备，扣5分	

（2）《水力发电厂厂房采暖通风与空气调节设计规程》（DL/T 5165—2002）。

（3）《电业安全工作规程 第1部分：热力和机械》（GB 26164.1—2010）。

4. 工作要求

（1）现场保温设施设备应符合《火力发电厂设计技术规程》一般规定的要求。

（2）管道保温应符合《电业安全工作规程 第1部分：热力和机械》的规定。

（3）厂房内取暖应符合《电业安全工作规程 第1部分：热力和机械》的规定。

（4）按照要求留存生产现场高温设备保温设施及作业区域、人员取暖、防寒防冻的设计文件、施工方案、竣工图等设计及施工资料。

（5）使用单位应对照设计文件等资料查验现场保温设施的实施是否符合要求。

（6）生产区域新增、更换保温设施应严格按照国家标准规范的要求，并留有记录。

（7）使用单位应建立生产厂房取暖用热管理制度。

（8）使用单位应对保温设施及取暖设备定期进行检查，并留有记录。

7.1.5 电源箱及临时接线

1. 概况

临时用电是指在生产、施工、生活等工作中，需短时间敷设的电源线路，供照明、电动工器具与机械、仪器等设备用电，在工作结束后，即需拆除的电源线路与设施。电源箱及临时接线是现场临时性工作的主要取电设备。电源箱本体的完整性，导线、内部器件敷设安装的合理性，各项标志、标示的准确性，接地可靠性，以及临时电源线路敷设的规范性直接关系生产、施工、生活临时用电的安全。

2. 内容及评分标准

电源箱及临时接线内容及评分标准见表7-5。

表7-5 电源箱及临时接线内容及评分标准

项目序号	项目	内 容	标准分	评分标准	实得分
5.7.1.5	电源箱及临时接线	电源箱箱体接地良好，接地线应选用足够截面的多股线，箱门完好，开关外壳、消弧罩齐全，引入、引出电缆孔洞封堵严密，室外电源箱防雨设施良好。 电源箱导线敷设符合规定，采用下进下出接线方式，内部器件安装及配线工艺符合安全要求，漏电保护装置配置合理、动作可靠，各路配线负荷标志清晰，熔丝（片）容量符合规程要求，无铜丝等其他物质代替熔丝现象。 电源箱保护接地、接零系统连接正确、牢固可靠，符合安全要求。插座相线、中性线布置符合规定，接线端子标志清楚。 临时用电电源线路敷设符合规程要求，不得在有爆炸和火灾危险场所架设临时线，不得将导线缠绕在护栏、管道及脚手架上或不加绝缘子捆绑在护栏、管道及脚手架上。 临时用电导线架空高度满足要求：室内大于2.5m，室外大于4m，跨越道路大于6m（指最大弧垂）；原则上不允许地面敷设，若采取地面敷设时应采取可靠、有效的防护措施。 临时线不得接在隔离开关或开关上口，使用的插头、开关、保护设备等符合要求	20	①电源箱内、外部设备和设施存在问题，扣1分/项。 ②临时用电电源线路敷设不符合规程要求，扣1分/项。 ③临时线接线存在安全隐患，插头、开关、保护设备存在问题，扣2分/项	

3．适用规范

（1）《交流电气装置的接地》（DL/T 621—1997）。

（2）《施工现场临时用电安全技术规范》（JGJ 46—2005）。

（3）《电业安全工作规程 第 1 部分：热力和机械》（GB 26164.1—2010）。

4．工作要求

（1）电源箱接地、导线敷设、保护接地、接零应符合《施工现场临时用电安全技术规范》《交流电气装置的接地》的相关规定。

（2）临时用电应符合《施工现场临时用电安全技术规范》中临时用电管理的相关规定。

（3）接地和防雷应符合《施工现场临时用电安全技术规范》中接地与防雷的规定要求。

（4）按照要求留存生产现场临时用电的设计文件、施工方案、竣工图等设计及施工资料。

（5）使用单位应对照设计文件等资料查验现场临时用电的实施是否符合要求。

（6）使用单位应建立临时用电电源线路敷设管理制度。

（7）生产现场电源箱安装、临时接线均应由取得电工操作资格的人员进行作业。

（8）使用单位应对电源箱及临时接线定期进行检查，并留有记录。

5．常见问题及采取措施

（1）常见问题。

1）在工作实践中，发现有的风电场生产现场管理人员不掌握本电场生产现场管理中设计的建（构）筑物、安全设施、照明、保温、临时用电的设计资料、施工方案、竣工图等，实际管理中生搬硬套标准、规范的要求，导致诸多针对性措施难以实施或难以发挥作用。

2）在查阅生产现场管理的有关资料时，发现有的风电场缺少应急照明管理、厂房取暖用热管理等制度，对投运后的安全设施、照明、保温等设备、设施缺少管理的具体要求。

（2）采取措施。

1）严格执行落实相关规定，从设计、施工、生产各环节做好图纸、资料等的交接，同时应提高管理人员的专业技能水平。

2）严格执行落实《电业安全工作规程 第 1 部分：热力和机械》和《施工现场临时用电安全技术规范》以及相关制度日常做好所有设备设施的维护保养，发现缺陷及时处理。

7.2 作 业 行 为 管 理

7.2.1 高处作业

1．概况

高处作业是指专门或经常在坠落高度基准面 2m 及以上有可能坠落的高处进行的作业，主要包括登高架设作业和高处安装、维护、拆除作业。

登高架设作业是指在高处从事脚手架、跨越架架设或拆除的作业。高处安装、维护、拆除作业是指在高处从事安装、维护、拆除的作业。适用于利用专用设备进行建筑物内外装饰、清洁、装修,电力、通信等线路架设,高处管道架设,小型空调高处安装、维修,各种设备设施与户外广告设施的安装、检修、维护以及在高处从事建筑物、设备设施拆除作业。

风电场运行过程中,工作人员登塔筒(机舱)巡视、检修、大件更换、塔筒外部修补、集电线路检修维护等行为都属于高处作业。

按照《特种作业人员安全技术培训考核管理规定》(国家安全生产监督管理总局令第30号)的分类目录,高处作业属于特种作业管理的范畴。

2. 内容及评分标准

高处作业内容及评分标准见表7-6。

表7-6 高处作业内容及评分标准

项目序号	项目	内　　容	标准分	评　分　标　准	实得分
5.7.2.1	高处作业	企业应建立高处作业安全管理规定(含脚手架验收和使用管理规定),有关作业人员须持证上岗。 高处作业使用的脚手架应由取得相应资质的专业人员进行搭设,特殊情况或者使用场所有规定的脚手架应专门设计。 脚手架和登高用具符合附录C要求。 了解并正确使用合格的安全带等安全防护用品,立体交叉作业和使用脚手架等登高作业有动火防护措施和防止落物伤人、落物损坏设备等安全防护措施	30	①未制定相关规定,不得分;作业人员无证上岗,扣5分。 ②搭设的脚手架或使用的登高用具不符合安全要求,扣5分。 ③安全防护用品使用或相应安全防护措施不到位,扣1分/项	

3. 适用规范及有关文件

适用规范及有关文件如下:

(1)《中华人民共和国安全生产法》;

(2)《建设工程安全管理生产条例》(中华人民共和国国务院令第393号)。

(3)《建筑施工安全检查标准》(JGJ 59—2011)。

(4)《建筑施工高处作业安全技术规范》(JGJ 80—1991)。

(5)《特种作业人员安全技术培训考核管理规定》(国家安全生产监督管理总局令第30号)。

(6)《建筑施工扣件式钢管脚手架安全技术规范》(JGJ 130—2011)。

(7)《建设工程施工现场消防安全技术规范》(GB 50720—2011)。

(8)《电业安全工作规程 第1部分:热力和机械》(GB 26164.1—2010)。

4. 工作要求

为保证风电场生产过程中高处作业人员的人身安全,企业应强化对高处作业行为的安全监督管理,确保高处作业过程人身安全。根据《中华人民共和国安全生产法》有:

(1)生产经营单位的主要负责人应当建立、健全本单位安全生产责任制、组织制定本单位安全生产规章制度和操作规程。

(2)生产经营单位的特种作业人员必须按照国家有关规定经专门的安全作业培训,取得相应资格，方可上岗作业。

（3）生产经营单位应当对从业人员进行安全生产教育和培训，保证从业人员具备必要的安全生产知识，熟悉有关的安全生产规章制度和安全操作规程，掌握本岗位的安全操作技能，了解事故应急处置措施，知悉自身在安全生产方面的权利和义务。未经安全生产教育和培训合格的从业人员，不得上岗作业。

（4）生产经营单位必须为从业人员提供符合国家标准或者行业标准的劳动防护用品，并监督、教育从业人员按照使用规则佩戴、使用。

5. 常见问题及采取措施

（1）常见问题。

1）未建立、健全高处作业安全管理规定，高处作业人员有无证上岗情况。

2）特殊情况或者使用场所有规定的脚手架的未进行专门设计，如风机塔筒外侧使用的悬吊式脚手架。

3）脚手架和登高用具不符合要求。

4）高处作业人员存在未正确佩戴、使用安全带等安全防护用品情况。

5）立体交叉作业、高处动火作业时防火措施不完善，防止落物伤人、落物损坏设备等安全防护措施不完善。

（2）采取措施。

1）组织制定本单位高处作业安全监督管理规章制度和操作规程；组织特种作业人员必须按照国家有关规定经专门的安全作业培训，取得相应资格，方可上岗作业。

2）特殊形式的脚手架，例如悬吊式脚手架、装在水电站的进水口、调压井等处的脚手架等，应有专门设计，并经本单位主管生产的领导批准。

3）作业层脚手板应铺满、铺稳，脚手板和脚手架相互间应连接牢固。脚手板的两头应放在横杆上，固定牢固。脚手板不准在跨度间有接头。

4）生产经营单位必须为从业人员提供符合国家标准或者行业标准的劳动防护用品，并监督、教育从业人员按照使用规则佩戴、使用。

5）脚手架上使用电、气焊时，应做好防火措施，防止火星和切割物溅落引起火警。

6）高处作业中所用的物料，均应堆放平稳，不妨碍通行和装卸。工具应随手放入工具袋。作业中的走道、通道板和登高用具，应随时清扫干净；拆卸下的物件及余料和废料均应及时清理运走，不得任意乱置或向下丢弃。传递物件禁止抛掷。

7.2.2 起重作业

1. 概述

起重作业是指利用起重机械或起重工具移动重物的操作活动，包括使用起重工具（如千斤顶、滑轮、手拉葫芦、自制吊架、各种绳索等），垂直升降或水平移动重物的作业。

起重机械主要包括桥式和门式起重机、流动式起重机、塔式起重机、臂架起重机及轻小型起重设备等。

2. 内容及评分标准

起重作业内容及评分标准见表 7-7。

表 7-7 起重作业内容及评分标准

项目序号	项目	内 容	标准分	评 分 标 准	实得分
5.7.2.2	起重作业	制定起重作业和起重设备设施管理制度，建立健全安全技术档案和设备台账，定期进行检验。 操作人员持证上岗，严格按操作规程作业。 做好起重设备维修保养，维修保养单位具备相应资质。 起重机械工作性能良好，金属结构、主要零部件完好，电气和控制系统可靠，安全保（防）护装置、联（闭）锁装置功能正常，设备安全满足附录 D 的要求。 重大物件起吊应制定安全方案，落实安全措施，并有专业技术人员指挥。 炉内检修平台应由专业人员搭设，安全防护措施齐全，经验收合格后方可使用。 起吊重物时不准把起重装置同脚手架结构相连，不准上下抛掷物品，货物码放符合安全要求，堆放的材料不得超过计算载重	30	①未制定相关规定，不得分；安全技术档案和设备台账不齐全，扣5分；作业人员无证上岗，扣5分。 ②维修保养单位资质不符合要求，不得分。 ③起重机械设备存在缺陷，扣1分/项。 ④重大物件起吊、炉内检修平台的搭设和安全防护措施存在问题，扣5分/项；未经验收合格进行使用，不得分。 ⑤货物码放或堆放的材料不符合要求，扣3分	

3. 适用规范及有关文件

(1)《中华人民共和国安全生产法》。

(2)《建设工程安全管理生产条例》（中华人民共和国国务院令第 393 号）。

(3)《建设施工安全检查标准》（JGJ 59—2011）。

(4)《中华人民共和国特种设备安全法》。

(5)《起重机械安全规程 第 1 部分：总则》（GB 6067.1—2010）。

(6)《建筑起重机械安全监督管理规定》（中华人民共和国建设部令第 166 号）。

(7)《电力安全生产监督管理办法》（中华人民共和国国家发展和改革委员会 2015 年第 21 号令）。

(8)《特种作业人员安全技术培训考核管理规定》（国家安全生产监督管理总局令第 30 号）。

(9)《电业安全工作规程 第 1 部分：热力和机械》（GB 26164.1—2010）。

4. 工作要求

风电场生产过程中，为防止发生起重作业过程中的人员人身伤亡和设备损坏安全事故，企业应强化对起重作业行为的安全监督管理，确保起重作业过程人身和设备安全。

(1) 根据《中华人民共和国安全生产法》有：

1）生产经营单位的主要负责人应当建立、健全本单位安全生产责任制、组织制定本单位安全生产规章制度和操作规程。

2）生产经营单位的特种作业人员必须按照国家有关规定经专门的安全作业培训，取得相应资格，方可上岗作业。

（2）根据《中华人民共和国特种设备安全法》有：

1）特种设备使用单位应当向负责特种设备安全监督管理的部门办理使用登记，取得使用登记证书。登记标志应当置于该特种设备的显著位置。

2）特种设备使用单位应当建立岗位责任、隐患治理、应急救援等安全管理制度，制定操作规程，保证特种设备安全运行。

3）特种设备使用单位应当按照安全技术规范的要求，在检验合格有效期届满前一个月向特种设备检验机构提出定期检验要求；应当将定期检验标志置于该特种设备的显著位置。未经定期检验或者检验不合格的特种设备，不得继续使用。

4）特种设备出现故障或者发生异常情况，特种设备使用单位应当对其进行全面检查，消除事故隐患，方可继续使用。

5. 常见问题及采取措施

（1）常见问题。

1）未建立、健全起重作业安全管理规定，起重作业人员存在无证上岗情况。

2）起重设备安全技术档案和台账不健全，未定期进行检验。

3）起重设备未及时进行维护保养。

（2）采取措施。

1）依据《中华人民共和国安全生产法》《中华人民共和国特种设备安全法》要求，组织制定本单位起重作业安全监督管理规章制度，以及特种设备岗位责任、隐患治理、应急救援等安全管理制度，制定操作规程，保证起重设备安全运行。

2）依据《中华人民共和国安全生产法》要求，组织特种设备安全管理人员、作业人员按照国家有关规定经专门的安全作业培训，取得相应资格，方可从事起重作业相关工作。

3）依据《中华人民共和国特种设备安全法》要求，应当建立起重设备安全技术档案，对其使用的起重设备应当进行自行检测和维护保养，对国家规定实行检验的起重设备应当及时申报并接受检验。

4）依据《中华人民共和国特种设备安全法》《起重机械安全规程 第 1 部分：总则》要求，特种设备使用单位应当对其使用的特种设备进行经常性维护保养和定期自行检查，应当对其使用的特种设备的安全附件、安全保护装置进行定期校验、检修，并作出记录。未经定期检验或者检验不合格的特种设备，不得继续使用。

7.2.3 焊接作业

1. 概述

焊接作业是指运用焊接方法对材料进行加工的作业。焊接作业又分为熔化焊接、压力焊和钎焊作业。熔化焊接作业指是使用局部加热的方法将连接处的金属或其他材料加热至熔化状态而完成焊接的作业。适用于气焊、焊条电弧焊与碳弧气刨、埋弧焊、气体保护焊、等离子弧焊、电渣焊、电子束焊、激光焊等作业。压力焊作业是指利用焊接时施加一定压力而完成的焊接作业。适用于电阻焊、气压焊、爆炸焊、摩擦焊、冷压焊、超声波焊、锻焊等作业。钎焊作业是指使用比母材熔点低的材料作钎料，将焊件和钎料加热到高于钎料熔点，但低于母材熔点的温度，利用液态钎料润湿母材，填充接头间隙并与母材相互扩散而实现连接焊接。

按照《特种作业人员安全技术培训考核管理规定》（国家安全监督管理总局令第30号）的分类目录，焊接作业属于特种作业管理的范畴。

2. 内容及评分标准

焊接作业内容及评分标准见表7-8。

表7-8　焊接作业内容及评分标准

项目序号	项目	内 容	标准分	评分标准	实得分
5.7.2.3	焊接作业	电焊机使用管理、检查试验制度完善，检查维护责任落实，建立台账，编号统一、清晰。 电焊机性能良好，符合安全要求，接线端子屏蔽罩齐全。 电焊机接线规范，金属外壳有可靠的接地（零），一次、二次绕组及绕组与外壳间绝缘良好，一次线长度不超过2～3m，二次线无裸露现象。 焊接作业人员须持证上岗，严格按操作规程作业；焊接作业现场有可靠的防火措施，作业人员按规定正确佩戴个人防护用品	20	①未制定相关规定，不得分；制度内容不全，责任落实不到位，台账记录、编号存在问题，扣5分。 ②电焊机存在缺陷，接线不合格，扣1分/项。 ③焊接作业现场防火措施不到位，作业人员未按规定正确佩戴个人防护用品，扣5分	

3. 适用规范及有关文件

（1）《中华人民共和国安全生产法》。

（2）《建设工程安全管理生产条例》（中华人民共和国国务院令第393号）。

（3）《建设施工安全检查标准》（JGJ 59—2011）。

（4）《建设工程施工现场供用电安全规范》（GB 50194—2014）。

（5）《施工现场临时用电安全技术规范》（JGJ 46—2005）。

（6）《特种作业人员安全技术培训考核管理规定》（国家安全生产监督管理总局令第30号）。

（7）《电业安全工作规程 第1部分：热力和机械》（GB 26164.1—2010）。

4. 工作要求

风电场生产过程中，为防止发生焊接作业过程中人员触电伤亡、火灾和设备损坏安全事故，企业应强化对焊接作业行为的安全监督管理，确保焊接作业过程人身和设备安全。

（1）依据《中华人民共和国安全生产法》有：

1）生产经营单位的主要负责人应当建立、健全本单位安全生产责任制、组织制定本单位安全生产规章制度和操作规程。

2）生产经营单位的特种作业人员必须按照国家有关规定经专门的安全作业培训，取得相应资格，方可上岗作业。

3）生产经营单位应当对从业人员进行安全生产教育和培训，保证从业人员了解事故应急处置措施。

（2）依据《施工现场临时用电安全技术规范》要求，焊接作业时，应有相应的防火措施；电焊机械应放置在防雨、干燥和通风良好的地方。焊接现场不得有易燃、易爆物品。

5. 常见问题及采取措施

（1）常见问题。

1）未建立电焊机使用管理和检查试验制度，未建立焊接设备台账。

2）焊接作业人员存在无证作业情况。

3）电焊机性能不良，接线不规范。

4）焊接人员作业时未正确穿戴劳动防护用品，焊接作业时现场无防火措施。

（2）采取措施。

1）依据《中华人民共和国安全生产法》要求，生产经营单位主要负责人组织制定本单位安全生产规章制度和操作规程，建立焊接设备管理台账，加强对焊接设备的管理。

2）依据《中华人民共和国安全生产法》《特种作业人员安全技术培训考核管理规定》要求，生产经营单位的焊接作业人员必须按照国家有关规定经专门的作业培训，并考核合格，取得焊接作业操作证后，方可上岗作业。

3）依据《施工现场临时用电安全技术规范》要求，电焊机的外壳应可靠接地，不得串联接地；电焊机的裸露导电部分应装设安全保护罩，电焊把钳绝缘应良好；电焊机开关箱中漏电保护器的额定漏电动作电流不应大于 30mA，额定漏电动作时间不应大于 0.1s；交流弧焊机变压器的一次侧电源线长度不应大于 5m，其电源进线处必须设置防护罩；发电机式直流电焊机的换向器应经常检查和维护，应消除可能产生的异常电火花；交流电焊机械应配装防二次侧触电保护器；电焊机械的二次线应采用防水橡皮护套铜芯软电缆，电缆长度不应大于 30m。

4）依据《中华人民共和国安全生产法》要求，从业人员在作业过程中，应当严格遵守本单位的安全生产规章制度和操作规程，服从管理，正确佩戴和使用劳动防护用品。

7.2.4 有限空间作业

1. 概述

有限空间是指封闭或部分封闭，进出口较为狭窄有限，未被设计为固定工作场所，自然通风不良，易造成有毒有害、易燃易爆物质积聚或氧含量不足的空间。有限空间主要包括密闭设备、地上有限空间和地下有限空间。

有限空间作业是指作业人员进入有限空间实施的作业活动。

2. 内容及评分标准

有限空间作业内容及评分标准见表 7-9。

3. 适用规范及有关文件

（1）《有限空间安全作业五条规定》（国家安全生产监督管理总局令第 69 号）。

（2）《工贸企业有限空间作业安全管理与监督暂行规定》（国家安全生产监督管理总局

令第 59 号）。

表 7-9 有限空间作业内容及评分标准

项目序号	项目	内　容	标准分	评　分　标　准	实得分
5.7.2.4	有限空间作业	有限空间作业要有专人监护，并落实防火、防窒息及逃生等措施。 进入有限空间危险场所作业要先测定氧气、有害气体、可燃性气体、粉尘等气体浓度，符合安全要求方可进入。 在有限空间内作业时要进行通风换气，并保证气体浓度测定次数或连续检测，严禁向内部输送氧气；进行衬胶、涂漆、刷环氧玻璃钢工作应强力通风，符合安全要求和消防规定方可工作。 在金属容器内工作必须使用符合安全电压要求的照明及电气工具，装设符合要求的漏电保护器，漏电保护器、电源连接器和控制箱等应放在容器外面。 进行焊接工作必须设有防止金属熔渣飞溅、掉落引起火灾的措施以及防止烫伤、触电、爆炸等措施	20	①有限空间作业无专人监护，防火、防窒息及逃生等措施落实不到位，不得分。 ②进入有限空间危险场所作业前未进行气体浓度测试，不得分；通风和气体浓度监测不合格，不得分。 ③在金属容器内工作，电气工具和用具使用不符合安全要求，不得分；进行焊接工作，安全措施设置不合格，不得分	

（3）《焊接与切割安全要求》（GB 9448—1999）。

（4）《特低电压（ELV）限值》（GB/T 3805—2008）。

（5）《爆炸性环境 第 1 部分：设备 通用要求》（GB 3836.1—2010）。

4. 工作要求

风电场生产过程中，为防止发生有限空间作业过程中人员触电、窒息、中毒和火灾等安全事故，应加强对有限空间作业行为的安全监督管理，确保有限空间作业过程人身安全。

（1）依据《中华人民共和国安全生产法》有：

1）应当建立、健全本单位安全生产责任制、制定本单位安全生产规章制度和操作规程。

2）当对从业人员进行安全生产教育和培训，保证从业人员具备必要的安全生产知识，熟悉有关的安全生产规章制度和安全操作规程，掌握本岗位的安全操作技能，了解事故应急处置措施，知悉自身在安全生产方面的权利和义务。

（2）依据《工贸企业有限空间作业安全管理与监督暂行规定》有：

1）实施有限空间作业前，应当将有限空间作业方案和作业现场可能存在的危险有害因素、防控措施告知作业人员。现场负责人应当监督作业人员按照方案进行作业准备。

2）有限空间作业过程中，工贸企业应当采取通风措施，保持空气流通，禁止采用纯氧通风换气。

3）在有限空间作业过程中，应当对作业场所中的危险有害因素进行定时检测或者连续监测。作业中断超过 30min，作业人员再次进入有限空间作业前，应当重新通风、检测合格后方可进入。

4）有限空间作业场所的照明灯具电压应当符合《特低电压（ELV）限值》等国家标准或者行业标准的规定。

5. 常见问题及采取措施

（1）常见问题。

1）未建立有限空间作业安全生产制度和操作规程。

2）进入有限空间作业前的准备工作不符合安全要求。

3）有限空间作业过程中安全监督管理工作不符合安全要求。

4）有限空间作业用电和消防不符合安全要求。

（2）采取措施。

1）依据《工贸企业有限空间作业安全管理与监督暂行规定》要求，建立有限空间作业安全责任制度、作业审批制度、作业现场安全管理制度、有限空间现场负责人、监护人员、作业人员、应急救援人员安全培训教育制度、应急管理制度、安全操作规程等安全生产制度。

2）依据《工贸企业有限空间作业安全管理与监督暂行规定》要求，实施有限空间作业前应当将有限空间作业方案和作业现场可能存在的危险有害因素、防控措施告知作业人员；现场负责人应当监督作业人员按照方案进行作业准备。应当严格遵守"先通风、再检测、后作业"的原则，检测应当符合相关国家标准或者行业标准的规定；未经通风和检测合格，任何人员不得进入有限空间作业；并且检测的时间不得早于作业开始前 30min。

3）依据《有限空间安全作业五条规定》《工贸企业有限空间作业安全管理与监督暂行规定》《焊接与切割安全》要求，在有限空间作业过程中，应当采取通风措施，保持空气流通，禁止采用纯氧通风换气，并应对作业场所中的危险有害因素进行定时检测或者连续监测。发现通风设备停止运转、有限空间内氧含量浓度低于或者有毒有害气体浓度高于国家标准或者行业标准规定的限值时，必须立即停止有限空间作业，清点作业人员，撤离作业现场。作业中断超过 30 分钟，作业人员再次进入有限空间作业前，应当重新通风、检测合格后方可再次进入进行作业。有限空间作业专职监护人员必须具有在紧急状态下迅速救出或保护里面作业人员的救护措施；具备实施救援行动的能力，必须随时监护作业人员的状态并与他们保持联络，备好救护设备。

4）依据《工贸企业有限空间作业安全管理与监督暂行规定》要求，有限空间作业场所的照明灯具电压应当符合《特低电压（ELV）限值》等国家标准或者行业标准的规定；作业场所存在可燃性气体、粉尘的，其电气设施设备及照明灯具的防爆安全要求应当符合《爆炸性环境 第 1 部分：设备 通用要求》等国家标准或者行业标准的规定。受限空间照明电压不大于 36V，在潮湿、狭小空间内作业电压应不大于 12V。严禁用 220V 的灯具作为行灯使用。

在金属容器内工作必须使用安全电压进行照明，使用Ⅲ电气工具，装设漏电保护器。漏电保护器、隔离变压器和控制箱等应置于容器外。需要进行焊接或其他动火作业时，应做好相应的防火措施，避免发生火灾、爆炸、触电和烫伤事件。

7.2.5 电气安全

1. 概况

为了减少由电气作业行为不当引起的人身触电、火灾和设备安全事故，企业应当加强电气安全作业行为的监督管理。按照《特种作业人员安全技术培训考核管理规定》（国家安全生产监督管理总局令第 30 号）的分类，电气作业又称为电工作业，属于特种作业管理的范畴。

电工作业是指对电气设备进行运行、维护、安装、检修、改造、施工、调试等作业（不含电力系统进网作业），包括高压电工作业、低压电工作业和防爆电气作业。

高压电工作业是指对 1kV 及以上的高压电气设备进行运行、维护、安装、检修、改造、施工、调试、试验及绝缘工、器具进行试验的作业。低压电工作业是指对 1kV 以下的低压电器设备进行安装、调试、运行操作、维护、检修、改造施工和试验的作业。防爆电气作业是指对各种防爆电气设备进行安装、检修、维护的作业。

2. 内容及评分标准

电气安全内容及评分标准见表 7-10。

3. 适用规范及有关文件

（1）《中华人民共和国安全生产法》。

（2）《施工现场临时用电安全技术规范》（JGJ 46—2005）。

表 7-10　电气安全内容及评分标准

项目序号	项目	内容	标准分	评分标准	实得分
5.7.2.5	电气安全	企业应建立电气安全用具、手持电动工具、移动式电动机具台账，统一编号，专人专柜对号保管，定期试验。作业人员具备必要的电气安全知识，掌握使用方法并在有效期内正确使用。 企业购置的电气安全用具、手持电动工具、移动式电动机具经国家有关部门试验鉴定合格。 现场使用的电气安全用具、手持电动工具、移动式电动机具等设备满足附录 E 要求	40	①台账、编号和保管存在问题，扣 3 分；未进行定期试验，扣 3 分/台；使用人员使用方法存在问题，扣 5 分。 ②企业购置的电气安全用具、手持电动工具、移动式电动机存在未经国家有关部门试验鉴定合格现象，不得分。 ③现场使用的电气安全用具、手持电动工具、移动式电动机具等设备不满足要求，扣 1 分/项	

（3）《电力安全工作规程　发电厂和变电站电气部分》（GB 26860—2011）。

（4）《电气设备典型消防规程》（DL 5027—2015）。

4. 工作要求

风电场生产过程中，为防止发生电气作业过程中人员触电伤亡和设备损坏安全事故，企业应强化对电气作业行为的安全监督管理，确保电气作业过程人身设备安全。依据《中华人民共和国安全生产法》有：

（1）应当建立、健全本单位安全生产责任制、制定本单位安全生产规章制度和操作规程。

（2）当对从业人员进行安全生产教育和培训，保证从业人员具备必要的安全生产知识，熟悉有关的安全生产规章制度和安全操作规程，掌握本岗位的安全操作技能，了解事故应急处置措施，知悉自身在安全生产方面的权利和义务。

（3）生产经营单位必须为从业人员提供符合国家标准或者行业标准的劳动防护用品，并监督、教育从业人员按照使用规则佩戴、使用。

5. 常见问题及采取措施

（1）常见问题。

1）电气（电工）作业存在无证作业，缺乏应有的电气和其他知识和业务技能。

2）电气安全用具、手持电动工具、移动式电动工具未建立管理台账，未定期进行试验。

3）电气安全用具、手持电动工具、移动式电动工具使用不符合安全技术规范要求。

（2）采取措施。

1）依据《中华人民共和国安全生产法》要求，生产经营单位的电工作业人员必须按照国家有关规定经专门的作业培训，并考核合格，取得电工作业操作证后，方可上岗作业。

2）依据《中华人民共和国安全生产法》要求，生产经营单位的主要负责人组织制定本单位安全生产规章制度和操作规程。依据《施工现场临时用电安全技术规范》要求，建立电气安全用具、手持电动工具、移动式电动工具设备管理台账，加强对电气安全用具、手持电动工具、移动式电动工具的管理。依据《电力安全工作规程 发电厂和变电站电气部分》要求，带电作业安全工器具（验电笔、绝缘鞋、绝缘手套、绝缘棒、绝缘隔板、绝缘罩、绝缘夹钳、绝缘绳、携带型短路接地线等）应按规定的试验项目、周期和要求定期进行试验。

3）依据《电力安全工作规程 发电厂和变电站电气部分》要求，使用绝缘棒拉合隔离开关、高压熔断器，或经传动机构拉合断路器和隔离开关，均应戴绝缘手套。依据《施工现场临时用电安全技术规范》要求，加强对移动式电动工具使用的安全监督管理。混凝土搅拌机、插入式振动器、平板振动器、地面抹光机、水磨石机、钢筋加工机械、木工机械、盾构机械的负荷线必须采用耐气候型橡皮护套铜芯软电缆，并不得有任何破损和接头。依据《施工现场临时用电安全技术规范》要求，对混凝土搅拌机、钢筋加工机械、木工机械、盾构机械等设备进行清理、检查、维修时，必须首先将其开关箱分闸断电，呈现可见电源分断点，并关门上锁。

7.2.6 防爆安全

1. 概况

防爆安全是指在爆炸危险场所对爆炸危险场所工作人员的安全保护，以及爆炸危险场所用设备和防护系统安全。防爆安全作为爆炸危险场所工作人员安全保护的最低要求，以及设备和防护系统在设计、制造、销售、安装、使用、检修和维护使用的安全基础要求。

2. 内容及评分标准

防爆安全内容及评分标准见表 7-11。

表 7-11　防爆安全内容及评分标准

项目序号	项目	内　　容	标准分	评　分　标　准	实得分
5.7.2.6	防爆安全	油区、氧气站、制（储）氢室、氨罐等应制定有严格的管理制度并有效落实，其防爆安全装置齐全，设备设施及作业工具符合安全要求，有关管道系统及阀门严密。 现场承压设备及管道系统经过定期检验合格，安全附件齐全、完好，材质符合安全要求，承压能力满足系统运行工况。 高压气瓶无严重腐蚀或严重损伤，定期检验合格，并在检验周期内使用。色标、色环清晰，安全装置良好，存放符合要求，使用符合安全规定。 蓄电池室、油罐室、油处理室等重点场所使用防爆型照明和通风设备，配备有必要的防爆工具。 在易爆场所或设备设施及系统上作业，要严格履行工作许可手续，保持与运行系统的有效隔离，并落实防爆安全措施	30	①油区、氧气站、制（储）氢室管理制度不全，不得分；落实不到位，扣5分；设备设施和系统存在缺陷，作业工具不符合要求，扣5分。 ②现场承压设备及管道系统未进行定期检验，安全附件存在问题，不得分。 ③高压气瓶和安全装置存在严重缺陷，不得分；色标、色环存在问题，扣1分/项；存放和使用不符合安全要求，扣10分。 ④蓄电池室、油罐室、油处理室等重点场所未使用防爆型照明和通风设备，不得分；未配备必要的防爆工具，扣5分。 ⑤在易爆场所或设备设施及系统上作业，未履行工作许可手续，安全措施落实不到位，不得分	

3. 适用规范及有关文件

（1）《电站煤粉锅炉膛防爆规程》（DL/T 435—2004）。

（2）《电业安全工作规程　发电厂和变电所电气部分》（GB 26860—2011）。

（3）《电力建设安全工作规程　第1部分：火力发电厂》（DL 5009.1—2014）。

（4）《电力设备典型消防规程》（DL 5027—2015）。

（5）《水利水电工程劳动安全与工业卫生设计规范》（GB 50706—2011）。

（6）《水利水电工程设计防火规范》（GB 50872—2014）。

（7）《爆炸危险场所防爆安全导则》（GB/T 29304—2012）。

（8）《爆炸和火灾危险环境电力装置设计规范》（GB 50058—2014）。

（9）《电力系统用蓄电池直流电源装置运行与维护技术规程》（DL/T 724—2000）。

（10）《电业安全工作规程（热力和机械部分）》（电安生〔1994〕227号）。

4. 工作要求

（1）检查现场承压设备及管道系统，涉及电厂工程的设计、设备的选型和制造，以及安装和运行是否符合要求，依据《电站煤粉锅炉膛防爆规程》要求，对设备作出正确的选择，对比分析各设备和管道的配置情况和性能，设备运行与维护工作人员到位情况，编制相应的运行和维护规程。

（2）检查高压气瓶管理，依据《爆炸和火灾危险环境电力装置设计规范》，《电力设备典型消防规程》，《电业安全工作规程（热力和机械部分）》要求，各类高压气瓶均应贮存在阴凉通风的专用库房，防止阳光直射，温度不超过 30℃，定期检验合格，在检验周期内使用。自备气瓶的检验应经专业检测部门进行检测、检验（以检验标准为准），氧气瓶、乙炔气瓶、氢气瓶不能同时运输和存放，有明显、正确的漆色和标志，且非改漆色的其他气体气瓶。

（3）检查蓄电池室、油罐室、油处理室等重点场所未使用防爆型照明和通风设备，依据《电力系统用蓄电池直流电源装置运行与维护技术规程》要求，蓄电池室的通风和采暖设备良好，室温满足 5～30℃ 范围内的要求；室内设备的防火、防爆、防震措施符合规定。

5. 常见问题及采取措施

（1）常见问题。

1）日常生产运行安全管理检查中，发现光伏、风电生活区食堂、生产区设备间等场所存储环境不规范，无明显、正确的漆色、标识。

2）设备运行与维护工作人员不到位，易燃易爆设备未编制相应的运行和维护规程。

（2）采取措施。

1）依据《电力设备典型消防规程》《电业安全工作规程（热力和机械部分）》规定，易燃易爆设备应正确运输和存放，定期检查合格，有明显的漆色、标识。

2）依据《电站煤粉锅炉膛防爆规程》要求，对电场运行与维护工作人员应配置到位，编制和完善相应的运行和维护规程。

7.2.7 消防安全

1. 概况

消防安全是指为保障人民生命财产安全，制定消防安全制度，落实消防责任制，实施日常消防安全管理，保障消防资金投入，组织实施防火检查和火灾隐患整改工作。配备消防设施、灭火器材以及消防安全标志的维护保养，确保其完好有效，确保疏散通道和安全出口畅通，组织管理专职消防队和义务消防队，开展消防知识、技能的宣传教育和培训，组织灭火和应急疏散预案的实施和演练，定期向消防安全责任人报告消防安全情况。

2. 内容及评分标准

消防安全内容及评分标准见表 7-12。

3. 适用规范及有关文件

（1）《中华人民共和国消防法》。

（2）《机关、团体、企业、事业单位消防安全管理规定》（中华人民共和国公安部令第 61 号）。

（3）《电力工程电缆设计规范》（GB 50217—2016）。

（4）《电力设备典型消防规程》（DL 5027—2015）。

（5）《火力发电厂与变电站设计防火规范》（GB 50229—2006）。

表 7-12 消防安全内容及评分标准

项目序号	项目	内 容	标准分	评 分 标 准	实得分
5.7.2.7	消防安全	建立健全消防安全组织机构，完善消防安全规章制度，落实消防安全生产责任制，开展消防培训和演习。 生产厂房及仓库备有必要的消防设备，并建立消防设备设施台账，定期进行检查和试验，保证合格。 存放易燃易爆物品库房、建筑设施的防火等级符合要求。 消防泵至少有两套独立电源，且具有自启动和远方启动功能，火灾报警及自动灭火、隔离系统正常并投入运行。 电缆和电缆构筑物安全可靠，电缆隧道、电缆沟排水设施完好，电缆堵洞及照明符合要求，电缆主隧道及架空电缆主通道分段阻燃措施符合要求，特别重要电缆应采取耐火隔离措施或更换阻燃电缆。重要电缆夹层、竖井、沟等区域应配备电缆监控装置以及防火门（墙）等设施。 现场电缆敷设符合安全要求，操作直流、主保护、直流油泵等重要电缆采取分槽盒、分层、分沟敷设及阻燃等特殊防火措施。 作业人员应熟悉消防器材性能、布置和使用方法，现场动火有人监护，且防火措施落实	30	①未建立组织机构，规章制度不完整，责任制未落实，未定期开展消防培训或演习，不得分。 ②消防设备配备不全，定期检查或试验不到位，扣5分。 ③存放易燃易爆物品库房、建筑设施的防火等级不符合要求，不得分。 ④消防泵无两套独立电源，不得分；相应配套功能不齐全，扣5分。 ⑤电缆和电缆用构筑物等设施不符合要求，扣1分/项。 ⑥现场电缆敷设不符合防火安全要求，扣1分/项。 ⑦现场动火防火措施落实不到位，扣10分	

（6）《爆炸和火灾危险环境电力装置设计规范》（GB 50058—2014）。

（7）《电业安全工作规程（热力和机械部分）》（电安生〔1994〕227号）。

4．工作要求

（1）检查消防安全管理组织及制度，依据《中华人民共和国消防法》《机关、团体、企业、事业单位消防安全管理规定》以及《电力设备典型消防规程》要求，落实防火责任制、成立专兼职消防队伍。

（2）检查消防器材配备和管理，依据《火力发电厂与变电站防火设计规范》以及《电力设备典型消防规程》要求，符合典型消防规程要求，建立消防安全台账，定期检查记录和标志。

（3）检查动火管理制度和台账，依据《电力设备典型消防规程》，动火制度完善，开动火票的需开票作业，落实动火措施。

（4）检查电缆防火管理，依据《火力发电厂与变电站防火设计规范》《电力设备典型消防规程》《爆炸和火灾危险环境电力装置设计规范》，健全电缆的运行管理、维护、检查等各项规章制度。明确电缆防火责任制，有专责人员负责。定期对电缆进行巡视检查，开展预防性试验，并做完整记录。对电缆中间接头定期测温。对于电缆存在的缺陷、隐患和可能影响电缆着火的外部情况，建立反事故措施。

（5）检查易燃易爆物品管理制度、存储，依据《爆炸和火灾危险环境电力装置设计规范》《电业安全工作规程（热力和机械部分）》要求，检查现场工作人员对易燃易爆物品性能，以及易燃易爆物品库房、建筑设施的防火等级，易燃易爆物品满足规范要求了解的情况。

5. 常见问题及采取措施

（1）常见问题。

1）日常检查中发现光伏、风电消防安全台账不完善，未有定期检查记录。

2）动火管理制度不完善，动火措施不到位，未及时开票。

3）未定期对电缆进行巡视检查，未及时开展预防性试验。

（2）采取措施。

1）依据《电力设备典型消防规程》建立消防安全台账，完善定期检查记录。

2）依据《电力设备典型消防规程》完善动火制度，落实动火措施。

3）依据《火力发电厂与变电站防火设计规范》《电力设备典型消防规程》定期对电缆进行巡视检查，开展预防性试验，做好完整记录。

7.2.8 机械安全

1. 概况

机械安全是企业落实安全管理的重要部分，防止机械伤害事故的发生，必须从安全管理工作入手，防止出现人身、设备、电网等事故，保证安全生产稳定运行。

2. 内容及评分标准

机械安全内容及评分标准见表 7-13。

表 7-13 机械安全内容及评分标准

项目序号	项目	内 容	标准分	评 分 标 准	实得分
5.7.2.8	机械安全	机械设备外露转动部分有防护罩，并设有必要的闭锁装置。 机床配置的各种安全防护装置及安全保护控制装置应齐备，性能可靠。 较长输送距离的机械，在其需要跨越处应设置带护栏的人行跨梯。 带式输送机的尾部滚筒及其他所有改向滚筒轴端处，应分别加设护罩及可拆卸的护栏，所配重锤行程地面处应设置高度 1.5m 的护栏，运行通道侧应设有不低于上托辊最高点的可拆卸的栏杆。 运煤胶带机沿线应设置拉线开关，设有启动预报装置和防止误启动装置。 露天贮煤场轨道机械须装有夹轨钳和锚定装置。 机械设备检修应进行系统隔离并有防转动措施	20	①机械设备外露转动部分无防护罩，或设有必要的闭锁装置，扣 1 分/项。 ②机床配置的各种安全防护装置及安全保护控制装置不齐全，扣 1 分/项。 ③人行跨梯未设置或设置不合理，扣 5 分。 ④护罩或护栏配置不合理，扣 5 分。 ⑤运煤胶带机沿线未设置拉线开关，扣 5 分；启动预报装置和防止误启动装置存在问题，扣 5 分。 ⑥露天贮煤场轨道机械未装设夹轨钳和锚定装置或存在较大缺陷，扣 5 分。 ⑦设备检修未隔离或无防转动措施，扣 5 分	

3. 适用规范及有关文件

（1）《中华人民共和国安全生产法》。

（2）《电业安全工作规程 第 1 部分：热力和机械部分》（GB 26164.1—2010）。

（3）《电力安全工作规程 发电厂和变电所电气部分》（GB 26860—2011）。

（4）《机械安全防护装置固定式和活动式防护装置设计与制造一般要求》（GB/T 8196—2003）。

（5）《企业安全生产标准化基本规范》（AQ/T 9006—2010）。

（6）《关于印发〈发电企业安全生产标准化规范及达标评级标准〉的通知》（电监安全〔2011〕23 号）。

（7）《电力安全生产监督管理办法》（中华人民共和国国家发展和改革委员会 2015 年第 21 号令）。

（8）《电力建设安全工作规程 第 1 部分：火力发电厂》（DL 5009.1—2002）。

（9）《特种设备安全监察条例》（中华人民共和国国务院令第 549 号）。

（10）《电力设施保护条例实施细则》（中华人民共和国公安部〔1999〕8 号）。

（11）《焊接与切割安全要求》（GB 9448—1999）。

（12）《手持式电动工具的管理、使用、检查和维修安全技术规程》（GB/T 3787—2006）。

4. 工作要求

防止机械伤害事故的发生，必须从安全管理工作入手，防止出现人的不安全行为，并消除设备的不安全状态，同时还应改善检修操作的环境，避免在环境条件不允许时进行工作。

（1）加强安全管理，健全机械设备的安全管理制度，编制各类危险点分析报告或手册，并严格落实危险点辨识工作，防止人的不安全行为的发生。

（2）根据不同类型的机械设备检修工作，按其特点制定安全操作规程。

（3）转动部件上不要放置物件，以免启动时物件飞出，发生打击事故。

（4）正确使用和穿戴个体劳动保护用品，劳保用品是保护职工安全和健康的必须品，必须正确穿戴衣、帽、鞋、手套等防护品。

（5）对风电机组等设备加注油脂时，人员应尽量与转动部件保持距离，并设置较低的转速。

（6）在进入轮毂给叶片加油脂前须做好叶片转动测试工作，必须锁定叶轮锁，同时与转动叶片保持足够的安全距离，机舱与轮毂内的人员必须保持通信畅通。

（7）检修液压系统更换液压阀时必须释放储能器等储能设备的压力，并用压力表测试，只有在确保没有压力的情况下才允许拆卸。

（8）更换机舱大部件须制定详细的更换步骤，并制定安全防护措施，做好事故预想工作。

（9）在风电机组吊装期间，应确定现场专兼职安全监督人员，全程全职监护现场安全工作。

（10）制定切割机、角磨机等手持电动工具的安全操作规程，使用时按规程操作；对运行检修人员进行相关培训，熟悉设备操作规程和工作原理；禁止未经过培训的人员，直接使用电动工器具。

（11）机床配置的各种安全防护装置及安全保护控制装置应齐备，性能应可靠。

（12）机械设备外露转动部分应加装防护罩，防护罩保持完好，或设有必要的闭锁装置，作用时不得触及转动部位；严禁使用没有安全防护装置的电动工器具。

（13）韧性跨梯设置合理。

（14）设备检修隔离可靠，落实防转动措施。

5. 常见问题及采取措施

（1）常见问题。在工作实践中，发现有的风电场机械设备外露转动部分没有加装防护罩，或防护罩损坏严重；没有设立必要的闭锁装置。

（2）采取措施。根据《企业安全生产标准化基本规范》要求，风电场加强安全管理，健全机械设备的安全管理制度，编制各类危险点分析报告或手册，并严格落实危险点辨识工作，防止人的不安全行为的发生；根据不同类型的机械设备检修工作，按其特点制定安全操作规程。重点对机械设备外露部分要采取防范措施。

7.2.9 交通安全

1. 概况

交通安全制度的制定是企业落实安全生产责任制的重要方式之一，是企业安全管理工作实现量化控制与持续改进的基础。交通安全制度的制定，应符合有关法律法规、上级安全管理部门工作要求及下达的安全目标和本单位安全风险等实际情况，有利于检查、评比、考核，又有利于引起大家的注意。

2. 内容及评分标准

交通安全内容及评分标准见表 7-14。

表 7-14 交通安全内容及评分标准

项目序号	项目	内 容	标准分	评 分 标 准	实得分
5.7.2.9	交通安全	制定交通安全管理制度，完善厂区交通安全设施。 加强驾驶人员培训，严格驾驶行为管理。 定期对机动车辆检测和检验，保证机动车辆车况良好。吊车、斗臂车、叉车等的起重机械部分符合起重作业安全要求。 制定通勤车辆（大客车）遇山区滑坡、泥石流、冰雪、铁路道口等特殊情况的应对措施。 合理规划厂区运煤、运灰等车辆线路，完善卸煤、装灰车辆运输方案	20	①未制定制度，不得分；交通安全设施不齐全，扣 5 分。 ②驾驶人员培训或管理不到位，扣 5 分；无证驾驶，不得分。 ③机动车辆或起重机械部分的检验、检测不到位，存在安全隐患，扣 2 分/项。 ④通勤车辆对特殊情况的应对措施不完全，扣 5 分。 ⑤运煤、运灰等车辆线路不合理，卸煤、装灰车辆运输方案存在问题，扣 5 分	

3. 适用规范及有关文件

（1）《中华人民共和国道路交通安全法》。

（2）《中华人民共和国道路交通安全法实施条例》（中华人民共和国国务院令第 405 号）。

（3）《厂内机动车辆安全检验技术要求》（GB/T 16178—1996）。

（4）《工业企业厂内铁路、道路运输安全规程》（GB 4387—2008）。

（5）《企业安全生产标准化基本规范》（AQ/T 9006—2010）。

（6）《关于印发〈发电企业安全生产标准化规范及达标评级标准〉的通知》（电监安全〔2011〕23 号）。

（7）《电力安全生产监督管理办法》（中华人民共和国国家发展和改革委员会 2015 年第 21 号令）。

（8）《起重机械定期检验规则》（TSG Q7015—2008）。

（9）《场（厂）内机动车辆安全检验技术要求》（GB/T 16178—2011）。

（10）《道路交通标志和标线》（GB 5768—2009）。

（11）《特种设备安全监察条例》（中华人民共和国国务院令第 549 号）。

（12）《电力安全事故应急处置和调查处理条例》（中华人民共和国国务院令 599 号）。

（13）《火力发电企业生产安全设施配置》（DL/T 1123—2009）。

4. 工作要求

（1）风电场按照相关要求，制定风电企业交通安全管理制度，完善厂区交通安全设施。

（2）风电场应设专人负责厂内机动车辆监督管理。按照国家有关规定，负责联系地方有关交通部门，对厂内机动车辆进行定期检验等工作，负责监督有关单位落实本制度情况。

（3）对厂内机动车辆的大修、中修、小修和购置新车辆进行确认和费用管理，负责监督所管辖单位落实本制度情况。对叉车、装载机等上路行驶的车辆，按照有关交通管理规定进行人员和车辆管理。

（4）风电场必须确定车辆负责人，有专人管理，负责车辆的日常检查、维护和保养工作。

（5）驾驶员应身体健康，没有色盲、严重近视、耳聋、精神类疾病、高血压及心脏病等禁忌症。必须经过地方监督部门或车管部门培训，并考试合格，取得驾驶证的人员。

（6）加强机动车架、修、管人员培训，规范行为，保证机动车辆完好可用。

（7）挂在当地质检部门发放牌照的厂内车辆，还应按照特种设备的规定管理。

5. 常见问题及采取措施

（1）常见问题。在工作实践中，发现有的风电场缺少厂内车辆遇山区滑坡、泥石流、冰雪、铁路道口特殊情况的应对措施及记录。

（2）采取措施。根据《企业安全生产标准化基本规范》要求，结合风电场实际情况，制定交通安全管理制度，完善厂区内交通安全设施；机动车辆车况完好；通勤车应结合当地特点，制定和落实应对自然灾害的措施和预案。

7.3 标 志 标 识

1. 概况

标志标识一般分设备标志标识、安全标志标识和道路交通标志标识。

设备标志标识是指表征设备、设施的名称、编号、方向等信息的图形或文字标志，包括设备牌（指单台设备标志牌）、阀门牌、表计牌、电缆牌、转向牌、号头、介质流向、色环、按钮牌、开关牌、门牌（如 400V 开关室门牌等）、场所牌、安全牌等。

安全标志标识是通过安全色与几何形状的组合表达通用安全信息，并且通过图形符号用于表达禁止、警告、指令、提示消防等特定安全信息的标志。

道路交通标志标识是指用图形符号、颜色和文字向交通参与者传递特定信息，用于管理交通的设施。

2. 内容及评分标准

标志标识内容及评分标准见表 7 - 15。

表 7 - 15 标志标识内容及评分标准

项目序号	项目	内　　容	标准分	评 分 标 准	实得分
5.7.3.1	标志标识	设备名称、编号、手轮开关方向标志及阀位指示应齐全、清晰、规范。 管道介质名称、色标或色环及流向标志齐全、清楚、正确。 安全标志标识应齐全、规范，符合国家规定，满足有关安全设施配置标准要求。 安全标志标识应设在醒目位置，局部信息标志应设在所涉及的相应危险地点或设备附件的醒目处。 应急疏散指示标志和应急疏散场地标识应明显	40	①设备名称、编号、手轮开关方向标志及阀位指示存在问题，扣 1 分/项。 ②管道介质名称、色标或色环及流向标志存在问题，扣 1 分/项。 ③安全标志标识配置不合理，不符合规定要求，扣 1 分/项。 ④应急疏散指示标志和应急疏散场地标识配置不合理，扣 1 分/项。	

3. 适用规范及有关文件

(1)《火力发电企业安全生产设施配置》（DL/T 1123—2009）。

(2)《安全标志及其使用导则》（GB 2894—2008）。

(3)《中华人民共和国安全生产法》。

(4)《电力生产企业安全设施规范手册》。

4. 工作要求

(1) 根据《中华人民共和国安全生产法》规定，生产经营单位未在有较大危险因素的生产经营场所和有关设施、设备上设置明显的安全警示标志的，责令限期改正，可以处五万元以下的罚款；逾期未改正的，处五万元以上二十万元以下的罚款，对其直接负责的主管人员和其他直接责任人员处一万元以上二万元以下的罚款；情节严重的，责令停产停业整顿；构成犯罪的，依照刑法有关规定追究刑事责任。

（2）根据《火力发电企业安全生产设施配置》规定，设备标志应为双重编号，有设备编号和设备名称组成，企业可根据需要在设备标志中增加设备编码。设备标志应定义清晰，能够准确反映设备的功能、用途和属性。

（3）根据《电力生产企业安全设施规范手册》的规定，电力企业应及时配置作业现场的安全标志、设备及安全工器具标志、警示线、安全防护的图形规范和配置规范。

（4）根据《安全标志及其使用导则》的规定，电力企业的建设工地和其他有必要提醒人们注意安全的场所，应配置完善的安全标志。

5. 常见问题及采取措施

（1）常见问题。

1）电力企业变/配电站安全标志标识安装、悬挂在门、窗等可移动的物体上，或多个安全标示安装顺序不对。

2）电力企业变/配电站标志标识安装位置正确，导致安全标示提示作用未起到作用。

3）升压站线路（母线）相位标志牌未悬挂或缺少。

4）在 SF_6 室内变电站，门口缺少"注意通风"标志。

5）部分风电场配电室开关柜前无安全警示线。

6）蓄电池室缺少"注意通风"或"禁止烟火"等标志牌。

7）电缆两端标志牌不清晰、标志朝里不方便看到，或采用高压直埋电缆的箱式变压器内无电缆标识。

8）控制室、继电保护室等入口处标志不齐全。

9）电力企业变/配电站安全工器具试验超周期或试验后未在工器具上粘贴合格标志。

10）电力企业变/配电站灭火器配置不全或未在泡沫灭火器箱上注明"不适用于电火"字样。

11）电力企业变/配电站无限速标志。

12）电力企业变/配电站控制室等盘柜未按屏眉尺寸设置标志牌，开关柜、控制柜等上仪表、按钮未按标志牌。

13）电力企业变/配电站因地处寒冷地区，设备标识牌经过几个冬季后掉落。

（2）采取措施。

1）根据《火力发电企业生产安全设施配置》的有关要求，安全标志牌不应设在门、窗、架等可移动的物体上，以免这些物体位置移动后，看不见安全标志，安全标志牌前不应放置妨碍阅读的障碍物。

2）根据《火力发电企业生产安全设施配置》的有关要求，多个安全标志牌在一起设置时，应按警告、禁止、指令、提示类型的顺序先左后右、先上后下排列。

3）根据《火力发电企业生产安全设施配置》的有关要求，安全标志牌应设置在明亮的环境中，设置高度应尽量与人眼的视线高度相一致，标志牌的平面与视线夹角应接近90°，观察者最大观察距离时，最小夹角不应低于75°。

4）根据《火力发电企业生产安全设施配置》的有关要求，在升压站母线起始、终端塔架的每相导线旁，悬挂相位标志牌，线路相位标志牌应悬挂在龙门架醒目处，母线相位标志牌应悬挂在母联分段两端（有母联时）。

5）根据《火力发电企业生产安全设施配置》的有关要求，在装有 SF₆ 断路器的室内变电站应装设强力通风装置，风口应设置在室内底部，并应在变电站入口醒目位置装设"注意通风"指令标志牌和安全须知文字标志牌。

6）根据《火力发电企业生产安全设施配置》的有关要求，在配电室开关柜前 0.8m 处，标记安全警示线。

7）在蓄电池入口装设"注意通风"警告标识牌、"禁止烟火"禁止标识牌和"防火重点部位"文字标志牌。蓄电池安装在继电保护室内的，在保护室门口一样要装设上述标识。

8）应在电缆两端悬挂标志牌，并标明电缆编号、型号、始点、终点等信息。

9）应在控制室、继电保护室等入口醒目位置装设"禁止烟火""未经许可不得入内"禁止标志牌、"防火重点部位"提示牌和"禁止使用无线通信"禁止标志牌。

10）应在安全工器具适当位置粘贴"试验合格证"标签，标明名称、编号、试验人、试验日期及下次试验日期。同时要采取防止"试验合格证"脱落的措施。

11）根据《火力发电企业生产安全设施配置》的有关要求，配置合适数量的灭火器。灭火器箱前部应标注"灭火器箱"、火警电话及编号，同时在泡沫灭火器箱上注明"不适用于电火"字样。并按照有关要求定期进行灭火器检验，在适当位置粘贴"试验合格证"。灭火器前应有禁止阻塞线。

12）根据《火力发电企业生产安全设施配置》的有关要求，设置符合本风场的限速标志牌。

13）在控制室内控制、保护、交（直）流、电能、远动等盘（柜）按屏眉尺寸设置标志牌。在开关柜、控制柜、保护柜上仪表、按钮、指示灯、转换开关等未按标志牌。

14）采用防脱落措施，确保设备标识稳固。

7.4　相关方安全管理

1. 概况

相关方安全管理是风电企业安全管理的一项重要内容，是加强对公司区域内各种外来协作的管理，创建安全健康环境，规避外来协作实施过程中的安全风险，预防各类事故发生，确保公司生产安全稳定运行的重要举措。相关方安全管理包括：制度建设、资质及管理、安全要求、监督检查。由于风电企业人员较少，年度预试、小型基建一般都外委施工建设，相关方安全管理是风电企业落实安全生产责任制的重要方式之一，风电企业建立包商、供应商等相关方安全管理制度，依法签订相关合同，履行审批程序，明确各方安全责任。

2. 内容及评分标准

制度建设、资质及管理、安全要求、监督检查内容及评分标准见表 7-16。

3. 适用规范及有关文件

（1）《中华人民共和国安全生产法》。

（2）《电力建设工程施工安全监督管理办法》（中华人民共和国国家发展和改革委员会

2015 年第 28 号令）。

表 7 - 16　制度建设、资质及管理、安全要求、监督检查内容及评分标准

项目序号	项目	内　容	标准分	评　分　标　准	实得分
5.7.4.1	制度建设	企业应完善承包商、供应商等相关方安全管理制度，内容至少包括：资格预审、选择、服务前准备、作业过程、提供的产品、技术服务、表现评估、续用等	5	未建立制度，不得分；制度内容不全面，扣 3 分	
5.7.4.2	资质及管理	企业应确认相关方具有相应安全生产资质，审查相关方是否具备安全生产条件和作业任务要求。建立合格相关方名录和档案。企业应与相关方签订安全生产协议，明确双方安全生产责任和义务	5	①相关方资质不合格，不符合作业要求，不得分。②未建立相关方名录和档案，扣 3 分；未签订安全生产协议，或责任和义务不明确，不得分	
5.7.4.3	安全要求	企业审查相关方制定的作业任务安全生产工作方案。企业和相关应对作业人员进行安全教育、安全交底和安全规程考试，合格后方可进入现场作业	10	①企业未审查相关方制定的作业任务安全生产工作方案，或工作方案严重存在问题，不得分。②相关方未对作业人员进行安全教育、安全交底和安全规程考试，不得分，安规考试不合格者进入现场作业，扣 5 分	
5.7.4.4	监督检查	企业应根据相关方作业行为定期识别作业风险，督促相关方落实安全措施。企业应对两个及以上的相关方在同一作业区域内作业进行协调，组织制定并监督落实防范措施	10	①企业未督促相关方落实安全措施，不得分；未定期识别作业风险，扣 2 分。②企业未协调同一作业区域内的两个及以上的相关方作业，扣 2 分；未组织制定并监督落实防范措施，扣 5 分	

（3）《企业安全生产标准化基本规范》（AQ/T 9006—2010）。

（4）《关于印发〈发电企业安全生产标准化规范及达标评级标准〉的通知》（电监安全〔2011〕23 号）。

（5）《电力安全生产监督管理办法》（中华人民共和国国家发展和改革委员会 2015 年第 21 号令）。

（6）《安全生产违法行为行政处罚办法》（国家安全生产监督管理总局令第 15 号）。

（7）《电力安全工作规程》。

4. 工作要求

（1）风电企业按照相关要求，制定和完善承包商、供应商等相关方安全管理制度，制定风电企业相关方安全管理制度（其中相关方指承包商、供应商等）或分别制定风电企业承包商管理制度、风电企业供应商管理制定等相关管理制度，制度内容至少包括：资格预审、选择、服务前准备、作业过程、提供的产品、技术服务、表现评估、续用等。

（2）相关方安全管理制度按照步骤可分为：资质审查，签到承包责任书，开展安全考试，制定安全、技术、组织措施，安全技术交底，开展安全监督等。

（3）资质审查。外单位承包风电企业工程应对其资质和条件进行审查，其中包括以下4个方面。

1）有关部门核发的营业执照和资质证书、法人代表资格证书、施工安全资格证书、施工简历和近三年安全施工记录。

2）施工负责人、工程技术人员和工人的技术素质和身体健康状况是否符合工程要求。

3）满足安全施工需要且检定合格的机械、工器具及安全防护设施、安全用具等。

4）具有两级机构的相关方是否设有专职安全管理机构；施工队伍超过30人的是否配有专职安全员，30人以下的是否设有兼职安全员。

（4）签订承包责任书。风电企业对承包工程项目的企业资质和条件进行审查并确认合格后，应签订工程施工合同、安全协议、并制定安全措施、技术措施、组织措施。

（5）开展安全考试。风电企业和相关方应对作业人员进行安全教育、安全交底，和对电力安全工作规程及风力发电场安全规程等内容考试，合格后方可进入生产现场工作。

（6）制定安全、技术、组织措施。

1）在有危险性的电力生产区域内作业，如有可能因电力设施引发火灾、爆炸、触电、高空坠落、中毒、窒息、机械伤害、烧烫伤等容易引起人员伤害和电网、设备事故的场所作用，相关方必须提前制定安全、技术、组织措施，报风电企业有关部门批准，工程发包部门及运行单位配合做好相关的安全措施。

2）风电企业根据相关方作用行为定期识别作用风险，督促相关方落实安全、技术、组织措施工作。

（7）开展安全监督检查。

1）相关方施工人员在生产现场违反有关安全生产规程制度时，安监部门和风电企业应予以制止，直至停止相关方的工作。风电企业应指派专人负责监督检查和协调外包工程、技术技改、检修项目等。相关方必须接受风电企业的安全管理及监督指导，发生人身、设备事故及其他紧急、异常情况或危机设备设施安全运行的情况时，必须立即报告风电企业相关人员。风电企业和相关方应认真履行各自的安全职责，并承担相应的安全责任。

2）风电企业应对两个及以上的相关方在同一作用区域内作用进行协调，组织制定并监督落实防范措施。

（8）相关方档案建立。建立合格相关方名录和档案，同时记录工程中的相关事件。风电企业应对工程相关文件、相关方资料等文件按照企业档案管理制度，进行存档工作。

（9）其他注意事项。

1）工程开工前，相关方必须开展危险点分析、预控工作，和风电企业一起向全体施工人员进行安全技术交底，施工作业时严格执行《电力安全工作规程》及风电企业相关规定，施工作业现场安全、技术、组织措施必须完善、可靠，并认真执行，确保施工人员在有安全保障的前提下开展工作。

2）相关方必须严格执行"两票"制度，遵守安全工作规程；在电气设备上工作，必须得的风电企业的批准，非风电企业的任何单位、施工队伍或个人，严禁操作运行设备。

5. 常见问题及采取措施

(1) 常见问题。

1) 在工作实践中，发现有的风电场未定期识别作用风险；缺少对现场抽查相关方作业人员的上岗证工作环节。

2) 在查阅安全目标有关资料时，有的风电场相关方资料档案保存不全。

(2) 采取措施。根据《企业安全生产标准化基本规范》要求，相关安全管理风电企业建立包商、供应商等相关方安全管理制度，依法签订相关合同，履行审批程序，明确各方安全责任，根据安全管理规定按照步骤开展工作，实现多层管理安全工作。

7.5 变 更 管 理

1. 概况

发电企业制定并落实变更管理制度，严格履行设备、体统或有关事项变更的审批程序；设备变更后，及时对相关从业人员培训，对变更后的设备进行专门的验收和评估，并严格控制风险。

2. 内容及评分标准

变更管理内容及评分标准见表 7-17。

表 7-17 变更管理内容及评分标准

项目序号	项目	内 容	标准分	评 分 标 准	实得分
5.7.5.1	变更管理	企业应制定并执行变更管理制度，严格履行设备、系统或有关事项变更的审批程序。 企业应对机构、人员、工艺、技术、设备设施、作业过程和环境发生永久性或暂时性变化时进行控制。 企业对设备变更后的从业人员进行专门的教育和培训。 企业对变更后的设备进行专门的验收和评估。 企业应对变更以及执行变更过程中可能产生的隐患进行分析和控制	10	①未制定管理制度，或未履行审批手续，不得分。 ②企业未对永久性或暂时性变更计划进行有效控制，扣5分。 ③企业未对变更以及执行变更过程中可能产生的隐患进行分析和控制，扣5分	

3. 适用规范及有关文件

(1)《中华人民共和国安全生产法》。

(2)《电力安全工作规程 发电厂和变电所电气部分》（GB 26860—2011）。

(3)《安全生产事故隐患排查治理暂行规定》（国家安全生产监督管理总局令第 16 号）。

(4)《建设项目安全设施"三同时"监督管理暂行办法》（国家安全生产监督管理总局令第 36 号）。

(5)《电力安全生产监管办法》（中华人民共和国国家发展和改革委员会 2015 年第 21 号令）。

（6）《安全生产事故隐患排除治理暂行规定》（国家安全生产监督管理总局令第 16 号）。

（7）《风力发电场安全规程》（DL/T 796—2012）。

（8）《风力发电场检修规程》（DL/T 797—2012）。

（9）《风力发电场设计技术规范》（DL/T 5383—2007）。

（10）《电业安全工作规程 第 1 部分：热力和机械》（GB 26164.1—2010）。

（11）《国家能源局综合司关于进一步强化发电企业生产项目外包安全管理防范人身伤亡事故的通知》（国能综安全〔2015〕694 号）。

4．工作要求

（1）制定落实变更管理制度。对企业机构、人员、工艺、技术、设备设施、作业过程和环境发生永久性活暂时性变化等可能造成电力生产安全危害，及时分析、研判、控制。

（2）对永久性或暂时性变更计划，及时告知有关从业人员，及时修订、完善有关规程制度。

（3）对变更以及执行变更过程中可能产生的隐患，及时分析，制定措施，严密控制。

（4）风电场一般设计变更，不改变原设计原则，不影响质量和安全运行，不影响美观，不发生费用变更。如涂面尺寸差错更正、材料等强代换、图纸细部增补详图、图纸间矛盾处理等，这类修改由要求修改的部门提出，经设计单位核签，报监理单位、总承包管理单位、建设单位，批准后，施工单位执行。

（5）设计应做好现场签认和变更文件办理工作，建立变更管理台账。设计变更的现场签认。

（6）变更由工艺变更的技术负责部门制定所需的新规程、制度，并对使用单位、人员进行工艺变更培训教育。教育内容包括变更的内容、使用注意事项、心得规程制度等，让使用者掌握变更后的安全操作技能。

（7）设备变更管理由负责变更部门制定新的技术操作规程、制度，并对使用单位、人员进行变更培训教育。教育内容包括变更的内容、使用注意事项、规程制度等记录，使使用者掌握变更后的安全操作技能。

（8）新员工入厂和厂内员工调换岗位，按照《安全培训教育制度》中有关内容进行三级教育。

（9）外来施工队伍按照相关安全制度中有关内容执行。

（10）完善有关事项变更的审批记录，做好存档工作。

（11）完善变更设备的验收和评估记录，做好存档工作。

5．常见问题及采取措施

（1）常见问题。

1）在工作实践中，发现有的风电场缺少设备变更后教育培训工作。

2）在查阅变更管理有关资料时，有的风电场缺少验收和评估的相关记录。

（2）采取措施。根据《企业安全生产标准化基本规范》要求，风电场应制定并执行，严格履行设备、系统或有关事项变更的审批程序。应对机构、人员、工艺、技术、设备设施、作业过程和环境发生永久性或暂时性变化时进行控制。当设备变更后须进行专门的验收和评估，对从业人员应进行专门的教育和培训。对过程中可能产生的隐患进行分析和控制。

第 8 章　隐患排查、重大危险源

8.1　隐患排查和治理

8.1.1　隐患管理

1. 概况

事故隐患是指生产经营单位违反安全生产法律、法规、规章、标准、规程和安全生产管理制度的规定，或者因其他因素在生产经营活动中存在可能导致事故发生的物的危险状态、人的不安全行为和管理上的缺陷。

从人的不安全行为、物的不安全状态、环境的不安全因素、管理上的缺陷四个方面入手，创建本质安全型企业。重点工作是严格按照 PDCA 循环模式及时消除解决生产中存在的危险源、危险因素和隐患，确保生产安全。隐患管理难点必须从设计、施工、安装、调试等各环节均应做好质量和安全技术管控，杜绝造成后期生产运行设备隐患，影响安全生产。

2. 内容及评分标准

隐患管理内容及评分标准见表 8-1。

表 8-1　隐患管理内容及评分标准

项目序号	项目	内　　容	标准分	评　分　标　准	实得分
5.8.1	隐患管理	建立隐患排查治理制度，界定隐患分级、分类标准，明确"查找—评估—报告—治理（控制）—验收—销号"的闭环管理流程。 每季、每年对本单位事故隐患排查治理情况进行统计分析，并按要求及时报送电力监管机构。统计分析表应当由主要负责人签字	15	①未建立隐患排查治理制度，不得分。 ②制度内容有缺失，扣 2 分。 ③未定期进行统计分析，未按要求及时报送电力监管机构，统计分析表未由主要负责人签字，扣 2 分/项	

3. 适用规范及有关文件

（1）《电力安全生产监管办法》（中华人民共和国国家发展和改革委员会 2015 年第 21 号令）。

（2）《安全生产事故隐患排查治理暂行规定》（国家安全生产监督管理总局令第 16 号）。

（3）《关于印发〈电力安全隐患监督管理暂行规定〉的通知》（电监安全〔2013〕5 号）。

（4）《企业安全生产标准化基本规范》（AQ/T 9006—2010）。

（5）《关于印发〈发电企业安全生产标准化规范及达标评级标准〉的通知》（电监安全〔2011〕23 号）。

4．工作要求

（1）根据《安全生产事故隐患排查治理暂行规定》有：

1）主要负责人对本单位事故隐患排查治理工作全面负责，生产经营单位应当建立健全事故隐患排查治理制度。单位是事故隐患排查、治理和防控的责任主体。应建立安全生产事故隐患排查治理长效机制和健全事故隐患排查治理制度和风险预控体系，开展隐患排查及风险辨识、评估和监控工作，并对安全隐患和风险进行治理、管控。

2）风电场应将事故隐患按一般事故隐患和重大事故隐患分类：①一般事故隐患是指危害和整改难度较小，发现后能够立即整改排除的隐患；②重大事故隐患是指危害和整改难度较大，应当全部或者局部停产停业，并经过一定时间整改治理方能排除的隐患，或者因外部因素影响致使生产经营单位自身难以排除的隐患。

3）生产经营单位应当每季、每年对本单位事故隐患排查治理情况进行统计分析，并分别于下一季度 15 日前和下一年 1 月 31 日前向安全监管监察部门和有关部门报送书面统计分析表。统计分析表应当由生产经营单位主要负责人签字。对于重大事故隐患，生产经营单位除依照前款规定报送外，应当及时向安全监管监察部门和有关部门报告。

（2）根据《电力安全隐患监督管理暂行规定》规定，根据隐患的产生原因和可能导致电力事故事件类型，隐患可分为人身安全隐患、电力安全事故隐患、设备设施事故隐患、大坝安全隐患、安全管理隐患和其他事故隐患等六类。根据隐患的危害程度，隐患分为重大隐患和一般隐患。其中：重大隐患分为Ⅰ级重大隐患和Ⅱ级重大隐患。重大隐患是指可能造成一般以上人身伤亡事故、电力安全事故，直接经济损失 100 万元以上的电力设备事故和其他对社会造成较大影响事故的隐患。单位还应建立重大隐患即时报告制度。当经过自评估确定为重大隐患的，应当立即向所在地区电力监管机构报告。涉及消防、环保、防洪、航运和灌溉等重大隐患，电力企业要同时报告地方人民政府有关部门协调整改。重大隐患信息报告应包括：隐患名称、隐患现状及其产生的原因、隐患危害程度、整改措施和应急预案、办理期限、责任单位和责任人员。

8.1.2　隐患排查

1．概况

风电场隐患排查是保证生产运行安全的最基本的安全管理工作，要加强隐患排查，严格按照 PDCA 循环模式做到涵盖与生产区域所有的场所、环境、人员、设备设施以及各环节确保风电场安全生产稳定。

2．内容及评分标准

隐患排查内容及评分标准见表 8-2。

3．适用规范及有关文件

（1）《安全生产事故隐患排查治理暂行规定》（国家安全生产监督管理总局令第 16 号）。

表 8-2 隐患排查内容及评分标准

项目序号	项目	内　容	标准分	评　分　标　准	实得分
5.8.2	隐患排查	制定隐患排查治理方案，明确排查的目的、范围和排查方法，落实责任人，结合安全检查、安全性评价工作，积极开展隐患排查工作。对排查出的隐患要确定等级并登记建档。 隐患排查要做到全员、全过程、全方位，涵盖与生产经营相关的场所、环境、人员、设备设施和各个环节。 生产经营单位应当建立事故隐患报告和举报奖励制度，对发现、排除和举报事故隐患的人员，应当给予表彰和奖励	15	①未制定隐患排查治理方案，未开展隐患排查工作，有上述任一项，不得分。 ②未定期组织开展隐患排查活动，扣 3 分。 ③隐患排查方案内容有缺失，扣 2 分。 ④隐患排查方案执行不到位，扣 2 分。 ⑤未对排查出的隐患确定等级并登记建档，扣 3 分	

（2）《关于印发〈电力安全隐患监督管理暂行规定〉的通知》（电监安全〔2013〕5号）。

（3）《企业安全生产标准化基本规范》（AQ/T 9006—2010）。

（4）《关于印发〈发电企业安全生产标准化规范及达标评级标准〉的通知》（电监安全〔2011〕23号）。

4. 工作要求

（1）电力企业是事故隐患排查、治理和防控的责任主体。企业负责人应当建立健全事故隐患排查治理和建档监控等制度，并要求各风电场建立并落实从主要负责人到每个从业人员的隐患排查治理和监控责任制。还应当保证事故隐患排查治理所需的资金，建立资金使用专项制度。

（2）根据《安全生产事故隐患排查治理暂行规定》有：

1）应当定期组织安全生产管理人员、工程技术人员和其他相关人员排查本单位的事故隐患。对排查出的事故隐患，按照事故隐患的等级进行登记，建立事故隐患信息档案，并按照职责分工实施监控治理。

2）风电场要将生产经营项目、场所、设备发包、出租的，应当与承包、承租单位签订安全生产管理协议，并在协议中明确各方对事故隐患排查、治理和防控的管理职责。风电场负责人对承包、承租单位的事故隐患排查治理负有统一协调和监督管理的职责。

3）生产经营单位应当建立事故隐患报告和举报奖励制度，鼓励、发动职工发现和排除事故隐患，鼓励社会公众举报。对发现、排除和举报事故隐患的有功人员，应当给予物质奖励和表彰。

（3）根据《关于印发〈电力安全隐患监督管理暂行规定〉的通知》要求，电力企业是隐患排查治理工作的责任主体，电力企业分管安全负责人对隐患排查、治理、统计、分析、上报和管控工作全面负责。电力企业应按照"谁主管、谁负责"和"全方位覆盖、全过程闭环"的原则，落实职责分工，完善工作机制，对隐患进行初步评估，并于每月 10

日前向电力监管机构报送上月隐患排查治理情况于每季度第一个月 10 日前报送上季度隐患排查治理分析总结。

（4）根据《企业安全生产标准化基本规范》排查范围与方法：企业隐患排查的范围应包括所有与生产经营相关的场所、环境、人员、设备设施和活动。企业应根据安全生产的需要和特点，采用综合检查、专业检查、季节性检查、节假日检查、日常检查等方式进行隐患排查。

8.1.3　隐患治理

1. 概况

风电场隐患排查步入治理阶段时，首先应确定隐患的等级和类别，较大短时无法消除的隐患要按照"五定"原则，即：制定整改措施、明确责任人、落实资金、明确整改时限和编制预案，做到安全措施到位、安全保障到位、强制执行到位、责任落实到人，切实做好隐患治理工作，确保员工生命和生产运行安全。

2. 内容及评分标准

隐患治理内容及评分标准见表 8-3。

表 8-3　隐患治理内容及评分标准

项目序号	项目	内　　容	标准分	评分标准	实得分
5.8.3	隐患治理	排查出的隐患要及时进行整改。短时间内无法消除的隐患要制定整改措施、确定责任人、落实资金、明确时限和编制预案，做到安全措施到位、安全保障到位、强制执行到位、责任落实到位。 加强重大安全隐患监控，在治理前要采取有效控制措施，制定相应应急预案，并按有关规定及时上报。因自然灾害可能导致事故灾难的隐患，按照有关法律法规、标准的要求切实做好防灾减灾工作	20	①未对排查出的隐患进行整改，不得分。 ②整改工作未实施闭环管理，扣 1 分/项	

3. 适用规范及有关文件

（1）《安全生产事故隐患排查治理暂行规定》（国家安全生产监督管理总局令第 16 号）。

（2）《关于印发〈电力安全隐患监督管理暂行规定〉的通知》（电监安全〔2013〕5 号）。

（3）《企业安全生产标准化基本规范》（AQ/T 9006—2010）。

（4）《关于印发〈发电企业安全生产标准化规范及达标评级标准〉的通知》（电监安全〔2011〕23 号）。

4. 工作要求

（1）根据《安全生产事故隐患排查治理暂行规定》有：

1）风电场应建立健全隐患排查治理规章制度，日常还应建立完善隐患管理台账，根据隐患类别制定切实可行的整治方案，落实整改责任、整改资金、整改措施、整改预案和整改期限，限期将隐患整改到位。

2）风电场在事故隐患治理过程中，应当采取相应的安全防范措施，防止事故发生。事故隐患排除前或者排除过程中无法保证安全的，应当从危险区域内撤出作业人员，并疏散可能危及的其他人员，设置警戒标志，暂时停产停业或者停止使用；对暂时难以停产或者停止使用的相关生产储存装置、设施、设备，应当加强维护和保养，防止事故发生。

3）一般事故隐患，由生产经营单位（车间、分厂、区队等）负责人或者有关人员立即组织整改。对于重大事故隐患，由生产经营单位主要负责人组织制定并实施事故隐患治理方案。重大事故隐患治理方案应当包括：①治理的目标和任务；②采取的方法和措施；③经费和物资的落实；④负责治理的机构和人员；⑤治理的时限和要求；⑥安全措施和应急预案。根据《发电企业安全生产标准化规范及达标评级标准》风电场应结合本单位生产实际，制定行之有效的应急预案，并制定五年期演练计划，实现重大隐患的可控在控。

（2）根据《企业安全生产标准化基本规范》，要求在隐患治理时风电场应根据隐患排查的结果，制定隐患治理方案，对隐患及时进行治理。隐患治理方案应包括目标和任务、方法和措施、经费和物资、机构和人员、时限和要求。重大事故隐患在治理前应采取临时控制措施并制订应急预案。隐患治理措施包括：工程技术措施、管理措施、教育措施、防护措施和应急措施。

（3）根据《电力安全隐患监督管理暂行规定》要求，风电场应当加强对自然灾害的预防。对于因自然灾害可能导致事故灾难的隐患，应当按照有关法律、法规、标准和本规定的要求排查治理，采取可靠的预防措施，制订应急预案。在接到有关自然灾害预报时，应当及时向下属单位发出预警通知；发生自然灾害可能危及生产经营单位和人员安全的情况时，应当采取撤离人员、停止作业、加强监测等安全措施，并及时向当地人民政府及其有关部门报告。

8.1.4 监督检查

1．概况

风电场要加强隐患排查治理过程中的监督工作，对识别出的重大隐患必须做好重点监督，按照相关要求实行挂牌督办。治理工作结束，应对治理的效果进行验证和评估。

2．内容及评分标准

监督检查内容及评分标准见表8-4。

表8-4 监督检查内容及评分标准

项目序号	项目	内 容	标准分	评 分 标 准	实得分
5.8.4	监督检查	企业要加强隐患排查治理过程中的监督检查，对重大隐患实行挂牌督办。 隐患排查治理后要对治理效果进行验证和评估	10	①对重大隐患未实行挂牌督办，不得分。 ②对隐患排查治理过程未进行监督检查，扣5分。 ③未对治理效果进行验证和评估，扣2分	

3. 适用规范及有关文件

(1)《电力安全生产监管办法》(中华人民共和国国家发展和改革委员会 2015 年第 21 号令)。

(2)《企业安全生产标准化基本规范》(AQ/T 9006—2010)。

4. 工作要求

(1) 风电场在进行隐患排查治理监督工作中应根据《电力安全生产监管办法》要求,由国家能源局及其派出机构监督指导电力企业隐患排查治理工作,按照有关规定对重大安全隐患挂牌督办。风电场根据定人定责的治理原则,相关人员对风电场重大的隐患挂牌并实时对整改治理进度进行跟踪,确保电站运行安全。

(2) 根据《企业安全生产标准化基本规范》要求,风电场在对发现的隐患治理完成后,应对治理情况进行验证和效果评估。验证的时间应是在治理结束后的一周内,且应组织相关人员开展三级验收和验证,验证其整改治理的效果是否满足相关法规和安全生产的要求。

5. 常见问题及采取措施

(1) 常见问题。

1) 日常生产运行安全管理检查中发现有些风电场未对排查出的隐患进行登记建立台账。

2) 对存在的隐患整改治理后未进行验证和效果评估。

(2) 采取措施。

1) 根据《电力安全隐患排查监督管理暂行规定》要求,电力企业要建立隐患管理台账的要求,对排查出的隐患登记建档。

2) 严格按照《电力企业安全生产标准化规范及达标评级标准》要求,隐患排查治理后对治理效果进行验证和评估。

8.2　重大危险源监控

8.2.1　辨识与评估

1. 概况

重大危险源辨识与评估是风电场落实重大危险源监控的基础工作,应符合有关法律法规、规章规范和标准化,以及本单位危险源的实际情况。重大危险源包括辨识与评估、登记建档备案、监控与管理。

重大危险源:是指长期地或者临时地生产、搬运、使用或者储存危险物品,且危险物品的数量等于或者超过临界量的单元(包括场所和设施)。

重大危险源根据其危险程度,分为一级、二级、三级和四级,一级为最高级别。

重大危险源包括辨识与评估、登记建档备案、监控与管理。

2. 内容及评分标准

辨识与评估内容及评分标准见表 8-5。

表 8 - 5 辨识与评估内容及评分标准

项目序号	项目	内 容	标准分	评 分 标 准	实得分
5.9.1	辨识与评估	企业应组织对生产系统和作业活动中的各种危险、有害因素可能产生的后果进行全面辨识。企业应对使用新材料、新工艺、新设备以及设备、系统技术改造可能产生的后果进行危害辨识。 企业应按《危险化学品重大危险源辨识》（GB 18218—2009）等国家标准，开展重大危险源辨识与评估，建立重大危险源应急预案和相关管理制度	15	①未建立重大危险源管理制度，不得分；未组织开展危险源辨识，扣 5 分。 ②未对重大危险源进行评估，扣 5 分	

3. 适用规范及有关文件

（1）《中华人民共和国安全生产法》。

（2）《危险化学品重大危险源辨识》（GB 18218—2009）。

（3）《危险化学品重大危险源监督管理暂行规定》（国家安全生产监督管理总局令第 40 号）。

（4）《危险化学品安全管理条例》（中华人民共和国国务院令第 591 号）。

（5）《危险化学品目录（2015 版）》（国家安全生产监督管理总局 中华人民共和国工业和信息化部 中华人民共和国公安部 中华人民共和国环境保护部 中华人民共和国交通运输部 中华人民共和国农业部 中华人民共和国国家卫生和计划生育委员会 中华人民共和国国家质量监督检验检疫总局 国家铁路局 中国民用航空局 公告 2015 年第 5 号）。

4. 工作要求

（1）根据《中华人民共和国安全生产法》规定，风电场对重大危险源辨识与评估应首先建立重大危险源管理制度，制度包括辨识与评估的职责、方法、范围、流程、控制原则等。重大危险源管理制度可参考《危险化学品重大危险源监督管理暂行规定》第二章和第三章。

（2）根据《危险化学品重大危险源辨识》规定，风电场应开展辨识，组织对生产系统和作业活动中的各种危险、有害因素可能产生的后果进行全面辨识。包括食堂使用的液化石油气、天然气，备用电源的柴油、汽油，辅助油漆、稀料，以及 SF_6 等气体泄漏等危险源全面辨识。应对使用新材料、新工艺、新设备以及设备、系统技术改造可能产生的后果进行危害辨识。

5. 常见问题及采取措施

（1）常见问题。在工作实践中，发现有的风电场虽然编制《重大危险源管理制度》，但对危险化学品概念和分类不清楚，缺少危险化学品的清单，或者清单缺少危险化学品的数量统计，导致无法按照《危险化学品重大危险源辨识》进行重大危险源的辨识，监控与管理中不知道如何具体实施。

（2）采取措施。风电场根据《危险化学品安全管理条例》第三条和《危险化学品目录（2015 版）》内容与本单位化学品清单核对，先确定危险化学品清单，再统计数量，与《危险化学品重大危险源辨识》标准中临界量对照，确定是否存在重大危险源。

8.2.2　登记建档与备案

1. 概况

建立重大危险源档案：包括危险物质名称、数量、性质、位置、管理人员、管理制度、评估报告、检测报告等。同时对重大危险源定期检查、检测记录。按照法律规定向有关政府部门备案。

2. 内容及评分标准

登记建档与备案内容及评分标准见表 8-6。

表 8-6　登记建档与备案内容及评分标准

项目序号	项目	内　　容	标准分	评　分　标　准	实得分
5.9.2	登记建档与备案	企业应当按规定对重大危险源登记建档，进行定期检查、检测。 企业应将本单位重大危险源的名称、地点、性质和可能造成的危害及有关安全措施、应急救援预案报有关部门备案	10	①未对重大危险源登记建档的，扣 4 分。 ②未对重大危险源定期检查检测，扣 4 分。 ③未向有关部门备案的，扣 2 分	

3. 适用规范及有关文件

（1）《中华人民共和国安全生产法》。

（2）《危险化学品重大危险源辨识》（GB 18218—2009）。

（3）《危险化学品重大危险源监督管理暂行规定》（国家安全生产监督管理总局令第 40 号）。

4. 工作要求

根据《中华人民共和国安全生产法》和《危险化学品重大危险源监督管理暂行规定》要求，风电场应当按规定对重大危险源登记建档，进行定期检查、检测，并制订应急预案，告知从业人员和相关人员在紧急情况下应当采取的应急措施。并将本单位重大危险源的名称、地点、性质和可能造成的危害及有关安全措施、应急救援预案报有关地方人民政府安全生产监督管理部门和有关部门备案。

5. 常见问题及采取措施

（1）常见问题。未对重大危险源定期检查检测，未向有关部门备案。

（2）采取措施。风电场按照《危险化学品重大危险源监督管理暂行规定》编制检查表，定期检查并保留记录，并按照国家有关规定将本风电场重大危险源及有关安全措施、应急措施各项资料报地方人民政府安全生产监督管理部门备案。

8.2.3　监控与管理

1. 概况

企业应采取有效的技术和设备及装置对重大危险源实施监控，应加强重大危险源存储、使用、装卸、运输等过程管理。应落实有效的管理措施和技术措施。

2. 内容及评分标准

监控与管理内容及评分标准见表 8-7。

表 8-7 监控与管理内容及评分标准

项目序号	项目	内　容	标准分	评　分　标　准	实得分
5.9.3	监控与管理	企业应采取有效的技术和设备及装置对重大危险源实施监控。 企业应加强重大危险源存储、使用、装卸、运输等过程管理。 企业应落实有效的管理措施和技术措施	15	①未采取有效控制手段的，扣1分/项。 ②管理制度和措施未落实的，扣5分	

3. 适用规范及有关文件

（1）《中华人民共和国安全生产法》。

（2）《危险化学品重大危险源辨识》（GB 18218—2009）。

（3）《危险化学品重大危险源监督管理暂行规定》（国家安全生产监督管理总局令第40号）。

4. 工作要求

（1）根据《中华人民共和国安全生产法》要求，生产、经营、运输、储存、使用危险物品或者处置废弃危险物品的，由有关主管部门依照有关法律、法规的规定和国家标准或者行业标准审批并实施监督管理。

（2）根据《危险化学品重大危险源监督管理暂行规定》要求，重大危险源监控措施，包括技术措施（含设计、建设、运行、维护、检查、检验等）和管理措施（含职责明确、人员培训、防护器具配置、作业要求、安全警示标志、危险点警示牌等）。

（3）现场查看重大危险源检查记录，防护器具配置、作业要求、安全警示标志、危险点警示牌等内容，检查记录必须签字。

5. 常见问题及采取措施

（1）常见问题。对重大危险源控制措施和管理措施不到位。

（2）采取措施。按照《危险化学品重大危险源监督管理暂行规定》规定，从安全管理制度、安全操作规程、健全安全监测监控体系、定期检测检验、安全标示、劳动防护、应急预案和文件记录等方面全面落实控制和管理措施。

第9章 职 业 健 康

9.1 职 业 健 康 管 理

9.1.1 危害区域管理

1. 概况

危害区域是指可能发生职业危害的有毒、有害工作场所。

2. 内容及评分标准

危害区域管理内容及评分标准见表9-1。

表9-1 危害区域管理内容及评分标准

项目序号	项目	内　　容	标准分	评　分　标　准	实得分
5.10.1.1	危害区域管理	企业对可能发生急性职业危害的有毒、有害工作场所，应设置报警装置，配置现场急救用品，设置应急撤离通道和必要的泄险区。 企业应定期对作业场所职业危害进行检测，在检测超标区域设置醒目标识牌予以告知，并将检测结果存入职业健康档案	10	①危害场所设施、装置不符合要求，扣1分/项。 ②未定期进行职业危害检测，扣2分。 ③未将检测结果存入职业健康档案，扣2分	

3. 适用规范及有关文件

(1)《中华人民共和国职业病防治法》。

(2)《工作场所职业卫生监督管理规定》(国家安全生产监督管理总局令第47号)。

(3)《工作场所职业病危害警示标识》(GBZ 158—2003)。

4. 工作要求

(1) 根据《工作场所职业卫生监督管理规定》有:

1) 风力发电企业应当结合自身生产情况，委托具有相应资质的职业卫生技术服务机构，每年至少进行一次职业病危害因素检测；每三年至少进行一次职业病危害现状评价。发现工作场所职业病危害因素不符合国家职业卫生标准和卫生要求时，企业应当立即采取相应治理措施，仍然达不到国家职业卫生标准和卫生要求的，必须停止存在职业病危害因素的作业；职业病危害因素经治理后，符合国家职业卫生标准和卫生要求的，方可重新生产。

2) 风力发电企业应在有毒、有害工作场所，设置报警装置，配置正压式空气呼吸器、防护服等现场急救用品、冲洗设备、应急撤离通道和必要的泄险区。其中，对职业病防护

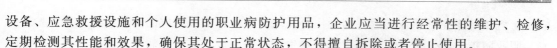

设备、应急救援设施和个人使用的职业病防护用品，企业应当进行经常性的维护、检修，定期检测其性能和效果，确保其处于正常状态，不得擅自拆除或者停止使用。

（2）根据《工作场所职业病危害警示标识》规定，风力发电企业应针对职业病危害因素检测结果或现状评价：在职业病危害区域的显著位置，根据需要，设置"当心中毒"或者"当心有毒气体"警告标识，"戴防毒面具""穿防护服""注意通风"等指令标识和"紧急出口""救援电话"等提示标识；在可能产生职业性灼伤和腐蚀的作业场所，设置"当心腐蚀"警告标识和"穿防护服""戴防护手套""穿防护鞋"等指令标识；在产生噪声的作业场所，设置"噪声有害"警告标识和"戴护耳器"指令标识；在高温作业场所，设置"注意高温"警告标识；在可引起电光性眼炎的作业场所，设置"当心弧光"警告标识和"戴防护镜"指令标识；在可能产生职业病危害的设备上或其前方醒目位置设置相应的警示标识。职业病危害因素检测完成后，企业应对检测单位的有效资质进行保存备查；应对检测、评价结果存入用人单位职业卫生档案，定期向所在地安全生产监督管理部门报告并向劳动者公布。

（3）根据《中华人民共和国职业病防治法》规定，风力发电企业应当及时建立、健全职业健康管理制度和操作规程、职业健康档案和劳动者健康监护档案、工作场所职业病危害因素监测和评价制度、职业病危害事故应急救援预案等。

5. 常见问题及采取措施

（1）常见问题。

1）检查中能够发现部分风电企业未及时建立企业职业健康管理制度、操作规程、职业健康档案等。

2）部分风电发电企业未在有毒、有害工作场所装设报警装置，未配置现场急救用品，未设置应急撤离通道和必要的泄险区。

3）部分风电发电企业未定期对作业场所职业危害进行检测。

4）检查发现部分风力发电企业职业病警示标识牌未悬挂到位。

（2）采取措施。

1）风力发电企业应当及时建立、健全职业健康管理制度和操作规程、职业健康档案和劳动者健康监护档案等。

2）风力发电企业应当在职业病危害区域内设置报警装置，配置正压式空气呼吸器、防护服等现场急救用品、冲洗设备、应急撤离通道和必要的泄险区。

3）风力发电企业应当委托具有相应资质的职业卫生技术服务机构，每年至少进行一次职业病危害因素检测，每三年至少进行一次职业病危害现状评价，并对检测单位的有效资质进行保存备查。

4）风力发电企业应在使用有毒物品作业场所入口或作业场所的显著位置，根据需要，设置相关警告标识。

9.1.2 职业防护用品、设施

1. 概况

职业防护用品，是指为保障劳动者在职业劳动中免受职业病危害因素对其健康的影响,对机体暴露在有职业病危害因素作业环境的部位,采用相应的防护装配进行保护。

职业防护设施,是指以控制或者消除生产过程中产生的职业病危害因素为目的,采用通风净化系统或者采用吸除、阻隔等设施以阻止职业病危害因素对劳动者健康影响的装置和设备。

2. 内容及评分标准

职业防护用品、设施内容及评分标准见表9-2。

表9-2　职业防护用品、设施内容及评分标准

项目序号	项目	内　容	标准分	评　分　标　准	实得分
5.10.1.2	职业防护用品、设施	企业应为从业人员提供符合职业健康要求的工作环境和条件,配备必要的职业健康防护设施、器具。 各种防护器具应定点存放在安全、便于取用的地方,并有专人负责保管,定期校验和维护。 企业应对现场急救用品、设备和防护用品进行经常性的检维修,定期检测其性能,确保处于正常状态。 企业应按安全生产费用规定,保证职业健康防护专项费用,定期对费用落实情况进行检查、考核	10	①职业健康防护设施、器具不满足要求,扣2分。 ②管理不善,器具未定点存放,扣2分。 ③现场急救用品、设备和防护用品缺失或有失效的,扣2分。 ④职业防护费用投入不足或没有按规定使用的,不得分。 ⑤费用审批、落实及检查考核不合要求的,扣1分/项	

3. 适用文件

(1)《中华人民共和国职业病防治法》。

(2)《工作场所职业卫生监督管理规定》(国家安全生产监督管理总局令第47号)。

(3)《国家安全监管总局办公厅关于印发用人单位劳动防护用品管理规范的通知》(安监总厅安健〔2015〕124号)。

4. 工作要求

(1)根据《国家安全监管总局办公厅关于印发用人单位劳动防护用品管理规范的通知》规定,风力发电企业必须采用有效的职业病防护设施,并为劳动者提供个人使用的职业病防护用品。企业必须为劳动者个人提供的职业病防护用品必须符合防治职业病的要求;不符合要求的,不得使用。其中,企业使用的劳务派遣工、接纳的实习学生应当纳入本单位人员统一管理,并配备相应的劳动防护用品。对处于作业地点的其他外来人员,必须按照与进行作业的劳动者相同的标准,正确佩戴和使用劳动防护用品。

(2)根据《中华人民共和国职业病防治法》规定,风力发电企业应当为劳动者创造符合国家职业卫生标准和卫生要求的工作环境和条件,并采取措施保障劳动者获得职业卫生保护。

(3)根据《国家安全监管总局办公厅关于印发用人单位劳动防护用品管理规范的通知》第二十二条规定,风力发电企业应当根据国家相关法律法规要求,制定安全生产费用管理制度,保障职业病防治所需的资金投入,不得挤占、挪用,并对因资金投入不足导致的后果承担责任;安排专项经费用于配备劳动防护用品,不得以货币或者其他物品替代。

该项经费计入生产成本，据实列支。

（4）根据《工作场所职业卫生监督管理规定》《国家安全监管总局办公厅关于印发用人单位劳动防护用品管理规范的通知》规定，风力发电企业应当对职业病防护设备、应急救援设施进行经常性的维护、检修和保养，定期检测其性能和效果，确保其处于正常状态，不得擅自拆除或者停止使用；对应急劳动防护用品进行经常性的维护、检修，定期检测劳动防护用品的性能和效果，保证其完好有效。

5. 常见问题及采取措施

（1）常见问题。

1）检查发现部分风力发电企业的职业健康防护设施、器具未按照相关规范要求进行配备，比如安全帽、安全带过期未检、GIS 设备室未安装 SF_6 排风装置或排风装置不能正常使用等。

2）部分风力发电企业工作环境和条件较差，严重影响劳动者的身心健康。

3）部分风力发电企业的职业防护费用投入不足或没有按规定使用。

4）部分风力发电企业未对现场急救用品、设施和防护用品进行维护及定期检测其性能。

（2）采取措施。

1）风力发电企业应加强对职业健康防护设施、器具的管理，及时对安全带、安全帽、GIS 设备室未安装 SF_6 排风装置等防护设施设备、器具进行检验，为劳动者配发合格的防护用品。

2）风力发电企业应根据国家职业卫生标准和卫生要求对工作环境和条件进行改造，为员工提供健康良好的工作环境。

3）在职业防护费用投入方面，风力发电企业应根据国家相关规范要求，安排专项经费用于配备劳动防护用品，不得以货币或者其他物品替代。任何人不得挤占、挪用该费用。

4）风力发电企业应当及时对职业病防护设备、应急救援设施进行定期维护、检修和保养，确保其处于正常状态。

9.1.3 健康检查

1. 概况

健康检查是指劳动者上岗前、在岗期间、离岗时，应急的职业健康检查。

2. 内容及评分标准

健康检查内容及评分标准见表 9-3。

表 9-3 健康检查内容及评分标准

项目序号	项目	内 容	标准分	评 分 标 准	实得分
5.10.1.3	健康检查	企业应组织开展职业健康宣传教育，安排相关岗位人员定期进行职业健康检查	10	未开展职业健康宣传教育，未安排相关岗位人员定期进行职业健康检查，有上述任一项，不得分	

3. 适用文件

（1）《中华人民共和国职业病防治法》。

（2）《国家安全监管总局办公厅关于印发用人单位职业健康监护监督管理办法的通知》（国家安全生产监督管理总局令第 49 号）。

（3）《工作场所职业卫生监督管理规定》（国家安全生产监督管理总局令第 47 号）。

4．工作要求

（1）根据《中华人民共和国职业病防治法》规定，风力发电企业主要负责人和职业卫生管理人员应当接受职业卫生培训，遵守职业病防治法律、法规，依法组织本单位的职业病防治工作。应当对劳动者进行上岗前的职业卫生培训和在岗期间的定期职业卫生培训，普及职业卫生知识，督促劳动者遵守职业病防治法律、法规、规章和操作规程，指导劳动者正确使用职业病防护设备和个人使用的职业病防护用品。劳动者应当学习和掌握相关的职业卫生知识，增强职业病防范意识，遵守职业病防治法律、法规、规章和操作规程，正确使用、维护职业病防护设备和个人使用的职业病防护用品，发现职业病危害事故隐患应当及时报告。

（2）根据《用人单位职业健康监护监督管理办法》《工作场所职业卫生监督管理规定》规定，企业应及时组织从事接触职业病危害的劳动者在由省级以上人民政府卫生行政部门批准的医疗卫生机构进行上岗前、在岗期间和离岗时的职业健康检查，并根据劳动者所接触的职业病危害因素，定期安排劳动者进行在岗期间的职业健康检查。企业应及时将检查结果书面告知劳动者。对准备脱离所从事的职业病危害作业或者岗位的劳动者，企业应当在劳动者离岗前 30 日内组织劳动者进行离岗时的职业健康检查。劳动者离岗前 90 日内的在岗期间的职业健康检查可以视为离岗时的职业健康检查。职业健康检查所产生的费用由用人单位承担；劳动者接受职业健康检查应当视同正常出勤。

5．常见问题及采取措施

（1）常见问题。

1）部分风力发电企业未开展职业健康宣传教育。

2）部分风力发电企业未组织相关岗位人员定期进行职业健康检查。

（2）采取措施。

1）风力发电企业应及时组织公司主要负责人、职业卫生管理人员、接触职业危害的劳动者进行职业健康教育。

2）风力发电企业应及时组织相关人员到符合资质的医院进行职业健康检查。

9.2　职业危害告知和警示

9.2.1　告知约定

1．概况

告知约定是指企业与从业人员订立劳动合同时，应将工作过程中可能产生的职业危害及其后果和防护措施如实告知从业人员，并在劳动合同中写明。

2．内容及评分标准

告知约定内容及评分标准见表 9-4。

表 9-4 告知约定内容及评分标准

项目序号	项目	内 容	标准分	评 分 标 准	实得分
5.10.2.1	告知约定	企业与从业人员订立劳动合同时，应将工作过程中可能产生的职业危害及其后果和防护措施如实告知从业人员，并在劳动合同中写明	5	企业与从业人员订立劳动合同时，未按有效方式进行告知职业危害，扣5分	

3. 适用文件

(1)《中华人民共和国职业病防治法》。

(2)《工作场所职业卫生监督管理规定》（国家安全生产监督管理总局令第47号）。

4. 工作要求

根据《中华人民共和国职业病防治法》《工作场所职业卫生监督管理规定》规定，用人单位与劳动者订立劳动合同（含聘用合同，下同）时，应当在合同条款中表明职业危害内容，将工作过程中可能产生的职业病危害及其后果、职业病防护措施和待遇等如实告知劳动者，不得隐瞒或者欺骗劳动者。若劳动者在已订立劳动合同期间因工作岗位或者工作内容变更，从事与所订立劳动合同中未告知的存在职业病危害的作业时，企业应当将变动后的工作岗位或工作任务中职业危害内容向劳动者如实告知，并协商变更原劳动合同相关条款。若企业未履行上述职业危害告知义务，劳动者有权拒绝从事存在职业病危害的作业，企业不得因此解除与劳动者所订立的劳动合同。

5. 常见问题及采取措施

(1) 常见问题。检查发现部分企业与从业人员签订劳动合同时，未按有效方式进行告知职业危害，且未在合同中表明职业危害内容。

(2) 采取措施。风力发电企业应履行职业危害告知义务，在合同中加入从业人员在工作中可能接触到的职业病危害内容，并在上岗前进行告知。

9.2.2 警示说明

1. 概况

警示说明是指对存在职业危害的作业岗位，用警示语来告诫、提示劳动者对某些不安全因素高度注意和警惕。

2. 内容及评分标准

警示说明内容及评分标准见表 9-5。

表 9-5 警示说明内容及评分标准

项目序号	项目	内 容	标准分	评 分 标 准	实得分
5.10.2.2	警示说明	对存在严重职业危害的作业岗位，应按照标准的相关要求设置警示标识和警示说明。警示说明应载明职业危害的种类、后果、预防和应急救治措施	5	警示标识和警示说明有缺失，内容不符合要求的，扣1分/项	

3. 适用文件

(1)《中华人民共和国职业病防治法》。

（2）《工作场所职业卫生监督管理规定》（国家安全生产监督管理总局令第 47 号）。

（3）《工作场所职业病危害警示标识》（GBZ 158—2003）。

（4）《高毒物品作业岗位职业病危害告知规范》（GBZ/T 203—2007）。

4．工作要求

根据《中华人民共和国职业病防治法》《工作场所职业卫生监督管理规定》规定，风力发电企业应对存在职业危害的作业现场设置警示标识和警示说明，应当按照《工作场所职业病危害警示标识》的规定，在醒目位置设置图形、警示线、警示语句等警示标识和中文警示说明。警示标识和警示说明应包含职业病危害种类、后果、预防和应急救治措施等内容。存在或产生高毒物品的作业岗位，应当按照《高毒物品作业岗位职业病危害告知规范》的规定，在醒目位置设置高毒物品告知卡，告知卡应当载明高毒物品的名称、理化特性、健康危害、防护措施及应急处理等告知内容与警示标识。

5．常见问题及采取措施

（1）常见问题。部分企业未在存在职业病危害的工作场所设置警示标识和警示说明，警示标识和警示说明未包含职业危害种类、后果、预防和应急救治措施等内容。

（2）采取措施。风力发电企业应及时在存在职业危害的工作场所设置警示标识和警示说明，警示说明应当载明产生职业病危害的种类、后果、预防以及应急救治措施等内容。存在或产生高毒物品的作业岗位，应当按照《高毒物品作业岗位职业病危害告知规范》规定，在醒目位置设置高毒物品告知卡，告知卡应当载明高毒物品的名称、理化特性、健康危害、防护措施及应急处理等告知内容与警示标识。

9.3 职 业 健 康 防 护

9.3.1 噪声防护

1．概况

本书中的噪声是指工业噪声，工厂在生产过程中由于机械振动、摩擦撞击及气流扰动产生的噪声。噪声防护是指通过采用防护用品、设施、技术手段来降低噪声对劳动者身体的损害。

2．内容及评分标准

噪声防护内容及评分标准见表 9-6。

表 9-6 噪声防护内容及评分标准

项目序号	项目	内 容	标准分	评 分 标 准	实得分
5.10.3.2	噪声防护	磨煤机、碎煤机、排粉机、送风机、给水泵、汽轮机等高噪声设备应采取降低噪声的有效措施。 在区域内设置噪声提示标志；在此区域作业的人员应配备耳塞等防护用品	10	噪声防护工作有不符合要求的，扣 1 分/项	

3．适用规范及有关文件

（1）《国家安全监管总局办公厅关于印发用人单位劳动防护用品管理规范的通知》（安监总厅安健〔2015〕124 号）。

（2）《工作场所职业病危害警示标识》（GBZ 158—2003）。

4．工作要求

（1）根据《国家安全监管总局办公厅关于印发用人单位劳动防护用品管理规范的通知》规定，企业应按照识别、评价、选择的程序，结合劳动者作业方式和工作条件，并考虑其个人特点及劳动强度，选择防护功能和效果适用的劳动防护用品。当接触噪声的劳动者，暴露于 80dB≤（LEX，8h）＜85dB 的工作场所时，企业应当根据劳动者需求为其配备适用的护听器；当暴露于（LEX，8h）≥85dB 的工作场所时，企业必须为劳动者配备适用的护听器，并指导劳动者正确佩戴和使用。

（2）根据《工作场所职业病危害警示标识》规定，企业应在风电机组塔筒内、机舱等噪声工作场所设置"噪声有害"警告标识和"戴护耳器"指令标识。

5．常见问题及采取措施

（1）常见问题。

1）检查发现部分风力发电企业未在噪声作业场所设置"噪声有害"警告标识和"戴护耳器"指令标识。

2）检查发现部分风力发电企业未对接触噪声的劳动者配备适用的护听器。

（2）采取措施。

1）风力发电企业应在噪声作业场所张贴或悬挂相关警示标识和指令标识。

2）风力发电企业应为接触噪声的劳动者配备适用的护听器。

9.3.2　振动防护

1．概况

振动防护是指为了保护在强烈振动环境里工作的人免受危害而采取的防护措施。

2．内容及评分标准

振动防护内容及评分标准见表 9－7。

表 9－7　振动防护内容及评分标准

项目序号	项目	内　　容	标准分	评　分　标　准	实得分
5.10.3.3	振动防护	采取必要的减振措施，减少振动伤害。对可产生振动伤害的各种机械设备应进行消振和隔离处理。对动荷载较大的机器设备，采取隔振、减振措施，与振动设备连接或自身能产生振动的管道应采用软连接。 对于单元控制室等处的通风管道与围护结构及楼板间的连接，通过计算采取必要的减振措施	5	振动防护工作有不符合要求的，扣 1 分/项	

3．适用规范

适用规范主要有《手持式机械作业防振要求》（GB/T 17958—2000）。

4．工作要求

根据《手持式机械作业防振要求》规定，企业可为劳动者配备防振手套或减振手柄套，减少手持式电动工具振动的传递；采用轮换工作的方式，减少劳动者与工具手柄、机械的控制部分或其他振动表面的接触时间。对于风力发电企业来讲，劳动者受到的振动伤害主要来自日常检修维保时使用的手持式电动工具，长期使用手持式电动工具，其运作时产生的振动会对使用者产生振动危害。

5．常见问题及采取措施

（1）常见问题。风力发电企业未重视员工的振动防护，给员工配备不合格或无减振作用的工具。

（2）采取措施。风力发电企业应为员工配备低振动机械、防振系统的工具，给员工配备防振手套等防护用品。

9.3.3 防毒、防化学伤害

1．概况

防毒、防化学伤害是指通过采取相关防护用品、措施对接触有毒有害的危险化学品的劳动者进行保护，避免或减少因接触有毒有害物质而造成身体的损害。

2．内容及评分标准

防毒、防化学伤害内容及评分标准见表9-8。

表9-8 防毒、防化学伤害内容及评分标准

项目序号	项目	内　　容	标准分	评分标准	实得分
5.10.3.4	防毒、防化学伤害	企业应组织进行有毒有害物质的辨识，根据储存数量和物质特性，确定危险化学品的分布区域和控制措施，按照国家有关要求，对储存和使用有毒、有害化学品（如酸、碱、氨、联氨、SF_6 等化学品）、工业废水和生活污水确定地上布置的酸碱贮存设备周围应设耐酸、碱防护围沿，围沿内容积应大于最大一台酸、碱设备的容积。当围沿有排放措施时，可适当减小其容积。酸、碱贮存区域内应安全淋浴器。 地上布置的酸碱贮存设备周围应设耐酸、碱防护围沿，围沿内容积应大于最大一台酸、碱设备的容积。当围沿有排放措施时，可适当减小其容积。酸、碱贮存区域内应安全淋浴器。 加氯系统应设有泄氯报警装置和氯气吸收装置且符合要求。加氯间、联氨仓库及加药间、电气检修间的浸漆室、生活污水处理站的操作间等易产生有毒、有害气体的场所，应设置通风柜及机械通风装置。 氨罐储存区应有自动监测装置、报警装置、水喷淋系统、冲洗设施、安全信号指示器、逃生风向标等。 应对汽机抗燃油建立管理制度，按规定回收。 SF_6 高压开关室及 SF_6 高压开关检修室应通风良好	10	①防毒、防化学伤害工作有不符合要求的，扣1分/项。 ②危险化学品使用、存储、运输不符合国家有关规定，扣2分/项	

3. 适用规范及有关文件

(1)《使用有毒物品作业场所劳动保护条例》(中华人民共和国国务院令第 352 号)。

(2)《危险化学品重大危险源辨识》(GB 18218—2009)。

(3)《危险化学品安全管理条例》(中华人民共和国国务院令第 591 号)。

(4)《电力安全工作规程 发电厂和变电站电气部分》(GB 26860—2011)。

4. 工作要求

(1)风力发电企业不同于火力发电企业,所涉及化学性有害物质较少,仅在 GIS 设备室、蓄电池室涉及部分化学性物质。其中 GIS 设备室内的使用的纯净 SF_6 本身是无毒的,但是 SF_6 的高压电器在过滤装置失效或含水量过高的情况下,会分解产生 SF、SF_4、S_2F_{10} 等毒性气体,风力发电企业应按照《电力安全工作规程 发电厂和变电站电气部分》要求,做好操作、巡视、作业、事故时防止 SF_6 泄露的安全措施。

(2)根据《危险化学品安全管理条例》有:

1)设置相应的监测、监控、报警、通风、防泄漏等安全设施,并按照国家标准、行业标准或者国家有关规定对安全设施、设备进行经常性维护、保养,保证安全设施、设备的正常使用。并在作业场所、安全设施、设备上设置"当心中毒"或者"当心有毒气体"警告标识,"戴防毒面具""穿防护服""注意通风"等指令标识和"紧急出口""救援电话"等提示标识。

2)风力发电企业虽然设计化学性有害物质较少,仍应建立化学品出入库核查、登记制度。

(3)根据《使用有毒物品作业场所劳动保护条例》要求,在作业现场设置应急撤离通道。需要进入现场进行紧急处理,相关人员必须佩戴防毒面具或正压式空气呼吸器,否则不得进入现场,以防造成人员窒息或中毒。

5. 常见问题及采取措施

(1)常见问题。检查发现部分风力发电企业 GIS 设备室内的 SF_6 监测装置、报警装置、通风装置等安全防护设施、设备失效,未按照要求对其进行经常性维护、保养。

(2)采取措施。风力发电企业应对 GIS 设备室内的 SF_6 监测装置、报警装置、通风装置等安全防护设施、设备进行日常检查,建立设备台账,及时进行维护。

9.3.4 高、低温伤害防护

1. 概况

高、低温伤害防护是指通过采取技术措施、劳动防护用品等防护措施保护劳动者免于在高、低温作业条件下的伤害。

2. 内容及评分标准

高、低温伤害防护内容及评分标准见表 9-9。

3. 适用文件

(1)《国家安全监管总局办公厅关于印发用人单位劳动防护用品管理规范的通知》(安监总厅安健〔2015〕124 号)。

(2)《防暑降温措施管理办法》(安监总安健〔2012〕89 号)。

表 9 - 9　高、低温伤害防护内容及评分标准

项目序号	项目	内　　容	标准分	评　分　标　准	实得分
5.10.3.5	高、低温伤害防护	长期有人值班场所、汽轮机房天车司机室、斗轮机、卸船机等机械设备的司机室等应安装空调等室内温度调控装置。 异常高温、低温环境下作业劳动防护用品的发放应符合要求	10	高、低温伤害防护工作有不符合要求的，扣 1 分/项	

4. 工作要求

（1）根据《国家安全监管总局办公厅关于印发用人单位劳动防护用品管理规范的通知》要求，为劳动配备符合国家标准或者行业标准的劳动防护用品。在低温室外作业条件下，应该为劳动者配发防寒服、防寒安全帽、防寒鞋、防寒手套等防低温伤害劳动防护用品；在低温室内作业条件下，应该为劳动者配置空调、暖气、加热器等取暖设备提高室内温度。

（2）在高温作业条件下，企业应根据《防暑降温措施管理办法》要求，通过采用良好的隔热、通风、降温措施保证工作场所符合国家职业卫生标准要求，采取合理安排工作时间、轮换作业、适当增加高温工作环境下劳动者的休息时间和减轻劳动强度、减少高温时段室外作业等措施。同时为劳动者提供防暑降温药品、清凉饮料等降温物品。

5. 常见问题及采取措施

（1）常见问题。夏季高温作业时，部分风力发电企业未给员工配备防暑降温药品、清凉饮料等防暑降温用品。

（2）采取措施。企业应为员工配备绿豆汤、清凉油、霍香正气水等防暑降温物品。

9.4　职　业　危　害　申　报

1. 概况

职业危害申报是指用人单位（煤矿除外）工作场所存在职业病目录所列职业病的危害因素的，应当及时、如实向所在地安全生产监督管理部门申报危害项目。

2. 内容及评分标准

职业危害申报内容及评分标准见表 9 - 10。

表 9 - 10　职业危害申报内容及评分标准

项目序号	项目	内　　容	标准分	评　分　标　准	实得分
5.10.4.1	职业危害申报	企业应按规定，及时、如实向当地主管部门申报生产过程存在的职业危害因素，并依法接受其监督	10	未按要求进行职业危害申报，不得分	

3. 适用文件

（1）《中华人民共和国职业病防治法》。

（2）《职业病危害项目申报办法》（国家安全生产监督管理总局令第 48 号）。

4. 工作要求

（1）根据《中华人民共和国职业病防治法》规定，国家建立职业病危害项目申报制度。用人单位工作场所存在职业病目录所列职业病的危害因素的，应当及时、如实向所在地安全生产监督管理部门申报危害项目，接受监督。

（2）根据《职业病危害项目申报办法》规定，职业病危害项目申报工作实行属地分级管理的原则。中央企业、省属企业及其所属用人单位的职业病危害项目，向其所在地设区的市级人民政府安全生产监督管理部门申报。其他企业的职业病危害项目，向其所在地县级人民政府安全生产监督管理部门申报。

5. 常见问题及采取措施

（1）常见问题。检查发现部分风力发电企业未开展职业病危害项目申报工作。

（2）采取措施。风力发电企业应及时按照《职业病危害项目申报办法》的规定要求，向所属管理机构报送相关材料。

第 10 章 应 急 救 援

10.1 应 急 管 理

10.1.1 应急管理与投入

1. 概况

应急管理是应对于事故灾害的危险问题提出的。企业通过建立应急体系，采取一系列必要措施，应用科学、技术、规划与管理等手段，达到在突发事件的事前预防、事发应对、事中处置和善后恢复过程中，保障公众生命、健康和财产安全，促进社会和谐健康发展的目的。完善应急管理规章制度，规范应急管理和信息发布等各项工作，建立健全应急资金投入保障机制，是企业应急体系建设顺利实施的基础条件。

2. 内容及评分标准

应急管理与投入内容及评分标准见表 10-1。

表 10-1 应急管理与投入内容及评分标准

项目序号	项目	内 容	标准分	评 分 标 准
5.11.1	应急管理与投入	加强应急规章体系建设，完善应急管理规章制度，规范应急管理和信息发布等各项工作。 建立应急资金投入保障机制，妥善安排应急管理经费，确保电力应急管理和应急体系建设顺利实施	5	①未建立应急法规体系，未建立应急资金投入保障机制，无规章制度，不得分。 ②应急管理和信息发布不规范，扣 3 分

3. 适用文件

(1)《关于进一步加强电力应急管理工作的意见》(电监安全〔2006〕29 号)。

(2)《关于印发〈关于加强电力应急体系建设的指导意见〉的通知》(电监安全〔2009〕60 号)。

4. 工作要求

(1) 根据《关于印发〈关于加强电力应急体系建设的指导意见〉的通知》有：

1) 电力企业应根据国家法律法规、上级公司安全管理要求，制定符合本单位实际的应急管理规章制度。

2) 电力企业应根据国家法律法规、上级公司安全管理要求，制定符合本单位实际的应急资金投入管理制度，妥善安排应急管理经费，确保企业应急管理和应急体系建设顺利实施。

(2) 根据《关于进一步加强电力应急管理工作的意见》中"做好电力突发事件信息发

布和舆论引导工作。要高度重视电力突发事件的信息发布、舆论引导和舆情分析工作，加强对相关信息的核实、审查和管理，为积极稳妥地处置电力突发事件营造良好的舆论环境。坚持及时准确、主动引导的原则和正面宣传为主的方针，完善重大以上电力突发事件信息发布制度和新闻发言人制度，建立健全重大以上电力突发事件新闻报道快速反应机制、舆情收集和分析机制，把握正确的舆论导向。要充分发挥电力行业新闻媒体和主要新闻媒体的舆论引导作用，加强对信息发布、新闻报道工作的组织协调和归口管理。电力行业新闻单位要严格遵守国家有关法律法规和新闻宣传纪律，不断提高新闻报道水平，自觉维护改革发展稳定的大局"的规定，企业应制定《电力突发事件信息发布制度》和《新闻发言人制度》，加强对相关信息的核实、审查和管理，规范应急信息发布工作。

5. 常见问题及采取措施

（1）常见问题。

1）应急资金投入保障机制缺失，资金投入不到位或无应急资金投入记录。

2）信息发布不准确或企业内各级或部门间所获信息不对称。

（2）采取措施。

1）将应急资金投入列入年度安全费用计划，并做好费用使用台账。

2）制定完善《电力突发事件信息发布制度》和《新闻发言人制度》，明确信息发布方式及平台，明确信息发布归口部门。

10.1.2 应急机构和队伍

1. 概况

应急工作体系是企业处理紧急事务或突发事件的行政职能及其载体系统，是企业应急管理的职能与机构之和。加强应急工作体系建设，就要根据突发事件或危机事务，把握并设定应急职能和机构，进而形成科学、完整的应急管理体制。

2. 内容及评分标准

应急机构和队伍内容及评分标准见表 10-2。

表 10-2 应急机构和队伍内容及评分标准

项目序号	项目	内 容	标准分	评 分 标 准
5.11.2	应急机构和队伍	建立健全行政领导负责制的应急工作体系，成立应急领导小组以及相应工作机构，明确应急工作职责和分工，并指定专人负责安全生产应急管理工作。 加强专业化应急抢险救援队伍和专家队伍建设。 企业应取得社会应急支援，必要时可与当地驻军、医院、消防队伍签订应急支援协议	5	① 未建立应急工作体系，不得分。 ② 未建立应急抢险救援队伍，扣 3 分。 ③ 未签订应急支援协议，扣 2 分

3. 适用文件

（1）《关于进一步加强电力应急管理工作的意见》（电监安全〔2006〕29 号）。

（2）《关于深入推进电力企业应急管理工作的通知》（电监安全〔2007〕11 号）。

（3）《关于印发〈关于加强电力应急体系建设的指导意见〉的通知》（电监安全〔2009〕60 号）。

4. 工作要求

（1）依据《关于深入推进电力企业应急管理工作的通知》要求，结合企业实际，建立和完善各级电力应急指挥机构，设置或明确应急管理领导机构和办事机构及其职能，配备专职或兼职人员开展应急管理工作，形成主要领导全面负责、分管领导具体负责、有关部门分工负责、群团组织协助配合、相关人员全部参与的电力企业应急管理组织体系。

（2）根据《关于印发〈关于加强电力应急体系建设的指导意见〉的通知》有：

1）加强专业应急抢险救援队伍建设。电力监管机构和有关电力企业要充分利用电力行业人力资源优势，以电力企业的专兼职应急队伍为主要依托，共同建设形成多支具有不同专业特长，能够承担重大事件抢险救援任务的电力专业应急抢险救援队伍。有关电力企业要加强对所属电力专业应急抢险救援队伍的管理，提高专业理论水平和实战技能，按照有关标准和规范配备应急技术装备，并实现日常生产与应急救援的有机结合。

2）各有关单位要组织建立电力应急专家组，在国家、地区、电力企业各层面建设多支具有较高专业水平的电力应急专家队伍。要开展专家信息收集、分类、建档工作，建立相应数据库，逐步完善专家信息共享机制，形成分级分类、覆盖全面的电力应急专家资源信息网络；完善专家参与预警、指挥、抢险救援和恢复重建等应急决策咨询工作机制，开展专家会商、研判、培训和演练等活动。

（3）根据《关于进一步加强电力应急管理工作的意见》中"电力企业要结合实际，尽快建立和完善各级电力应急指挥机构，并加强与电力监管机构、地方各级政府、有关单位的协调联动，积极推进资源整合和信息共享。加快电力突发事件预防预警、信息报告、应急响应、恢复重建及调查评估等机制建设"的规定，企业应取得社会应急支援，必要时可与当地驻军、医院、消防队伍签订应急支援协议。

5. 常见问题及采取措施

（1）常见问题。

1）应急管理领导机构负责人非企业行政负责人，各职责未分或不明确。

2）未组建专兼职应急队伍，无应急救援队伍建设情况相关文件。

3）未与当地有关部门例如，森林公安、医疗急救站或医院等签订支援救助协议。

（2）采取措施。

1）按照《关于深入推进电力企业应急管理工作的通知》要求，形成主要领导全面负责、分管领导具体负责、有关部门分工负责、群团组织协助配合、相关人员全部参与的电力企业应急管理组织体系。

2）企业内成立由技术骨干组建，安全分管领导负责的专兼职应急队伍，并出台文件公示。

3）联系当地有关部门，签到应急支援救助协议，明确应急联系方式及位置。

10.1.3　应急预案

1. 概况

应急预案指面对突发事件如自然灾害、重特大事故、环境公害及人为破坏的应急管理、指挥、救援计划。它一般应建立在综合防灾规划基础上。其几大重要子系统为：完善的应急组织管理指挥系统；强有力的应急工程救援保障体系；综合协调、应对自如的相互支持系统；充分备灾的保障供应体系；体现综合救援的应急队伍等。应急预案实际就是一个程序，应符合自身实际，必须有可操作性，有很强的针对性。

应急预案应形成体系，针对各级各类可能发生的事故和所有危险源制定专项应急预案和现场处置方案，并明确事前、事发、事中、事后的各个过程中相关部门和有关人员的职责。生产规模小、危险因素少的生产经营单位，综合应急预案和专项应急预案可以合并编写。

2. 内容及评分标准

应急预案内容及评分标准见表 10-3。

表 10-3 应急预案内容及评分标准

项目序号	项目	内 容	标准分	评 分 标 准
5.11.3	应急预案	结合自身安全生产和应急管理工作实际情况，按照《关于印发〈电力突发事件应急演练导则（试行）〉等文件的通知》（电监安全〔2009〕22 号）中的《电力企业综合应急预案编制导则（试行）》《电力企业专项应急预案编制导则（试行）》和《电力企业现场处置方案编制导则（试行）》文件要求，制定完善本单位应急预案（包括但不仅限于附录 B）。 加强应急预案动态管理，建立预案备案、评审制度，根据评审结果和实际情况进行修订和完善。应急预案应当每三年至少修订一次，预案修订结果应当详细记录	10	①未建立预案备案、评审制度，未制定本单位应急预案，不得分。 ②对照附录 B，应急预案缺项的，扣 1 分/项。 ③未落实预案备案、评审制度，扣 2 分。 ④未及时对应急预案进行修订和完善，扣 2 分

3. 适用文件

（1）《国家能源局关于印发〈电力企业应急预案管理办法〉的通知》（国能安全〔2014〕508 号）。

（2）《关于深入推进电力企业应急管理工作的通知》（电监安全〔2007〕11 号）。

（3）《国家能源局综合司关于印发〈电力企业应急预案评审与备案细则〉的通知》（国能综安全〔2014〕953 号）。

4. 工作要求

（1）根据《关于深入推进电力企业应急管理工作的通知》规定，电力企业应当建立应急预案的评估管理、动态管理和备案管理制度。要根据有关法律、法规、标准的变动情况，应急预案演练情况，以及企业作业条件、设备状况、人员、技术、外部环境等不断变化的实际情况，及时评估和补充完善应急预案。电力企业应急预案应当按照"分类管理、分级负责"的原则报所在地电力监管机构和上级单位备案，并告知相关单位。

（2）根据《国家能源局关于印发〈电力企业应急预案管理办法〉的通知》规定，电力企业编制的应急预案应当每三年至少修订一次，预案修订结果应当详细记录。

（3）根据《国家能源局综合司关于印发〈电力企业应急预案评审与备案细则〉的通

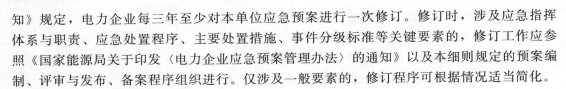

知》规定，电力企业每三年至少对本单位应急预案进行一次修订。修订时，涉及应急指挥体系与职责、应急处置程序、主要处置措施、事件分级标准等关键要素的，修订工作应参照《国家能源局关于印发〈电力企业应急预案管理办法〉的通知》以及本细则规定的预案编制、评审与发布、备案程序组织进行。仅涉及一般要素的，修订程序可根据情况适当简化。

5. 常见问题及采取措施

（1）常见问题。

1）应急预案缺项。

2）未对应急预案进行修订完善。

（2）采取措施。

1）根据附录 B（包括但不仅限于附录 B），结合企业实际，补充完善预案。

2）企业应根据自身发展情况及应急演练情况，及时对预案演练效果评估，根据评估情况对预案进行修订完善，至少每三年修订一次。

10.1.4 应急设施、装备、物资

1. 概况

应急设施、装备、物资是保证应急预案顺利实施，应急工作正常开展的必要条件，企业应按规定建立应急设施，配备应急装备，储备应急物资，并进行经常性的检查、维护、保养，确保其完好、可靠。由于应急设施、装备、物资种类较多，使用和管理的主体不一，生产经营单位应当澄清底数，按照有关规定分门别类建立、健全管理制度，明确管理责任和措施，并严格依制度进行检查、维护、保养，确保其完好、可靠，满足有关应急预案实施的需要。

2. 内容及评分标准

应急设施、装备、物资内容及评分标准见表 10-4。

表 10-4 应急设施、装备、物资内容及评分标准

项目序号	项目	内 容	标准分	评 分 标 准
5.11.4	应急设施、装备、物资	根据本企业实际情况，建立与有关部门互联互通的应急平台体系和移动应急平台。 按国家有关标准配备卫星通信、数字集群、短波电台等无线通信设备，并根据需要配备保密通信设备。 加强应急物资和装备的维护管理，完善重要应急物资的储备、补充及紧急调拨、配送体系	10	①未按要求配备无线通信设备，扣 5 分。 ②应急平台、应急物资和装备的维护管理不满足要求，扣 5 分

3. 适用文件

适用文件主要有《关于印发〈关于加强电力应急体系建设的指导意见〉的通知》（电监安全〔2009〕60 号）。

4. 工作要求

依据《关于印发〈关于加强电力应急体系建设的指导意见〉的通知》有：

1）有关电力企业根据实际情况，建设本企业电力应急平台体系，具备指挥协调和视频会商等基本功能。

2）电力移动应急平台作为固定应急平台的外部延伸，可以通过机动灵活的车载、航空、水上、单兵等方式，采用卫星、短波、数字集群等多种形式的通信保障网络，实现现场图像和数据资料传输，实现"最后一公里"应急指挥功能。

3）要优化完善电力企业应急物资储备体系，建立重要电力应急物资监测网络、预警体系和应急物资生产、储备及紧急配送体系，实现物资综合信息动态管理和共享。加强应急物资和装备日常维护管理，定期调整、轮换与更新储备物资，保证应急情况下的快速投入使用。

5. 常见问题及采取措施

（1）常见问题。

1）偏远区域的光伏电站或风电场存在移动通信信号差现象。

2）应急平台、应急物资配备不全，维护不到位。

（2）采取措施。

1）利用电站内现有资源，建立多渠道的应急通信平台或配备卫星电话。

2）建立应急平台、应急物资和装备的维护管理制度，并每月进行检查填写检查记录。

10.2 应 急 演 练

10.2.1 应急培训

1. 概况

应急培训是指对参与应急行动所有相关人员进行的培训，使应急人员知道如何识别危险、应该采取的应急措施、熟悉应急响应程序、掌握应急知识和技能等。

2. 内容及评分标准

应急培训内容及评分标准见表 10-5。

表 10-5 应急培训内容及评分标准

项目序号	项目	内 容	标准分	评 分 标 准
5.11.5	应急培训	每年至少组织一次应急预案培训。电力企业应定期开展企业领导和管理人员应急管理能力培训以及重点岗位员工应急知识和技能培训	5	①未按要求组织培训，不得分。 ②未按要求组织进行应急管理能力培训，扣 2 分。 ③未按要求组织重点岗位员工应急知识和技能培训，扣 3 分

3. 适用文件

（1）《关于进一步加强电力应急管理工作的意见》（电监安全〔2006〕29 号）。

（2）《关于深入推进电力企业应急管理工作的通知》（电监安全〔2007〕11 号）。

（3）《国家能源局关于印发〈电力企业应急预案管理办法〉的通知》（国能安全〔2014〕508 号）。

（4）《生产安全事故应急预案管理办法》（国家安全监督管理总局令第 88 号）。

4．工作要求

（1）根据《电力企业应急预案管理办法》规定，电力企业应当组织开展应急预案培训工作，确保所有从业人员熟悉本单位应急预案、具备基本的应急技能、掌握本岗位事故防范措施和应急处置程序。应急预案教育培训情况应当记录在案；电力企业应当将应急预案的培训纳入本单位安全生产培训工作计划，每年至少组织一次预案培训，并进行考核。培训的主要内容应当包括：本单位的应急预案体系构成、应急组织机构及职责、应急资源保障情况以及针对不同类型突发事件的预防和处置措施等。

（2）根据《生产安全事故应急预案管理办法》规定，各级安全生产监督管理部门应当将本部门应急预案的培训纳入安全生产培训工作计划，并组织实施本行政区域内重点生产经营单位的应急预案培训工作。生产经营单位应当组织开展本单位的应急预案、应急知识、自救互救和避险逃生技能的培训活动，使有关人员了解应急预案内容，熟悉应急职责、应急处置程序和措施。应急培训的时间、地点、内容、师资、参加人员和考核结果等情况应当如实记入本单位的安全生产教育和培训档案。

（3）根据《关于进一步加强电力应急管理工作的意见》规定，电力监管机构和电力企业要开展电力应急管理培训工作，制订培训规划和培训大纲，明确培训内容、标准和方式，充分运用多种方法和手段，做好电力应急管理培训工作。电力企业要加强从业人员安全知识和操作规程培训，特别要加强对各级安全生产管理人员应急指挥和处置能力的培训，要将其纳入日常培训管理的内容，各级安全监察部门要强化培训考核，对未按要求开展安全培训的单位要责令其限期整改，达不到考核要求的管理人员和职工一律不准上岗。

（4）根据《关于深入推进电力企业应急管理工作的通知》规定，电力企业要以应急管理理论为基础，以应急管理相关法律法规和应急预案为核心，以实际需要为导向，开展分层次、分类别、多渠道、多形式的电力应急管理知识和专业技能培训工作。特别要加强各级安全生产管理人员应急指挥和处置能力的培训，要将其纳入日常培训管理的内容。

5．常见问题及采取措施

（1）常见问题。

1）未按要求组织应急预案培训。

2）未按要求组织进行应急管理能力培训。

（2）采取措施。

1）按照《电力企业应急预案管理办法》要求，企业组织开展应急预案培训工作，并将应急预案教育培训情况记录在案。

2）按照《关于进一步加强电力应急管理工作的意见》要求，加强对各级安全生产管理人员应急指挥和处置能力的培训，要将其纳入日常培训管理的内容。

10.2.2　应急演练

1．概况

为检验应急计划的有效性、应急准备的完善性、应急响应能力的适应性和应急人员的协同性而进行的一种模拟应急响应的实践活动。按演练方式可以分为实战演练和桌面演练。

2. 内容及评分标准

应急演练内容及评分标准见表 10-6。

表 10-6 应急演练内容及评分标准

项目序号	项目	内 容	标准分	评 分 标 准
5.11.6	应急演练	对应急演练活动进行 3～5 年的整体规划,制定具体的年度应急演练工作计划,在 5 年内全部演练完毕。 按照《关于印发〈电力突发事件应急演练导则(试行)〉等文件的通知》要求(电监安全〔2009〕22 号),开展实战演练(包括程序性和检验性演练)和桌面演练等应急演练,并适时开展联合应急演练	10	①未制定规划,未进行演练,不得分。 ②规划内容和演练工作不符合要求,缺少演练记录,扣 1 分/项

3. 适用文件

(1)《关于印发〈电力突发事件应急演练导则(试行)〉等文件的通知》(电监安全〔2009〕22 号)。

(2)《国家能源局关于印发〈电力企业应急预案管理办法〉的通知》(国能安全〔2014〕508 号)。

(3)《生产安全事故应急预案管理办法》(国家安全监督管理总局令第 88 号)。

4. 工作要求

(1)根据《关于印发〈电力突发事件应急演练导则(试行)〉等文件的通知》有:

1)各级政府、电力企业、电力用户应针对突发事件特点对应急演练活动进行 3～5 年的整体规划,包括应急演练的主要内容、形式、范围、频次、日程等;

2)在规划基础上,制定具体的年度工作计划,包括:演练的主要目的、类型、形式、内容,主要参与演练的部门、人员,演练经费概算等。

(2)根据《电力企业应急预案管理办法》有:

1)电力企业根据本单位的风险防控重点,每年应当至少组织一次专项应急预案演练,每半年应当至少组织一次现场处置方案演练。

2)电力企业在开展应急演练前,应当制定演练方案,明确演练目的、演练范围、演练步骤和保障措施等,保证演练效果和演练安全。

3)电力企业在开展应急演练后,应当对应急预案演练进行评估,并针对演练过程中发现的问题对相关应急预案提出修订意见。评估和修订意见应当有书面记录。

(3)根据《生产安全事故应急预案管理办法》有:

1)生产经营单位应当制定本单位的应急预案演练计划,根据本单位的事故风险特点,每年至少组织一次综合应急预案演练或者专项应急预案演练,每半年至少组织一次现场处置方案演练。

2)应急预案演练结束后,应急预案演练组织单位应当对应急预案演练效果进行评估,撰写应急预案演练评估报告,分析存在的问题,并对应急预案提出修订意见。

3)应急预案编制单位应当建立应急预案定期评估制度,对预案内容的针对性和实用性进行分析，并对应急预案是否需要修订作出结论。

5. 常见问题及采取措施

（1）常见问题。

1）制定了具体的年度应急演练工作计划，但未对应急演练活动进行 3～5 年的整体规划，规划内容和演练工作不符合要求。

2）缺少演练记录或演练记录不完整。

（2）采取措施。

1）根据《关于印发〈电力突发事件应急演练导则（试行）〉等文件的通知》规定，针对突发事件特点对应急演练活动进行 3～5 年的整体规划，包括应急演练的主要内容、形式、范围、频次、日程等。

2）按照演练计划实施演练活动，同时完善演练记录，如演练方案、演练总结、演练评估报告，应急预案修订建议。

10.3 预 警

10.3.1 监测预警

1. 概况

对于一些重点风险源、可能出现的风险因素进行前期监控，设定监控响应参数和限值，进行实时监控或者监测，以达到预警的目的。

2. 内容及评分标准

监测预警内容及评分标准见表 10-7。

表 10-7 监测预警内容及评分标准

项目序号	项目	内 容	标准分	评 分 标 准
5.11.7	监测预警	加强电力设备设施运行情况和各类外部因素的监测和预警。 建立与气象、水利、林业、地震等部门沟通联系，及时获取各类应急信息。 建立预警信息快速发布机制，采用多种有效途径和手段，及时发布预警信息	5	①未建立预警信息快速发布机制，不得分。 ②应急信息的获取和发布渠道不畅通，扣 2 分

3. 适用文件

（1）《关于进一步加强电力应急管理工作的意见》（电监安全〔2006〕29 号）。

（2）《关于印发〈关于加强电力应急体系建设的指导意见〉的通知》（电监安全〔2009〕60 号）。

4. 工作要求

（1）根据《关于进一步加强电力应急管理工作的意见》规定，对于电力突发事件引发的各类突发公共事件，要建设地方各级政府组织协调、有关单位和电力企业分工负责的预警机制，建立预警信息通报与发布制度，充分利用广播、电视、互联网、手机短信、电

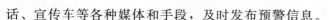

话、宣传车等各种媒体和手段，及时发布预警信息。

（2）根据《关于印发〈关于加强电力应急体系建设的指导意见〉的通知》规定，各有关单位要加强对电力设备设施运行情况监测，加大对影响电力系统安全运行的各类外部因素的监测力度，重点加强对重要输变电设施和电力系统管辖的水电站大坝的监测监控。要建立预警信息快速发布机制，采用多种有效途径和手段，及时发布预警信息，提高预警响应能力。

（3）根据《关于进一步加强电力应急管理工作的意见》规定，电力企业要结合实际，尽快建立和完善各级电力应急指挥机构，并加强与电力监管机构、地方各级政府、有关单位的协调联动，积极推进资源整合和信息共享。加快电力突发事件预防预警、信息报告、应急响应、恢复重建及调查评估等机制建设。

5. 常见问题及采取措施

（1）常见问题。

1）未建立预警信息快速发布机制。

2）应急信息的获取和发布渠道不畅通。

（2）采取措施。

1）建立预警信息快速发布机制，采用多种有效途径和手段，及时发布预警信息，提高预警响应能力。

2）与气象、水利、林业、地震等部门通过电话、网络或电视等渠道时常保持沟通联系，获取应急信息，并做好记录。利用广播、电视、互联网、手机短信、电话、宣传车等各种媒体和手段，及时发布预警信息。

10.3.2　应急响应与事故救援

1. 概况

应急响应是出现紧急情况时的行动。应急方案准备的一种，对一旦出现紧急情况时人员行动作出规定，进行有秩序的救援，以减少损失。

事故救援一般是指针对突发、具有破坏力的紧急事件采取预防、预备、响应和恢复的活动与计划。

2. 内容及评分标准

应急响应与事故救援内容及评分标准见表10-8。

3. 适用规范及有关文件

（1）《生产经营单位安全生产事故应急预案编制导则》（AQ/T 9002—2006）。

（2）《生产经营单位生产安全事故应急预案编制导则》（GB/T 29639—2013）。

（3）《生产安全事故报告和调查处理条例》（中华人民共和国国务院令第493号）。

4. 工作要求

（1）根据《生产经营单位安全生产事故应急预案编制导则》有：

1）针对事故危害程度、影响范围和单位控制事态的能力，将事故分为不同的等级。按照分级负责的原则，明确应急响应级别。

2）后期处置主要包括污染物处理、事故后果影响消除、生产秩序恢复、善后赔偿、抢险过程和应急救援能力评估及应急预案的修订等内容。

表 10 - 8　应急响应与事故救援内容及评分标准

项目序号	项目	内　　　容	标准分	评　分　标　准
5.11.8	应急响应与事故救援	按突发事件分级标准确定应急响应原则和标准。 　　针对不同级别的响应，做好应急启动、应急指挥、应急处置和现场救援、应急资源调配等应急响应工作。 　　当突发事件得以控制，可能导致次生、衍生事故的隐患消除，应急指挥部可批准应急结束。 　　明确应急结束后，要做好突发事件后果的影响消除、生产秩序恢复、污染物处理、善后理赔、应急能力评估、对应急预案的评价和改进等后期处置工作	10	未确定应急响应分级原则和标准，发生突发事件后未按要求进行响应和救援，不得分

（2）根据《生产经营单位生产安全事故应急预案编制导则》有：

1）针对事故危害程度、影响范围和生产经营单位控制事态的能力，对事故应急响应进行分级，明确分级响应的基本原则。

2）后期处置主要明确污染物处理、生产秩序恢复、医疗救治、人员安置、善后赔偿、应急救援评估等内容。

（3）《生产安全事故报告和调查处理条例》中第三条规定，根据生产安全事故（以下简称事故）造成的人员伤亡或者直接经济损失，事故一般分为以下等级：

1）特别重大事故，是指造成 30 人以上死亡，或者 100 人以上重伤（包括急性工业中毒，下同），或者 1 亿元以上直接经济损失的事故。

2）重大事故，是指造成 10 人以上 30 人以下死亡，或者 50 人以上 100 人以下重伤，或者 5000 万元以上 1 亿元以下直接经济损失的事故。

3）较大事故，是指造成 3 人以上 10 人以下死亡，或者 10 人以上 50 人以下重伤，或者 1000 万元以上 5000 万元以下直接经济损失的事故。

4）一般事故，是指造成 3 人以下死亡，或者 10 人以下重伤，或者 1000 万元以下直接经济损失的事故。

国务院安全生产监督管理部门可会同国务院有关部门制定事故等级划分的补充性规定。

5. 常见问题及采取措施

（1）常见问题。

1）应急响应分级原则和标准不明确。

2）发生突发事件后未按要求进行响应和救援。

（2）采取措施。

1）针对事故危害程度、影响范围和生产经营单位控制事态的能力，对事故应急响应进行分级，明确分级响应的基本原则。

2）发生突发事件后按照应急响应原则和标准进行响应和救援，并做好应急响应行动记录和总结。

第11章　信息报送和事故调查处理

11.1　信　息　报　送

1. 概况

建立电力安全生产和电力安全突发事件等电力安全信息管理制度，落实信息报送责任人。按规定向有关单位和国家能源局派出机构报送电力安全信息，电力安全信息报送应做到准确、及时和完整。

2. 内容及评分标准

信息报送内容及评分标准见表11-1。

表11-1　信息报送内容及评分标准

项目序号	项目	内　　容	标准分	评　分　标　准	实得分
5.12.1	信息报送	建立电力安全生产和电力安全突发事件等电力安全信息管理制度，落实信息报送责任人。 按规定向有关单位和电力监管机构报送电力安全信息，电力安全信息报送应做到准确及时和完整	15	①未建立电力安全信息管理制度，未按规定报送电力安全信息，有上述任一项，不得分。 ②未落实信息报送责任人，信息报送工作有缺失，扣2分/项	

3. 适用文件

(1)《电力企业信息报送规定》（国家电力监管委员会令第13号）。

(2)《国家能源局综合司关于做好电力安全信息报送工作的通知》（国能综安全〔2014〕198号）。

4. 工作要求

(1) 根据《电力企业信息报送规定》规定，电力企业、电力调度交易机构应当指定具体负责信息报送的机构和人员，并报电力监管机构备案；第十四条规定 电力企业、电力调度交易机构报送信息，应当经本单位负责的主管人员审核、签发，重要信息应当经主要负责人签发。

(2) 根据《国家能源局综合司关于做好电力安全信息报送工作的通知》规定，风电企业要高度重视电力安全信息报送工作，加强领导，落实责任，建立健全工作机制，完善工作制度，采取有效措施切实做好信息报送工作。确保信息的及时、准确和完整；风电企业要完善电力安全信息报送工作程序，明确信息报送的部门、人员和24小时联系方式。

5. 常见问题及采取措施

(1) 常见问题。

1) 信息报送不及时。

2）重要信息报送为非主要负责人签发。

（2）采取措施。

1）根据《国家能源局综合司关于做好电力安全信息报送工作的通知》要求，信息报告责任单位负责人接到事件报告后 12 小时内向上级主管单位、事件发生地国家能源局派出机构报告。

2）根据《电力企业信息报送规定》要求，信息报送应当经本单位负责的主管人员审核、签发，重要信息应当经主要负责人签发。

11.2　事　故　报　告

1. 概况

风电企业发生事故后，应当按规定及时向上级主管单位、地方政府有关部门、国家能源局派出机构报告，并妥善保护事故现场及有关证据。

2. 内容及评分标准

事故报告内容及评分标准见表 11-2。

表 11-2　事故报告内容及评分标准

项目序号	项目	内　　容	标准分	评　分　标　准	实得分
5.12.2	事故报告	电力企业发生事故后，应按规定及时向上级单位、地方政府有关部门和电力监管机构报告，并妥善保护事故现场及有关证据	15	瞒报、谎报，不得分；迟报，扣 2 分/次	

3. 适用文件

（1）《生产安全事故报告和调查处理条例》（中华人民共和国国务院令第 493 号）。

（2）《电力安全事故应急处置和调查处理条例》（中华人民共和国国务院令第 599 号）。

（3）《国家能源局综合司关于做好电力安全信息报送工作的通知》（国能综安全〔2014〕198 号）。

4. 工作要求

（1）根据《生产安全事故报告和调查处理条例》有：

1）事故发生后，事故现场有关人员应当立即向本单位负责人报告；单位负责人接到报告后，应当于 1 小时内向事故发生地县级以上人民政府安全生产监督管理部门和负有安全生产监督管理职责的有关部门报告。情况紧急时，事故现场有关人员可以直接向事故发生地县级以上人民政府安全生产监督管理部门和负有安全生产监督管理职责的有关部门报告。

2）安全生产监督管理部门和负有安全生产监督管理职责的有关部门接到事故报告后，应当依照下列规定上报事故情况，并通知公安机关、劳动保障行政部门、工会和人民检察院：①特别重大事故、重大事故逐级上报至国务院安全生产监督管理部门和负有安全生产监督管理职责的有关部门；②较大事故逐级上报至省、自治区、直辖市人民政府安全生产监督管理部门和负有安全生产监督管理职责的有关部门；③一般事故上报至设区的市级人民政府安全生产监督管理部门和负有安全生产监督管理职责的有关部门。安全生产监督管理部门和负有安全生产监督管理职责的有关部门依照规定上报事故情况，应当同时报告本级人民政府。国务院安全生产监督管理部门和负有安全生产监督管理职责的有关部门以及省级人民政府接到发生特别重大事故、重大事故的报告后，应当立即报告国务院。必要时，安全生产监督管理部门和负有安全生产监督管理职责的有关部门可以越级上报事故情况。

3）安全生产监督管理部门和负有安全生产监督管理职责的有关部门逐级上报事故情况，每级上报的时间不得超过 2 小时。

4）报告事故应当包括内容：①事故发生单位概况；②事故发生的时间、地点以及事故现场情况；③事故的简要经过；④事故已经造成或者可能造成的伤亡人数（包括下落不明的人数）和初步估计的直接经济损失；⑤已经采取的措施；⑥其他应当报告的情况。

（2）根据《电力安全事故应急处置和调查处理条例》规定，事故发生后，事故现场有关人员应当立即向发电厂、变电站运行值班人员、电力调度机构值班人员或者本企业现场负责人报告。有关人员接到报告后，应当立即向上一级电力调度机构和本企业负责人报告。本企业负责人接到报告后，应当立即向国务院电力监管机构设在当地的派出机构（以下称事故发生地电力监管机构）、县级以上人民政府安全生产监督管理部门报告；电力企业及其有关人员不得迟报、漏报或者瞒报、谎报事故情况。

5. 常见问题及采取措施

（1）常见问题。

1）迟报、漏报或瞒报、谎报事故情况。

2）在处理事故时，不注意保护现场。

（2）采取措施。

1）熟悉国家相关文件规定的报告时间要求和报告内容要求，在事故发生后及时报告，不得迟报、漏报或瞒报、谎报事故情况。

2）在事故处理时，制定相应处理措施和处理步骤。处理过程中，工作虽紧张但要有条理性，避免发生二次事故造成人身伤害。在处理事故时，若必须清理现场，在清理前需留存现场影像资料、照片等以备后续事故调查需要。

11.3　事 故 调 查 处 理

1. 概况

风电企业发生事故后应按规定成立事故调查组，明确其职责和权限，进行事故调查或配合有关部门进行事故调查。事故调查应查明事故发生时间、经过、原因、人员伤亡情况及经济损失等，编制完成事故调查报告。风电企业应按照事故调查报告意见，认真落实整改措施，严肃处理相关责任人。

2. 内容及评分标准

事故调查处理内容及评分标准见表 11－3。

表 11-3 事故调查处理内容及评分标准

项目序号	项目	内　　容	标准分	评　分　标　准	实得分
5.12.3	事故调查处理	电力企业发生事故后应按规定成立事故调查组，明确其职责和权限，进行事故调查或配合有关部门进行事故调查。 　　事故调查应查明事故发生时间、经过、原因、人员伤亡情况及经济损失等，编制完成事故调查报告。 　　电力企业应按照事故调查报告意见，认真落实整改措施，严肃处理相关责任人	10	①发生事故后，未按要求进行事故调查处理，不得分。 ②事故调查处理未执行"四不放过"原则，扣 5 分。 ③不落实整改措施，扣 5 分	

3. 适用文件

(1)《生产安全事故报告和调查处理条例》（中华人民共和国国务院令第 493 号）。

(2)《电力生产事故调查暂行规定》（国家电力监管委员会令第 4 号）。

(3)《电力安全事故应急处置和调查处理条例》（中华人民共和国国务院令第 599 号）。

4. 工作要求

(1) 检查发电企业事故处理程序。

(2) 检查发电企业是否按照事故调查报告意见，认真落实整改措施，严肃处理相关责任人。

5. 常见问题及采取措施

(1) 常见问题。

1) 发生事故后，不按要求进行事故调查处理。

2) 对整改措施不能持之以恒，走过场。

(2) 采取措施。

1) 根据《生产安全事故报告和调查处理条例》规定，特别重大事故由国务院或者国务院授权有关部门组织事故调查组进行调查。重大事故、较大事故、一般事故分别由事故发生地省级人民政府、设区的市级人民政府、县级人民政府负责调查。省级人民政府、设区的市级人民政府、县级人民政府可以直接组织事故调查组进行调查，也可以授权或者委托有关部门组织事故调查组进行调查。未造成人员伤亡的一般事故，县级人民政府也可以委托事故发生单位组织事故调查组进行调查。

2) 电力企业应按照事故调查报告意见，认真落实整改措施，持续改进，杜绝再次发生类似事故，严禁重形式，走过场。

第12章　绩效评定和持续改进

12.1　建　立　机　制

1. 概况

建立安全生产标准化绩效评定的管理制度，明确对安全生产目标完成情况、现场安全状况与标准化规范符合情况、安全管理实施计划的落实情况的测量评估的方法、组织、周期、过程、报告与分析等要求，测量评估应得出可量化的绩效指标。

2. 内容及评分标准

建立机制内容及评分标准见表 12-1。

表 12-1　建立机制内容及评分标准

项目序号	项目	内　容	标准分	评　分　标　准	实得分
5.13.1	建立机制	建立安全生产标准化绩效评定的管理制度，明确对安全生产目标完成情况、现场安全状况与标准化规范的符合情况、安全管理实施计划的落实情况的测量评估的方法、组织、周期、过程、报告与分析等要求，测量评估应得出可量化的绩效指标。 制定本企业的安全绩效考评实施细则，并认真贯彻执行	5	①未建立安全生产标准化绩效评定的管理制度，未制定本企业的安全绩效考评实施细则，有上述任一项，不得分。 ②管理制度内容不全面，扣 2 分	

3. 适用规范及有关文件

(1)《中华人民共和国安全生产法》。

(2)《中华人民共和国消防法》。

(3)《中华人民共和国职业病防治法》。

(4)《中央企业安全生产监督管理暂行办法》（国务院国有资产监督管理委员会 2008 年第 21 号令）。

(5)《电力安全生产监督管理办法》（中华人民共和国国家发展和改革委员会 2015 年第 21 号令）。

(6)《国务院关于进一步加强企业安全生产工作的通知》（国发〔2010〕23 号）。

(7)《企业安全生产标准化基本规范》（AQ/T 9006—2010）。

(8)《关于印发〈发电企业安全生产标准化规范及达标评级标准〉的通知》（电监安全〔2011〕23 号）。

4. 工作要求

(1) 建立安全标准化绩效评定管理制度，安全绩效指标量化，安全绩效考评实施细则。

（2）围绕企业年初确定的安全生产目标，建立安全生产标准化绩效评定管理制度，重点把确定的人身伤害、电力安全事故、设备损坏等目标分解到车间（含各职能部门）、班组（队、所等）、个人；量化的安全绩效指标，明确考核周期，一般个人、班组每月考核通报，车间每季度考核通报，全厂每半年考核通报。

（3）制定安全绩效考评实施细则，重点建立激励机制，即实现安全目标，兑现奖罚。通常个人、班组每季度轮换一次，全场每年轮换一次。兑现的奖罚数额按照安全责任、劳动强度的大小，事先在实施细则中确定，并在一个年度考核期内不变。

5.常见问题及采取措施

（1）常见问题。未把确定的人身伤害、电力安全事故、设备损坏等目标分解到车间（含各职能部门）、班组（队、所等）、个人；没有量化的安全绩效指标，未明确考核周期，未按照个人、班组每月考核通报，车间每季度考核通报，全厂每半年考核通报进行。

（2）采取措施。为完善公司安全生产标准化建设，建立健全公司安全生产标准化绩效考评系统，验证本公司各项安全生产管理制度、措施的适宜性、充分性和有效性，对公司各部门、各职工的安全生产表现成果有效管控，做到有功必奖，有过必惩，确保安全生产工作目标的全面完成。

12.2　绩　效　评　定

1.概况

风电场安全生产每年至少开展一次安全生产标准化的实施情况评定，验证各项安全生产制度措施的适宜性、充分性和有效性，检查安全生产工作目标、指标完成情况，完成安全生产标准化评定报告。

2.内容及评分标准

绩效评定、绩效改进、绩效考核内容及评分标准见表 12-2。

表 12-2　绩效评定、绩效改进、绩效考核内容及评分标准

项目序号	项目	内　　容	标准分	评分标准	实得分
5.13.2	绩效评定	每年至少一次对本单位安全生产标准化的实施情况进行评定，验证各项安全生产制度措施的适宜性、充分性和有效性，检查安全生产工作目标、指标的完成情况，提出改进意见，形成评价报告。 评价报告应以企业正式文件的形式下发，将结果向企业所有部门、所属单位和从业人员通报，作为年度考评的重要依据。 安全生产标准化的评价结果要明确下列事项： （1）系统运行效果； （2）出现的问题和缺陷，所采取的改进措施； （3）统计技术、信息技术等在系统中的使用情况和效果； （4）系统各种资源的使用效果； （5）绩效监测系统的适宜性以及结果的准确性； （6）与相关方的关系	5	①未按期进行评定，不得分。 ②评定工作有缺陷，扣 1 分/项	

续表

项目序号	项目	内　　容	标准分	评分标准	实得分
5.13.3	绩效改进	企业应根据安全生产标准化评定结果和安全预警指数系统，对安全生产目标与指标、规章制度、操作规程等进行修改完善，制定完善安全生产标准化的工作计划和措施，实施 PDCA 循环、不断提高安全绩效。 企业要对责任履行、系统运行、检查监控、隐患整改、考评考核等方面评估和分析出的问题由安全生产委员会或安全生产领导机构讨论提出纠正、预防的管理方案，并纳入下一周期的安全工作实施计划当中。 企业对绩效评价提出的改进措施，要认真进行落实，保证绩效改进落实到位	5	绩效改进未按要求执行，不得分	
5.13.4	绩效考核	企业应根据绩效评价结果，对有关单位和岗位兑现奖惩	5	未兑现奖惩，不得分	

3. 适用规范及有关文件

（1）《企业安全生产标准化基本规范》（AQ/T 9006—2010）。

（2）《关于印发〈发电企业安全生产标准化规范及达标评级标准〉的通知》（电监安全〔2011〕23 号）。

4. 工作要求

（1）每年至少开展一次安全生产标准化的实施情况评定，验证各项安全生产制度的适宜性、充分性和有效性，检查安全生产工作目标、指标完成情况，完成安全生产标准化的评定报告。

（2）开展安全生产标准化的实施情况评定工作，其结果包含系统运行效果、绩效检测系统的适宜性，以及结果的准确性、与相关方的关系等内容。

（3）验证各项安全生产制度措施的适宜性、充分性和有效性；对存在的问题及时修订完善。

（4）检查安全生产目标、指标完成情况，着力分析未实现安全生产目标、指标的原因，提出改进措施。

（5）按照电力安全标准化绩效评审结果，修改完善安全生产目标与指标、规章制度、操作规程等，制定落实提高安全绩效的措施，并按照程序，履行审批，作为下一轮电力生产标准化的依据。

（6）安全生产标准化达标工作是一项长期性的基础工作，必须遵循 PDCA 模式，不断完善，不断改进，不断提高。

（7）绩效评价提出的改进措施，及时制定和落实工作计划，保证绩效改进取得实效，需要风电企业发正式文件。

（8）风电场或上级单位安全管理部门每半年（或每一季度）对下达的安全生产目标实际情况进行综合考评。考评标准要简化、优化，实行逐级考评。

（9）绩效考核分为集体和个人两类，主要内容包括集体和个人分别承担的目标项目，完成任务的数量、质量和时限要求，与其他相关岗位的协作要求等。考核结果作为奖惩依据，要据实兑现，使安全目标管理具有严肃性和持久性。

5. 常见问题及采取措施

（1）常见问题。未按照《关于印发〈发电企业安全生产标准化规范及达标评级标准〉的通知》要求将编制的报告用文件形式下发。

（2）采取措施。

1）根据《企业安全生产标准化基本规范》要求，风电企业应根据安全生产标准化评定结果和安全预警指数系统，对安全生产目标与指标、规章制度、操作规程等进行修改完善，制定完善安全生产标准化的工作计划和措施，实施 PDCA 循环、不断提升循环、不断提高安全绩效。

2）风电企业要对责任履行，系统运行、检查监控、隐患整改、考评考核等方面评估和分析出问题由安全生产委员会或安全生产领导机构讨论提出纠正、预防的管理方案，并纳入下一周期的安全工作实施计划中。

3）安全生产标准化达标工作是一项长期性的基础工作，必须遵循 PDCA 模式，不断完善，不断改进，不断提高。风电企业对绩效评价提出的改进措施，要认真进行落实，保证绩效改进落实到位。

第 13 章　风电场安全生产标准化案例

13.1　风电场电力安全生产标准化达标自查自评报告示例

为全面贯彻落实"安全第一、预防为主、综合治理"的方针，规范企业安全生产标准化工作，根据《国务院关于进一步加强企业安全生产工作的通知》（国发〔2010〕23号）、《关于深入开展电力安全生产标准化工作的指导意见》（电监安全〔2011〕21号），按照《关于印发〈发电企业安全生产标准化规范及达标评级标准〉的通知》（电监安全〔2011〕23号）的有关要求，现以某风电公司于2012年6月起组织开展的电力安全生产标准化达标宣贯、启动达标评级自查自评工作为例，介绍了该风电公司当前安全生产标准化水平，也为其他风电企业在风电场电力安全生产标准化自查自评方面提供参考。

1　企业概况

某公司成立于2008年9月，注册资本60000万元。公司下设综合管理部、资产财务部、计划合同部、工程管理部和电力运行部五个部门，现有员工51人，其中电力生产人员28人。

该公司坚持"保安全、创精品、求效益、谋发展"工作思路，稳健、科学、高效地推进了风电资源的开发工作。截止2011年1月，已完成该风电场项目的开发建设工作，实现所有风电机组并网发电。

该风电场通过可研审查，获得中华人民共和国国家发展改革委员会核准。项目位于江苏省某县沿海滩涂地区，共安装多台某机型1.5MW的风电机组。升压站内设有生产综合楼、生产辅助楼各一幢，另外还布置有食堂、消防水池及水泵房、室外篮球场、门卫室等建（构）筑物。风电场升压采用二级升压方式，风电机组出口电压690V经箱变升压至35kV后接入220kV升压站，经升压站主变升压后以一回220kV线路接入电网。

2　主要设备简介

2.1　风电机组

风电场投运后运行情况平稳，风电机组故障较多为变桨系统、发电机、变频器、齿轮箱、传感器等部位及元器件。风电场已通过并网安全性评价，已对无功补偿、低电压功能进行了改造，满足设计及运行规程规范。

该型风电机组主要技术参数见表A-1。

表 A-1 风电机组主要技术参数

项 目	技 术 参 数
类型	双馈式异步发电机
额定功率	1.5MW
额定频率	50Hz
额定电压	0.69kV
同步转速	1500r/min
转速范围	1000～1800r/min（动态可以到 2000r/min，瞬间 2200r/min）
额定转速	1800r/min
额定风速	13.5m/s，12.5m/s
切入风速	3.5m/s，3m/s
切断风速	25m/s，20m/s
额定功率因数	0.98
发电机效率	97%

2.2 主变压器

风电场 1 号、2 号主变压器型号为 SZ11-100000/220。采用自然油循环风冷却器，将变压器油箱上部的热油送入冷却器（宽片散热器，中间油槽系冲压而成），使之流过冷却管，再从变压器的下部送回油箱。当热油在冷却管内流动时，将热量传给冷却管宽片散热器，再由冷却管宽片散热器对空气放出热量。自投运后运行情况良好，无缺陷，并按规程规定定期进行色谱分析，气体、表面张力、微水及击穿电压试验，试验结果合格。

从运行统计数据分析，主变温度最高时均为满负荷且环境温度最高，温度变化原因与负荷大小和环境温度有关。两台主变压器的油温维持在 80℃以下，绕组温度维持在 90℃以下，运行情况良好。油温、绕组温度和温升总体运行稳定，在规程规定范围内。

变压器主要技术参数见表 A-2。

表 A-2 变压器主要技术参数

项 目		技术参数
额定容量		100000kVA
额定电压		(230±8)×1.25%/35kV
额定电流		251.0/1649.6A
联结组标号		YNd11
绝缘水平	h.v. 线路端子	SI/LI/AC750/950/395kV
	h.v. 中性点端子	LI/AC400/200kV
	l.v. 线路端子	LI/AC200/85kV
冷却方式		ONAN
相数		3 相
绝缘耐热等级		A
额定频率		50Hz

2.3 220kV GIS

220kV GIS 设备型号是 ZF16-252（L）/Y4000-50，自 2009 年 9 月投运以来，运

行可靠、稳定。开关站出线场其他设备包括电压互感器、避雷器运行情况良好。

GIS 设备的设计、制造、试验和 SF_6 气体均符合 IEC 有关标准，GIS 外壳材料为铝合金，具有机械和热稳定性，隔室划分能满足将内部故障限制在该设备所在的隔室或相应的母线段内，且不影响相邻回路间隔的正常运行的要求。

GIS 主要技术参数见表 A-3。

表 A-3　GIS 主要技术参数

项　　目		技　术　参　数
额定电压/kV		252
额定频率/Hz		50
额定电流/A		3150（主母线的电流可达 4000A）
额定短时耐受电流/kA		50（3s）
额定峰值耐受电流/kA		125
额定短时工频耐受电压/kV		395（对地、相间）
		460（断口）
额定雷电冲击耐受电压（峰值）/kV		950（对地、相间）
		1050（断口）
额定 SF_6 气体压力/报警值（20℃）/MPa	断路器气室	0.6/0.55
	TV，LA 气室	0.5/0.45
	其他气室	0.4/0.35
SF_6 气体年漏气率/%		≤1

2.4　35kV 开关柜系统

开关柜型号为 KYN58-40.5，主要特点是：经常操作切断容量约为 20MVA 变压器空载小电感电流，且过电压系数不大于 2.5。经常操作感性电流，且过电压系数不大于 2.5。额定电缆充电开断电流能力不低于 100A。为限制真空断路器操作时引起的过电压，采用相应的保护措施，配置 KY2-B/35 型过电压吸收装置。断路器采用一体化电动机储能的弹簧操动机构，电源采用 AC220V，失去电源时，可以手动储能。应提供机械手动合分闸装置，以便在失去控制电源时操作断路器。全套设备从投运以来运行稳定。

35kV 开关柜主要技术参数见表 A-4。

表 A-4　35kV 开关柜主要技术参数

项　　目		技　术　参　数
型式		金属铠装移开式开关柜
额定电压		40.5kV
额定频率		50Hz
额定电流		1250～2000A
额定短时耐受电流及时间		31.5kA，4s
额定峰值耐受电流		80kA
额定绝缘水平	雷电冲击耐压（峰值）对地、相间及断口间	185kV，215kV
	工频耐压（1min）（有效值）对地、相间及断口间	95kV，118kV

项　　目		技 术 参 数
辅助电源电压	柜内照明、加热器	AC 220V
	操作机构、控制和继电保护回路	DC 220V
柜体防护等级		IP4X，断路器室门打开后 IP2X

2.5　箱式变压器

风电场风电机组出口电压为 690V，通过箱式变压器（箱变）升压至 35kV，由集电线路送至升压站，全场箱变由某电气集团有限公司生产。箱变是一种与风力发电机配套使用的升压变电站设备，包括升压变压器、高压真空负荷开关-熔断器组合电器、低压开关、内部接线（电缆、母排等）、电源变压器等辅助设备，配置一个公用外壳内的一种户外成套变电站。它具有成套性强、便于安装、施工周期短、运行费用低、结构强度高、防腐性能强等优点。箱变运行初期低压侧开关跳闸较为频繁，经现场检查发现低压断路器过流脱扣保护定值偏低，厂家提供备件全场更换处理后，该现象不再发生，至今箱变运行稳定。

箱式变压器主要技术参数见表 A-5。

表 A-5　箱式变压器主要技术参数

项　　目		高压电器	变压器	低压电器
额定电压/kV		40.5	35/0.69	0.69
额定容量/kVA			600～1600	
额定频率/Hz		50	50	50
额定电流/A		63		
1min 工频耐压/kV	相间及对地	95	85	5
	隔离断口	115	220	
雷电冲击耐压/kV	相间及对地	185		12
	隔离断口	215		
额定短路开断电流（有效值）/kA		12.5		50
额定短路耐受电流（有效值）/kA		12.5 (4s)		30 (1s)
额定短路关合电流（峰值）/kA		31.5		
额定峰值耐受电流/kA		31.5		
防护等级		IP3X		
噪声水平/dB		55		

2.6　电气二次及继电保护

风电场升压站自动化控制及保护系统自投产以来，各继电保护系统投产率达 100%，正确动作率 100%，各继电保护单元整体运行良好，故障率低，可靠性较高。投产后发电机保护动作 1 次，线路保护动作 11 次，不正确动作 0 次，保护动作正确率为：100%；通信畅通率为 100%。

继电保护装置设有 WXH－803 型高压线路保护、220kV 断路器失灵保护装置、220kV 母线保护、主变压器保护、35kV 系统风电机组集电线路及场用变保护等。其微处理机采用适于在工业环境中使用的高可靠性、低功耗、抗干扰性能强的工业用微机。到目前基本保证了无故障工作。保护设备的可靠性、灵敏度、选择性和速动性满足电站安全运行和电力系统稳定要求。220kV 系统保护按双重化原则配置两套独立的保护装置，每套保护装置内包含完整的主后备保护。双套保护装置功能完全独立，其中一套保护因异常需要退出或需要检修时，不影响另一套保护的正常运行。两套电气量保护装置及非电量保护的出口跳闸回路均同时作用于断路器的两个跳闸线圈。零时限保护装置的整组动作时间不大于 30ms。

保护配置情况见表 A－6。

表 A－6　保 护 配 置 情 况

保 护 设 备	保 护 配 置
220kV 线路保护	线路保护以分相电流差动和零序电流差动为主体的全线速动主保护，由波形识别原理构成的快速 距离 I 段保护，由三段式相间和接地距离保护及零序方向电流保护构成后备保护，保护有分相出口，并可选配自动重合闸功能，对单或双母线接线的断路器实现单相重合、三相重合、综合重合闸功能。
主变保护	变压器差动保护，变压器后备保护，变压器非电量保护。
220kV 母线保护	两套差动保护：常规的全电流差动保护和新型的电流变化量差动保护
220kV 断路器失灵保护	断路器失灵启动、三相不一致保护、充电保护及独立的过流保护等功能，主要适用于 220kV 及以上电压等级的电网
35kV/400V 场变保护	NEP983 数字式变压器保护
35kV 系统风电机组进线保护	NEP981 数字式线路保护

2.7　220V 直流电源和逆变电源系统

系统高频开关直流系统及相关配套设备，模块技术是当今最先进的边缘谐振软开关技术，可带电插拔，模块与模块之间采用隔离设计，防止模块间相互影响；模块内部自带 CPU，模块所有基准校准和控制全部采用 12 位 D/A 完成，替代所有电位器，避免了电位器固有的温度系数和机械特性所引起的参数漂移；并使模块的控制精度提高，调节一个位，模块的输出电压只有十几毫伏的改变；此外，模块还内置 EPROM，保证了模块的运行参数永不丢失，即使脱离主监控工作其运行参数也不会有任何改变。

监控系统采用积木式的结构设计，分为中央主监控、交流监控单元、直流监控单元、开关量监控单元，还可根据需要选配电池巡检单元和绝缘检测单元，各单元通过 RS485 口与中央主监控相连，这种模块化设计使维护工作变得十分简单快捷；监控系统带有智能化四遥接口，已与诸多自动化设备做过接口，通信协议也可随时按用户要求修改。

系统主要技术参数见表 A－7。

表 A - 7　系 统 主 要 技 术 参 数

项　目		技 术 参 数
交流输入	三相输入额定电压	380V，50Hz
	电压变化范围	（1±15%）380V
	频率变化范围	（1±10%）50Hz
直流输出	输出额定值	10A/230V
		10A/115V
	电压调节范围	180～286V
		90～155V
	输出限流范围	（20%～110%）额定电流
稳压精度		≤0.5%
稳流精度		≤0.5%
纹波系数		≤0.1%
转换效率		≥94%（满负荷输出）
动态响应		在20%负载跃变到80%负载时恢复时间≤200μs，超调≤±2%
可闻噪声		≤50db
工作环境温度		−5℃～45℃

3　企业安全生产概况

3.1　安全管理概述

公司自成立以来始终坚持"安全第一、预防为主、综合治理"的安全生产方针，在安全管理工作中，严格遵守国家和地方有关安全生产和职业健康的法律法规，认真贯彻执行上级单位和地方行政主管部门的文件要求，以抓好安全生产基础工作为主线，以上级公司"三标一体"认证为契机，结合风电场建设与运行管理的特点，不断加强全生产管理水平的提升。通过建立健全公司安全生产责任制、完善安全生产管理制度、制定并实施事故应急救援预案、组织安全生产检查、开展安全生产教育培训等，保证了安全管理体系的正常运转。对风电场建设与运行中存在的安全隐患、薄弱环节和突出问题进行专项检查与治理，采取有效措施及时解决。"安全管理工作只有起点，没有终点"，通过一系列的实效工作，公司安全管理水平得到明显提升，公司各项业务均取得了有条不紊的发展，为打造国际一流的新能源企业品牌树立了榜样。实现了公司安全生产"四零（零质量、零环保、零安全、零非停事故）"的管理目标。

3.2　2012 年 6 月至 2013 年 7 月安全目标和指标完成情况

3.2.1　安全目标完成情况

（1）未发生重伤及以上人身事故。

（2）未发生重大及以上设备损坏事故。

（3）未发生火灾事故。

（4）未发生全厂停电或电厂引发的电网稳定破坏事故。

（5）未发生恶性误操作事故。

（6）未发生负有同等责任及以上的重大交通事故。

（7）未发生对企业形象和稳定造成不利影响的事件。

3.2.2 安全指标完成情况

（1）一般事故：0 起。

（2）一类障碍：0 次。

（3）非计划停运次数：0 次。

（4）未发生人身轻伤。

（5）未发生检修风电机组质量事故和运行风电机组设备事故。

（6）继电保护、自动装置正确动作率 100％。

（7）未发生环境污染事件，未发生环保投诉。

（8）未发生职业健康伤害事件。

3.3 主要安全工作和取得的成效

公司全面加强安全工作的宣传力度、管理力度、查处力度，进一步强化全体员工的安全意识，认真落实年度"两措"工作计划，及时排查消除设备存在的安全隐患，全方位、扎实地开展安全生产管理工作，保证人身、电网、设备和工程施工安全，确保公司生产经营工作的安全稳定、有序可控。

（1）制度把关、责任明确，进一步加强安全管理制度建设，积极推进常态化管理模式，全面提升安全管理水平。

1）牢固树立"安全第一"的思想，不断健全和完善各项安全管理制度，狠抓执行力。以"春、秋季安全大检查""迎峰度夏""迎峰度冬"等专项安全工作为契机，以防洪、防汛、防雷击、防寒、防冻为主线，建立安全生产长效机制，深入开展"安全管理标准化建设"活动。

2）认真落实各级人员安全生产责任制，逐级分解、层层落实，做到人人肩上有重担、个个身上有指标、件件工作有计划，进一步提升安全管理的广度、深度和力度。

3）充分发挥部门、专业和班组安全管理网络的职能，强化安全管理责任制考核，加强安全监督的查处力度，认真落实"管理生产必须管理安全"的原则，切实将安全管理工作落实到基层、执行在一线，建立防范违章的坚实堡垒。

4）坚持安全工作常态化管理，重点抓好日常安全监督。要持之以恒地做好每日的安全工作，树立"在岗 1 分钟、安全 60 秒"的意识，谨慎做好设备巡检和操作，认真发现和处理每一项缺陷。

5）以"两票三制"为抓手，深入开展"反习惯性违章"活动，做到不违章操作、不违章指挥、不违反劳动纪律，杜绝生产过程中人员违章行为和装置性违章，营造安全和谐的工作氛围。

6）切实加强对工作全过程危险源点的控制，在操作、消缺、维护、检修等工作执行过程中，总结以往成功经验，进一步完善具体项目的危险点预控措施，真正做到责任到人、措施落实、保障有力，有效防范工作过程中不安全事件的发生。

7）进一步加强与相关部门技术监督工作的合作，全方位监督风电机组运行和指导设备检修维护工作，将技术监督规范管理工作落到实处，更好地为风电机组的安全、稳定运行提供具有借鉴性的经验，指导风电机组长期运行的管理。

8）坚决贯彻国家电监会等上级有关部门文件精神，深入开展发电企业安全生产标准化规范及达标评级工作，及时查找消除设备存在的安全隐患，更好地培养生产系统员工的安全意识，实现对事故的超前控制。

9）强化安全管理防控意识，认真做好消防工作，加强交通、治安、卫生防疫的管理，严格执行员工职业病防控工作，营造健康和谐工作环境，适应新形势下安全管理的需要。

10）全面强化外包工程管理，确保各项工程和风电机组检修工作顺利实施。为切实做好外包工程队伍及外委项目管理，公司结合实际及时修订完善《外包工程安全管理规定》，在风电机组检修工作中，公司以项目管理为入手，成立风电机组检修领导指挥小组、质量验收组、运行操作及安全监察组、后勤保障组和宣传报道组，落实各项工作职责。对外包工队伍严把资质审查、入场安全教育和安全技术交底关，严格执行各项安全生产制度，各级生产管理人员每天深入生产现场，对安全文明施工，治安、交通、消防等各项工作进行检查指导，确保风电机组检修工作稳定开展。

（2）如履薄冰、居安思危，扎实做好风电机组检修与设备整治工作，确保设备生产、风电机组检修施工的安全。

1）严格依据"应修必修、修必修好"的原则，结合公司设备状况，重点做好主设备的检修工作，合理组织、统筹安排、综合预防，确保检修工作的按期、安全进行。

2）由于设备的现状仍然存在许多不安全因素，公司将各类安全隐患列入公司重点技术改造和设备消缺工作计划，并结合公司生产经营计划认真予以落实，根除长期困扰设备安全运行的隐患。

（3）安全自律、自我提升，切实加强员工岗位安全技能培训，规范安全行为。

1）通过多种形式的安全教育和安全文化建设，培育员工"以人为本，安全第一"的安全理念和企业主人翁精神，加强岗位安全技能培训，从根本上提高安全认识，规范安全行为，保持并发扬积极向上、诚实守信、严谨自律的优良工作作风，实现员工工作全过程的"安全自律"。

2）全面系统地修编应急预案，认真组织应急、救援预案的培训工作，加强应急预案培训演练工作，切实提高公司员工整体的事故防范、应急处理及应急救援等基本技能水平，确保做到在事件发生时，高效发挥应急管理体系的作用。

（4）严细深实、科学统筹，注重精细化管理，有效防范公司经营风险。

进一步强化全员精细化经营管理的意识，树立"人人查找安全隐患、人人关注安全生产"的主观意识，依托安全可靠的生产管理体系，科学合理安排生产计划，做好风电机组安全、经济运行调度工作；在物资采购管理方面，严格审查供货商、工程商的资质和产品质量的控制；在财务管理方面，做好资金支付的审批，严格财务资金的管理，保障流动资金满足经营的需要，化解经营风险，保障公司正常运营。

4　达标评级工作开展情况

在国家电力监管委员会（简称国家电监会）、国家安全生产监督管理总局（简称国家安全总局）联合下发安全生产标准化达标工作有关文件后，我公司十分重视安全生产标准化工作，始终将确保安全生产、杜绝各类事故的发生作为工作的出发点和落脚点，狠抓安全生产的基础工作和安全生产过程管理。为做好安全生产标准化达标评级工作，建立和完善安全生产标准化管理的长效机制，保障电力生产的安全、稳定运行。2012年公司将安全生产标准化达标创建工作提升为当前安全生产的重中之重，明确了公司安全生产标准化达标创建工作的指导思想和工作目标如下：

（1）指导思想。以科学发展观为统领，坚持"安全第一、预防为主、综合治理"的方针，牢固树立以人为本、安全发展的理念，以落实公司安全生产主体责任为主线，全面推进电力安全生产标准化建设，加强安全管理，夯实安全基础，提高防范和处置生产安全事故的能力，提升安全生产管理的水平。

（2）工作目标。充分认识电力安全生产标准化达标工作的重要性、必要性和迫切性，持续深入开展安全生产标准化建设。确保杜绝较大及以上事故发生，确保一般事故隐患及时排查处理，重大事故隐患得到整治和监控，员工安全意识和操作技能得到提高，"三违现象"得到禁止，企业本质安全水平不断提高，防范事故能力明显加强，公司安全生产形势持续稳定，确保通过电力安全生产标准化二级企业达标的评审。

制定了工作计划和进度表，具体开展情况如下：

4.1 建立组织机构，明确工作职责

根据上级有关文件的精神，结合公司实际情况，印发《关于成立公司安全生产标准化达标创建工作领导小组的通知》，正式启动了公司安全生产标准化的达标工作。

（1）成立由总经理任组长，副总经理任副组长，总经理助理及公司各生产部门负责人为成员的领导小组。统一领导公司安全生产标准化达标工作，负责安全生产标准化达标工作的整体管理、决策和协调。

（2）成立由生产副总经理任组长的自查自评工作小组，工作小组在领导小组的领导下开展工作，制定工作规划，负责安全生产标准化达标查评项目和内容的具体落实，协调解决达标查评工作中的具体问题，提出解决问题的办法报领导小组同意后实施，负责对各部门安全生产标准化的达标工作进行验收、考核、考评。

明确公司安全生产标准化达标创建工作责任部门：工程管理部。具体负责公司安全生产标准化达标创建具体工作安排，负责安全生产标准化自查自评资料汇总和自查自评报告的编制上报。负责对安全生产标准化细则的宣传教育，部署各职能部门工作任务，做到全员、全方位、全过程参与。

明确公司安全生产标准化达标创建工作责任人：李某，已参加电监办组织的标准化培训并取得证书。

4.2 主要工作进度安排

（1）2012年6月，安排专人参加电监办组织的安全生产达标培训、考试，并取得证书。

（2）2012年7月，成立达标领导小组及工作小组。

（3）2012年7月，制定达标创建工作实施计划。

（4）2012年8月，达标工作小组召开两次专题会议，对照达标标准，逐条逐款进行

自查、自评，列出整改计划发各部门、各专职征求意见。

（5）2012 年 10 月，副总经理组织对达标创建工作进行调研。

（6）2012 年 11 月 19 日，根据自查、自评情况，制定电力安全生产标准化达标自查整改计划。

（7）2012 年 12 月，根据整改计划要求，各部门全面开展各项整改工作。

（8）2013 年 4 月，整改完成后公司内部组织了复查评，初步形成该公司风电场电力安全生产标准化达标自查自评报告。

（9）2013 年 5 月，与达标评价机构签订达标评价咨询合同。

（10）2013 年 6 月，通过达标评价机构专家对该公司风电场电力安全生产标准化达标自查自评报告的初步审查，进行深入修订。

（11）2013 年 8 月，具备达标条件形成正式报告，报请上级公司同意后向电力监管机构提交评审申请表，申请外部评审。

（12）2013 年 9 月，在相关电力设施企业协会组织评审专家的检查及检查后进行的全面整改，巩固提升、持续改进。

4.3　自查自评工作完成情况

4.3.1　自查自评阶段

公司进行动员以后，各部门对《关于印发〈发电企业安全生产标准化规范及达标评级标准〉的通知》（电监安全〔2011〕23 号）进行学习、理解后，为了保证安全生产标准化达标查评工作客观、实事求是，公司组织召开工作小组查评工作会议，明确具体要求，做到全面查评。同时，结合生产隐患排查和日常安全检查工作，确保能够及时将整改的内容落实到位。

本次查评所有参加人员能够本着实事求是的原则，严肃认真，真实地查出了安全管理、设备设施、作业安全、职业健康等方面存在的潜在危险因素，为彻底摸清公司在人、设备、环境和管理等方面的安全风险奠定了基础。

在查评阶段，认真贯彻了公司领导提出的边检查边整改的原则，同时将安全生产标准化达标查评工作与公司管理制度修订、安全活动、隐患排查治理、重大危险源监控、应急预案的演练和设备消缺维护等工作紧密结合，公司统筹落实资金、人和物的到位。对一时不能解决的问题落实防范措施，研究整改方案，实现了事故预控，使公司的安全生产标准化工作进入良性循环。

4.3.2　公司检查、总结阶段

2013 年 3 月在复查评的基础上，公司领导小组进行了查评验收，工作小组将查评结果、得分、扣分情况进行了汇报，确定了下一阶段的整改内容、措施，同时进一步明确了整改期限。通过自查整改，最终形成了上报某省电监办的《×××有限公司电力安全生产标准化自查评报告》。

5　自评价情况

5.1　基本条件符合情况（必备条件）

根据《关于印发〈电力安全生产标准化达标评级管理办法（试行）〉的通知》（电监安

全〔2011〕28号文）第八条的要求，公司已具备如下基本条件：

（1）取得电力业务许可证。已获得国家电力监管委员会颁发的许可证，有效期至2030年3月26日。

（2）评审期内未发生人身伤害事故、一般以上电力设备事故、电力安全事故以及对社会造成重大不良影响的事件。该县安监局出具证明公司近年来未发生人身死亡或3人以上重伤人身事故。本项基本条件已具备。

（3）2013年8月21日取得国家电力监管委员会江苏省电力监管办公室下发的关于该风电场通过并网安全性评价的通知，有效期至2016年11月。本项基本条件已具备。

（4）风电场经国家发改委关于该风电项目核准的批复。

（5）自投产至今公司未发生违反安全生产法律法规的行为。本项基本条件已具备。

5.2 自查自评项目统计

本次自查自评，除不适合风电场的37小项外，共查评了13个评分大项共计102个小项。自评项应得总分1360，实得分1214，得分率为89.3%，符合二级达标的要求。

6 自查整改情况

在安全生产标准化达标自查自评工作过程中，对检查出的问题由领导小组组长召开查评组人员和相关部门参加的专题会议，对此次自查自评工作中查出的问题和扣分项进行了分类和分析，落实了责任部门，要求结合公司的生产实际，按照制定的整改时间进行整改，同时要求各部门将自查自评中检查出每个扣分整改项都要落实到具体人，对暂不能完成整改的问题，要落实好防范措施。自查自评项详情见表A-8。

表 A-8 自查自评项详情

序号	项目序号	项 目	标准分	实得分	自查情况及存在问题
1	5.2.3	安全生产监督体系	20	15	①2013年7月会议记录不完整，扣1分。②现场监督无记录，发现违章现象未制止并跟踪整改的，扣1分。③安监人员中没有安全注册工程师，扣3分
2	5.3.1	费用管理	15	10	①未制定安全生产费用计划，扣3分。②购置安全工器具时审批程序不符合规定，扣2分
3	5.3.2	费用使用	25	23	未购置紧急逃生呼吸器（防毒面具），存在应投入而未投入，扣2分
4	5.4.4	评估和修订	10	0	2013年未公布现行有效的制度清单，不得分
5	5.4.5	文件和档案管理	10	9	安全台账中不安全事件记录不全面，扣1分
6	5.5.1	教育培训管理	10	8	2013年公司没有对培训效果进行评估，扣2分
7	5.6.1.4	检修管理	25	22	检修现场隔离和定置管理不到位，扣3分
8	5.6.1.5	技术管理	20	15	未定期开展技术监督活动，扣5分
9	5.6.1.6	可靠性管理	10	5	可靠性管理人员未取得岗位资格证书，扣5分

续表

序号	项目序号	项　　目	标准分	实得分	自查情况及存在问题
10	5.6.2.1	制度管理	10	8	电力设施安全保卫制度内容不完善，扣 2 分
11	5.6.2.4	处置与报告	5	0	2013 年 4 月 50 号风电机组与箱式变压器接地铜缆被盗，未向所在地电力监管机构报告，不得分
12	5.6.3.9	信息网络设备及系统	10	7	网络节点备份恢复能力不健全，扣 3 分
13	5.6.3.14	风力发电设备及系统	30	28	风力发电机组远程监控系统运行不稳定，读取数据较慢，扣 2 分
14	5.6.4.1.5	污闪风险控制	5	2	未严格落实防污闪技术措施、管理规定和实施要求，如 2013 年春季未对 35kV2 回路外绝缘子清扫，扣 3 分
15	5.6.4.1.6	继电保护故障风险控制	10	8	35kV I 段母线 TV 操作电源小开关有误跳现象，扣 2 分/项
16	5.6.4.7.1	风机着火风险控制	15	10	未对母排、并网接触器、励磁接触器、变频器、变压器等一次设备动力电缆连接点等部进行温度监控，扣 5 分
17	5.6.4.7.3	轮毂（桨叶）脱落风险控制	15	10	某号风电机组因雷击变桨控制器通信异常，误判断为元件质量问题，扣 5 分
18	5.6.4.7.5	齿轮箱损坏风险控制	10	7	未按要求定期对齿轮箱油滤芯进行更换，扣 3 分
19	5.6.4.8.3	燃油、润滑油系统着火风险控制	10	8	某号风电机组齿轮箱油系统存在渗油现象，扣 2 分
20	5.7.1.2	安全设施	30	28	升压站污水排放口处有一污水井盖板不规范，扣 2 分
21	5.7.2.2	起重作业	30	25	安全技术档案和设备台账不齐全，扣 5 分
22	5.7.2.3	焊接作业	20	15	电焊机制度内容不全，责任落实不到位，台账记录、编号存在问题，扣 5 分
23	5.7.2.5	电气安全	40	37	电气安全用具台账编号不齐全，扣 3 分
24	5.7.2.7	消防安全	30	25	消防定期检查或试验不到位，扣 5 分
25	5.7.2.9	交通安全	20	15	升压站内无限速标志，扣 5 分
26	5.7.3.1	标志标识	40	34	1 号、2 号、3 号主变压器以及 1 号、2 号 SVG 门前的警示标志牌太小不符合要求，厂区内无外来人员入场告知，扣 6 分
27	5.7.4.1	制度建设	5	2	承包商、供应商等相关方安全管理制度内容不全面，扣 3 分
28	5.7.4.2	资质及管理	5	2	未建立相关方名录和档案，扣 3 分
29	5.7.4.4	监督检查	10	8	未定期组织相关方识别作业风险，扣 2 分
30	5.7.5.1	变更管理	10	5	企业未对试验风电机组项目变更以及执行变更过程中可能产生的隐患进行分析和控制，扣 5 分
31	5.8.2	隐患排查	15	10	①隐患排查方案内容有缺失，扣 2 分。②未对排查出的隐患确定等级并登记建档，扣 3 分
32	5.10.1.2	职业防护用品、设施	10	6	①职业健康防护设施、器具不满足要求，缺少防辐射隔离，扣 2 分。②现场急救用品、设备和防护用品缺少防暑降温、止血药品，扣 2 分

续表

序号	项目序号	项　目	标准分	实得分	自查情况及存在问题
33	5.10.3.2	噪声防护	10	8	未在区域内设置噪声提示标志；未对检修、巡检人员发放耳塞等防护用品，扣2分
34	5.11.2	应急机构和队伍	5	3	未签订应急支援协议，扣2分
35	5.11.3	应急预案	10	6	①未及时对应急预案进行修订和完善，扣2分。②现场处置方案不齐全，缺少起重机械故障现场处置方案、化学危险品泄漏现场处置方案，扣2分
36	5.11.4	应急设施、装备、物资	10	5	应急平台、应急物资和装备的维护管理不满足要求，扣5分
37	5.11.6	应急演练	10	7	全厂停电、高处坠落人身死亡、消防演练记录不全，扣3分
38	5.13.1	建立机制	5	3	管理制度内容不够齐全，扣2分
39	5.13.2	绩效评定	5	0	未对本单位安全生产标准化的实施情况进行评定，形成评价报告，不得分

7　自评价结论

7.1　基本条件的具备情况

对照自评标准中五项基本条件，公司各项基本条件都已具备。

7.2　评分项目的得分情况

本次自查自评，除不适合风电场的37小项外，共查评了13个评分大项共计102个小项。自评项应得总分1360，实得分1214，得分率89.3%，符合二级达标的要求。

对照《发电企业安全生产标准化规范及达标评级标准》对公司安全生产标准化工作进行自查自评后，公司安全生产标准化工作小组及参与查评人员认为：公司安全生产管理制度齐全，安全生产管理有序开展，评审期内未发生一般及以上人身、设备事故，发电生产设备健康状况良好，安全管理、运行管理、基础资料齐全规范，公司安全生产工作持续稳定，安全生产管理水平满足发电企业安全生产标准化达标的条件，此次自查评综合得分为89.3分，符合电力安全生产标准化二级企业的标准要求。

8　附件

8.1　资质及获奖证明文件（略）

8.2　主要生产设备一览表

序号	设备名称	型号及规范
1	风电机组	风电机组额定功率为1500kW，频率为50Hz的可变桨控制、可变速的
2	主变压器	风电场1号、2号主变压器型号为：SZ11-100000/220。1号主变产品编号：2008-220-63，1号主变产品代号：1LB.710.8068.01；2号主变产品编号：2008-220-64，2号主变产品代号：1LB.710.8068.01

续表

序号	设备名称	型号及规范
3	220kV GIS	风电场的 GIS 设备型号是 ZF16-252（L）/Y 4000-50，它的结构形式为主母线三相共箱，其他元件三相分箱式结构。由断路器、隔离开关、接地开关、电流互感器、电压互感器、避雷器、母线、进出线套管或电缆终端等元件组合封闭在接地的金属壳体内，充以一定压力的 SF$_6$ 气体作为绝缘介质和灭弧介质所组成的成套开关设备。适用于三相交流 50Hz、额定电压 252kV 的系统
4	35kV 开关柜	开关柜型号：KYN58-40.5 开关型号：ZN48A/B-40.5　VD4 型真空断路器 额定电压：40.5KV
5	35kV/690V 箱式变压器	箱式变压器由升压变压器、高压真空负荷开关-熔断器组合电器、低压开关、内部接线（电缆、母排等）、电源变压器等辅助设备组成，配置一个公用外壳内的一种户外成套变电站。 型号：9A5 额定电压：40.5kV 额定容量：600kVA
6	场用电变压器和备用电源	1 号和 2 号场用变压器采用 SCB10-200/35 三相树脂绝缘干式电力变压器；场用备用变压器（原施工用变）采用 YBW-12/0.4-250kVA 低损耗油浸式电力变压器
7	消防系统	220kV 升压站安装了综合智能报警装置，消防泵、消防水池、消防水管道系统。还配备有干粉灭火器、太平斧、消防栓、消防铅桶、黄沙箱等消防设备
8	高压线路保护	PSL 603 系列由三段式相间和接地距离保护及零序方向电流保护构成的后备保护。保护有分相出口，并可选配自动重合闸功能，对单或双母线接线的断路器实现单相重合、三相重合、综合重合闸功能。 WXH-803 由三段式相间距离和接地距离以及六段零序电流方向保护构成后备保护并配有自动重合闸
9	220kV 断路器失灵	PSL631A 数字式断路器保护装置是按照高压线路继电保护装置统一接线设计（设计的四统一设计）的技术要求设计的，包括断路器失灵启动、三相不一致保护、充电保护及独立的过流保护等功能
10	220kV 母线保护	SGB750 系列数字式母线保护装置
11	主变保护	DGT801 系列数字式发电机变压器组保护装置系统
12	测控装置	PSR 660 系列数字式综合测控装置主要用于面向单元设备的测控，应用也配置成集中式测控，应用装置主要功能包括：采集开关量信号、采集脉冲信号、采集编码信号、采集温度信号、采集直流信号、采集交流流量信号、采集开关量控制输出模拟量信号、输出/遥调 SOE 事件顺序记录、同期变压器分接头调节及滑挡闭锁、图形化逻辑可编程功能、间隔五防闭锁、远方就地操作以及各种通信接口等
13	在线监控系统	在线监控系统软件是 EYE win2.0 监控系统，可作为调度所调度人员、变电站值班人员的操作平台
14	220V 直流电源和逆变电源系统	中央主监控、交流监控单元、直流监控单元、开关量监控单元

8.3 电力安全生产标准化达标自查得分表

8.3.1 目标

项目序号	项目	内容	标准分	评分标准	实得分	自查情况及存在问题
5.1.1	目标的制定	电力企业应制定明确的总体和年度安全生产目标。安全生产目标应明确企业安全状况人员、设备、作业环境、管理等方面的各项安全指标。安全指标应科学、合理，不发生人身重伤及以上人身事故，不发生一般及以上各类电力安全生产目标应经企业主要负责人审批，以文件形式下达。	10	①未制定总体和年度安全生产目标，未经企业主要负责人审批，扣10分。②控制指标不全面、内容有缺失，扣2分。③指标不明确，不易于员工获取并贯彻落实，扣2分。④未以正式方式下达，扣2分。	10	自查情况：①公司制定的总体和年度安全生产目标，②控制指标涵盖人员、设备、作业环境、管理等各方面内容。③不安全事件控制指标包括一类障碍、二类障碍、火零等指标，指标明确，员工容易了解和掌握。④公司2012年、2013年安全生产委员会（可简称安委会）讨论，公司总经理批准后以文件形式下达，司网页上向全体员工发布
5.1.2	目标的控制与落实	根据确定的安全生产目标制定相应的分级（厂级、部门、班组）目标，部门或基层单位或部门按照安全生产职责，制定相应的分级控制措施	15	①未制定相应的分级目标和控制措施，不得分。②控制措施不明确、不具体，扣2分。	15	自查情况：①公司与各部门签订了安全生产责任书，各部门与班组签订了责任书，每位职工签订了安全承诺书，班组与员工。②各部门根据安全生产目标和控制指标逐步分解到班组，明确各级职责，分级控制，确保公司目标的顺利实现。措施进行了分解个人，并层层签订目标责任书，具体、明确，指标针对了各级岗位职责
5.1.3	目标的监督与考核	定期对安全生产目标实施计划的执行情况进行监督、检查与纠偏。对安全生产目标完成情况进行评估与考核	15	①未实现安全生产目标，不得分。②未制定目标考核办法，扣2分。③未对检查情况，未按考核办法对目标执行情况进行评估与考核	15	自查情况：①公司有《安全生产工作惩管理规定》《综合管理承包考核办法》和《员工安全生产奖惩规定》，并严格执行。②按月对各部门的安全绩效完成情况进行考核，对月度及年度完成情况与公司签订的《安全生产责任书》和年度考核。③公司每月在安全分析会和月度考核会上对各部门完成指标及综合承包事项完成情况进行分析评估

8.3.2　组织机构和职责

项目序号	项目	内　容	标准分	评　分　标　准	实存得分	自查情况及存在问题
5.2.1	安全生产委员会	成立以主要负责人为领导的安全生产委员会，明确机构的组成和职责，建立安全生产制度和例会制度。企业主要负责人应定期组织召开安全生产委员会会议，总结分析本单位的安全生产情况，部署安全生产工作，研究解决安全生产工作中的重大问题，决策企业安全生产的重大事项	10	①未成立企业安全生产委员会并建立相关制度，不得分。②未按规定召开会议或会议记录不完整，扣2分/次。③重大、重要安全事项未经安委会研究确定，扣3分	10	自查情况： ①公司成立了以总经理为主任、分管领导为副主任，各部门负责人为安全生产委员会成员的安全生产委员会，制定了各级人员安全生产职责，明确了工作会议的要求。 ②每月度召开由总经理主持、各安委会委员成员参加的安委会会议，每次安委会议均形成会议纪要，再挂在公司内部网站进行分析学习，总结上月安全生产工作进行详细分析和部署，对下月重要安全生产工作中的重大问题做出详细部署，研究解决安全生产工作中的重大事项
5.2.2	安全生产保障体系	建立由生产领导负责和有关单位主要负责人组成的安全生产保障体系，贯彻"管生产必须管安全"的原则。企业、部门（车间）主要负责安全生产分析会议，形成会议记录并手以公布。落实安全生产保障体系职责，保障安全生产所需的人员、物资、费用等需要	10	①未按要求建立安全生产保障体系，不得分。②未每月召开安全分析例会，扣2分/次；会议记录未分析或没有分析，扣1分/次；未针对问题制定改进措施，扣1分；未布置安全生产工作明确完成时间，负责人，扣1分；上次安全生产工作未闭环，负责人，扣1分。③安全保障体系不健全，不符合要求，职责未置合要求，扣1分/项	10	自查情况： ①公司建立了以总经理、生产副总经理为正副主任、各部门主任、各班长为成员的三级安全生产保障体系，以正式文件发布。 ②每月召开由各部门负责人的月度安全分析会，分析总结上月安全生产重点工作，明确时间和部门，进行闭环管理，每次会议均形成会议纪要予以公布，在公司内部网站进行公布。各主任部门的安全生产每月定期召开月度安全分析会。 ③安全保障体系健全，职责有效落实，责任落实

续表

项目序号	项目	内容	标准分	评分标准	实得分	自查情况及存在问题
5.2.3	安全生产监督体系	根据国家和上级单位规定要求，设置安全生产监督管理机构，配备满足所需的安全监督人员，设置安全要求的各级安全监督器材。企业应当加强安全监督队伍建设，鼓励和支持安全生产监督管理人员取得注册安全工程师资质。建立安全生产监督体系，健全安全生产监督网络，每月召开安全监督会议，并做好安全监督会议记录。安全监督网络要严格履行安全生产职责，督查、布置、检查安全生产工作，落实安全工作开展情况，纠正违反安全生产规章制度的行为，严格安全生产考核，安全监督工作记录完整。	20	①未按要求设置安全生产监督管理机构，不得分。②安全监督网络不健全，安全监督人员数量、素质及配备的设施器材不满足本单位安全监督需要的，扣5分；安全监督人员中没有安全注册工程师的，扣3分。③未按时召开会议或会议记录不完整，扣2分/次。④安全监督人员未对关键工作、危险工作、重点工作进行现场监督，发现违章违规的，扣3分。⑤现场监督无记录，扣2分/次。发现违章未制止并跟踪整改的，扣2分/次。	15	自查情况：①公司设立了安全管理部，配备1名部门主任或1名专职安全员，生产班组配备1~2名专职或兼职安全员，经验丰富、责任心强，安组设置电脑、手提电脑、打印机、扫描仪等配备安全监督器材。②成立了公司、部门、班组组成的三级安全网络。存在问题：①2013年7月份会议记录不完整，扣1分。②现场监督不到位，发现违章现象未有效跟踪整改的。③安监人员中没有安全注册工程师，扣3分。
5.2.4	安全生产责任制	制定符合本企业的安全生产责任制，明确安全生产责任。企业主要负责人应按照安全生产法律法规赋予的职责，建立、健全本单位安全生产责任制，组织制定本单位安全生产规章制度和操作规程，保证、检查本单位安全生产投入的有效实施，督促、检查本单位的安全生产工作，及时消除生产安全事故隐患，组织制定并实施本单位的生产安全事故应急救援预案，及时、如实报告生产安全事故。各级、各岗位人员严格落实安全生产责任制，各级、各岗位严格安全生产岗位责任，对安全生产岗位责任履行情况进行检查、考核。	20	①未建立安全生产责任制，或安全生产责任制未有效落实造成事故，不得分。②各级、各类人员安全职责不明、工作相互推诿、未落实安全生产责任制，扣5分。③未制定安全生产责任追究制度和考核制度，无安全生产责任追究记录，扣5分。	20	自查情况：①制定了《安全生产工作责任制》，明确公司领导、各部门、各岗位人员的安全生产职责，并严格执行。②公司制定了《安全生产奖惩制度》《异常情况管理实施细则》《反违章管理办法》等各种规章制度和操作规程，并经安监局评审后发布施行，近3年未发生责任事故。③公司各级、各岗位责任，严格落实安全生产职责，及时消除生产安全隐患。④保证安全隐患，各类安全大检查投入，发生事故责任事故。⑤公司各级、严格安全生产职责，通过各类安全大检查方式对安全生产岗位履职的激励，每月进行安全生产考核。对安全生产隐患，能及时予以整改。

8.3.3　安全生产投入

项目序号	项目	内　　容	标准分	评　分　标　准	实得分	自查情况及存在问题
5.3.1	费用管理	制定满足安全生产需要的安全生产费用计划，按上级规定提取安全生产费用并落实到位，企业主要领导定期组织有关部门对执行情况进行检查、考核	15	①未按规定提取安全生产费用，不得分。②未制定安全生产费用计划，扣 3 分。③审批程序不符合规定，扣 2 分	10	自查情况：按《安全生产管理制度》提取安全生产费用。文件经公司总经理批准，以相关文件下发，符合程序要求。存在问题：①未制定安全生产费用计划，扣 3 分。②购置安全工器具时审批程序不符合规定，扣 2 分
5.3.2	费用使用	安全生产费用主要用于以下方面：①安全技术和劳动保护措施，包括安全标志、安全工器具、安全设备设施、职业病防护和劳动保护，以及重大安全工程措施采取的安全技术措施工程建设等。②反事故措施，包括设备重大缺陷和隐患治理、针对事故教训采取的防范措施、落实安全稳定规范达到行的设备和系统技改、提高设备可靠性的技改等。③应急管理，包括预案编制、应急物资、应急演练、应急救援等。④安全检测、安全评价、安全保卫等。⑤安全法律法规集收集与维护、安全监督检查、安全技能竞赛、安全技术推广与应用活动等	25	①挪用安全生产费用不得分。②安全生产费用使用中存在，扣 2 分/项	23	自查情况：严格按安全技术和劳动保护措施的要求，对安全标志、安全工器具、安全设备设施、安全防护装置、职业病防护和劳动保护投入资金，安全生产费用投入足够，安全生产费用包含了两措、安全评价、应急预案编制、危险源监控监测和安全生产月活动等要求。存在问题：①未挪用安全生产费用。②安全费用投入正常。存在问题：未购置紧急逃生呼吸器（防毒面具），存在应急投入而未投入，扣 2 分

8.3.4　法律法规与安全管理制度

项目序号	项目	内容	标准分	评分标准	实得分	自查情况及存在问题
5.4.1	法律法规与标准规范	建立识别和获取适用的安全生产法律法规、标准规范的制度，明确主管部门，确定获取的渠道、方式，及时识别和获取适用的安全生产法律法规、标准规范。企业职能部门和获取本部门适用的安全生产法律法规、标准规范的修订情况，并跟踪掌握有关安全生产法律法规、标准规范及其他要求适用的修订情况，及时提供给企业内负责识别和获取适用的安全生产法律法规、标准规范从业人员。企业应将适用的安全生产法律法规、标准规范及其他要求及时传达给本单位（企业）规章制度，并将相关要求转化为本单位安全管理文件中，贯彻到日常安全管理工作中	15	①未明确识别主管部门的，扣5分。②未建立相关制度，扣5分。③未根据识别和获取的法律法规及时完善本企业规章制度的，扣1分/项。④未将相关的法律法规、标准规范及其他规程、规范对相关人员进行教育培训的，扣1分/项	15	自查情况：①公司明确了安全计划部为识别和获取适用的安全生产法律法规、标准规范的主管部门。②建立了法律法规识别和获取适用的安全生产法律法规制度。③安全计划部将适用的安全生产法律法规、标准规范及其他要求及时上传至公司内部网站，供各部门下载使用，负责监督对安全生产及法律法规修订会到公司要求及时组织将相关文件。①安监部和相关部门对安全生产法律法规、上级安全部门的学习安全生产文件相关要求进行教育培训
5.4.2	规章制度	建立健全符合国家法律法规、国家及行业标准要求的各项规章制度，并发放到相关工作岗位、规范从业人员的生产作业行为	15	①规章制度不全，扣2分/项。②相关岗位的规章制度不全，扣1分/处	15	自查情况：公司已经建立了89项符合国家法律法规、国家及行业标准要求的未具体电厂具体情况，并逐年根据电厂的要求进行完善体系
5.4.3	安全生产规程	企业应配备符合国家电力行业有关安全生产规程。企业应编制运行规程、检修规程、设备试验规程等安全生产规程。相关设备安全有关安全生产操作规程有系统图册，企业应将有关安全生产规程发放到相关岗位	10	①未明确各部门、班组、岗位最新的安全生产规程，扣1分/项。②编制的安全生产规程内容不全或不符合要求，扣2分/项	10	自查情况：①公司为每位岗工配备了《电力安全事故应急处置和调查处理条例》《中华人民共和国国务院令第599号》和《变电站电气部分》（GB 26860—2011）运行人员配备了运行规程、检修规程、检修操作规程等。②公司编制运行规程、各系统图册、检修规程、检修文件等，符合生产实际需求

续表

项目序号	项目	内 容	标准分	评 分 标 准	实得分	自查情况及存在问题
5.4.4	评估和修订	每年至少一次对企业执行的安全生产法律法规、标准规范、规章制度、操作规程、检修、运行、试验等规章的有效性进行检查评估；及时完善规章制度、制度、规章、规程等修订，重新印刷发布。规章制度、操作规程进行一次全面修订，重新印刷发布。规章制度、操作规程的修订、审查应严格履行审批手续	10	①未公布现行有效的制度清单和规程，不得分。②未按要求及时修订的，扣2分/项。③未按规定履行规章、规章制度审批手续的，扣2分/项	0	自查情况：规章制度、操作规程的修订，审查严格履行审批手续。存在问题：2013年公司未公布现行有效的制度清单，扣10分
5.4.5	文件和档案管理	严格执行文件和档案管理制度，确保规章制度、规程编制、使用、评审、修订的有效性。建立了主要安全生产记录的安全档案，并加强对安全记录至少记录包括：班长日志、巡检记录、安全生产通报、事故调查报告、安全日活动记录、安全会议记录、安全检查检验记录等	10	①未建立档案管理制度，没有按制度执行，不得分。②未按规定做好安全台账、记录等缺少的，扣2分/项或2分/次。③安全台账、记录内容不全面或不具体，扣1分/项	9	自查情况：①公司建立并严格执行文件和档案管理制度，确保了规章制度、规程编制、使用、活动、审、修订的有效性。②建立了主要安全生产过程、事件、活动、检查记录等的有效安全档案管理。③班长日志、巡检记录、安全生产通报、安全事件记录、安全会议记录在各部门保存。存在问题：安全台账中不安全事件记录不全面，扣1分

8.3.5 教育培训

项目序号	项目	内容	标准分	评分标准	实得分	自查情况及存在问题
5.5.1	教育培训管理	明确安全教育培训主管部门或专责人，按规定及岗位需求，定期识别安全教育培训需求，提供相应的资源保证。做好安全教育培训计划，建立安全教育培训档案，实施分级管理，并对培训效果进行评估和改进	10	①安全教育培训主管部门或专责人不明确，扣3分。②没有安全教育培训计划，扣3分。③没有安全教育培训记录和档案，扣3分。④没有培训效果评估报告，扣2分	8	自查情况： ①安全培训都有安全教育培训归口管理部门。 ②公司年度安全教育培训计划以以文件形式下发，明确教育培训的内容、形式、责任部门，员工每年的安全规程考试、生产技能考试成绩载入档案。 存在问题： 2013年没有对培训效果进行评估，扣2分。
5.5.2	安全生产管理人员教育培训	企业主要负责人和安全生产管理人员应当接受安全培训，具备与本单位所从事的生产经营活动相应的安全生产知识和管理能力，经安全生产监督管理部门认可的培训机构的资质培训，取得培训合格证书。企业主要负责人和安全生产管理人员初次安全培训时间不得少于32学时，每年再培训时间不得少于12学时	10	①企业的主要负责人和安全生产管理人员未按规定接受安全培训，取得合格证书，扣3分。②培训学时不符合规定，扣2分/人	10	自查情况： ①公司主要领导和安全监督管理局均按规定接受培训，取得合格证书。 ②按要求完成培训机构的培训时间，每年不少于12学时
5.5.3	操作岗位人员教育培训	每年对生产岗位人员进行生产技能培训，安全规程考试，使其熟悉有关的安全生产规章制度和安全操作规程，掌握应急救援心肺复苏法，并确认符合国家安全变求。其中，工作票签发人、工作负责人、工作许可人须经安全培训，考试合格并公布。新入厂员工在上岗前必须进行厂、车间、班组三级安全教育培训，岗前培训时间不得少于24学时；危险性较大的岗位的氧气、氢气、氮气、乙炔、SF₆、酸、碱、油等热危险介质的物理、化学特性，培训时间不得少于48学时。生产岗位人员离岗转岗，离岗三个月以上重新上岗者，应进行车间和班组安全教育培训和考试合格方可上岗。特种作业（设备）作业人员应接受有关规定的安全培训，离岗考试合格并取得有效资格证书达6个月以上的特种作业人员，经确认或实际操作考核后方可上岗。新进行实际操作考核合格后方可上岗	20	①工作票签发人、工作负责人、考试合格或未经安全培训（设备）作业人员未按要求考核不合格人员上岗的，不得分。②现场作业人员违反安全生产规程或安全规章考核不合格者仍进行安全作业，扣1分/人。③新入厂人员未进行安全生产三级教育，扣1分/人。④现场作业人员不会使用防护法的，扣1分/人。⑤相关作业人员不会使用防护用品的，扣1分/人	20	自查情况： ①每年5月进行生产技能考试，并根据生产实际情况请各厂家技术人员到现场对生产人员进行安全知识、生产技能培训、讲座，新设备投产前生产员工到现场加培训，使其熟悉有关规章制度，安全操作厂家参加培训，公司对"三种人"、登高作业高特种作业者积极进行安全规章考试，合格上岗。 ②其他人员包括经常性承包商员工在内，由安全规程考试。公司领导安规考试。其他人员均按安规进行安全规章考试。 ③新入厂安全规章进行厂级安全考试，达35学时内容之一，培训时间厂级培训一周，达35学时 ④现场人员会使用防护法，防毒、急救护等用品相关人员安排培训，合格上岗

189

续表

项目序号	项目	内　　容	标准分	评　分　标　准	实得分	自查情况及存在问题
5.5.4	其他人员教育培训	企业应对相关方人员进行安全教育培训。作业人员进入作业现场前，应由作业现场所在单位对其进行现场有关的教育和培训，并经有关部门审查试合格。企业应对参观、学习和外来人员进行有关安全规定和可能接触到的危害及应急知识的教育和告知，并做好相关监护工作	10	①未对相关方人员进行安全教育培训或考试不合格进入生产现场，扣1分/人；承包方未经现场作业人作业现场进入生产现场，扣1分/人；未进行安全技术交底，扣1分/次。②未对外来人员进行安全教育和告知的，扣1分/人；临时用工上岗前未进行培训，未经考试合格，扣2分。	10	自查情况： ①对外来施工人员进行安全教育培训和安规考试，经考试合格，方可进入现场作业，安全技术交底有签字记录。 ②对技术人员，学习和技术指导安全交底，才进入生产现场，相关部门、安全班组人员进行监护，目前没有临时用工的情况。
5.5.5	安全文化建设	企业应制定企业安全文化建设规划纲要，重视企业安全文化建设，营造安全文化氛围，形成企业安全价值观，营造安全生产工作。企业应采取多种方式的安全文化活动，引导企业从业人员态度和安全行为，形成全体员工所认同，共同遵守，带有本单位特点之上的安全价值观，实现法律和政府监管要求水平持续提高。定期组织开展安全日活动，学习国家、上级单位、本单位有关安全生产的指示精神和规定以及分析本岗位安全生产知识，交流安全风险和预防措施。班前会，班后会。班前安全系统及危险点运做好危险点分析，布置安全措施，讲解安全注意事项，工作结束时总结当班工作情况，分析工作中存在的问题，提出改进意见和建议	30	①企业未开展安全文化活动、不重视安全文化纳入企业安全理念，不得分。扣5分；生产车间、班组未逐级制定相应的安全文化建设实施方案并开展活动，扣1分/项。②未制定反违章活动方案，扣5分；每月未进行活动分析，扣2分；现场发现违章，扣3分/次。③安全日活动内容不全，无针对性或无记录，扣3分；企业和车间领导、管理人员未按照安规定参加安全日活动，扣1分/次。④未组织班前会，班后会，扣2分/次；会议内容无落实，记录不实，记录不整/次；班前、班后会未召开，无记录，未能正常召开，扣3分/项	30	自查情况： ①公司开展安全文化建设，积极营造安全文化氛围，建立安全月活动，定期组织安全大检查，每年开展安全组织开展安全知识，竞赛活动。 ②公司制定了反违章管理制度，每月进行总结并进行考核。 ③每周开展安全活动，培训课件，规章制度，法律法规，班组每月反违章通报。 ④班前、班后会内容无实，记录完整

8.3.6　生产设备设施

8.3.6.1　设备设施管理

项目序号	项目	内容	标准分	评分标准	实得分	自查情况及存在问题
5.6.1.1	生产设施建设	建立新、改、扩建工程安全"三同时"的管理制度。安全设备设施应与建设项目主体工程同时设计、同时施工、同时投入生产和使用。安全预评价报告、安全专篇、安全工业卫生专篇（等同劳动安全卫生专篇）、安全验收评价报告应报相关部门备案	10	①新、改、扩建发电机组无该项制度的，不得分；制度不符合有关规定的，扣2分。②没有"三同时"的评价、审核认可手续，不得分；设计、评价或安全验收审查进行安全预评价的，扣2分；项目无安全预评价报告或未安全验收评价的，扣2分；安全设施未经预评价就设计的，扣1分；隐蔽工程未经检验合格就投入使用的，每处扣1分，安全设施未编制的，每处扣1分。③无资质单位编制的，不得分；缺少一个，扣1分。	10	自查情况：①公司建立了"三同时"的管理制度，明确各部门职责、工作程序及项目验收、审核等"三同时"的评价、审核认可内容。②二期工程安全预评价报告、安全专篇、安全工业卫生专篇（等同劳动安全卫生专篇）冶金建设项目安全设施设计。③某技术评价中心公司负责编制《风电场建设项目安全预评价报告》，并编制市安监局资质等级：甲级。
5.6.1.2	设备基础管理	制定并落实设备责任制，责任到岗。组织实施设备质量管理、完善设备管理、加强设备管理、设备异常管理、缺陷管理，明确设备异常管理制度。保证设备档案和资料完整、分类建立生产图纸和资料台账。技术资料未拆除制定拆除计划和拆除图纸，应进行易燃、易爆及危险化学品的管理，管道及设备管道在应清洗干净、验收合格后方可拆除或报废。	15	①未制定设备责任制，不得分；无设备管理制度、设备异动管理制度等制度不完善，设备异动管理制度等不符，扣3分。②设备检修或改造设备未严格履行接退审批，扣2分。③新增设备质量未按投退等标准和年度检修计划，扣3分。④异动管理、备品备件管理履行接退等办理，扣1分/条，扣3分；设备缺陷未按时消除，扣1分/条，扣5分；备品、备件储备不能满足要求，扣2分。⑤图纸、资料不全，扣1分；资料台账不全，扣2分。⑥拆除设备未制定和落实拆除方案，扣2分；拆除设备中含有危险化学品而未清洗即报废的，扣3分。	15	自查情况：①公司机组按分区管理，设备异动管理并责任到人，责任明确。制定了设备管理制度以及管理等规定制度，运行维护技术规程等规章制度。②按照集团公司和设备检修技术规定的管理规定，批准后实施。每年10月上旬制定检修计划，批准后，在第二年的检修项目均验收。③每台检修项目先行待检，实行三级验收。④日点及R/S点，待总。⑤备件异动和重要检修后若再实施。⑥生产备品备件的管理按公司的管理制度执行。⑦电力运行设备更新、备品备件及时增加设备的技术资料，并根据现场配有详细有档案，改造后再实施。基本上能满足生产需要。旧设备拆除，待总公司批准后拆除，建立相应的技术台账。检修的技术资料齐全。⑧设备的报废按照固定资产的管理制度执行，有易燃、易爆，均进行安全检查，毒、危险品拆除前，均进行安全措施评估、制定详细的技术措施和安全措施后，待总公司（和）生产部门总批准后实施。

续表

项目序号	项目	内　容	标准分	评　分　标　准	实得分	自查情况及存在问题
5.6.1.3	运行管理	遵守调度纪律，严格调度命令，落实调度指令，认真监视设备运行工况，合理调整设备运行状态参数，正确处理设备异常情况，完善设备检修安全技术措施，做好监护、验收等工作。严格操作核对操作内容和票逐项进行操作。加强操作核对操作监护并逐项进行操作。按规定时间、内容及线路对设备进行巡检。按规定时间和方法做好相关设备定期轮换和试验工作，做好相关记录。制定万能解锁钥匙和配电室及配电钥匙的领用制度；随时掌握万能解锁钥匙和方法，并认真执行。根据事故解锁制度开展并认真执行；合理安排机组运行方式，做好各类运行记录。做好事故预想，并开展好反事故演习，做好各类运行记录	20	①违反调度纪律，不得分。②因运行监视不到位发生安全事件，不得分。③存在无票操作，操作不合格，扣2分/张。④设备定期轮换和试验工作未执行或执行不合格，扣2分。⑤设备巡检不符合要求，扣2分。⑥未制定解锁钥匙和配电室及配电钥匙制度，扣5分；未严格执行或记录不全，扣2分。⑦未定期开展反事故演习，进行事故预想，扣2分，记录不完整、不翔实，扣1分/次	20	自查情况：①严格执行调度命令，未发生违反调度纪律事件。②运行值班员认真监视设备工况，合理调整设备状态参数，未发生相关不安全事件。③严格按两票三制，核对操作内容和操作票进行操作工作，加强操作监护，操作票合格率为100%。④设备定期轮换和试验，做好相关记录。⑤认真执行设备巡回检查，内容完整，按时回检查。⑥制定《风电场钥匙管理制度》，并认真执行电室及配电钥匙的相关制度。根据事故解锁钥匙的相关情况和年度反事故演习计划，做好事故预想，开展好各类反事故演习，并做好各类运行记录
5.6.1.4	检修管理	制定并落实设备检修管理制度，健全设备检修组织机构，编制检修进度网络图或检修标准化检修图或计划表。实施文件包，对重大项目制定重大安全措施及施工方案。技术措施及项目制定重大施工方案。严格执行现场工作票制度。严格检修现场管理、检修物品和定置管理。应分区域管理，检修物品质量要求和定置管理。严格工艺要求和质量标准，实行检修质量控制和监督三级验收制度，严格检修作业中停工待检点和见证点的检查签证	25	①未制定检修管理制度，不得分；制度不完善，机构不健全，落实存在问题，扣5分。②检修作业或编制检修作业指导书或内容包简单，扣2分。③设备检查记录或无票检查记录，扣2分。④无票工作不得分；工作票不合格，扣2分；安全措施没有落实，扣2分/项。⑤检修现场管理和定置管理不到位，扣3分。⑥检修质量控制制度执行不到位，扣10分；监督三级验收制度执行不到位，扣5分；监督三级验收资料不完整，扣5分/处	22	自查情况：①制定并落实设备组织机构，健全检修管理制度，并每月定期开展各项设备检修工作，并定期召开设备检修分析会议。②实行标准化检修管理，编制检修作业指导书，对重大措施及施工方案。③定期（每季度）对风电机组进行检修，并做好相关记录。④严格执行现场工作票制度，落实各项安全措施。⑤检修现场管理，实行现场定置管理标准，严格检修质量控制。⑥严格要求和质量标准，实行检修三级验收制度和监督三级验收制度，检修作业中停工待检点和见证点的检查签证工作落实到位，检修现场隔离和定置管理不到位，扣3分

N

续表

项目序号	项目	内容	标准分	评分标准	实得分	自查情况及存在问题
5.6.1.5	技术管理	建立健全会议总工程师或主管生产领导负责的技术监控和各级监督岗位责任制，监督工作年度计划，建立和保持技术监控（督）台账，记录技术改进报告、资料的完整性。定期技术监督管理办法，加强设备重大新增，改造项目可行性研究，组织编制项目实施的组织措施、技术措施和安全措施	20	①未制定技术监督管理制度，不得分；制度未有效落实，扣5分；未建立监督网络，扣5分。②未制定年度计划扣5分。③未定期开展技术监督工作，扣5分；技术监督工作报告和技术分析报告存在较大问题，扣5分；措施制定和实施不及时，扣3分。④未制定严格执行技术改造管理办法，扣5分；技改项目资料不完整，扣3分。	15	自查情况：①制定了技术监督管理实施细则，对监督中发现的问题及时分析，制定整改细则并按技术监控网络每季实施细则及数据进行改进活动。每季对技术监督内容及数据进行总结和分析。②公司制定了技术监督项目表，每项技改按要求建立：技改项目年度计划表，可靠性研究报告，竣工报告齐全。存在问题：未定期开展技术监督活动，扣5分。
5.6.1.6	可靠性管理	制定可靠性管理工作规范，建立可靠性管理组织体系，设置可靠性专职（或兼职）工作岗位并取得岗位资格证书，培训并开展可靠性信息管理系统，采集、审核、分析，报送可靠性信息。编制可靠性管理工作报告和技术分析报告，评价可靠性设备、设施及电网可靠性提高水平的可靠性现状，制定可靠性提高水平的具体措施并组织实施，定期对可靠性管理工作进行总结，并开展可靠性管理工作自查工作	10	①未制定可靠性管理工作规范，不得分；可靠性管理人员无证上岗，不得分。②未建立可靠性信息管理系统，不得分。③可靠性管理工作报告和技术分析报告存在较大问题，扣5分；措施制定和实施不及时，扣5分。④未进行可靠性工作总结、措施制定和实施，或未开展可靠性管理工作自查工作，扣5分	5	自查情况：①制定可靠性管理制度，配备1名兼职人员进行可靠性管理工作，建立了可靠性管理体系。②建立了可靠性信息管理系统，采集、统计、分析，报送公司网站。③运行和每月编制公司可靠性分析报告，并报送月运行和巡视状态，维护和良好的运行状态。④每月报据运行数据形成分析报告，对存在的问题制定改进措施。⑤生产月报分析中对可靠性设备进行自查。存在问题：总结、按可靠性管理办法未对设备进行自查，可靠性管理人员未取得岗位资格证书，扣5分。

8.3.6.2　设备设施保护

项目序号	项目	内　容	标准分	评分标准	实得分	自查情况及存在问题
5.6.2.1	制度管理	建立由企业主要领导牵头和有关单位主要负责人组成的安全防护体系，明确主管部门，定期组织召开安全防护工作会议，严格履行安全防护职责，布置、督促、落实企业的安全防护工作，检查安全防护工作开展情况，纠正违反安全防护规章制度的行为，严格考核。制定电力设施安全保卫制度，加强出入人员、车辆和物品的安全检查，防止发生外盗窃、破坏、恐怖袭击等事件。实行重要生产现场所的分区管理，严格重要生产现场准入制度	10	①没有建立安全防护体系，不得分；安全防护工作存在问题，扣3分。②没有电力设施安全保卫制度，不得分；内容不完善，扣2分。③重要生产现场所未分区管理，扣2分。④未经许可进入生产现场，扣3分	8	自查情况：①公司建立了由企业主要领导牵头安全防护体系，明确组织召开安全防护工作会议，严格履行安全防护职责，布置、督促、落实企业的安全防护工作，检查安全防护工作开展情况，纠正违反安全防护规章制度的行为，严格考核。②制定了电力设施安全保卫制度，加强出入人员、车辆和物品的安全检查，防止发生外盗窃、破坏、恐怖袭击等问题；存在问题：电力设施安全保卫制度内容不完善，扣2分。
5.6.2.2	保护措施	建立电力设施永久保护区台账和检查记录，架空、地下、海底电力电缆等输电线路所处的永久保护区应有明显警示标识。加强电力设施人防管理，在相关电力设施人防设置设置看护人，对人、车进行检查。电力设施物防护到位，及时加固，修缮更新变更要器材和防盗装置。在重要电力设施内部及周界安装视频监控、高压脉冲电网、远红外报警等安防技术设施，根据需要将重点视频监控接入公安安保监控系统，实现多方监控。安保器材、防暴装置配置、使用和维护管理到位	10	①未建立电力设施永久保护区台账和检查记录，架空、地下电力设施人防管理，在相关电力设施人防设置；永久保护区无明显警示标识，扣1分/处。②生产现场缺少安全保卫人员，扣1分/处。③防护体不牢固安保器材缺失，扣1分/处。④未安装视频监控或监控报警等功能失效，扣2分。⑤安保器材、防暴装置配置不合理，扣1分/项	10	自查情况：①查阅《设备台账》及《风电场土地使用权租赁合同》；已建立电力设施永久保护区台账和检查记录，架空、地下电缆等输电线路所处的保护区有明显警示标识。②风电场生产现场有巡视。③电力设施生产现场投入到位，及时加固，修缮更新安保器材。④根据需要已将升压站开关室、继电室、GIS室、变压器室等重点部位画面集中于控制室。⑤升压站周边的视频监控接入公安集中监测装置，变电站有门卫，专人值守

续表

项目序号	项目	内容	标准分	评分标准	实得分	自查情况及存在问题
5.6.2.3	保卫方式	根据重大活动时段安排和生产运行影响程度，确定保卫方式，对重要人员和生产场所应采取安全保卫要求和人员在本单位安全保卫联合岗位值勤（警企联防）。对相关场所采用本单位专业专业安保人员和电力群众安全保卫现场巡视检查（专业自防）。组织企业所有相关人员、安全保卫人员在场所辖区内现场值守和巡视检查（企业自防）。	5	①被有关部门检查出存在安全保卫问题的，不得分②未按规定实施安全保卫方式的，扣2分③安保工作存在漏洞的，扣2分	5	自查情况：①升压站安装了红外防盗系统，每月对系统进行检查、功能进行测试，并在定期检测记录中记录②除门卫和监控人员外，与周边公安、群众组织企业成立了联防防机制共同做好保卫工作
5.6.2.4	处置与报告	重要电力设施遭受破坏后，电力企业应当及时进行处置，并向当地公安机关和所在地电力监管机构报告	5	未及时处置报告的，不得分	0	存在问题：2013年4月某风电机组与箱变接地铜缆被盗，未向所在地电力监管机构报告，不得分

8.3.6.3 设备设施安全

项目序号	项目	内容	标准分	评分标准	实得分	自查情况及存在问题
5.6.3.1	电气一次设备及系统	发电机及其所属系统的设备状态良好，无缺陷；发电机转子绕组与集电环接触良好，无缺陷；转子绕组电流及温度符合规定，定子氢温及冷却水进出水温度及流量符合规定范围；日常检测仪表及运行指示正确。变压器和高压并联电抗器的状况良好，绝缘好，发电机转子及集电环接触良好，有载开关的分接开关运行方式正常，母线及系统油运行正常无渗漏油，绝缘，开关状态符合要求，隔离开关、断路器等运行正常，高低压配电装置运行正常无渗漏油；防误闭锁可靠；电力电缆无缺陷，开关柜，隔离开关、避雷器和穿墙套管无缺陷；耦合电容器、过电压保护装置电流，振动值，防护等级符合现场使用环境；所有一次设备绝缘监督指标符合合温度在允许范围内；防护等级符合现场使用环境指标符合	15	①存在影响电气一次设备安全稳定运行的重大缺陷或隐患，扣3分/项，未进行分析并判制定措施，未得分/项；一次设备无针对性处理不合格，扣2分/项②一次设备绝缘监督指标不合格，扣2分/项③发电机转子硬刷与集电环接触不好，造成集电环火花，扣5分④发电机各部运行温度超标，未采取措施，扣5分⑤变压器和高压并联电抗器本体、散热器、套管、储油柜等部位运行正常，有渗漏油，扣2分/项⑥高低压配电装置设备缺陷，扣2分/项	15	自查情况：①电气一次设备不存在重大缺陷或隐患。②一次设备绝缘指标合格。③发电机转子硬刷与集电环接触良好。④发电机转子运行正常，并定期观察前后轴承运行温度。⑤变压器、散热器、套管、储油柜等部位运行正常，无渗漏油现象。⑥高低压配电装置设备无重大缺陷。

195

续表

项目序号	项目	内 容	标准分	评 分 标 准	实得分	自查情况及存在问题
5.6.3.2	电气二次设备及系统	励磁系统设备运行可靠,调节器在正常方式运行时稳定,可靠,调节器特性及定值满足要求;励磁系统的保护正确,强励能力符合要求,励磁变压器满足要求,新投入及大修后的励磁系统接按各项试验,且试验合格。继电保护及自动装置的配置符合要求,运行工况正常,定期应进行整定校验,并定期进行检验;故障录波器运行正常,需定期测试技术参数和信号指示器,仪器及时投入运行。直流系统设备可靠与升压站与机组相互独立;直流系统各级熔断器和空气小开关专人管理,蓄电池系统定值齐全;蓄电池未做核对性试验,通信设备,电路,电缆线路及光缆线路的运行状况良好;通信系统电源及直流系统定值齐,合理	15	①存在影响风电机组安全稳定运行的缺陷和隐患,扣 3 分/项。②二次回路,二次设备存在及时消除的缺陷,扣 1 分/项。③励磁系统设备存在缺陷,扣 1 分/项。④继电保护装置及自动装置项目缺失,未按规定校验,扣 2 分。⑤故障录波器运行不正常或未投入运行,扣 2 分。⑥定期测试技术参数的保护进行测试,扣 2 分。⑦通信设备,电路,电缆,光缆线路及运行环境存在问题,扣 2 分。⑧直流系统各级熔断器和空气开关的定值没有专人管理,备件不全,扣 5 分。⑨蓄电池未做核对性试验,扣 2 分	15	自查情况:①不存在影响安全稳定运行的缺陷和隐患。②二次回路,二次设备不存在缺陷。③励磁系统不存在设备缺陷。④运行工况正常,定值符合要求,并定期进行检验。⑤故障录波器正常,按规定进行了定期检验。⑥定期测试技术参数和信号指示器正常,仪器及时投入运行。⑦通信设备,电路及光缆线路的运行状况良好,合理。⑧直流系统运行正常,符合运行要求。⑨蓄电池设备安全可靠,蓄电池定期放电试验,符合各项要求
5.6.3.3	热控,自动化设备及计算机监控系统	模拟量控制系统(MCS),汽机数字电液控制与保护(DEH/ETS/TSI),水轮机调速与保护系统(TCS,TPS),燃烧控制系统(SCS),锅炉炉膛安全监控系统(FSSS),顺序设备配置规范,机网协调功能,数据采集系统(DAS),电网协调功能(AGC,一次调频)齐全,逻辑正确,运行正常,计算机监控厂用机监控设备的抗射频干扰测试合格。分散控制系统(DCS)或水电厂计算机监控系统或机组间网络及质量满足要求,控制系统电源及接地,过程网络及电源有冗余配置。DCS 操作员,仪表控制站,现地过程控制装置(LCU),工程师站分级报警管理制度健全,现地过程控制热工系统自动投入率,仪表,保护投入率,DCS 测点准确率,DCS 测点投入率达到标准要求	20	①存在影响机组安全稳定运行的缺陷和隐患,扣 3 分/项。②系统配置或功能不符合要求,扣 2 分/项。③电子间环境,电源,接地,仪用气质量不满足要求,扣 2 分/项。④分级授权投入率,保护投入率,DCS 测点投入率不符合要求,扣 3 分/项	20	自查情况:①监控设备状况良好,不存在影响机组安全稳定运行的缺陷和隐患。②系统配置功能符合要求。③电子间环境,电源,接地,仪用气质量满足要求。④分级授权投入率,保护投入率满足要求。⑤保护投入率,仪表准确率,DCS 测点投入率满足标准要求

续表

项目序号	项目	内　容	标准分	评分标准	实得分	自查情况及存在问题
5.6.3.8	环保设备及系统	烟气脱硫系统、烟气脱硝系统、废水处理系统设备、电除尘设备，各项运行参数符合要求，满足运行要求。灰坝、灰场、其他储存场地符合要求。废弃物能够综合利用，综合利用率逐年递增，并取得一定经济效益。	10	①各类环保设备及系统存在影响主机满出力的缺陷，扣3分/项。②废弃物综合利用不满足环保要求，扣5分。	10	自查情况：①废水处理系统运行正常，均合格，进行检测。②生活垃圾回收与当地环卫部门订立处理合同。③更换的旧齿轮油箱进行回收，集中送当地回收单位处理。
5.6.3.9	信息网络设备及系统	信息网络设备及其系统设备可靠；总体安全策略、网络安全策略、应用安全策略等正确，符合应用规定。构建网络基础设施符评，接入网络用户及权限可信，非授权访问或预留后门或逻辑炸弹，存储的数据可信，上传输、处理、存储资源逻辑增、或恶意篡改。电力二次系统充实安全防护满足《关于印发〈电力二次系统安全防护方案〉等安全防护方案的通知》（电监安全〔2006〕24号）中的《电力二次系统安全防护总体方案》和《发电厂二次系统安全防护方案》文件，具有数据网络和网络安全隔离区合理，隔离措施完备，目录安全区间实现逻辑隔离，分区合理，隔离措施完备，服务器、域名系统、邮件系统、路由器、交换机、数据库、密钥设备、账号、密码、密钥参数、安全设备、IP地址、用户数、服务器端口、交换机端口等网络资源统一管理。安全区间实现逻辑大区和管理信息大区有直接的生产控制大区，并且该装置应经过国家权威机构的横向隔离装置安全认证。网络节点具备备份恢复能力，能够有效防范病毒和黑客的攻击所引起的网络拥塞、系统崩溃和数据丢失。	10	①信息网络设备及其系统硬件存在缺陷，扣2分。②各类技术管理存在问题，扣2分。③电力二次系统安全防护存在安全隐患，扣3分。④安全区间实现逻辑大区未经过国家权威单向横向隔离装置未经安全认证，扣3分。⑤备份恢复能力不健全，扣3分。	7	自查情况：①信息网络设备及其系统设备可靠；总体安全策略、网络安全策略、应用安全策略正确，应用系统规定。②网络安全策略由专门责任岗位一管理。③电力二次系统满足安全防护实施行业管理规定要求，具有数据隔离，分区合理，隔离措施完备。④安全区间实现逻辑大区和生产控制大区，管理信息大区间安装了单向横向隔离装置，经国家权威采购具有国家权威机构检测和安全认证的横向隔离装置安全可靠。⑤网络有备份恢复能力。存在问题：网络节点备份恢复能力不健全，扣3分。

续表

项目序号	项目	内容	评分标准	标准分	实得分	自查情况及存在问题
5.6.3.14	风力发电及电设备系统	风电机组具备低电压穿越能力。风力发电机、变频系统和齿轮箱及其所属设备良好，无缺陷。风电场无功补偿装置运行可靠，容量配置和无功电压调节满足需要。有关多数整定值满足电压调节需要。风电机组各连接承口（塔筒之间、塔筒与机舱、机舱与轮毂、轮毂与叶片）符合要求。液压系统、润滑系统和冷却系统各构件的连接面连接可靠，无渗漏。风电机组控制系统及保护系统的配置和运行工况正常，保护动作情况正确，定期进行检验。风电机组远程监控系统运行良好	存在缺陷，扣2分/条	30	28	自查情况：①风电机组具备低电压穿越能力，风电场已于2013年6月通过电科院检测。风力发电机、变频系统和齿轮箱及其所属设备良好，无缺陷。②风电场无功补偿装置选用是SVG，多数整定值满足要求。SVG已通过电科院省级电压满足系统测试。③风电机组各连接承口（塔筒之间、塔筒与机舱、机舱与轮毂、轮毂与叶片）符合要求。④液压系统、润滑系统和冷却系统各构件的连接面连接可靠，无严重渗漏现象。⑤风电机组控制系统及保护系统的配置及运行工况正常，保护动作情况正确，每年对风机保护中维护保护进行检验。存在问题：风电机组远程监控系统运行不稳定，读取数据较慢，扣2分

8.3.6.4　设备设施风险控制

(1) 电气设备及系统风险控制。

项目序号	项目	内容	评分标准	标准分	实得分	自查情况及存在问题
5.6.4.1.1	全厂停电风险控制	制定并落实防止全厂停电事故预防措施，特别是单机、单母线、单线运行方式安排合理，机组运行时的保障措施。全厂机组运行方式安排合理，防止误操作。严格升压站操作和倒闸操作运行设备。误动和直流保护运行设备。加强继电保护和直流管理，合理整定及保护定值，杜绝继电保护误动、拒动及直流故障引发或扩大系统事故	①未制定防止全厂停电事故预防措施，不得分；措施制定不完善或落实不到位，扣5分。②保护装置误动，拒动，扣5分/次；影响系统安全，不得分；发生误操作，不得分。③直流系统出现接地等异常未及时处理，扣2分/项	10	10	自查情况：①公司制定了防止全厂停电事故预防措施。②公司严格按照升压站检修和倒闸操作管理，未发生误操作事件。③直流系统未出现接地等异常情况

续表

项目序号	项目	内容	标准分	评分标准	实得分	自查情况及存在问题
5.6.4.1.2	发电机损坏风险控制	制定并落实发电机反事故技术措施。加强对地加直流电压测量，不合格的应及时消缺。机组检修时，200MW及以上发电机定子线端部线圈的磨损，紧定子绕组端部松动引起定子绕组匝间短路。做好定子绕组耐振型模态试验，防止定子绕组端部松动引起短路。调峰运行机组在停机过程中和大修中分别进行动态、静态匝间短路试验，有条件的可加装转子绕组匝间短路较严重的应尽快处理。发电机端部固件正常，发电机内未遗留金属异物。当转子接地保护发生一点接地时，应立即停机；过励限制值、励磁调节器正常，可靠运行。氢内冷转子通风良好，当绝缘过热报警时应立即取样作色谱分析，必要时停机处理。氢内冷管道，阀门密封在规定范围，设备正常时发电机非全相对转子线组防止反冲击。严格控制氢发电机氢气湿度在规程允许的范围内，并做好发电机氢气湿度控制措施。严禁发电机非全相并网。风电机组的自动控制及继电保护应具备对发电机转速、风速、重要部件温度、叶轮和发电机转速等信号进行检测判断，并在出现异常情况（故障）情况下，风电机应对动作停机，并采取有效措施防止风电机组解网时风电机组不应对风电机组造成损坏	10	①未制定发电机反事故技术措施，扣5分；制定不完善或落实不到位，扣5分。②未对大绝缘、引水管或水头形接地、过渡引线对定子绕组端部包绝缘进行检查和测试，接地算子手包绝缘端部大修中未进行检查和测量，接地绕组做耐振型模态试验，绝缘监测器出现停机过程中和大修中未取相应措施，自动磁调节保护报警后未取相应措施，绝缘过热监测器出现过热报警没有及时相应，出现发电机非过热报警没有及时相应问题，发电机非全相运行，不得分。③200MW及以上发电机在大修型未做定子绕组耐振型模态试验，扣2分。④发生定子漏水，扣2分；定子绕组端部松动，引水管或引水接头漏水，不得分。⑤转子绝缘损坏，扣2分。⑥励磁调节器存在短期缺陷，扣2分；存在长期缺陷，扣5分。⑦自动磁调节器的依励限定值，过励限制和励磁保护值不符合要求，扣2分。⑧水内冷控制管道，阀门密封不符合要求，或水质未定期对容量表，水质控制反冲，扣2分。⑨氢气控制超限，或氢气湿度超过规定值，扣2分。⑩涡轮温度超过规定值，或氢气湿度控制措施执行不到位，扣2分。⑪风电机组自动控制及保护功能不全，不得分；风速、发电机转速、齿轮和发电机转速、齿轮箱温度等零零测量设备存在缺陷未及时处理，扣2分/项；刹车设备存在缺陷，扣3分/条。	10	自查情况：①制定了发电机反事故技术措施。②制定了风电机组运行操作规程和检修规程。③在风电机定期维护中，测量发电机定子绕组、直流电阻；对风电机组绝缘进行试验、温度正常。④发电机转速、温度、齿轮箱温度数据齐全，并根据运行工况进行分析。刹车系统不存在缺陷。

续表

项目序号	项目	内　　容	标准分	评　分　标　准	实得分	自查情况及存在问题
5.6.4.1.3	高压开关损坏事故风险控制	制定并落实高压开关设备防误闭锁事故技术措施。完善高压开关设备断口外绝缘防污涂料等措施。做好气体管理，包括 SF₆ 压力表和密度继电器的定期校验。加强对隔离开关转动部件、接触部件、操作部件的检查和润滑，并进行机械试验；定期用红外线测温仪测温，检查和处理触点分的温度。定期清扫电动机尘垢、空气过滤器、排放储气罐内积水，定期检查液压回路有无渗漏油现象，发现缺陷应及时处理	10	①发生高压开关损坏事故，不得分。②未制定高压开关设备防误闭锁事故反事故技术措施或落实不到位，扣5分。③高压开关设备防误闭锁功能不完善，扣3分/项；防误闭锁功能不完善造成事故，不得分。④未对隔离开关进行操作试验，扣2分/项。⑤气体管理，运行及设备的气体监测和异常情况分析不到位，扣3分。⑥未定期测量装置温度，扣5分	10	自查情况：①未发生高压开关损坏事故。②制定了高压开关防误闭锁事故反事故技术措施。③高压开关设备防误闭锁功能完善。×××风电场导致设备检修、对隔离开关进行离合试验进行了的气体。④利用设备不完善各项进行操作试验，对隔离开关进行进行管理，运行及设备的气体监测和异常情况分析正常。⑤气体管理，运行及设备的气体监测和异常情况分析正常。⑥红外仪定期测量温度
5.6.4.1.4	接地网事故风险控制	设备设施的接地装置与接地网连接牢固。有关生产装置的接地引下线设计、施工符合要求。各种接地装置的焊接质量、接地试验质量、接地网与接地网间应为多点连接。根据接地网短路容量的变化，应校核接地容量，并根据接地装置的热稳定程度对接地装置进行改造。变压器中性点有两根接地引下线，每根接地引下线均应与主接地网不同地点连接，且每根接地引下线均应符合热稳定要求。重要设备及设备架构宜有两根接地引下线，连接引线应符合热稳定要求。对于高土壤电阻率地区的接地网，在接地电阻难以满足要求时，应有完善接地及隔离措施。每年进行一次接地装置引下线的导通检测工作，根据历次测量结果进行分析比较	5	①设备设施的接地引下线设计、施工不符合要求，生产设备、生产工作不牢固，扣2分。②接地装置的焊接质量、接地试验、连接接头不牢固，扣2分。③未对接地装置进行校核，扣2分。④接地装置引下线不到位，扣2分。⑤接地电阻率超过土壤率要求，而又未采取隔离及隔离措施，扣1分。⑥变压器中性点未采取接地的要求，扣2分。⑦升压站两根接地引下线接地，或重要设备及设备架构引下线采取接地，不符合热稳定要求，扣2分	5	自查情况：①电气设备接地引下线设计、生产设备接地网连接牢固。②接地装置的焊接质量、接地试验进行校核可靠。③定期对接地网进行校核。④接地装置引下线接地装置进行一次。⑤接地网电阻符合要求。⑥变压器接地，符合要求。⑦升压站两根接地引下线接地或等采取两根接地架构及设备引下线接地，符合热稳定要求

续表

项目序号	项目	内容	标准分	评分标准	实得分	自查情况及存在问题
5.6.4.1.5	污闪风险控制	落实防污闪技术措施、管理规定和实施要求,定期对输变电设备外绝缘表面进行盐密测量、污秽调查和运行巡视,及时根据污秽情况变化采取防污闪措施。运行设备外绝缘爬距,原则上应与污秽分级相适应,不满足时的应予以调整。坚持适时的清扫,落实质量的保证。任何"清扫责任制"和"质量检查制"	5	①发生污闪事件,引起电网或机组安全运行,不得分。②未严格落实防污闪技术措施和实施要求,扣3分。③运行设备外绝缘爬距,未与污秽分级相适应,而又未采取措施,扣2分。④未进行定期清扫,扣3分。	2	自查情况: ①未发生污闪事件。 ②制定了防污闪技术措施、管理规定和实施要求。 ③未发生运行设备不适应现象。 ④每年对电气设备外绝缘修距与污秽分级相适应,做到"逢停必扫"。 存在问题: 未严格落实防污闪要求,管理规定未实施要求,如2013年春季未对35kV 2回路外绝缘子清扫,扣3分
5.6.4.1.6	继电保护故障风险控制	贯彻落实继电保护技术规程、整定规程、技术管理规定等。重视大型发电机、变压器保护的配置和整定计算,包括与相关线路保护的整定;对于220kV及以上主变压器的微机保护电厂变电站必须双重化。双套母差、开关失灵保护。保证继电保护操作电源的可靠性,防止出现二次寄生回路;提高继电保护装置抗干扰能力。机组大修后,发变组保护定值必须经一次短路试验;未检验验收后,所有保护装置和二次回路检验工作结束后,必须经保护装置和二次回路检验验收后,方可投入运行	10	①未落实继电保护技术规程、整定规程、管理规定,扣2分/条。②电保护装置和安全自动装置整定值不符合定值规定,扣2分/项。③电保护操作电源不可靠,扣2分/项。④出现误整、误接线、误整定,不符合。⑤电保护装置和安全自动装置误动、拒动,不得分	8	自查情况: ①配有继电保护技术规程、整定规程、管理规定,并由电力运行部门实施执行。 ②继电保护定值符合整定值要求。 ③继电保护操作电源符合规定。 ④无误整、误接线、误整定。 ⑤继电保护装置和安全自动装置无误动、拒动。 存在问题: 35kV I段母线 TV 操作电源小开关有误跳现象,扣2分/项

续表

项目序号	项目	内　容	标准分	评分标准	实得分	自查情况及存在问题
5.6.4.1.7	变压器、互感器损坏风险控制	制定并落实变压器、互感器设备反事故技术措施，加强管理。220kV 及以上电压等级的变压器应进厂监造，加强油质管理，对变压器油要加强质量控制。大型变压器安装应做油在线监测装置，在线监测比较完好。在近端发生短路后，应依响应电压绕组阻抗记录变形，并与原始记录比较，事故排油设施符合规定。加强变压器绕组温度和油温升的检测检查	10	①未制定变压器、互感器设备反事故技术措施，不得分。②变压器设备选型、订货、监造、验收、投运等过程管理不到位，扣 5 分。制定不善或选型或变压器油投运等过程管理不到位，扣 1 分/项。③变压器油存在质量问题，扣 2 分。④大型变压器未安装在线监测装置，扣 2 分。⑤在近端发生短路后，未做相应试验，扣 2 分。⑥冷却油装置电源未定期切换，扣 2 分。⑦事故排油设施不符合规定，扣 3 分	10	自查情况：①制定了变压器、互感器设备反事故技术措施并落实到位。②变压器设备选型、订货、监造、验收、投运等过程符合要求。③变压器油质量符合要求。④正常当班对变压器绕组温度、铁芯温度和油温进行检查，特大风天气、大风天气加强巡检。⑤未发生短路。⑥风冷方式，无装置电源。⑦主变压器事故排油管道输油坑等设施符合规定

(2) 热控、自动化设备及系统风险控制。

项目序号	项目	内　容	标准分	评分标准	实得分	自查情况及存在问题
5.6.4.2.1	分散控制系统、水电厂计算机监控系统失灵风险控制	严格执行分散控制系统或监控系统水电厂计算机监控系统有关技术规程和规定。主要控制系统应采用冗余配置，重要 I/O 点采用非冗余一板件有冗余配置。系统的电源有冗余手段，接地良好，接地的单端接地。CPU 负荷率、通信网络负荷率、电源容量均应有适当裕度，满足相关规范要求。系统连接的所有相关系统（包括专用系统）的通信负荷率在合理范围内。所有进入 DCS 或 LCU 系统控制信号的电缆选型和接地方式符合用质量合格控制系统的屏蔽电缆，且有良好的电缆接地。控制系统软件和应用软件的后备操作手段配置符合要求。独立子控制系统的后备操作手段不健全，建立有规范控制系统软件和应用软件的管理，建立有针对性的系统防病毒措施	10	①发生分散控制系统或监控系统失灵事故，不得分。②未严格执行监控系统有关技术规程和规定，不得分。③主要控制器冗余配置不符合要求，扣 3 分。④系统的电源及接地不符合要求，扣 3 分。⑤系统有关裕度不满足所连接的所有标准要求、主系统及与主系统连接相关系统的通信负荷率超限，扣 3 分。⑥控制信号电缆选型和接地方式不符合要求，扣 2 分。⑦后备操作手段不健全，扣 2 分。⑧系统软件和应用软件防病毒措施管理不到位，或无良好的系统防病毒措施，扣 2 分	10	自查情况：①未发生分散控制系统或监控系统失灵事故。②严格执行监控系统有关技术规程和规定。③主要控制器冗余配置符合要求。④主控制电源及接地满足标准要求。⑤系统及系统与主系统连接的通信符合要求、系统的通信信号和接地方式符合要求。⑥控制软件作手段符合要求。⑦设备操作手段健全。⑧系统软件有良好的系统防病毒管理基本到位

续表

项目序号	项目	内容	标准分	评分标准	实得分	自查情况及存在问题
5.6.4.2.2	热工保护拒动风险控制	热工各项保护配置符合要求，工作正常，电源可靠。工作就地取样测点和装置符合要求，安装规范。定期进行仪表保护定值的接入检验。热工保护相应动作设备的动作试验。热工保护装置（系统，包括一次检测设备）发生故障时，必须按热工保护投、退手续，并限期恢复	10	①发生热工保护拒动事故，不得分。②保护配置不符合要求，扣3分。③保护装置及相关配套设施工作不正常，扣3分/项。④取样不符合要求或不在在检验范围，扣2分/项。⑤未定期进行检查、试验，扣3分/处。⑥故障处理时执行投退制度不严格，或恢复不及时时，扣3分	10	自查情况：①未发生热工保护拒动事故。②保护配置符合要求。③保护装置及相关配置符合要求。正常。④取样符合要求。⑤定期进行检查、试验。⑥故障处理执行投退制度严格，退投及时，恢复及时。

（3）风力发电设备及系统风险控制。

项目序号	项目	内容	标准分	评分标准	实得分	自查情况及存在问题
5.6.4.7.1	风电机组着火风险控制	建立健全预防风机火灾的管理制度，严格机内动火作业管理。机舱内动火作业管理，定期巡视检查风机防火控制措施。风电机组接线按设计图册施工，严格整齐，各类电缆应符合要求。布线分层布置，电缆的弯曲半径应符合要求，进行固定。机舱、塔筒选用阻燃电缆，靠近带油设备的电缆应有防火隔热措施。机舱、塔筒内没有放置易燃物品。电缆孔洞和盘面缝隙采取封堵措施。电缆通道、竖井禁止存放易燃物。风电机组内必须阻燃。电缆孔洞内严禁存放易燃物品，禁止使用易燃材料封堵。机舱保温材料，机舱保温处理。风电机组着火。发电机、齿轮箱、变压器等设备进行定期监控。机舱监控温度监控，发现异常变化，对设备轴承、发电机、齿轮箱环境温度变化，定期对母排、并网接触器、励磁接触器、变频器等进行温度探测。并网接触器、变压器等设备一次动力电缆连接点及设备本体等部位进行温度探测。定期对风电机组防雷系统和接地系统检查、测试，严格控制油系统加热系统，控制油系统加热温度在允许温度范围内，并有可靠的超温保护措施。	15	①预防风电机组火灾的管理制度和措施不健全，不得分。②电缆布置不符合要求，扣3分/处。③电缆材质、隔热措施、阻燃措施不符合要求，扣3分/处。④风机内有放置易燃物料不合格，不得分。⑤机舱保温孔洞和盘面缝隙未采用封堵措施，扣5分/处。⑤风电机组监控未进行监控，发电机、齿轮箱、齿轮箱对设备轴承、发电机、齿轮箱环境温度进行定期监控，扣5分。⑥未对母排、并网接触器、励磁接触器、变压器等设备一次动力电缆连接点及设备本体等进行温度探测，扣5分。⑦由未接地系统检查、测试，扣5分，或无可靠超温保护措施，扣5分/项。	10	自查情况：①建立了防止风电机组火灾事故的技术与安全措施。②风电机组内电缆严格按接设计图册施工，布置齐，各类电缆应由半径符合要求。③机舱、塔筒内没有放置易燃物品。④风电机组内严禁存放易燃物。⑤风电机组盘面缝隙未有封堵措施。⑤风电机组监控轴承、发电机、齿轮箱及机组监控温度监控，并进行温度监控。⑥未对母排、变压器等部位进行一次温度监控。⑦由未接地检测所对全场风电机组防雷措施、电缆连接点和接地系统进行了检查、测试。⑧油加热保护中的超温措施，并在维护中对保护进行温度探测。未对母排、并网接触器、励磁接触器、变压器等设备一次动力电缆连接点进行温度探测。本体等全部进行温度探测。

项目序号	项目	内容	标准分	评分标准	实得分	自查情况及存在问题
5.6.4.7.2	倒塔风险控制	风电机组塔筒及主机设备选型时应符合设计要求，安装时严格遵循安装指导要求，维护时认真做好电气试验和油脂添加，定值核对及机械维护工作。风电机组基础浇筑混凝土工艺严格按照规范规程要求做好基础养护和回填，在基础混凝土强度要求做好基础环兰及基础环兰水平度合格后方可机组吊装及水平测试。接地电阻测试结果及水平测试合格后方可机组吊装工作。每3个月对风电机组基础进行水平测试。安装的单位必须具备设备安装资质的单位进行，特种作业人员必须持证上岗。塔筒连接的所有高强度螺栓必须紧固可靠。塔筒连接部位与紧固螺栓经验收合格，塔筒力矩经验收。加强塔筒连接部件和焊接部位和防腐情况的检查，定期对力矩检测。风机基础沉降，塔筒垂直度，塔筒螺栓力矩检测。制定暴雨，台风，地震等自然灾害等应对措施	15	①风电机组塔筒及主机设备选型，安装不到位，设备维护不到位，不得分；设备维护不到位，扣5分/次。②风电机组基础浇筑混凝土工艺不符合要求，扣5分/项。③未定期进行基础水平测试的，扣3分。④安装作业单位资质无证作业，不得分；特种作业人员无证作业，扣3分/人次。⑤螺栓安装和焊接不符合要求，扣5分/处。⑥塔筒连接部件和防腐情况检查不到位；风电机组基础沉降，塔筒垂直度，扣3分/项。⑦暴雨，台风，地震等灾害等应对措施落实不到位，扣5分	15	自查情况：①风电机组及主机设备选型符合要求；并严格按照风电机组维护管理制度技术，风电机组维护到位。②风电机组浇筑混凝土符合要求。③已委托相关基础浇筑有限公司定期进行水平对风电场基础进行垂直观测，并出具了报告，未发现风电场基础异常。④严格对安装作业人员及作业工器具资质进行审核，有特种作业人员以证上岗，合格方可施工。⑤螺栓以及焊接验收合格后方可施工。⑥风电机组维护中对风电机组所有螺栓打打力矩。⑦制定了防雷，防止风电机组倒塔事故的技术与安全措施中包括对风轮，浆叶重新打力矩与安全措施，落实自然灾害等应对措施，制定了防台风应对措施实施细则
5.6.4.7.3	轮毂（桨叶）脱落风险控制	完善风电机组巡检制度，加强对轮毂（叶片）的检查，发现螺栓松动，损伤，断裂等现象及时处理。实时监控轮毂振动，风电机组功率，登塔检查。发现异常，应对空气动力方向的检查。严格风电机组开停机，未经现场叶片和桨毂检查不得开动风电机组；若风电机组叶片达到极限风速测试，必须停机，出厂前接电机螺栓做好质量不平衡试验，开桨取极限接螺栓偏移校准，正负荷流量测试，急停阀间测试等工作	15	①未制定风电机组巡检制度，不得分；巡检制度不完善或巡检未落实到位，扣5分。②机舱振动，风电机组功率，主轴承温度等参数监控不到位，扣5分。③异常情况未处理正确，扣5分。④各项测试和试验未按规定进行，扣5分/次。	10	自查情况：①制定风电机组巡检制度，并指定专人负责巡检记录表的收集和汇总。②机舱振动，风电机组功率，主轴承温度参数监控到位，还可从风电机组监控系统上查阅历史数据。③风电机组安装过程中进行了桨叶测试，开桨收集，超速测试，过速保护装置测试，正负流量测试，急停阀测试工作。存在问题：未因雷击主控制器通信异常，读判断为无件质量问题，扣5分

续表

项目序号	项目	内　容	标准分	评分标准	实得分	自查情况及存在问题
5.6.4.7.4	叶轮超速风险控制	完善风电机组巡检制度，认真检查刹车系统，转速检测装置，确保各个元件性能良好无损。加强大风季节监督，若风速变化经常触发急停停机，超过4~5次后，应停止上风电机组运行，进行现场检查，避免因风电机组频繁启停导致超速保护系统元件损坏。定期做好超速保护试验，风电机组超速保护系统元件损坏。弹性联轴节，复合联轴器连接牢固，保护定值合格要求，急停装置定期测试合格。液压系统无缺陷或故障，各电磁阀动作可靠性。	15	①未制定风电机组巡检制度，不得分；制度落实不到位，扣3分。②因风电机组频繁启停导致超速保护系统元件损坏，不得分。③未定期开展超速试验，扣3分/次。④弹性联轴节，复合联轴器存在缺陷，控制系统，急停装置无缺陷，扣3分/项。⑤液压系统存在缺陷，扣2分/处。	15	自查情况：①制定了风电机组巡检制度，并指定专人负责巡检记录表和汇总；②风电机组投运以来未发生因风电机组频繁启停导致超速保护系统元件损坏的情况。③在风电机组的每次巡检中，对风机超速保护，急停联轴节，控制系统及保护装置进行试验。④弹性联轴节，复合联轴器符合要求，在风电机组控制系统及保护定期维护中进行检查。⑤液压系统暂时不存在缺陷。
5.6.4.7.5	齿轮箱损坏风险控制	定期进行油样化检测，振动检测，根据检验报告进行状态检修，加强滤芯前后压力，温度检测，必须按要求定期进行油滤芯更换工作。	10	①检验报告已要求进行检修，过期未检修，不得分。②未定期进行油样化检验，扣3分。③未定期进行振动检测，扣3分。④未按要求更换油滤芯，扣3分。⑤齿轮箱压力，温度测点有缺陷，扣2分。	7	自查情况：①检验报告要求进行的，都定期进行了检修。②在每次定期中进行取样油检测。③在运维工作中定期对风电机组进行振动检测。④定期对滤芯进行更换。⑤齿轮箱压力，温度测点暂时无缺陷。存在问题：未按要求定期对齿轮油滤芯进行更换，扣3分。
5.6.4.7.6	风电机组防雷接地风险控制	雷电高频发地区应加强桨叶防雷的防雷工作；对于长度大于20m的桨叶，桨叶上设置多个接闪器，各接闪器均与内置的引下导体做电气连接，这样接闪器可以大幅度的拦截功能。定期对塔简引下线地引下线的检查，检查项目包括等电位接地引下线无雷与防雷击的检查，检查项目自身受过电压击中前后的影响部分，导体本身受过电压击中前后的影响。	10	①桨叶接闪器存在缺陷，不得分。②未定期对塔简引下线检查，不得分。③防雷接地设存在缺陷，未及时处理，扣5分。	10	存在问题：①桨叶接闪器不存在缺陷。②2013年6月对风电机组防雷接地进行了检测，并出具了报告。③防雷接地设未定期对风电机组引下线进行检查。

（4）其他设备及系统风险控制。

项目序号	项目	内　容	标准分	评分标准	实得分	自查情况及存在问题
5.6.4.8.3	燃油、润滑油系统着火风险控制	储油罐或油箱的加热温度必须根据燃油种类严格控制在容许的范围内，加热燃油的蒸汽温度应低于油品的自然点。燃油系统无渗漏，设备完好。润滑油系统无渗漏，法兰及垫材符合要求；油系统附近热源保温无破损和浸油，管道支架牢固可靠，无振动及摩擦，消防系统正常投运，消防器材配置符合要求。油区、输卸油管道应有可靠的防雷、防静电接地装置，并定期测试接地电阻值。油区内禁止存放易燃物品，消防系统应定期进行检查试验	10	①燃油系统存在渗漏点，扣2分。②储油罐或油箱的加热温度不符合有关要求，不得分。③润滑油系统有渗漏点，扣2分。④法兰密封材质不符合要求，扣1分。⑤管道支架不符合要求，油系统附近保温破损和浸油，扣2分。⑥消防器材配置不符合要求，扣2分。⑦油区、输卸油管道未设置可靠的防静电接地装置，不得分；未定期进行接地电阻测试，扣3分；⑧油区内存放易燃物品，不符合要求，消防器材配置不符合要求，扣5分	8	自查情况：①风力发电企业无燃油系统。②齿轮箱油箱的加热温度均按照设备厂家提供的技术参数设定，符合有关要求。③风电机组齿轮箱润滑系统曾有过渗油现象。④法兰密封垫材符合要求。⑤油系统附近热源保温无破损和浸油。⑥在机组塔基按规定设置了可靠的防静电接地电阻，电气全接地装置，并定期进行接地电阻测试。⑦油区全接地装置，并定期进行接地电阻测试。⑧风电场油库内未按规定进行检查试验消防系统符合要求。存在问题：某风电机组齿轮箱油系统存在渗油现象，扣2分

8.3.6.5　设备设施防汛、防灾

项目序号	项目	内　容	标准分	评分标准	实得分	自查情况及存在问题
5.6.5.1	制度管理	建立、健全防汛、防范台风、暴雨、泥石流和地震等自然灾害规章制度和应急预案，落实责任。完善防范自然灾害影响工作机制，组织机构健全，及时研究解决自然灾害影响的应急预案和应急管理，加强自然灾害管理，定期组织预案演练	5	①未建立防灾减灾规章制度，未进行宣传教育和培训，有上述任一项，不得分。②防灾减灾的责任制落实，扣2分。③未定期开展预案演练，扣3分	5	自查情况：①制定了防汛防台、防大雾、防地震等自然灾害应急预案并通过了能够办组织的专审，进行宣传教育和培训。②在综合应急预案中明确各级责任。③制订应急预案演习计划，并按计划进行演习

续表

项目序号	项目	内 容	标准分	评分标准	实得分	自查情况及存在问题
5.6.5.2	监测检查和水电站防洪调度	定期组织开展防范自然灾害安全检查，及时消除厂区周围可能影响企业安全生产的问题以及厂区、大坝、贮灰场、水源地等地质灾害因素。定期进行厂区主要建（构）筑物沉降观测和分析，开展电力设备（设施）、建（构）筑物抗震鉴定工作。水电厂应编制年度洪水调度计划，并按规定报上级主管部门审批。地方防汛部门制定超过校核洪水的应急调度方案或审批。水情自动测报系统完好畅通，洪水预报准确。严格按照批准的泄洪流量确定闸门开启数量和开度；按规定程序操作闸门，并向有关有关单位通报信息。	10	①未定期组织开展抗震减灾安全检查，或未及时消除厂区的问题存在的问题，不得分。②未定期进行厂区主要建（构）筑物沉降观测和分析，并开展抗震性能普查和鉴定工作，扣5分。③水电厂未编制年度洪水调度计划，扣5分；上报不及时的，扣2分。④未制定超过校核洪水的应急调度方案，扣5分，扣2分。⑤水情自动测报系统不准确，扣2分/次。⑥未按批准的泄洪流量确定闸门开启数量和开度，违反规程操作闸门，或未向有关单位通报信息，扣5分。	10	自查情况：①根据季节性特点组织开展抗震减灾安全检查并及时整改。②定期进行厂区主要建（构）筑物普查和鉴定工作。
5.6.5.3	设防措施	加强电力设施抗震能力建设，按照差异化设计要求，提高地震多发区发生的电力设施设防标准。有针对性地对电力设施及其他有关设备的抗震进行改进措施。落实主变压器、蓄电池及其他设防措施。汛期汛期、汛前、汛后检查及整改完善。加强重点岗位、立即巡查，做好记录；规定大洪水、高蓄水位、库水位骤涨骤落、大暴雨、地震等特殊条件下的巡视检查重点执行。规定测频次和方法，并严格执行。完善厂区防汛，保证厂房、泵房以及零米以下部位的永性防汛处于良好状态及采取超标准防汛措施等。	10	①设防标准不满足要求，不得分。②未落实抗震措施，不得分。③无防汛检查内容，扣3分；无防汛检查总结或整改或整改，扣3分。④汛期检查巡视不到位或记录不全，扣2分/项；出现险情、措施不力，扣2分/项；未制定大洪水、高蓄水位、库水位骤涨骤落、大暴雨、地震等特殊条件下的监测措施或执行不好，扣5分；措施规定不具有执行不好，扣2分/项。⑤厂区防汛、防汛处不能发挥作用，扣2分/项。	10	自查情况：①汛期检查记录完整，严格执行值班制度。②定期加强对现场内设备、海堤进行巡视并设置记录。③厂区防台、防汛设施齐全，定点堆放。

续表

项目序号	项目	内　　容	标准分	评分标准	实得分	自查情况及存在问题
5.6.5.4	技术研究和灾后修复	开展自然灾害防护措施研究。电力设施建设应尽量避开自然灾害易发地区，确需在灾害易发地区建设的，要开展相应防护措施。加强电力设施抵御自然灾害能力研究，将紧急自动处置技术纳入安全运行控制系统，提高对破坏性灾害的能力。台风汛期和损坏应编写大事记，及时进行总结；及时修复损坏工程	5	①未落实抗灾技术措施，不得分。②未编写防汛大事记或未做防汛总结，扣3分；损坏工程修复不及时，不得分	5	自查情况：①防汛巡查记录、防汛总结完整，针对来袭台风的影响进行了课题研究，总结了经验，吸取了教训。②编写防汛大事记及时做做防汛总结；并及时修复损坏工程

8.3.7　作业安全
8.3.7.1　生产现场管理

项目序号	项目	内　　容	标准分	评分标准	实得分	自查情况及存在问题
5.7.1.1	建（构）筑物	建（构）筑物布局合理，易燃易爆设施、危险品库房与办公楼、宿舍楼等距离符合安全要求。建（构）筑物结构完好，无异常变形和裂纹、风化、下塌现象，门窗结构完整。建（构）筑物的化妆、外墙装修不存在脱落等缺陷和隐患、屋顶、通道等场地符合设计载荷要求。生产厂房内外保持清洁完整，无积水、油、杂物，门口、通道、楼梯、平台等处无杂物阻塞。防雷建筑物及区域的防雷应装置应符合有关要求，并按规定定期检测	10	①建（构）筑物布局不合理，安全距离不符合安全要求，扣5分。②建（构）筑物结构存在重大变形，钢结构腐蚀严重，扣5分。③化妆、外墙装修存在脱落等缺陷和隐患，扣3分。④生产厂房内外有积水、油、杂物，门口、通道、楼梯、平台等处有杂物阻塞，扣2分。⑤防雷装置不符合有关要求，未定期检测，扣5分	10	自查情况：①建（构）筑物布局合理，易燃易爆设施与办公楼、宿舍楼等距离符合要求。②建（构）筑物结构完好，无异常变形和裂纹、风化、下塌现象，门窗结构完整。③建（构）筑物的化妆、外墙装修完好，不存在化妆脱落等缺陷，屋顶、通道等场地符合载荷要求。④控制室、开关室、办公楼等内室外保持清洁完整，无积水、油、杂物，楼梯、平台等处无杂物阻塞。⑤防雷建筑物及规定的防雷装置符合有关要求，并按规定的防雷进行检测一次

续表

项目序号	项目	内　容	标准分	评分标准	实得分	自查情况及存在问题
5.7.1.2	安全设施	楼板、升降口、吊装孔、地面闸门井、坑池、沟等处的栏杆、盖板、护板等设施齐全，符合国家标准及现场安装临时遮拦或国家警示牌；因工作需拆除时，及时恢复临时遮拦，设置醒目或国家警示牌。电气高压试验现场应装设遮拦或防护设施。热水井、污水井具有防人员坠落措施。梯台的结构和材质良好，钢直梯护圈和踢脚板护围等符合国家安全生产要求。机器的转动部分有防护罩或其他防护罩或设备（冲栅栏），露出的轴端应有护盖。电气设备金属外壳接地端装置齐全、完整。生产现场紧急疏散通道须保持物通	30	①安全设施不符合安全要求，扣1分/项。②电气高压试验现场未装设遮拦或围栏，未设现场安全标识牌，扣2分。③热水井、污水井没有防人员坠落措施，扣2分。④梯台的结构材质，钢直梯护围和踢脚板护能不符合国家安全生产要求，扣1分/项。⑤机器的转动部分没有防护罩或其他防护设备存在问题，扣1分/项。⑥电气设备金属外壳接地装置存在问题，扣1分/项。⑦生产现场紧急疏散通道不通，扣3分。	28	自查情况：①楼板、地面闸门井、坑池的栏杆、盖板、护板等设施基本齐全，符合现场安全要求。②电气高压试验时设置围栏，挂安全标识牌，并派专人监护。③污水井防人员坠落措施良好，符合国家安全要求。④梯台的结构和材质完整，符合国家安全要求。⑤机器的转动部分有防护罩，其他防护设备、如风电机组的刹车盘布置联轴器等旋转部位均有防护罩。⑥电气设备金属外壳接地良好，完好。⑦生产现场紧急疏散通道保持物通。存在问题：升压站污水排放口处有一污水井盖板不规范，扣2分。
5.7.1.3	生产区域照明	生产厂房内外工作场所常用照明应保证足够亮度，楼梯、通道以及机械转动部分布高温表面地方亮度充足。控制室、主厂房、翻车机房、开关室、母线室、油区、楼梯、通道等场所安全用照明配置合理，自动投入安全照明。常用照明齐全，定期照明检查并有记录。应急照明与事故照明切换合理，符合相关规定	10	①生产厂房内外工作场所布置充足，楼梯、通道以及机械转动部分布高温表面地方亮度不足，扣2分。②控制室、主厂房、母线室、开关室、升压站及翻车机房、油区、楼梯、通道等场所照明不正常，扣1分/处。③应急照明不齐全，扣3分。	10	自查情况：①升压站及风机工作场所常用照度足够，仪表盘、楼梯、通道以及机械转动部分等地方充足。②控制室、主厂房、开关室、升压站等处照明定期检查。③应急照明与事故照明可靠，自动投入安全可靠。常用照明与事故照明切换，符合相关规定。

续表

项目序号	项目	内容	标准分	评分标准	实得分	自查情况及存在问题
5.7.1.5	电源箱及临时接线	电源箱箱体接地良好，接地线应选用足够截面的多股线，箱门完好，开关外壳、消弧罩齐全，引入、引出电缆孔洞封堵严密，室外电源箱防雨设施良好。 电源箱箱导线数设符合规定，采用下进下出接线方式，内部电器件安装及配线符合工艺符合安全要求，无漏电保护装置配置合理，动作可靠，各路配线负荷标志清晰，熔丝（片）容量符合规程要求，无铜丝等其他物质代替熔丝现象。 电源箱箱保护接地、接零系统连接正确，牢固可靠，符合安全要求。接线端子标志齐全，中性线布置符合规定。接线端子标志清楚。 临时用电电源线路数设符合规程要求，不得在有爆炸和火灾危险场所架设临时线，不得将导线架设在绝缘在护栏、管道及脚手架上。 2.5m，室外大于4m，跨越道路大于6m（指最大弧垂）；原则上不允许在地面敷设，若采取地面敷设时应采取可靠、有效的防护措施。 临时用电线不得接在隔离高压开关或其他开关上口，使用时的插头、开关、保护设备等符合要求	20	①电源箱内、外部设备和设施存在问题，扣 1 分/项。 ②临时用电电源线路数设不符合规程要求，扣 1 分/项。 ③临时用电接线存在安全隐患，插头、开关、保护设备存在问题，扣 2 分/项。	20	自查情况： ①电源箱箱体接地良好，箱门完好，外壳、消弧罩齐全，引入、引出低压箱导线敷设符合规定，内部配器件安装及配线工艺符合安全要求，各路配线负荷标志正确。电源箱数设符合安全防护要求，接零系统连接可靠，牢固可靠，符合安全要求。电源线路数设符合规程要求 ②临时在爆炸缠绕在危险场所没有将导线缠绕在临时线上或将导线缠绕在绝缘子捆绑在脚手架上，管道及脚手架上，并进行架空敷设。 ③临时用电的插头、开关、电线保护符合要求

8.3.7.2　作业行为管理

项目序号	项目	内　　容	标准分	评分标准	实得分	自查情况及存在问题
5.7.2.1	高处作业	企业应建立高处作业安全管理规定（含脚手架验收和使用管理规定），有关作业人员须持证上岗。高处作业使用的脚手架应由取得相应资质的专业人员进行搭设，或者使用现场所有规定。高处作业应专门设计。了解并正确使用合格的安全带等登高作业用品，立体交叉作业又有防止落物伤人、落物防止防火措施和使用脚手架或使用安全防护设备等登高作业安全防护措施。	30	①未制定相关规定，不得分；作业人员无证上岗，扣5分。②搭设的脚手架不符合要求或经高处使用的安全防护用品不符合安全要求，扣5分。③安全防护措施不到位，扣1分/项。	30	自查情况：①制定了《高处作业安全管理规定》，公司生产岗位人员都进行登高作业培训，并取得安监部门颁发的《登高作业人员特种作业证》。公司从事高处作业人员做到持证上岗。②风电机组维护作业脚手架经定期检验，立体防护。③安全防护用品维护和使用安全带等登高作业有动火作业又有防止落物伤人、落物防止防火措施和使用安全防护措施。
5.7.2.2	起重作业	制定起重作业和起重设备设施管理制度，健全起重作业技术档案和起重设备台账，定期进行检验。操作人员持证上岗，严格按操作规程作业，维修保养起重设备由取得相应资质。起重机械工作性能良好，金属结构件完好，电气和控制系统可靠，零部件完好，安全装置、联锁（闭）护装置功能正常满足安全要求。重大物件起吊应制定安全方案，并有专业作业技术人员专业指导，炉内检修平台搭设，安全措施落实，安全防护措施齐全、经验收合格后方可使用。起吊物时不准上下抛掷物品，不准上下递或抛结构连、不准上下抛掷物品，不准上下递或堆放的材料不得超过计算载重。	30	①未制定相关规定，不得分；安全技术档案和设备台账不齐全，扣5分；作业人员无证上岗，扣5分。②维修保养单位资质不符合要求，不得分。③起重机械设备存在缺陷，扣1分/项。④重大物件起吊应制定安全方案的搭设和安全防护措施存在问题，扣5分/项；未经验收合格进行使用，不得分。⑤货物码放或堆放的材料不符合要求，扣3分。	25	自查情况：①制定了《起重机械安全管理规定》。②维修保养单位具备相应资质（安全生产许可证、企业法人执照），起重设备通过检测，作业人员持证上岗。③起重机械工作性能良好，金属结构、主要受力零部件完好、电气和控制系统可靠，锁装置（防）功能正常，设备安全满足要求。④重大物件起吊前都做了无动火设备，有作业指导书，函盖了安全措施、工具堆放整齐，布局合理。⑤作业现场档案和设备台账合理。存在问题：安全技术档案和设备台账不齐全，扣5分。

续表

项目序号	项目	内　容	标准分	评分标准	实得分	自查情况及存在问题
5.7.2.3	焊接作业	电焊机使用管理，检查试验制度完善，检查维护责任落实，建立台账，编号统一、清晰。电焊机性能良好，符合安全要求，接线端子屏蔽罩齐全。电焊机接线规范，金属外壳有可靠的接地（零），一次线、二次绕组与外壳间绝缘良好，一次线长度不超过 2～3m，二次线无裸露现象。焊接作业人员须持证上岗，严格操作规程作业；焊接作业人员佩戴可靠的防火措施，作业人员按规定正确佩戴个人防护用品	20	①未制定相关规定，不得分；制度内容不全，责任落实不到位，编号存在问题，扣 5 分。②电焊机存在缺陷，接线不合格，扣 1 分/项。③焊接作业人员未按规定现场防火措施不到位，作业人员未按规定正确佩戴个人防护用品，扣 5 分	15	自查情况： ①制定了《电焊机使用管理规定》，责任落实，建立了台账，定期检查记录。 ②电焊机性能良好，符合安全要求，接线端子屏蔽罩齐全，接线规范，金属外壳有可靠接地，由电力运行部门定期检测，合格者贴上合格证。 ③焊接作业人员持证上岗，严格按操作规程作业；焊接作业人员正确佩戴个人防护用品。 存在问题： 电焊机制度内容不全，编号记录不全
5.7.2.5	电气安全	企业应建立电气安全用具台账，手持电动工具、移动式电动工具台账，统一编号，专人专柜对号保管，定期具备必要的电气安全知识，掌握使用方法并存在有效期内正确使用。企业购置的电气安全用具、手持电动工具、移动式电动工具经国家有关部门试验鉴定合格。现场使用的电气安全用具、手持电动工具、移动式电动工具等设备满足要求	40	①台账、编号和保管存在问题，扣 3 分；未进行定期试验，扣 3 分/台；使用人员使用方法存在问题，扣 5 分。②企业购置的电动工具、手持电动工具、移动式电动工具经国家有关部门试验鉴定合格，不得分。③现场使用的电气安全用具、移动式电动工具等设备不满足要求，扣 1 分/项	37	自查情况： ①建立了《安全工器具管理规定》，电气作业人员具备了必要的安全知识，方法并存在有效期内正确使用。 ②从国家有关部门购置（商家）购置的电气安全用具、手持电动工具。 ③现场进行定期检验，手持电动工具、移动式电动工具等设备经电力运行部门进行绝缘试验。 存在问题： 电气安全用具台账编号不齐全

续表

项目序号	项目	内容	标准分	评分标准	实得分	自查情况及存在问题
5.7.2.6	防爆安全	油区、氧气站、制（储）氢室、氢气、氢罐等应定有严格的管理制度和有效落实，其防爆安全设置齐全，设备及阀门严密，管道承压及管道系统完好、安全附件齐全，定期检验合格，材质符合要求，承压能力满足系统运行工况。高压气瓶应无严重腐蚀或严重损伤，开孔在检验周期内使用。色标、色环清晰，安全装置良好，存放符合要求。蓄电池室、油罐室、油处理室等重点场所照明和通风设备，配备有必要的防爆型照明和通风设备，保持与运行系统及安全防爆安全装置履行工作许可手续，并采实防爆安全隔离，使用所必要的防爆型工具。在易爆场所或设施及系统上作业，要严格履行工作许可手续，并落实安全措施	30	①油区、氧气站、制（储）氢室等有严格管理制度和有效落实，其防爆安全设置未齐全，设备及阀门不符合安全要求，扣5分；设备及阀门不严密，管道承压及管道系统存在缺陷，扣5分。②现场承压设备及管道系统未进行定期检验，安全附件存在问题，扣10分。③蓄电池室、油罐室、油处理室等重点场所照明和通风设备，未使用防爆型照明和通风设备的，扣5分。④重点场所未使用防爆型工具，扣1分/项；每一项，扣1分。⑤防爆场所或设施及系统及安全装置，未履行工作许可手续，未落实安全措施，不得分	30	自查情况：①蓄电池室使用防爆型照明和通风设备。②在易爆场所或设备上作业严格履行"两票三制"手续，并办理防爆安全隔离，保持与运行系统的有效隔离。③风电企业无其他设备、设施
5.7.2.7	消防安全	建立健全消防安全组织机构，完善消防安全规章制度，落实消防安全生产责任制，并建立生产厂房及仓库管理台账，消防设备有必要的消防设备和试验，定期消防检查及消防培训和演习。易燃易爆物品、危险物品仓库和易爆场所至少有两套独立火灾报警系统且具有自动启动和远方启动功能，且具有自动灭火，消防泵应立运行正常方启动，电缆隧道及电缆夹层防火门，电缆主通道采取分段阻隔，直流油泵等电气设备防火性能监护，现场易燃物品热态有人监护	30	①未建立消防安全组织机构，规章制度、责任制未落实，不得分；消防培训或演习未开展，定期检查、定期消防，不得分。②消防设备配备不符合要求或试验不到位，扣5分。③存放易燃易爆物品库房和易爆场所防火等级不符合要求，扣5分。④消防泵不能立启动，电源不相符，扣1分/项。⑤电缆和建筑物等防火封堵不符合防火要求，电缆数设施或防火措施落实不到位，扣1分/项。⑥电缆隧道及电缆夹层未采取分层，防火门，二级防动火措施执行不到位，扣5分。⑦现场动火作业不严格执行动火，现场动火措施落实不到位，扣10分	25	自查情况：①制定了《消防管理制度》《消防规程》，建立健全消防安全组织机构，开展消防培训。②根据规定对电子设备、风电机组配备了二氧化碳灭火器和干粉灭火器，定期进行检查和试验，保证合格。③存放易燃易爆物品库房等级符合要求，且具有运行。④配有二台消防泵和远方启动，报警物等建筑物及消防设施符合要求，采取分层，电缆隧涵及隔离措施。⑤电缆和建筑物防火封堵符合规范要求，电缆数设施符合要求。⑥电缆隧道及阻燃特殊作业一级、二级动火措施执行严格。⑦严格执行动火作业规定，现场动火严格执行。定期检查或试验制度。定期工作中

续表

项目序号	项目	内　容	标准分	评分标准	实得分	自查情况及存在问题
5.7.2.8	机械安全	机械设备外露转动部分有防护罩，并没有必要的闭锁装置。机床配置的各种安全防护装置及安全保护控制装置应齐全。较长输送距离的机械，在其需要跨越处应设置带式输送机的人行跨梯。运输机的尾部及其他所有跨越局部分及可拆护栏，运行通道侧加设护栏，端处，应分别加设高度不低于1.5m托起最高点的可拆卸的护栏。运煤胶带机沿线应设置拉线开关，启动预报装置。露天贮煤场轨道机械须有机钳和锚定装置。机械设备检修应进行系统隔离并有防转动措施。	20	①机械设备外露转动部分无防护罩，或没有必要的各种安全防控装置不齐全，扣1分/项。②机床配置的各种安全保护控制装置及安全保护控制装置不齐全，扣1分/项。③人行跨梯未设置或设置不合理，扣5分。④护罩或护栏配置不合理，扣5分。⑤运煤胶带机沿线未设置拉线开关，启动预报装置存在问题，扣5分。⑥露天贮煤场轨道机械未装设机钳和锚定装置或存在较大缺陷，扣5分。⑦设备检修无防转动措施，扣5分。	20	自查情况：①机械设备外露转动部分有防护罩，并没有必要的闭锁装置。②风电机组爬梯安装合理，为保证人员安全，防止转动，除利车外，还有机械锁紧，并明确使用的方法和要求。③消防水系外露转动部分符合要求，修水或护栏配置合理机械设备检修执行"两票三制"。所有检修设备均切断电源。
5.7.2.9	交通安全	制定交通安全管理制度，完善厂区交通安全设施。加强驾驶人员培训，严格驾驶行为管理。定期对机动车辆检测和保养，保证机动车辆状况良好。吊车、斗臂车、叉车等特种起重作业符合安全要求。制定通勤车辆（大客车）遇山区滑坡、泥石流、冰雪、铁路道口等特殊情况的应对措施。合理规划厂区运煤、铁路道口运煤、卸煤，装发等车辆运输方案。	20	①未制定制度，不得分；交通安全设施不齐全，扣5分。②驾驶人员无培训或管理，不得分；无证驾驶，扣5分。③机动车辆或起重机械部分的检验、检测不到位，存在安全隐患，扣2分/项。④通勤车辆对特殊情况的应对措施不完善，扣5分。⑤运煤、卸煤等车辆线路不合理，运发车辆运输方案存在问题，扣5分。	15	自查情况：①制定场内交通安全监督管理规定。②场内驾驶员持证上岗，近几年场内未发生交通事故。③建立场内机动车台账，场内机动车标志不齐全。④设立场内机动车检验周期进行检验。存在问题：升压站内无限速标志，扣5分。

8.3.7.3 标志标识

项目序号	项目	内　容	标准分	评　分　标　准	实得分	自查情况及存在问题
5.7.3.1	标志标识	设备名称、编号、手轮开关方向标志及阀位指示齐全、清晰、规范。管道介质名称、色标或色环及流向标志应齐全、规范，符合国家规定。安全标志设施应满足要求。应急疏散指示标志应在醒目位置，局部标目信息或设备附件有醒目处。应设在所涉及的危险地点或设备附件有醒目处。应急疏散指示标志和应急疏散场地标识应明显	40	①设备名称、编号、手轮开关方向标志及阀位指示存在问题，扣1分/项。②管道介质名称、色标或色环及流向标志存在问题，扣1分/项。③安全标志标识配置不合理，不符合要求，扣1分/项。④应急疏散指示标志和应急疏散场地标识配置不合理，扣1分/项。	34	自查情况：①设备名称、编号、手轮开关方向标志及阀位指示齐全、清晰、规范。②急疏散指示标志和应急疏散场地标识配置合理。③应急疏散指示标志和应急疏散场地标识配置合理。存在问题：厂区内无外来人员入场告知，设备室门前的警示标示牌太小不符合要求，扣6分。

8.3.7.4 相关方安全管理

项目序号	项目	内　容	标准分	评　分　标　准	实得分	自查情况及存在问题
5.7.4.1	制度建设	企业应善承包商、供应商等相关方安全管理制度，内容至少包括：资格预审、选择、服务、技术服务，表现评估，续用等要求。	5	未建立制度，不得分；制度内容不全面，扣3分	2	自查情况：制定了《零星工程管理细则》，其内容包括：资格预审、过程、服务准备、作业准备，表现评估，续用相关方资质进行审查，各档后才允许进场施工，符合相关作业执行。存在问题：承包商、供应商等相关方安全管理制度内容不全面，扣3分。
5.7.4.2	资质及管理	企业应确认相关方具有相应安全生产资质，审查相关方是否具备安全生产条件和作业任务要求。建立合格相关方名录和档案。与相关方签订安全生产协议，明确双方安全责任和义务	5	①相关方资质不合格，不符合作业要求，不得分。②未建立相关方名录和档案，扣3分。③未签订安全生产协议，或责任义务不明确，不得分	2	自查情况：①在涉及外来施工队伍时严格对其资质进行审、合格后才允许进场作业。②未建立相关方名录和档案。③签订安全生产协议，责任和义务明确。存在问题：未建立相关方名录和档案，扣3分。

215

续表

项目序号	项目	内 容	标准分	评 分 标 准	实得分	自查情况及存在问题
5.7.4.3	安全要求	企业应审查相关方制定的作业任务安全生产工作方案。企业和相关方应对作业人员进行安全教育、安全交底和安全规程考试，合格后进入现场作业	10	①企业未审查相关方制定的作业任务安全生产工作方案，或工作方案严重存在问题，不得分。②相关方未对作业人员进行安全教育、安全交底和安全规程考试，不得分；安全规程考试不合格者进入现场作业，扣5分	10	自查情况：①在相关方开展工作之前，公司会专门审查相关方制定的作业任务安全生产工作方案。方案通过方可施工。②外委作业人员进场作业前，公司会对其进行安全教育、安全交底和安全规程考试，考试合格后方可进入现场作业
5.7.4.4	监督检查	企业应根据相关方作业行为定期识别作业风险，督促相关方落实相关安全措施。企业应对两个及以上的相关方在同一作业区域内作业进行协调，组织制定并监督落实预防范措施	10	①企业未督促相关方落实安全措施，不得分；未定期识别作业风险，扣2分。②企业未协调同一作业区域内的两个及以上的相关方作业，扣2分；未组织制定并监督落实预防范措施，扣5分	8	自查情况：①能对相关方定期识别风险，督促施工现场有风险人员进行现场实施防范措施监护。②风险能协调同一作业，制定现场监督实施范围。存在问题：未定期组织相关方落实

8.3.7.5 变更管理

项目序号	项目	内 容	标准分	评 分 标 准	实得分	自查情况及存在问题
5.7.5.1	变更管理	企业应制定并执行变更管理制度，严格履行设备、系统或工艺等事项变更的审批程序。企业应对环境和作业过程中人员、工艺、技术、设备设施，作业过程和环境发生永久性或暂时性变化时进行变更控制。企业对设备变更后的从业人员进行专门的教育和培训。企业对变更后的设备进行专门的验收和评估。企业应对变更以及执行变更过程中可能产生的隐患进行分析和控制	10	①未制定变更管理制度或未履行审批手续，不得分。②企业对永久性或暂时性变更计划未进行相关知识培训，扣5分。③企业未对变更以及执行变更过程中可能产生的隐患进行分析和控制，扣5分	5	自查情况：①制定设备变动管理制度，严格履行审批手续。②对永久性变更时变更控制。人员变动后对其试岗合格后方可上岗。存在问题：未定期对风险变更及执行变更过程中可能产生的隐患进行分析和控制

8.3.8 隐患排查和治理

项目序号	项目	内容	标准分	评分标准	实得分	自查情况及存在问题
5.8.1	隐患管理	建立隐患排查治理制度，界定隐患分类、分类标准，明确"查找—评估—报告—治理（控制）—验收、销号"的闭环管理流程。每季、每年对本单位隐患排查治理情况进行统计分析，并按要求及时报送电力监管机构、统计分析表应当由主要负责人签字。	15	①未建立隐患排查治理制度不得分。②制度内容有缺失，扣2分。③未按进行统计分析，未按要求及时报送电力监管机构，统计分析表未由主要负责人签字，扣2分/项	15	自查情况：①建立了隐患排查治理制度并严格执行。②每月对本单位事故隐患排查治理情况进行统计分析，并按要求及时报送上级主管门
5.8.2	隐患排查	制定隐患排查治理方案，明确排查的目的、范围和排查责任，落实责任人，积极开展安全性评价工作，结合安全检查，对排查出的隐患要做好全员、全过程、全方位、涵盖设施和各个环节。生产经营单位应当建立隐患报告和举报奖励制度，对发现、排除和举报事故隐患的人员，应当给予表彰和奖励。	15	①未制定隐患排查治理方案，未开展隐患排查工作，有上述任一项，不得分。②未定期组织开展隐患排查活动，扣3分。③隐患排查内容有缺失，扣2分。④隐患排查方案执行不到位，扣2分。⑤未对排查出的隐患确定等级并登记建档，扣3分。	10	自查情况：①制定隐患排查治理方案，并按照排查方案要求，范围和排查的目的、对发现、排除和举报事故隐患的人员，给予了表彰和奖励。②定期组织开展隐患排查活动，对发现、排除了未排查等级并登记建档。存在问题：①隐患排查内容有缺失，扣2分。②对排查出的隐患确定等级并登记建档，扣3分。
5.8.3	隐患治理	排查出的隐患要及时进行整改。短时间无法消除的隐患要制定整改措施，确定责任人、明确整改时限和安全保障方案，做到措施、资金、安全保障到位，强制执行到位、责任到实位、到位。加强重大安全隐患监控，在治理前要采取有效控制措施，制订相应应急预案，并按有关规定及时上报。因自然灾害可能导致灾难发生的隐患，按照工作关法律法规，标准的要求切实做好防灾减灾工作。	20	①未对排查出的隐患进行整改，不得分。②整改工作未按要求有关规定进行整改，扣1分/项	20	自查情况：①排查出的隐患均及时进行整改。②整改工作实施闭环管理，设专人跟踪落实排查出的隐患均及时进行整改。整改情况

续表

项目序号	项目	内 容	标准分	评 分 标 准	实得分	自查情况及存在问题
5.8.4	监督检查	企业要加强隐患排查治理过程中的监督检查，对重大隐患实行挂牌督办，隐患排查治理后委对重大隐患排查治理效果进行验证和评估	10	①对重大隐患未实行挂牌督办，不得分。②对隐患排查治理过程未进行监督检查，扣5分。未对治理效果进行验证和评估，扣2分。	10	自查情况：①至目前无重大隐患。②隐患排查治理过程中加强监督检查

8.3.9　重大危险源监控

项目序号	项目	内 容	标准分	评 分 标 准	实得分	自查情况及存在问题
5.9.1	辨识与评估	企业应组织对生产系统和作业活动中的各种危险、有害因素可能产生的后果进行全面辨识。企业应对使用新材料、新工艺、新技术改造以及设备、系统可能产生的后果进行危害辨识。企业应按《危险化学品重大危险源辨识》（GB 18218—2009）等国家标准，开展重大危险源辨识与评估，建立重大危险源预案和相关管理制度	15	①未建立重大危险源管理制度，不得分；未组织开展危险源辨识，扣5分。②未对重大危险源进行评估，扣5分	15	自查情况：①制定了《安全生产隐患排查治理制度》，每年度开展危险源评估，公司组织对生产系统和作业活动中的各种危险、有害因素可能产生的后果进行全面辨识。公司对使用新材料、新工艺，新设备以及技术改造，系统技术改造可能产生的后果进行辨识。②按照《危险化学品重大危险源辨识》（GB 18218—2009），目前风电场无重大危险源
5.9.2	登记建档与备案	企业应当按规定对重大危险源登记建档，进行定期检查、检测。企业应将重大危险源的名称、地点、性质和可能造成的危害及安全措施、应急救援预案报有关部门备案	0	①未对重大危险源登记建档的，扣4分。②未对重大危险源定期检测、检查，扣2分。③未向有关部门备案的，扣2分	0	本项不适用于风电场，根据《重大危险源辨识》4.1、4.2.1、4.2.2的规定，风电场未形成重大危险源
5.9.3	监控与管理	企业应采取有效的技术和设备对重大危险源实施监控。企业应加强重大危险源的使用、储存、装卸和运输过程中的管理。企业应落实有效的管理措施和技术措施	0	①未采取有效控制手段的，扣1分/项。②管理制度和措施未落实的，扣5分	0	本项不适用于风电场，根据《危险化学品重大危险源辨识》（GB 18218—2009）文中4.1、4.2.1、4.2.2的规定，风电场未形成重大危险源

8.3.10 职业健康

8.3.10.1 职业健康管理

项目序号	项目	内 容	标准分	评 分 标 准	实得分	自查情况及存在问题
5.10.1.1	危害区域管理	企业对可能发生急性职业危害的有毒、有害工作场所,应设置报警装置,配置现场急救用品,设置应急撤离通道和必要的泄险区。企业应定期对职业危害所职业危害进行检测,在检测超标区域设置警醒目标识牌子以告知,并将检测超标区域设置警醒目标识牌子以告知,并将检测结果存入职业健康档案	10	①危害场所设施、装置不符合要求,扣1分/项。②未定期进行职业危害检测,扣2分。③未将检测结果存入职业健康档案,扣2分	10	自查情况: ①在危害场所设置报警装置,配置现场急救用品,设置应急撤离通道和必要的泄险和装置符合要求。 ②定期进行职业危害检测,有检测报告。 ③检测结果已存入职业健康档案
5.10.1.2	职业防护用品、设施	企业应对从业人员提供符合职业健康要求的工作环境和条件,配备必要的职业防护设施、器具。各种防护用品应点存放安全,使于取用的地方,并有专人负责保管、定期校验和维护。企业应对现场用品、设施和防护用品,进行经常性的检查维修,保证职业防护用品处于正常状态。企业应按安全生产费用规定,明确职业防护专项费用,定期对费用落实情况进行考核	10	①职业健康防护设施、器具不满足要求,扣2分。②管理不善,器具未定点存放,扣2分。③现场急救用品缺失或失效的,扣2分。④职业防护用品按规定使用的,不得分。⑤费用审批,落实及检查考核不合要求的,扣1分/项	6	自查情况: ①职业健康防护设施、器具配备。 ②各种防护用品存放在安全放于取用的指定地点,定期校验与更新。 ③现场急救用品,设备和防护用需要由生产运营部根据现场需要定期检查补充。 ④公司制定了《安全生产费用的管理制度》,发文了《关于下发本年两措计划的通知》,明确了职业防护费用,并按其相关有审批记录。 存在问题: ①职业健康防护设施、器具配备不足,扣2分。 ②现场急救用品,设备和防护用品缺少防暑降温、止血药品,扣2分
5.10.1.3	健康检查	企业应组织开展职业健康宣传教育,安排相关岗位人员定期进行职业健康检查	10	未开展职业健康宣传教育,未安排相关岗位人员定期进行职业健康检查,有上述任一项,不得分	10	自查情况: ①以举办专题讲座、网页宣传等多种形式开展职业健康宣传教育。定期安排相关人员进行职业健康检查,有体检报告

8.3.10.2　职业危害告知和警示

项目序号	项目	内　　容	标准分	评　分　标　准	实得分	自查情况及存在问题
5.10.2.1	告知约定	企业与从业人员订立劳动合同，应将工作过程中可能产生的职业危害及其后果和防护措施如实告知从业人员，并在劳动合同中写明	5	企业与从业人员订立劳动合同时，未按有效方式其进行告知从业人员职业危害，扣5分	5	自查情况：企业与从业人员订立劳动合同时，未按有效方式对员工告知职业危害
5.10.2.2	警示说明	对存在严重职业危害的作业岗位，应按照标准的相关要求设置警示标志和警示说明。警示说明应载明职业危害的种类、后果、预防和应急救治措施	5	警示标识和警示说明有缺失、内容不符合要求的，扣1分/项	5	存在问题：对重要职业危害的岗位，已设置警示提示

8.3.10.3　职业健康防护

项目序号	项目	内　　容	标准分	评　分　标　准	实得分	自查情况及存在问题
5.10.3.2	噪声防护	磨煤机、碎煤机、排粉机、送风机、给水泵、汽轮机等高噪声设备应采取降低噪声的措施。在此区域作业的人员应配备耳塞等噪声防护用品	10	噪声防护工作有不符合要求的，扣1分/项	8	自查情况：①对风电机组变频器、叶轮、齿轮箱、发电机等高噪声设备已采取降低噪声的有效措施。②根据风电机组技术规范要求对运行过程中登检风电机组舱有严格措施；存在问题：未在区域内设置噪声提示标志；未对检修、巡检人员发放耳塞等防护用品，扣2分
5.10.3.3	振动防护	采取必要的减振措施，减少振动伤害。对可产生振动伤害的各种机械机器设备，采取隔声隔振措施、减振措施。对载荷较大的连接或自身能产生振动的管道应采用软接。对于单元控制室等处的通风管道与围护结构及楼板间的连接，通过设计等措施采取必要的减振措施	5	振动防护工作有不符合要求的，扣1分/项	5	自查情况：①对可产生振动的各种机械设备、采用隔振、减振措施；存在问题：②根据风电机组安全技术规范要求，检修人员进入风电机组舱前必须停机

项目序号	项目	内 容	标准分	评 分 标 准	实得分	自查情况及存在问题
5.10.3.4	防毒、防化学伤害	企业应组织进行有害物质的辨识，根据储存数量和物质特性，确定危险化学品的分布区域和控制措施，按照国家要求，对储存使用有毒、有害化学品（如：酸、碱、氢、联氨、SF₆等化学品），工业废水和生活污水应就地、国法上布置危险品存储场所。当储存内容积大于最大一台容积，碱防护的容积。酸、碱贮存区域内应设安全淋浴器。加氯间、联氨仓库及加药间、电气检修间的浸漆室、生活污水处理站的操作室易产生有毒、有害气体的场所，应设自动监测装置、报警装置、逃生装置、水喷淋系统、冲洗设施、安全信号指示器，按规定建立管理制度，并做好通风应急措施。SF₆高压开关室及SF₆高压开关室检修室通风良好	10	①防毒、防化学伤害工作不符合要求的，扣1分/项。②危险化学品使用、存储、运输不符合国家有关规定，扣2分/项	10	自查情况：①运行规程中对220kVGIS系统SF₆气体的使用有明确的规定以及对异常现象的处理。②SF₆高压开关室及SF₆高压开关室检修室通风良好。③在220kV开关室安装了SF₆气体检测报警装置，运行情况良好。④危险品存储、使用、运输符合国家有关规定
5.10.3.5	高温、低温伤害防护	长期有人值班场所，汽轮机房天车司机室、斗轮机，和船舶驾驶设备的司机室等应安装空调等温度调控装置。高温、低温作业环境下作业劳动防护用品应符合要求	10	高、低温伤害防护工作有不符合要求的，扣1分/项	10	自查情况：①高、低温伤害防护设施及劳动防护用品的发放符合相关要求。②在异常高温、低温环境下工作按照公司《劳动防护用品管理规定》进行发放

8.3.10.4 职业危害申报

项目序号	项目	内 容	标准分	评 分 标 准	实得分	自查情况及存在问题
5.10.4.1	职业危害申报	企业应按规定，及时、如实向当地主管部门申报生产过程中存在的职业危害因素，并依法接受其监督	10	未按要求进行职业危害申报，不得分	10	自查情况：每年对人员健康状况、生产现场危害因素等检测，按相关要求每年在网上进行职业危害申报

8.3.11　应急救援

项目序号	项目	内　　容	标准分	评分标准	实得分	自查情况及存在问题
5.11.1	应急管理与投入	加强应急规章体系建设，完善应急管理等各项工作。建立应急规章制度，规范应急应急管理和信息发布机制，妥善安排应急资费，确保电力应急体系建设顺利实施	5	①未建立应急法规体系，未建立安全投入保障机制，无规章制度，不得分。②应急管理和信息发布不规范，扣3分。	5	自查情况：①公司制定完善了1个总体应急预案，17个专项应急预案和21个现场处置方案。②21个总体应急预案，17个专项应急预案，公司专家评审并报地方安监局，已通过内、外专家评审并报地方安监局，公司发文予以发布
5.11.2	应急机构和队伍	建立健全行政领导负责制的应急机构，明确应急工作体系及相应专人负责安全生产应急管理工作。加强专业化应急抢险救援队伍和专家队伍建设。企业应取得社会应急支援，必要时可与当地驻军、医院、消防队等签订应急支援协议	5	①未建立应急工作体系，不得分。②未建立应急抢险救援队伍，扣3分。③未签订应急支援协议，扣2分。	3	自查情况：①建立了公司应急工作体系，成立以总经理为组长的应急领导工作小组，明确了领导分工，并指定专人负责应急管理工作 存在问题：未签订应急支援协议，扣2分。
5.11.3	应急预案	结合自身安全生产和应急管理工作实际情况，按照《电力企业综合应急预案编制导则（试行）》《电力企业专项应急预案编制导则（试行）》和《电力企业现场处置方案编制导则（试行）》要求，制定完善应急预案，建立预案备案，评审制度。根据实际结果和实际修订和完善，应急预案应当每三年至少修订一次，预案评审结果应当详细记录	10	①未建立本单位应急预案备案，评审制度，不得分。②应急预案缺项的，扣1分/项。③未落实应急预案备案，评审制度，扣2分。	6	自查情况：①按照《电力企业综合应急预案编制导则（试行）》和《电力企业专项应急现场处置方案编制导则（试行）》文件的要求，电力企业专项应急现场处置方案编制公司1个总体应急预案和17个专项应急预案。②建立了预案评审，根据预案实际情况进行修订和完善，评审结果和实际修订和完善 存在问题：未及时对应急预案进行修订和完善，缺少起重机械故障现场处置方案，化学危险品泄漏现场处置方案，扣2分。

续表

项目序号	项目	内容	标准分	评分标准	实得分	自查情况及存在问题
5.11.4	应急设施、装备、物资	根据本企业实际情况，建立与有关部门互联互通的应急平台和移动应急平台。按国家有关标准配备无线通信设备、数字集群、短波电台等无线通信设备，并根据需要配备保密通信设备。加强应急物资和装备的维护管理，完善重要应急物资的储备、补充及紧急应急调拨、配送体系	10	①未按要求配备无线通信设备，扣5分。②应急物资和装备的维护管理不满足要求，扣5分。	5	自查情况：①建立与政府以及消防、气象、水利、地震等部门的电话联系，并定期上报有关信息，风场控制室配备对讲机，设置了调度电话，公司员工手机开通集团通信，主要岗位人员要求24小时不关机。②风场安装了风功率预测系统，实时了解风向风力大小的变化。设应急物资和设备仓库，定期检查。公司专门MIS系统有物资管理系统 存在问题：应急平台、应急物资和装备的维护管理不满足要求，扣5分。
5.11.5	应急培训	每年至少组织一次应急预案培训。电力企业应定期开展应急以及重点岗位员工应急知识和应急技能培训。	5	①未按要求组织培训不得分。②未按要求组织管理人员进行应急管理能力培训，扣2分。③未按要求组织重点岗位员工应急知识和技能培训，扣3分。	5	自查情况：公司制定了年度应急预案培训计划，并以文件形式下发，按照计划开展培训，每月对计划的执行成情况进行检查考核，全年培训计划中，分别安排对重点员工、管理人员进行培训 存在问题：
5.11.6	应急演练	对应急演练活动进行3~5年的整体规划，制定年度应急演练工作计划，在5年内全部演练完毕。按照《电力突发事件应急演练导则》要求，开展实战性应急演练和检验性演练，并适时开展联合应急演练	10	①未制定规划、未进行演练，不得分。②规划内容和演练记录不符合要求，缺少演练记录，扣1分/项	7	自查情况：①已具体编制应急演练3~5年整体规划，制定年度应急演练工作计划，分别进行了防台防汛、消防、全厂停电、高处坠落人身死亡等预案演练，记录详细。②按照年度计划要求，在5年内全部演练完毕。 存在问题：全厂停电，高处坠落人身死亡等预案演练不全，消防演练记录不全，扣3分

续表

项目序号	项目	内容	标准分	评分标准	实得分	自查情况及存在问题
5.11.7	监测预警	加强电力设备设施运行情况和各类外部因素的监测和预警。建立与气象、水利、林业、地震等应急信息系，及时获取各类应急信息。建立预警信息快速发送机制，采用多种有效速径和手段，及时发布预警信息	5	①未建立预警信息快速发送机制，不得分。②应急信息的获取和发送渠道不畅通，扣2分	5	自查情况：①和气象、公安、海事门、洋口港安监局、政府部门及时将有关信息通报风场。②公司建有自己的信息网站，员工可以随时通过手机接收信息获得
5.11.8	应急响应与事故救援	按发突发事件分级标准确定应急响应原则和标准。针对不同级别的响应，做好应急启动，应急指挥，应急处置和现场救援，应急资源调配等响应结束。当突发事件得以控制，可能导致次生、衍生事故的隐患消除，生产秩序恢复，污染物处理，善后处理赔，应急评估，对应急预案的评价和改进等后期处置工作	10	未确定应急响应分级原则和标准，发生突发事件后未按要求进行响应和救援，不得分	10	自查情况：各类预案中明确了应急响应分级原则和标准，针对不同级别的响应，做好应急启动，应急指挥，应急处置和现场救援，应急资源调配等应急响应工作

8.3.12　信息报送和事故调查处理

项目序号	项目	内容	标准分	评分标准	实得分	自查情况及存在问题
5.12.1	信息报送	建立电力安全生产和电力安全事件等电力安全信息管理制度，落实电力安全信息报送责任人。按规定向有关单位和电力监管机构报送电力安全信息，电力安全信息报送做到准确，及时和完整	15	①未建立电力安全信息管理制度，有上述任一项，未按规定报送电力安全信息，不得分。②未落实信息报送工作有缺失，扣2分/项	15	自查情况：①制定了《异常情况管理实施细则（试行）》。在应急预案中明确了电力安全生产和电力安全事件等电力安全信息管理制度，落实电力安全信息报送责任人，安全部是向报告部门，报送责任人为专工和主任。②电力安全信息报送能做到准确，及时和完整向该省能监办，该集团及地方安监局上报电力生产事故综合统计表

项目序号	项目	内　　容	标准分	评　分　标　准	实得分	自查情况及存在问题
5.12.2	事故报告	电力企业发生事故后，应按规定及时向上级单位、地方政府有关部门和电力监管机构报告，并妥善保护事故现场及有关证据	15	瞒报、谎报，不得分；迟报，扣2分/次	15	自查情况： 近两年未发生电力生产事故、事件，已由当地安监局出具证明
5.12.3	事故调查处理	电力企业发生事故后应按规定成立事故调查组，明确其职责和权限，进行事故调查。配合有关政府部门事故调查明确事故发生时间、经过、原因、人员伤亡及经济损失等，编制完成电力企业事故调查报告。电力企业应按照事故调查报告意见，认真落实整改措施，严肃处理相关责任人	10	①发生事故后，未按要求进行事故调查处理，不得分。②事故调查处理未执行"四不放过"原则，扣5分。③落实整改措施，认真处理，扣5分	10	自查情况： ①当地安监局出具其风电场评审期未发生事故的证明。 ②对发生的不安全事件按"四不放过"原则进行处理，每月公布安全简报，对安全生产进行全面总结

8.3.13　绩效评定和持续改进

项目序号	项目	内　　容	标准分	评　分　标　准	实得分	自查情况及存在问题
5.13.1	建立机制	建立安全生产标准化绩效评定的管理制度，明确对安全生产标准化绩效完成情况、现场安全状况与计划的落实情况的符合方法、测量评估的方法、周期、组织、过程、报告等要求，测量评估出可量化的绩效指标。制定本企业的安全绩效考评实施细则，并认真贯彻执行	5	①未建立安全生产标准化绩效评定的管理制度，未制定本企业安全绩效评定考核实施细则，有上述任一项，不得分。②管理制度内容不全面，扣2分	3	自查情况： 建立安全生产绩效评定的管理制度，明确对安全生产标准化绩效完成情况、现场安全状况与计划的落实情况的符合情况的测量评估的方法、组织、周期、过程、报告。年度安全绩效考评实施，逐月分解目标，各部门按照工作制定任务完成情况，由公司各部门提出考核意见，考核小组根据管理办法给予执行 存在问题： 管理制度内容不够齐全

续表

项目序号	项目	内　　容	标准分	评 分 标 准	实得分	自查情况及存在问题
5.13.2	绩效评定	每年至少一次对本单位安全生产标准化的实施情况进行评定，验证各项安全生产制度措施的适宜性、有效性和完成情况，检查安全生产工作目标、指标的完成情况，提出改进意见，形成评价报告。评价报告应以企业正式文件的形式下发，将总结报告作为企业年度考评的重要依据。安全生产标准化的评定结果要求明确的事项：系统运行效果；出现的问题和缺陷，所采取的改进措施和效果；统计技术、信息技术等在系统中的使用情况和效果；系统各种资源的使用效果；绩效监测系统的适宜性以及结果的准确性；与相关方的关系。	5	①未按期进行评定，不得分。②评定工作有缺陷，扣1分/项	0	存在问题：未对本单位安全生产标准化的实施情况进行评定，形成评价报告，不得分
5.13.3	绩效改进	企业应根据安全生产标准化评定结果和安全预警指标系统，对安全生产目标与指标，规章制度，操作规程等进行修改完善，制定完善安全生产标准化的工作计划和措施，实施PDCA循环，不断提高安全绩效。企业应委改，考评考核等方面安全责任制、系统运行、检查监控、隐患整改等方面由安全生产领导机构评估和评审方面分析和评估出现的问题提出到安全生产领导机构或安全委员会讨论，并纳入下一周期的安全工作实施计划当中。企业对对绩效评价提出的改进措施，要认其进行落实，保证绩效改进措施落实到位	5	绩效改进未按要求执行，不得分	5	自查情况：①根据安全生产评定结果，操作规章制度，制定完善安全生产工作计划和措施等，实施PDCA循环，不断提高安全绩效。②年度工作总结中有对上一年度中的安全工作存在问题进行分析，提出纠正措施，经安委会讨论，完善绩效承包书
5.13.4	绩效考核	企业应根据绩效评价结果，对有关单位和岗位兑现奖惩	5	未兑现奖惩，不得分	5	自查情况：建立安全生产激励和约束机制，努力做到奖惩与考核并重。同时，对外向单位的安全绩效情况进行考评。根据年度绩效评价结果，按照年度绩效承包书由综合管理部、安全处对各部门进行考核，经厂领导牛小组批准后兑现

8.4 电力安全生产标准化达标自查自评整改计划

序号	项目序号	项目内容	自查情况及存在问题	标准分	实得分	整改措施	责任部门
1	5.2.3	安全生产监督体系	①2013年7月会议记录不完整，发现违章现象未制止并跟踪整改的，扣1分。②现场监督无记录的，扣1分。③安监人员中没有安全工程师的扣3分。	20	15	补充会议记录，现场监督登记；安排现场人员报考安全注册工程师	安全办
2	5.3.1	费用管理	①未制定安全生产费用计划，扣3分。②购置安全工器具审批程序不符合规定，扣2分。	15	10	完善安全生产费用计划，费用使用经安全管理部门审签	安全办
3	5.3.2	费用使用	未购置紧急逃生呼吸器（防毒面具），存在应投入而未投入，扣2分	25	23	已申请购置2套紧急逃生呼吸器（防毒面具）	安全办
4	5.4.4	评估和修订	2013年未公布现行有效的制度清单，不得分	10	0	立即整理发布	安全办
5	5.4.5	文件和档案管理	安全台账中安全事件记录不全面，扣1分	10	9	据实补充记录	安全办
6	5.5.1	教育培训管理	2013年公司没有对培训效果进行评估，扣2分	10	8	补充效果评估	安全办
7	5.6.1.4	检修管理	检修现场隔离和定置管理不到位，扣3分	25	22	加强现场管理	运行部
8	5.6.1.5	技术管理	未定期开展技术监督活动，扣5分	20	15	按规定开展	运行部
9	5.6.1.6	可靠性管理	可靠性管理人员未取得资格证书，扣5分	10	5	参加培训取证	运行部
10	5.6.2.1	制度管理	电力设施安全保卫制度内容不完善，扣2分	10	8	补充安全保卫制度	运行部
11	5.6.2.4	处置与报告	2013年4月50日风机与其接地铜缆被盗，未向所在地电力监管机构报告，不得分	5	0	补充报告手续，整改报告流程	运行部
12	5.6.3.9	信息网络设备及系统	网络节点备份恢复能力不健全，扣3分	10	7	加强网络技术改造	运行部
13	5.6.3.14	风力发电设备及系统	风力发电机组远程监控系统运行不稳定，读取数据较慢，扣2分	30	28	加强网络技术改造	运行部
14	5.6.4.1.5	污闪风险控制	未严格落实防污闪技术措施，管理规定和实施要求，如2013年末未对35KV 2回路外绝缘子清扫，扣3分	5	2	严格落实防污闪技术措施，管理规定和实施要求	运行部

续表

序号	项目序号	项目内容	自查情况及存在问题	标准分	实得分	整改措施	责任部门
15	5.6.4.1.6	继电保护故障风险控制	35kV I 段母线 TV 操作电源小开关有误跳现象，扣 2 分/项	10	8	TV 操作电源小开关整定值做计算调整	运行部
16	5.6.4.7.1	风机着火风险控制	未对母排、并网接触器、励磁接触器、变频器等一次设备动力电缆连接点、变压器等部位进行温度监控，扣 5 分	15	10	对一次设备动力电缆连接点等进行温度监控	运行部
17	5.6.4.7.3	轮毂（桨叶）脱落风险控制	119 号风机因雷击变桨控制器通讯异常，误判断为无件质量问题，扣 5 分	15	10	已进行更换	运行部
18	5.6.4.7.5	齿轮箱损坏风险控制	未按要求定期对齿轮箱滤芯进行更换，扣 3 分	10	7	已进行更换	运行部
19	5.6.4.8.3	燃油、润滑油系统着火风险控制	62 号风机齿轮箱油系统存在渗油现象，扣 2 分	10	8	已修复	运行部
20	5.7.1.2	安全设施	升压站污水排放口处有一污水井盖板不规范，扣 2 分	30	28	按规范整改	运行部
21	5.7.2.2	起重作业	安全技术档案和设备不全，扣 5 分	30	25	整理档案和台账	运行部
22	5.7.2.3	焊接作业	电焊机制度内容不全，责任落实不到位，台账记录、编号存在问题，扣 5 分	20	15	加强管理	运行部
23	5.7.2.5	电气安全	电气安全用具台账编号不全，扣 3 分	40	37	整理台账	运行部
24	5.7.2.7	消防安全	消防定期检查或试验不到位，扣 5 分	30	25	消防定期检测	运行部
25	5.7.2.9	交通安全	升压站内无限速标志，扣 5 分	20	15	补充无标志设置	综合部
26	5.7.3.1	标志标识	主变压器以及 SVG 门前的警示牌太小不符合要求，厂区内无外来人员入场告知，扣 6 分	40	34	按规范整改，悬挂标识牌	运行部
27	5.7.4.1	制度建设	承包商、供应商等相关安全管理制度内容不全面，扣 3 分	5	2	建立承包商、供应商等相关方安全管理制度	安全办
28	5.7.4.2	资质及管理	未建立相关名录和档案，扣 3 分	5	2	建立相关方名录和档案	安全办

续表

序号	项目序号	项目内容	自查情况及存在问题	标准分	实得分	整改措施	责任部门
29	5.7.4.4	监督检查	未定期组织相关方识别作业风险，扣2分	10	8	定期组织相关方识别	安全办
30	5.7.5.1	变更管理	企业未对试验风机项目变更以及变更过程中可能产生的隐患进行分析和控制，扣5分	10	5	对执行变更可能产生的隐患进行分析和控制	安全办
31	5.8.2	隐患排查	①隐患排查方案内容有缺失，扣2分。②未对排查出的隐患确定等级并登记建档，扣3分	15	10	补充隐患排查方案有缺失内容，并确定等级并登记建档	运行部
32	5.10.1.2	职业防护用品、设施	①职业健康防护设施、器具不满足要求，缺少防辐射隔离，扣2分。②现场急救用品、设备和防护用品缺少防暑降温、止血药品，扣2分	10	6	补充防护设施，补给防暑降温、止血药品	安全办
33	5.10.3.2	噪声防护	未在区域内设置噪声提示标志；未对检修、巡检人员发放耳塞等防护用品，扣2分	10	8	在区域内设置噪声提示标志，对检修、巡检人员发放耳塞等防护用品	运行部
34	5.11.2	应急机构和队伍	未签订应急支援协议，扣2分	5	3	签订应急支援协议	安全办
35	5.11.3	应急预案	未及时对应急预案进行修订和完善，缺少重要机械故障现场处置方案，扣2分；现场处置方案不齐全，缺少危险化学品泄漏现场处置方案，扣2分	10	6	对应急预案进行修订和完善；补充缺少重要机械故障现场处置方案	运行部
36	5.11.4	应急设施、装备、物资	应急平台、应急物资和装备的维护管理不满足要求，扣5分	10	5	加强应急平台、物资和装备的维护管理	运行部
37	5.11.6	应急演练	全厂停电、高处监落人身死亡，消防演练记录不全，扣2分	10	7	补充全厂停电、高处监落人身死亡	运行部
38	5.13.1	建立制度	管理制度内容不够齐全，扣2分	5	3	管理制度内容补充齐全	安全办
39	5.13.2	绩效评定	未对本单位安全生产标准化的实施情况进行评价报告，形成评价报告，不得分	5	0	对本单位安全生产标准化的实施情况进行报告，形成评价报告	安全办

13.2　风电场电力安全生产标准化评审报告示例

为贯彻《国务院安委会关于深入开展企业安全生产标准化建设的指导意见》（安委〔2011〕4 号）和原国家电力监管委员会、国家安全生产监督管理总局《关于深入开展电力安全生产标准化工作的指导意见》（电监安全〔2011〕21 号）的工作部署，根据《关于印发〈电力安全生产标准化达标评级管理办法（试行）〉的通知》（电监安全〔2011〕28 号）、《关于印发〈电力安全生产标准化达标评级实施细则（试行）〉的通知》（办安全〔2011〕83 号）、《关于印发〈发电企业安全生产标准化规范及达标评级标准〉的通知》（电监安全〔2011〕23 号）、《关于电力安全生产标准化达标评级修订和补充的通知》（国能综电安〔2013〕210 号）的规定，现以某评价公司开展的风电场电力安全生产标准化达标评级评审工作为例，介绍风电场电力安全生产标准化评审的相关内容，也为其他风电企业提供参考。

1　评审说明

1.1　评审目的

为了贯彻"安全第一、预防为主、综合治理"的方针，落实企业安全生产责任主体，通过电力安全生产标准化评审，检查风电场生产、设备管理和运行是否符合国家有关的法律、法规及技术标准，对存在的不安全因素和未达到标准的问题提出整改意见，促进企业安全生产隐患整改，推进企业电力安全生产标准化的建设。进一步加强企业安全管理，夯实安全管理基础，提高防范和处置生产安全事故的能力，保证电力安全生产持续稳定，提升企业安全生产管理水平。

1.2　评审依据

现场评审依据《关于印发〈电力安全生产标准化达标评级管理办法（试行）〉的通知》（电监安全〔2011〕28 号）、《关于印发〈电力安全生产标准化达标评级实施细则（试行）〉的通知》（办安全〔2011〕83 号）、《关于印发〈发电企业安全生产标准化规范及达标评级标准〉的通知》（电监安全〔2011〕23 号）、《关于电力安全生产标准化达标评级有关事项的补充规定》（安监函〔2012〕62 号）、《关于电力安全生产标准化达标评级修订和补充的通知》（国能综电安〔2013〕210 号）开展，评审依据的主要法规和标准，采用但不限于《发电企业安全生产标准化规范及达标评级标准》中规范性引用文件。

1.3　评审范围

按照原国家电力监管委员会发布的《发电企业安全生产标准化规范及达标评级标准》要求，根据委托双方签订的技术服务合同，对某公司风电场一期、二期项目进行电力安全生产标准化达标评审，评审范围包括：风电机组工程生产设备设施、作业安全、职业健康、安全管理状况等。

1.4　评审原则及方法

本次评审主要采用安全检查表法，按照《发电企业安全生产标准化规范及达标评级标准》逐项、逐条进行检查，评审企业生产设备设施和企业安全生产管理等方面是否满足申报的电力安全标准化级别要求。

核心要求项目得分采用雷达图分析法，对标准化达标评审 13 个一级要素进行综合分析，指出相对薄弱环节。

2 项目概况

2.1 项目简介

风电场共安装 66 台风电机组，分两期建设，并配套建设一座 110kV 升压站，所发电能通过两回 110kV 送出线路接入电网。

公司一期、二期工程于 2011 年 11 月 28 日，取得相关部门印发的关于核准该风电场项目的批复文件。一期、二期工程于 2012 年 10 月 30 日实现首批机组并网发电，2012 年 12 月 28 日全部并网发电。

公司设有电力运行部、安全生产部、工程管理部和综合财务部四个部门，现有专职和兼职安全监督人员 3 人，均为运行值班人员，其他部门未设兼职安全员。

2.2 主要设备设施

2.2.1 机组情况

风电场共布置 66 台风电机组，风电机组功率调整方式采用变桨距。

2.2.2 电气主接线

风电场经 35kV 母线、110kV 主变压器升压后接至 110kV 母线，然后经 110kV 线路送出接入楚雄电网 110kV 系统。

35kV 系统采用单母分段接线，35kV Ⅰ 段母线中性点经消弧线圈接地，35kV Ⅱ 段母线中性点不接地。35kV 架空集电线路分别接入 35kV Ⅰ、Ⅱ 段母线。

风电机组输出电压为 0.69kV，采用"1 机 1 变"，经就地箱式变压器升压至 35kV 后，经集电线路汇集到 35kV 开关柜。

2.2.3 主变压器

风电场安装两台户外、三相、铜线、自然油循环风冷却器，有载调压油浸式升压电力变压器，将 35kV 升压至 110kV 后接入 110kV 母线。

2.2.4 箱式变压器

公司 66 台风电机组配套箱式变压器均采用三相油浸全密闭无载调压低损耗电力变压器，将风电机组输出电压 0.69kV 升压至 35kV，经 35kV 集电线路送至 35kV 母线。

2.2.6 站用变压器

风电场配备接地变压器兼站用变（中性点经消弧线圈）即 1 号站用变压器，一台干式站用变即 2 号站用变压器，另从站外系统引来一路 10kV 电源作为备用电源。

2.2.7 电气二次部分

（1）继电保护配备。110kV 线路保护、110kV 母线保护、110kV 母线分段断路器保护、110kV 主变差动保护、高后备保护、低后备保护、非电量保护、35kV 母线保护、35kV 线路保护、SVG 及电容器组保护及站用变保护。另配有两台故障录波器及 1 套 AGC/AVC 系统。

（2）直流系统。配有两组蓄电池组和高频开关直流系统及相关配套设备，供站内动力、操作电源及故障录波器、保护测控屏等使用。

（3）监控系统。包括风电机组监控系统、电气监控系统、箱变监控系统、视频监控系统，各自独立无联系。

（4）生产管理信息系统中监控器、交换机、服务器和主控室监控设备组成的独立的自成体系的网络系统，与外界物理隔离。其性能安全可靠。可防止非授权访问和恶意篡改。

2.2.8 低电压穿越

2012 年 5 月，某机构出具了《风电机组（艾默生变频器）低电压穿越能力测试报告》，报告结论：经评估分析，风电机组的低电压穿越能力满足国家电网公司企业标准《风电场接入电网技术规定》（Q/GDW 392—2009）对低电压穿越能力的要求。

2.2.9 无功补偿装置

风电场无功补偿装置选用两套 SVG 装置配套使用，一期梅家山、二期尖山梁子各配置一套 SVG，能满足电网无功调节要求。

2.3 接入系统情况

风电机组—箱式变压器采用单元接线方式，每台风电机组经一台升压箱式变压器将输出电压由 0.69kV 升至 35kV，经 35kV 集电线路送至本风电场升压站的 35kV 开关柜，再分别经主变升压至 110kV 后接入 110kV 母线（110kV 系统采用室内 GIS 配电装置），最后经 110kV 送出线路接入云南电网。

3 安全生产管理及绩效

3.1 安全生产管理情况

公司成立了以总经理任安委会主任、副总经理任副主任、各部门主任任委员的安全生产委员会（可简称安委会），建立了安全生产保障体系、安全生产监督体系，形成了厂级、部门、班组三级安全网络。安委会办公室设在安全生产部，公司安委会职责明确。

公司已设置安全生产部，现有 1 名专职安全员和 2 名兼职安全监督人员，均为运行值班人员，其他部门未设兼职安全员。总经理、副总经理及安全管理人员分别取得相应的安全管理资格证书。公司有 22 人取得了电工证，21 人取得了高处作业证。公司目前未配备电焊工和起重工，如检修工作需电焊或起重作业，委托有资质的人员来参与工作。

公司在安全技术和劳动防护措施、反事故措施、应急管理、安全检测、职业危害因素检测、安全评价、重大危险源监控以及消防保卫等安全生产费用投入满足生产需求符合国家法律法规的要求。公司制定了员工培训管理标准及计划，落实责任部门，并按计划进行培训。

公司以签订安全责任状的形式制定相应的分级控制目标（厂级、部门、班组）。

公司根据风电自身特点和现场实际情况对运行作业风险管控要求进行了分解，分专业编制完成安措执行类、操作作业类、巡检作业类风险管理与控制卡，共 13 项，编制并落实了运行管理规定。

公司制定了安全生产隐患排查治理制度，制度界定了隐患分级标准，明确了"查找—评估—报告—治理（控制）—验收—销号"的闭环管理流程。按规定每月排查事故隐患，将事故隐患排查治理情况进行统计分析，统计分析表上级集团公司。制定了《事故隐患排查治理管理标准》《安全生产检查管理标准》，细则中规定了隐患排查治理方案，明确了隐患排查从人员、设备、环境、管理等各个环节。

公司建立了完善的应急规章体系、应急工作体系、应急预案体系，制定了各项应急预案及现场处置方案。

公司按照《劳动防护用品管理办法》的要求，为员工提供符合职业健康要求的工作环境和条件，配备必要的职业健康防护设施、器具，组织开展职业健康宣传教育，安排相关岗位人员定期进行职业健康检查，在中控室及每个塔筒内都安置了急救药箱，公用的防护器具定点存放，并由值班长负责保管，定期校验和维护。

3.2 安全生产管理绩效

3.2.1 企业获得主要荣誉

（1）2013 年 5 月，荣获中央企业团工委 2013 年青年文明号称号。

（2）2013 年 11 月，荣获 2013 年质量、环境、职业健康安全管理体系认证示范单位称号。

3.2.2 安全情况

公司评审期内未发生人身伤害事故、一般及以上电力设备事故、电力安全事故以及对社会造成重大不良影响的事件。2013 年及 2014 年（1—6 月）安全目标情况见表 B-1。

表 B-1 2013 年及 2014 年（1—6 月）安全目标情况

安全目标指标	要求	情况	
		2013 年	2014 年（1—6 月）
人身伤亡安全事故/次	0	0	0
误操作事故/次	0	0	0
全场停电事故/次	0	0	0
工程施工及质量安全事故/次	0	0	0
一般及以上设备安全事故/次	0	0	0
火灾事故/次	0	0	0
道路交通安全事故/次	0	0	0
环境污染事故/次	0	0	0
急性中毒等职业危害事件/次	0	0	0
职业发病率	0	0	0
性质恶劣、影响严重的群体性、社会治安性等事件/次	0	0	0
员工年度安全培训率	100%	100%	100%
新员工入厂三级安全教育率	100%	100%	100%
安全管理人员及特种作业人员培训率	100%	100%	100%
持证上岗率	100%	100%	100%
生产现场安全达标合格率	100%	100%	100%
各类事故"四不放过"处理率	100%	100%	100%

3.2.3　主要经济指标

公司 2013 年及 2014 年 1—6 月，主要发电指标见表 B-2、表 B-3。

表 B-2　2013 年份发电指标

机组	发电量/(万 kW·h)	投入率/%	平均利用小时/h
1～66 号	25600	99.58	2439

表 B-3　2014（1—6 月）年份发电指标

机组	发电量/(万 kW·h)	投入率/%	平均利用小时/h
1～66 号	18296	99.23	1848

4　项目评审情况

4.1　基本条件符合情况

根据《关于印发〈电力安全生产标准化达标评级管理办法（试行）〉的通知》（电监安全〔2011〕28 号），电力安全标准化基本条件评审见表 B-4。根据表 B-4 检查结果，该公司电力安全生产标准化基本条件符合评审要求。

表 B-4　电力安全生产标准化基本条件评审表

序号	检查项目	检查内容（文件或资料）	结果
1	取得电力业务许可证	公司于 2013 年 12 月 18 日取得了《中华人民共和国电力业务许可证》（编号：106301-00881）。有效期：2013 年 12 月 18 日—2033 年 12 月 17 日	符合要求
2	评审期内未发生负有责任的人身死亡或者 3 人以上重伤的电力人身事故，较大以上电力设备事故，电力安全事故及对社会造成重大不良影响的事件	相关部门 2014 年 5 月 10 日已出具了证明，证明评审期内公司未发生负有责任的人身死亡或者 3 人以上重伤电力安全事故、较大以上电力设备事故及对社会造成重大不良影响的事件	符合要求
3	风电机组（风电场）通过并网安全性评价，运行水电站大坝按规定注册	公司风电机组通过并网安全性评价	符合要求
4	电力建设工程项目已通过核准，并在电力监管机构备案	公司一期、二期工程已通过核准，并在电力监管机构备案	符合要求
5	无其他违反安全生产法律法规的行为	相关部门出具证明，证明评审期内公司无其他违反安全生产法律法规的行为	符合要求

4.2　核心要求（评分项目）适用性分析

根据《发电企业安全生产标准化规范及达标评级标准》，达标评审评分项目共有 139 项条款，由于发电厂类型以及设计和设备的原因，达标评审标准项内有 30 项不适用，列为无关项，其无关原因详见表 B-5，实际查评 109 项。标准分 1800 分，无关项总计 370 分，应得分 1430 分。电力安全生产标准化核心要求单元无关项说明见表 B-5。

表 B-5　电力安全生产标准化核心要求单元无关项说明

序号	项目序号	项　　目	得分	不参评项原因
1	5.6.1.7	水库调度管理	20	评审标准针对水利水电工程，本项目为风电场
2	5.6.3.4	锅炉设备及系统	20	评审标准针对火力发电厂，本项目为风电场
3	5.6.3.5	燃、汽轮机设备及系统	20	
4	5.6.3.6	化学设备及系统	10	
5	5.6.3.7	输煤设备及系统	10	
6	5.6.3.10	水轮发电机组设备及系统	20	评审标准针对火力发电厂、水力发电厂，本项目为风电场
7	5.6.3.11	水电厂大坝及泄洪设施	20	
8	5.6.3.12	引水系统、发电厂房及尾水	10	
9	5.6.3.13	船闸、升船机等通航设施	10	
10	5.6.4.3.1	炉膛爆炸风险控制	10	
11	5.6.4.3.2	制粉系统爆炸风险控制	10	
12	5.6.4.3.3	煤尘爆炸风险控制	5	
13	5.6.4.3.4	汽包满水和缺水风险控制	10	
14	5.6.4.3.5	尾部再次燃烧风险控制	5	
15	5.6.4.3.6	承压部件爆漏风险控制	10	
16	5.6.4.4.1	超速风险控制	10	评审标准针对火力发电厂、水力发电厂，本项目为风电场
17	5.6.4.4.2	轴系断裂风险控制	10	
18	5.6.4.4.3	大轴弯曲风险控制	10	
19	5.6.4.4.4	轴瓦损坏风险控制	10	
20	5.6.4.5.1	机组飞逸风险控制	15	评审标准针对水力发电厂，本项目为风电场
21	5.6.4.5.2	轴瓦损坏风险控制	10	
22	5.6.4.5.3	振动超标风险控制	15	
23	5.6.4.5.4	抬机风险控制	10	
24	5.6.4.5.5	机组重要部件紧固件损坏风险控制	10	
25	5.6.4.6.1	水电站大坝垮坝风险控制	30	评审标准针对水力发电厂，本项目为风电场
26	5.6.4.6.2	贮灰场垮坝风险控制	10	评审标准针对火力发电厂，本项目为风电场
27	5.6.4.8.1	压力容器爆炸风险控制	10	风电场无此类设施
28	5.6.4.8.2	氢气系统爆炸风险控制	10	
29	5.6.4.8.4	水电厂水淹厂房风险控制	10	
30	5.6.4.8.5	通航意外事件风险控制	10	
		合计	370	

4.3　企业标准化建设及达标评级自查情况

4.3.1　自查自评阶段

　　公司于按照《安全生产标准化工作实施方案》组织开展风电场电力安全生产标准化达标评级自查评工作，成立了以总经理为组长的安全生产标准化达标工作领导小组，下设安全生产标准化达标工作组，负责具体的生产标准化达标工作，并按照评价标准的内容，结合风电机组实际的生产人员配备和机构设置，安排专职人员对相应的内容进行认真查评，制定各工作阶段完成时间表，对具体自评工作进行布置和安排。

4.3.2 公司检查、总结阶段

风电场组织各自查自评专业组进行了发电企业标准化相关知识的学习，组织各专业组进行自查自评，组织各查评专业进行复查、整改和打分、完成了该公司电力安全生产标准化自查自评报告，并对查评出的问题进行了整改。形成了上报的电力安全生产标准化达标评级（二级）自查报告。

本次自查自评标准分1800分，剔除31项未列入查评的项目共计380分后，应得分1420分，实得分1271分，得分率为89.51%，自查结果达到了二级企业标准要求。自查自评得分汇总表见表B-6。

表 B-6 自查自评得分汇总表

序号	查评内容	评价项	适用项	应得分	实得分	得分率
5.1	目标	3	3	40	40	100.00%
5.2	组织机构和职责	4	4	60	52	86.67%
5.3	安全生产投入	2	2	40	38	95.00%
5.4	法律法规与安全管理制度	5	5	60	46	76.67%
5.5	教育培训	5	5	80	76	95.00%
5.6	生产设备设施	66	36	430	373	86.74%
5.7	作业安全	20	20	400	359	89.75%
5.8	隐患排查和治理	4	4	60	53	88.33%
5.9	重大危险源监控	3	3	40	38	95.00%
5.10	职业健康	12	11	90	85	94.44%
5.11	应急救援	8	8	60	56	93.33%
5.12	信息报送和事故调查处理	3	3	40	40	100.00%
5.13	绩效评定和持续改进	4	4	20	15	75.00%
	合计	139	108	1420	1271	89.51%

此次自查评工作针对安全生产目标、组织机构和职责、安全生产投入、法律法规与安全管理制度、教育培训、生产设备设施、作业安全、隐患排查和治理、重大危险源监控、职业健康、应急救援、信息报送和事故调查处理、绩效考评和持续改进十三个要素进行查评。对于在自查评工作中查出的36项问题，公司进行了分析、分类和责任落实，结合生产实际，分批地进行了整改，并限期整改完成。其中27项已整改，3项部分整改，6项未整改。

4.4 现场评审工作开展情况

4.4.1 现场评审程序

2014年6月，三峡新能源云南姚安发电有限公司向国家能源局云南监管办公室递交了评审申请，经国家能源局云南监管办公室批准，北京中安质环技术评价中心有限公司编写现场评审工作计划，呈报国家能源局云南监管办公室同意，组织以6名专家为主评审组，到现场开展电力安全生产标准化达标评审工作。

（1）评审组碰头会。评审组召开碰头会，明确了现场评审的程序和范围，共同交流了评审注意事项以及检查表填写要求，统一了评审思想。

（2）首次会。由评审组、公司领导和专工及相关人员共 18 人参加会议。会议重申了评审目的、依据、范围、原则、程序；提出现场评审的工作内容、方法和要求；专家组听取了企业介绍电厂概况和自评情况；专家组和配合人员相互认识；公司安全管理人员对评审人员进行安全告知；分组开始评审工作。

（3）现场评审。专家组在陪检人员的配合下，依据《发电企业安全生产标准化规范及达标评级标准》，通过召开会议听取有关汇报，采用调查询问、情景模拟、现场座谈等多种形式，查看现场设备实际情况，检查有关各项试验、测试报告、规章制度、规程规定、运行记录、会议记录等，检查企业的设备设施及安全生产管理是否符合评审标准的要求。评审组每天工作结束后，召开内部交流会，就每天的评审问题进行分析，共同讨论评审中遇到的问题。

（4）评审报告内审会。评审专家组召开评审报告内审会，讨论评审报告无关项、发现的问题、评审结论等，确定风电场存在的主要问题，形成专家组评审意见。

（5）末次会。由评审组、公司领导和专工及相关人员共 18 人参加会议。专家组分专业通报了评审中存在问题和现场评审初步结论，评审组就下一步问题整改及审查申请等工作要求与企业充分沟通。

4.4.2　专家组评审

某评价公司组织 6 名经验丰富的专家，组成评审专家组到现场开展电力安全生产标准化达标评审。

4.5　核心要求（评分项目）评审情况

4.5.1　目标

目标要素评审项 3 项，适用项 3 项，发现问题 1 条，扣分项 1 项，应得分 40 分，实得分 38 分。

公司制定了中长期安全总体目标，对人员本质安全、设备工艺本质安全、环境本质安全、管理本质安全方面提出了公司的中长期的总体安全目标。制定了评审期内的安全生产目标。安全生产目标包括企业安全状况在人员、设备、作业环境、管理等方面的安全指标。

电力运行部、综合财务部、工程管理部、安全生产部等 4 个部门按照安全生产职责和部门的年度安全目标以及与公司签订的安全生产责任书，已制定相应的分级控制措。电力运行部下属的运行值班人员按照和部门签订的安全生产责任书，制定了本运行值班组完成安全目标的控制措施。公司在每月（每季）安全生产分析会议、安委会上对安全生产目标实施计划的执行情况进行分析检查。对照与各部门签订的安全生产责任书完成情况每月进行评估与考核。评审期内，公司安全生产目标完成情况好，未发生各类事故，其他不安全事件的发生也在可控范围内。

4.5.2　组织机构和职责

组织机构和职责要素评审项 4 项，适用项 4 项，发现问题 3 条，扣分项 2 项，应得分 60 分，实得分 54 分。

公司对安全生产委员会人员进行了调整，总经理任安委会主任、副总经理任副主任、各部门主任任委员，安委会办公室设在安全生产部。明确了公司安委会的职责。

安委会人员的组成符合要求。制定的《安全生产例会制度》，明确了安委会的工作制度和例会制度。

总经理每季召开安全生产委员会会议，总结分析本企业安全生产情况，部署企业安全生产工作，研究解决安全生产工作中的重大问题，决策企业安全生产的重大事项。明确了由总经理助理和各部门主任组成的安全生产保障体系，贯彻"管生产必须管安全"的原则。公司要落实生产部门人员配置，生产所必需的物资、两措费用，同时只有落实安全生产保障体系职责，安全生产所需的人员、物资、费用等才能得到保障。

公司设置安全生产部，现有兼职安全监督人员 2 人，均为运行值班人员、其他部门未设兼职安全员，人员配置符合国家和上级单位规定的要求。

公司制定《安全生产责任制》。各级人员的安全生产责任制中明确了各级、各类岗位人员安全生产责任。总经理按照《中华人民共和国安全生产法》等法律法规赋予的职责，建立、健全了本单位安全生产责任制，组织制定了本单位安全生产规章制度和操作规程，保证了本单位安全生产投入的有效实施，能督促、检查本单位的安全生产工作，消除生产安全事故隐患，组织制定并实施了本单位的生产安全事故应急救援预案。评审期内未发生需及时、如实报告的生产安全事故。

4.5.3　安全生产投入

安全生产投入要素评审项 2 项，适用项 2 项，发现问题 0 条，扣分项 0 项，应得分 40 分，实得分 40 分。

公司制度规定了安全生产费，用相关部门认真贯彻执行，并履行审批手续。上级规定落实的安全生产费用落实到位。查阅公司季度安委会会议纪要，总经理对各职能部门执行的情况进行检查。

4.5.4　法律法规与安全管理制度

法律法规与安全管理制度要素评审项 5 项，适用项 5 项，发现问题 5 条，扣分项 3 项，应得分 60 分，实得分 49 分。

公司明确了安全生产部为主管部门。制度对获取渠道、识别和获取适用的安全生产法律法规、标准规范作出了规定。获取的渠道有各级政府、行业协会或团体、数据库和服务机构、媒体、网络等。法律法规、标准规范通过信息流程更新，定期汇总，并可在公司门户网站查询。

公司配备了国家及电力行业有关安全生产规程。最新的《电业安全工作规程第 1 部分：热力和机械部分》（GB 26164.1—2010）、《电力安全工作规程　发电厂和变电站部分》（GB 26860—2011）、《电力安全工作规程 高压试验室部分》（GB 26861—2011）、《电力安全工作规程　电力线路部分》（GB 26859—2011）等相关标准已发到部门、班组、岗位。

公司每年一次对执行的安全生产法律法规、标准规范、规章制度、操作规程以及检修、运行、试验等规程的有效性进行检查评估。在公司内门户网站平台上集中公布了收集的法律法规、标准规范、各类规章制度 248 个。2011—2014 年对公司的相关制度、规程进行了、修订。规章制度、操作规程的修订，公司能履行审批手续，所有的制度（新编、修订）审核、批准均从公司网站上进行流转，逐级审核后，由归口部门发布。

公司制定了《文件档案管理制度》，制度中规定了文件批阅流程，规章制度、规程编制、使用、评审、修订及档案借用手续等，公司各部门能严格执行。

安全记录档案种类包含了安全生产过程、事件、活动，检查的安全记录档案，安全记录能有效管理。安全记录包括：值长日志、巡检记录、检修记录、事故调查报告、安全考核通报、安全日活动记录、安全会议记录、安全检查记录，记录符合要求。

4.5.5　教育培训

教育培训要素评审项5项，适用项5项，发现问题2条，扣分项2项，标准分80分，实得分74分。

公司明确了安全生产部为安全教育培训主管部门，下发了《2013年度安全教育培训计划》。《2014年度安全教育培训计划》，经查阅安全费用计划，公司对教育培训费用能满足需求。对2013年安全教育培训效果进行了评估。

总经理参加了安全管理再次培训，安全生产管理人员4人参加了安全管理再次培训，并取得了合格证书。培训时间符合要求。

查阅公司安全教育培训台账，评审期内公司有7名新进人员，公司对其进行了三级安全教育，考试合格后进入运行岗位。

公司下发了安全文化建设规划纲要。安全文化建设的目标为：①安全教育和培训：坚持原有的安全教育，开展更多与实际结合紧密、内容丰富实用的安全培训，增强全员安全意识，调动全员参与安全的积极性；②多通道多途径宣传：加大公司宣传安全生产工作的力度，拓宽宣传通道和途径。依托重点活动和重要时期在公司媒体上创办安全生产专题栏目，充分调动和发挥公司媒体在安全生产宣传中的重要作用；③充分融入企业文化：开展形式多样的安全文化活动，在丰富员工业余文化生活的同时，达到让安全观念深入人心的目的，并使安全文化充分融入到企业文化之中。

4.5.6　生产设备设施

专家组分安全管理、电气组、风机组，对企业的生产设备设施进行检查，生产设备设施要素共计5个二级要素，评审项66项，适用项36项，扣分项14项，发现问题19条，应得分430分，实得分368分。

4.5.6.1　设备设施管理

设备设施管理二级要素评审项7项，适用项6项，发现问题5条，扣分项4项，应得分100分，实得分82分。

公司制订了设备设施管理、运行管理、检修管理、技术管理、可靠性管理等相关方面的管理制度，加强设备质量管理，认真监视设备运行工况，合理调整设备状态参数，正确处理设备异常情况，落实设备检修管理制度，健全设备检修组织机构，严格执行工作票制度，落实各项安全措施，公司建立了可靠性信息管理系统，按规定每月云南能源监管办公室报送可靠性信息。

4.5.6.2　设备设施保护

设备设施保护二级要素评审项4项，适用项4项，发现问题0条，扣分项0项，应得分30分，实得分30分。

公司明确了主管部门为安全生产部，制度明确了由总经理负责和各部门主任为成员的治安保卫领导小组的组织机构，制度对安全防护工作提出了明确的要求。查阅评审期内的

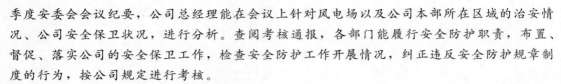

季度安委会会议纪要，公司总经理能在会议上针对风电场以及公司本部所在区域的治安情况、公司安全保卫状况，进行分析。查阅考核通报，各部门能履行安全防护职责，布置、督促、落实公司的安全保卫工作，检查安全防护工作开展情况，纠正违反安全防护规章制度的行为，按公司规定进行考核。

评审期内，公司未发生外力破坏、盗窃、恐怖袭击等事件。风电场已建立电力设施永久保护区台账，风电机组及相关电力输电线路均设置了警示标识。风电场在行政区域、主变区域、配电室、继保室、GIS室共装了 32 个摄像监控装置，在围墙周围安装了电子围栏，由运行值班人员负责监控，现场查看，各摄像监控点显示正常，能满足安全保卫需要。

4.5.6.3　设备设施安全

设备设施安全二级要素评审项 14 项，适用项 6 项，发现问题 4 条，扣分项 2 项，应得分 100 分，实得分 90 分。

（1）电气一次系统。风力发电机、变频器、箱式变压器能在额定风速（11～20m/s）中稳定运行，风力发电机的绕组、铁芯温度正常；风力发电机各轴承的振动值、温度在允许范围之内运行；主变压器、SVG、FC 设备满足运行要求，各部分温度正常，未发现异常情况；高、低压配电装置和运行方式正常；GIS、高压开关、避雷器、互感器、过电压保护装置和接地装置运行正常，评审期内电气一次设备未发现有重大安全隐患。设备配置和性能满足国标、行标相关要求和发供电运行要求，能达到发电企业安全生产标准化规范及达标评级标准要求。

（2）电气二次系统。风电机组监控系统、变电站监控系统、110kV 升压站设备、风力发电机现场设备运行正常；现场环境整洁；保护装置压板增加了实际压板位置标识，故障录波器运行正常；GPS 同步对时准确；继电保护装置配置符合要求、运行正常；电力二次系统防护符合云南电网调度的要求；直流系统和通信系统运行正常。试验记录和巡检记录符合要求。

（3）风电机组。风电场风电机组、电气设备状态良好，设备监控到位。现场查看风电机组各连接部位（塔筒之间、塔筒与机舱、机舱与轮毂、轮毂与叶片）符合要求。液压系统、润滑系统和冷却系统各构件的连接面连接可靠，风电机组控制系统及保护系统的配置和运行工况正常，保护动作情况正确。

风电场风电总装机容量 99MW，共安装 66 台单机容量 1.5MW 风电机组。2012 年 4 月 22 日至 2012 年 4 月 27 日，由中国电力科学研究院风电并网研究和评价中心对风电机组进行了检测，出具了《风力发电机组低电压穿越能力验证检测报告》，风电场风电机组已通过低电压穿越能力验证，满足《风电场接入电力系统技术规定》（GB/T 19963—2011）的要求。

一期风电场配备一套无功补偿设备，分别安装在 35kV Ⅰ 段 Ⅱ 段母线，用于调节风电场无功功率，风电场无功补偿动态调整响应时间小于 10.0ms，符合《风电场接入电力系统技术规定》（GB/T 19963—2011）的要求，满足系统电压自动调节需要。

公司明确了风机动火作业管理要求及每月定期巡视检查风机防火控制措施。现场查看，风机塔筒底部和机舱均配置了干粉灭火器，防火警示标志齐全。评审期内，未发生风机着火事件。

公司制定了《防暴雨、泥石流应急预案》《防森林火灾应急预案》《防气象灾害应急预案》《防汛应急预案》《防地震灾害应急预案》等自然灾害应对措施。评审期内未发生自然灾害。

公司制定了《风力发电机组巡检管理规定》查阅《风电机组定期保养记录表》，维护人员按规定定期对风电机组巡检，加强对轮毂（叶片）的检查，发现齿轮箱渗漏、电缆发热、螺栓松动、损伤、断裂缺陷能够及时处理。

4.5.6.4 设备设施风险控制

设备设施风险控制二级要素共分 8 个三级要素，其中评审项 37 项，适用项 16 项，发现问题 9 条，扣分项 7 项，应得分 170 分，实得分 141 分。

（1）电气设备及系统风险控制。公司针对风电场的特殊情况，电气一次系统单母线、单线路的情况下和风力发电机可能发生的事故，制定了各项反事故措施，以防止全场停电、发电机损坏、高压开关设备损坏、接地网事故、污闪事故和变压器互感器损坏事故的发生，对各项风险控制进行了组织落实，采取技术保障措施，加强巡检和消缺工作，使设备处于安全、稳定、可控状态。同时加强了对继电保护装置检查，做好蓄电池、充电装置、UPS 装置运行维护工作，有效地防止了继电保护误动、拒动及直流故障时引发系统事故的发生。采用了与外网无关的独立生产信息监控系统，设备系统有较大冗余配置，评审期内系统设备运行状况总体良好，风险控制措施到位。

（2）计算机、自动化设备及系统风险控制。继电保护装置电源符合要求；整定值符合要求；抗干扰的反措已经实施；风电机组监控系统和变电站监控系统功能符合规程规定；五防功能符合规范要求；直流系统容量满足要求；通信系统符合调度规定。因此电气二次设施风险控制符合安全标准化二级企业的要求。

（3）风力发电设备及系统风险控制。公司制定了《运行规程》《检修规程》《风力发电机组巡检管理规定》等，规范了运行、检修人员操作行为。公司健全了预防风电机组火灾的管理制度，严格风电机组内动火作业管理规定，定期巡视检查风电机组防火控制措施。平时维护能认真做好力矩校准、油脂添加、定值核对及机械和电气试验等工作。出现异常时，检修人员能及时进行检查、处理。每年进行齿轮箱油的化验工作。平时加强滤网前后压力、温度检测，出现压力差或温度高报警，维护人员能及时到现场检查处理。

（4）其他设备及系统风险控制。润滑油系统区域备有消防器材，消防器材配置符合要求；风场风机润滑油系统法兰垫材质符合安全要求，管道支架牢固可靠，无振动及摩擦。

4.5.6.5 设备设施防汛防灾

设备设施防汛防灾二级要素评审项 4 项，适用项 4 项，发现问题 1 条，扣分项 1 项，应得分 30 分，实得分 25 分。

公司制定了《防灾减灾管理制度》《防汛、强对流天气应急预案》《防地震灾害应急预案》《防大雾应急预案》《防地质灾害应急预案》《防雨雪冰冻应急预案》。

按照《防灾减灾管理制度》的规定，公司成立了由总经理为组长和各部门主任为成员的应急领导小组，组织机构健全。

公司已按照年度演练计划和年度培训计划组织了 3 次应急预案演练和 1 次防灾减灾培训教育。

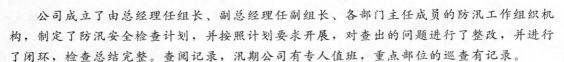

公司成立了由总经理任组长、副总经理任副组长、各部门主任成员的防汛工作组织机构，制定了防汛安全检查计划，并按照计划要求开展，对查出的问题进行了整改，并进行了闭环，检查总结完整。查阅记录，汛期公司有专人值班，重点部位的巡查有记录。

安全生产部每天向公司汇报汛期工作情况，及时协调存在的问题。现场检查防汛物资库，防台物资储存到位，设施齐全完好。

设备设施防汛防灾项存在问题见表 2-14。

表 2-14　设备设施防汛防灾存在问题

标准	存在问题	扣分	扣分依据
5.6.5.2	公司未委托有资质的机构对风电场的建构筑物定期进行沉降观察	5	未定期进行厂区主要建（构）筑物观测和分析，并开展抗震性能普查和鉴定工作，扣 5 分

4.5.7　作业安全

作业安全要素共 5 个二级要素，评审项 20 项，适用项 20 项，发现问题 19 条，扣分项 13 项，应得分 400 分，实得分 332 分。

（1）生产现场管理。公司办公、生活楼、综合控制室、继电室、35kV 开关室、110kV 升压站、110kV GIS 室、消防泵房、食堂、仓库布局合理，距离符合安全规定。现场建筑物、楼板、栅栏、风机吊装口、污水池、坑池、沟等处的栏杆、盖板、护板等设施符合安全要求。综合控制室、各配电室、风机室常用照明正常，仪表盘柜、楼梯等地方光亮符合照明设计标准。现场电源箱开关箱门、外壳、消弧罩齐全、检修盘、控制柜无积水、无杂物，室外电源箱防雨设施完好。

（2）作业行为管理。公司及维保单位现有 21 名高处作业人员、2 名起重作业人员、1 名电焊作业人员，作业人员资格证书均在有效期内。公司通过编写安全管理方案或安全技术措施、检修工作票、运行操作票、动火工作票、危险有害因素控制卡等形式，进行了风险分析及全过程风险控制；加强了高处作业人员管理，现场工作人员能了解和正确使用登高作业安全用具；公司对起重机械和风机助爬器进行了检查、保养和维护，对重大物件起吊制定了专项安全措施，并要求有资质的专人指挥；加强电焊机作业人员和设备管理，电焊人员取证上岗，电焊设备符合安全要求；现场有限空间工作设专人监护，并落实防火、防窒息和逃生等措施。

公司加强了安全工器具管理，安全工器具实行采购、发放、试验、使用、报废全过程控制；现场对六氟化硫、氧气、乙炔、液化气等工业气瓶进行统一管理，各类气瓶均由有资质的厂方提供，并在检验周期内使用。公司全面落实消防安全生产责任制，建立了消防三组网络，成立了义务消防队、开展了消防培训和演习活动，重点防火部位设置烟感报警装置，作业人员熟悉消防器材性能和使用方法，现场动火作业已落实防护措施；生产现场机械设备的外露转动部分安装有防护罩；公司加强车辆安全管理，定期对驾驶员进行安全教育，不断提高驾驶员交通安全意识，并做好车辆日常维护工作，确保行车安全。

（3）标志标识管理。生产现场设备设施名称、色标、色环及流向标识在醒目位置，现场应急疏散指示标志和应急疏散场地标识明显，符合国家规定，能够满足安全设施配置和应急管理要求。

（4）相关方管理。公司建立了承包商、供应商、发包和临时用工管理规定，外包工程与相关方签订安全协议，明确了双方安全责任，并督促相关方落实安全措施。对于进入同一作业区域的相关方人员、临时工、临时参加现场工作的相关人员进行统一安全管理，并采取了有效的措施。

（5）变更管理。公司建立了变更管理制度，对变更工作编制方案及安全措施，并进行了审批和交底，工作人员执行工作票，对设备变更过程中可能产生的危险有害因素进行辨识和控制，设备投运后，进行了安全性评价和验收。

4.5.8　隐患排查和治理

隐患排查和治理要素评审项4项，适用项4项，发现问题3条，扣分项2项，应得分60分，实得分53分。

公司制订了《安全生产隐患排查治理制度》，制度界定了隐患分级标准，明确了"查找—评估—报告—治理（控制）—验收—销号"的闭环管理流程。制定了《事故隐患排查治理管理标准》、《安全生产检查管理标准》。细则中规定了隐患排查治理方案，明确了隐患排查从人员、设备、环境、管理等各个环节。

制定了安全生产隐患排查治理及执行情况统计表，该表内容包括：存在问题、整改措施、责任部门、责任人、落实资金、完成时限等，对排查出的隐患能及时进行整改，记录齐全。

评审期内未发现有重大安全隐患。

4.5.9　重大危险源监控

重大危险源监控要素评审项3项，适用项1项，无关项2项，发现问题0条，扣分项0项，应得分40分，实得分40分。

公司制定了《重大危险源监督管理规定》，对生产系统和作业活动中的各种危险、有害因素及可能产生的后果进行了全面辨识，并列表记录在案，同时上报给上级安全监督管理部门。

公司制定的《重大危险源监督管理规定》中对使用新材料、新工艺、新设备以及设备、系统技术改造可能产生的后果进行危害辨识有明确要求。

公司无危险化学品重大危险源。

4.5.10　职业健康

职业健康要素共有4个二级要素，评审项12项，适用项12项，发现问题5条，扣分项4项，应得分100分，实得分80分。

公司为员工提供了符合职业健康要求的工作环境和条件，配备了必要的职业健康防护设施、器具，组织开展职业健康宣传教育，安排相关岗位人员定期进行职业健康检查，在中控室及每个塔筒内都安置了急救药箱，公用的防护器具定点存放，并由值班长负责保管，能进行定期校验和维护。

公司编制了职业健康的相关制度，并结合职业危害辨识工作，对作业现场环境进行了管理，有效控制了职业危害的影响。现场警示说明、警示标志设置基本齐全。值班室内配备了急救用品和药品。能够对噪声、工频电场职业危害场所进行检测，并将检测结果公布于众。公司按安全生产费用规定，设立职业健康防护专项费用。风电场对于从事接触职业危害人员每年体检，对于从事接触职业危害人员能够提供口罩、耳塞等劳动防护用品。

4.5.11　应急救援

应急救援要素评审项 8 项，适用项 8 项，发现问题 2 条，扣分项 2 项，应得分 60 分，实得分 53 分。

公司制定了《应对安全事故预案体系》，成立了由公司总经理为应急管理领导小组组长的应急组织体系，加强了应急规章体系建设，完善了应急管理规章制度，规范应急管理和信息发布等各项工作，按照《关于印发〈电力突发事件应急演练导则（试行）〉等文件的通知》（电监安全〔2009〕22 号）中的《电力企业综合应急预案编制导则（试行）》《电力企业专项应急预案编制导则（试行）》和《电力企业现场处理方案编制导则（试行）》等文件要求，结合公司的实际生产情况，编制了 1 个突发事件总体应急预案，18 个专项预案，13 个现场处置方案，构成了公司应急预案体系。公司制定了 5 年演练规划及每年演练计划，进行了演练。

4.5.12　信息报送和事故调查处理

信息报送和事故调查处理要素评审项 3 项，适用项 3 项，发现问题 0 条，扣分项 0 项，应得分 40 分，实得分 40 分。

公司制定了《电力安全信息管理制度》《安全生产管理办法》，落实了公司负责人为信息报送责任人。

评审期公司未发生需要上报的不安全事件。

4.5.13　绩效评定和持续改进

绩效评定和持续改进要素评审项 4 项，适用项 4 项，发现问题 2 条，扣分项 2 项，应得分 20 分，实得分 16 分。

公司建立了《安全标准化绩效评定管理制度》和实施细则，规定了生产安全标准化绩效考核控制、绩效考核评定的要求，明确相关执行部门责任。

5　存在的主要问题及整改建议

（1）公司未按要求将《关于印发〈电力安全隐患监督管理暂行规定〉的通知》（电监安全〔2013〕5 号）作为规范性引用文件；制定的《安全生产费用管理暂行办法》未将《中央企业安全生产监督管理暂行办法》（国务院国有资产监督管理委员会令第 21 号）作为规范性引用文件。

整改意见：公司要按照《企业安全生产生产标准化基本规范》（AQ/T 9006—2010）第 5.4.1 条的要求，修改《事故隐患排查整改管理制度》，将《电力安全隐患监督管理暂行规定》（电监安全〔2013〕5 号）作为编制的依据。修改《安全生产费用管理暂行办法》，将《中央企业安全生产监督管理暂行办法》（国务院国有资产监督管理委员会令第 21 号）作为规范性引用文件。

（2）最新的《风力发电场安全规程》（DL/T 796—2012）、《风力发电场检修规程》（DL/T 797—2012）、《风力发电场运行规程》（DL/T 666—2012）未发到相关部门、班组、岗位。

整改意见：公司要按照《企业安全生产标准化基本规范》（AQ/T 9006—2010）第5.4.1条的要求，将《风力发电场安全规程》（DL/T 796—2012）、《风力发电场检修规程》（DL/T 797—2012）、《风力发电场运行规程》（DL/T 666—2012）发到相关部门、班组、岗位。

（3）查阅反事故演习记录，缺少2014年开展反事故演习的记录。

整改意见：公司要按照《关于加强电力企业班组安全建设的指导意见》（电监安全〔2012〕28号）第12条的要求，至少每季开展一次结合风电生产特点的反事故演习，从根本上提高员工安全意识和操作技能。

（4）已执行的电气一种工作票编号为：D1201406024，工作内容为配合J19BF风电机组变频器开展维护工作，安全措施要求在J19B35kV侧3J191隔离开关处装设一组接地线001号，工作结束后，在相应的栏目内已明确该地线已拆除，但在未拆除栏内又填写001号接地线未拆除，相互矛盾，不符合要求。已执行的电气一种票编号为：D12014-1002，工作内容为2号补偿变35kV高压侧连接套管更换，安全要求合上2号动态无功补偿装置38167接地开关，工作结束后，在相应的栏内未填写38167接地开关是否拉开或安措是否继续保留，不符合要求。工作票不合格扣2分/张。

整改意见：公司要按照《关于加强电力企业班组安全建设的指导意见》（电监安全〔2012〕28号）第7条的要求，加强对工作票的管理，各级管理人员要高度重视目前在执行工作票上存在的问题，组织全体人员认真学习领会《电业安全工作规程　第1部门：热力和机械部分》（GB 26164.1—2010）中关于工作票的要求，认真规范填写，电力运行部要加强对工作票的监管力度，每月认真做好对工作票合格率的统计，加强对不合格工作票的考核力度，督促运行、检修人员认真规范执行工作票制度，防范事故的发生。使工作票合格率真正达100%。

（5）检查风电场《风电机组定期保养记录表》，并询问检修维护人员，风电场未每月定期特别是在高温季节对风机母排、并网接触器、变频器、变压器等一次设备动力电缆连接点等部位进行温度探测。

整改意见：按照《国家能源局关于印发〈防止电力生产事故的二十项重要要求〉的通知》（国能安全〔2014〕161号）第2.11.6条要求，定期对母排、并网接触器、励磁接触器、变频器、变压器等一次设备、动力电缆连接点及设备本体等部位进行温度探测。

（6）2014年以来尚未开展对风电机组接地电阻进行了测试，风电机组防雷系统和接地系统测试已超每年在雷雨前进行检测的周期。

整改意见：按照《风力发电场安全规程》（DL/T 796—2012）第7.3.6条的规定，每年在雷雨前对风力发电机组避雷系统检测一次。

（7）未按规定每3个月对一期、二期66台风电机组基础进行水平测试。

整改意见：按《关于印发〈发电企业安全生产标准化规范及达标评级标准〉的通知》（电监安全〔2011〕23号）第5.6.4.7.2条及《建筑变形测量规范》（JGJ 8—2007）的要求，每3个月对风电机组基础进行水平测试。

（8）公司未委托有资质的机构对风电场的建构筑物定期进行沉降观察。

整改意见：公司要按照《建筑物变形测量规程》(JGJ 8—2007) 规定，观测期限一般不少于如下规定：在 3～5 年内（膨胀土地基 3 年，黏土地基 5 年）应每年安排一次检测，及时掌握厂区主要建（构）筑物沉降量的动态变化，一直到各建筑物处于完全稳定状态为止。

（9）公司起重机械安全技术档案不齐全，缺少 GIS 室电动单梁起重机定期检验内容。

整改意见：根据《中华人民共和国特种设备安全法》第三十五条规定，进一步完善特种设备安全技术档案，档案应当包括特种设备定期检验和自行检查记录。

（10）应急预案未向有关部门评审、备案。

整改意见：按照《电力企业应急预案管理办法》（电监安全〔2009〕61 号）中的规定，将应急预案报电力监管机构备案。

小结：以上重点问题是由专家组共同讨论得出，并提出了管理制度、最新风电标准、相关方考试、反事故演习记录、工作票、变压器等设备的温度探测、避雷系统检测、风电机组基础水平测试、沉降观测、特种设备检测、应急预案备案等 11 个问题，风电场应对主要问题立即做出整改计划、限期整改。从以上几个方面可以看出，企业还有一些不足之处，应举一反三，不断提高企业的管理水平，以达到可控在控状态。

6　评审结论

6.1　评审得分

公司（风电场一期、二期工程）电力安全生产标准化基本条件单元评审总查评项数 5 项，实际查评项数 5 项，全部符合要求。

公司（风电场一期、二期工程）电力安全生产标准化核心要求（评分项目）标准项 139 项，共计 1800 分，无关项 30 项，共计 370 分，应得分 1430 分。经过评审组现场评审，扣分项 45 项，共发现问题 61 条，扣分 193 分，实得分 1237 分。根据《关于印发〈电力安全生产标准化达标评级管理办法（试行）〉的通知》（电监安全〔2011〕28 号），评审得分＝（实得分/应得分）×100，公司（风电场一期、二期工程）电力安全生产标准化达标评审得分为 86.50 分。

电力安全生产标准化达标评审 13 个要素得分汇总见表 B-7。

表 B-7　电力安全生产标准化达标评审 13 个要素得分汇总表

序号	检查项目	标准分	扣分项	应得分	扣分	实得分	得分率/%
5.1	目标	40	1	40	2	38	95.00
5.2	组织机构和职责	60	2	60	6	54	90.00
5.3	安全生产投入	40	0	40	0	40	100.00
5.4	法律法规与安全管理制度	60	3	60	11	49	81.67
5.5	教育培训	80	2	80	6	74	92.50
5.6	生产设备设施	800	14	430	62	368	85.58
5.7	作业安全	400	13	400	68	332	83.00
5.8	隐患排查和治理	60	2	60	7	53	88.33

续表

序号	检查项目	标准分	扣分项	应得分	扣分	实得分	得分率/%
5.9	重大危险源监控	40	0	40	0	40	100.00
5.10	职业健康	100	4	100	20	80	80.00
5.11	应急救援	60	2	60	7	53	88.33
5.12	信息报送和事故调查处理	40	0	40	0	40	100.00
5.13	绩效评定和持续改进	20	2	20	4	16	80.00
	合计	180	45	143	193	1237	86.50

6.2 评审得分分析

将 13 个评审要素的得分率绘制成雷达图，如图 B-1 所示。

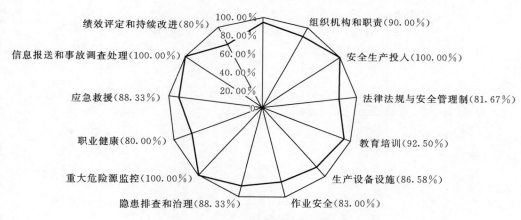

图 B-1　各要素得分雷达图

从图 2-2 中可以看出安全生产投入、信息报送和事故调查处理、重大危险源监控三个要素得分率均为 100%，达到了一定的水平，需要企业持续巩固。

目标、组织机构与职责、教育培训、隐患排查和治理、应急救援五个要素得分率虽均在综合得分率 86.50% 之上，但还是存在一定不足，仍需要不断加强，不断完善，巩固成果，弥补不足。

法律法规与安全管理制度、生产设备设施、作业安全、职业健康、绩效评定和持续改进五个要素得分率均在综合得分率 86.50% 之下，扣分较多，距离标准还存在一定的差距，说明企业在这五个要素中还存在一定的问题，需要下大力度，采取措施，持续改进，加强完善。

6.3 评审结论

依据《关于印发〈电力安全生产标准化达标评级管理办法（试行）〉的通知》（电监安全〔2011〕28 号）的规定，公司（风电场一期、二期工程）电力安全生产标准化基本条件符合评审要求。核心要求（评分项目）评审得分 86.50 分。

公司（风电场一期、二期工程）符合电力安全生产标准化二级企业的要求。

7　附件

7.1　评审机构资质文件（略）

7.2　自查存在问题及整改情况表

序号	项目序号	项目内容	自查存在问题	完成时间	已采取的整改措施	完成情况	责任人
1	5.2.2	安全生产保障体系	改进措施不能及时落实，扣1分		分配人员，及时下发通知单，做好整改记录，形成闭环管理	已整改	
2	5.2.3	安全生产监督体系	安全监督人员中没有安全注册工程师，扣3分。安全监督人员力量薄弱，扣1分。安全生产监督网络不完整，扣2分。对现场违章现象没有进行了制止并教育整改，现场监督无记录，扣1分		设置专职安全员。健全安全监督网络体系。对现场违章现象除进行制止和教育外，做好现场监督记录	部分整改	
3	5.3.2	费用使用	安全生产法规收集不全，扣1分		收集安全生产法律法规	已整改	
4	5.4.3	安全生产规程	设计和厂家图册不完整，扣2分		完成图册验收移交	已整改	
5	5.4.4	评估和修订	公司未做到每年至少一次对企业执行的安全生产法律法规、标准规范、操作规程、检修、运行、试验等规章制度、操作规程的有效性进行检查评估；及时完善规章制度、规程等法规清单、每年发布有效的法律法规、制度、规程等清单，扣10分		收集法律法规、制度、规程等形成清单	已整改	
6	5.4.5	文件和档案管理	安全记录缺少安全日活动记录、不安全事件记录，扣2分		完善不安全事件资料补充	部分整改	
7	5.5.1	教育培训管理	2013年公司没有对培训效果进行评估，扣2分		开展培训效果评估并作详细记录	已整改	
8	5.5.4	其他人员教育培训	承包方进入现场未经考试，扣2分		完成外来单位作业人员安规学习考试并做存档记录	已整改	
9	5.6.1.2	设备基础管理	设备图纸、资料不齐全且未及归档，扣1分		对资料进行清理归档，对本移交的图纸按计划落实验收移交工作	已整改	
10	5.6.1.3	运行管理	解锁钥匙使用登记不全，事故预想、反事故演习记录不完善，扣1分		设置解锁钥匙使用及事故预想及反事故演习记录	已整改	

248

续表

序号	项目序号	项目内容	自查存在问题	完成时间	已采取的整改措施	完成情况	责任人
11	5.6.1.4	检修管理	检修作业文件、作业指导书或文件包编制不完整或内容简单，扣2分		制定检修作业指导书并根据实际进行完善	已整改	
12	5.6.1.5	技术管理	公司未定期开展技术监督活动，报告及记录等资料不完整，扣5分		定期开展技术监督活动	部分整改	
13	5.6.1.6	可靠性管理	可靠性管理人员未取得岗位资格证书，扣5分			未整改	
14	5.6.2.1	制度管理	电力设施安全保卫制度内容不完善，扣2分。对重要场所未分区管理，扣2分		对制度进行补充。对重要场所所给合实际落实分区管理	已整改	
15	5.6.3.2	电气二次设备及系统	直流系统各级熔断器和空气小开关配备不全，扣3分			未整改	
16	5.6.4.1.5	污闪风险控制	未严格落实防污闪技术措施，未定期对设备外绝缘表面进行盐密测量、污秽调查，扣3分		制定设备落实防污闪的技术措施，定期对污秽情况进行检查	部分整改	
17	5.6.4.7.1	风机着火风险控制	对母线排、并网接触器、励磁接触器、变频器、变压器等一次设备动力电缆连接进接头、本体等部位进行温度探测，扣5分			未整改	
18	5.6.4.7.2	倒塔风险控制	未定期进行基础水平测试，扣3分		按要求进行基础水平测试并对测试结果出具分析报告	未整改	
19	5.6.4.7.3	轮毂（桨叶）脱落风险控制	由于风电机组仿处于质保期，一般由厂家现场人员进行风电机组巡检；制度度落实不到位，运维人员未定期对风电机组进行巡检，扣5分		制定风电机组巡检制度。开展风电机组检查并作记录	已整改	
20	5.6.4.7.5	齿轮箱损坏风险控制	未按要求定期对齿轮箱油对滤芯进行更换，扣3分		通过维护保养对滤芯进行更换	已整改	
21	5.6.4.8.3	燃油、润滑油系统着火风险控制	个别风电机组内所配置的灭火器有未有效的情况，扣2分		对灭火器已重新充装并放置到风电机组定位置	已整改	
22	5.6.5.1	制度管理	防灾减灾的责任制落实和工作机制有缺失，扣2分		完善工作机制，严格落实防灾减灾责任制	已整改	
23	5.7.1.3	生产区域照明	常用照明与事故照明定期切换无记录，扣3分		定期对应急照明进行试验并做好记录	已整改	

续表

序号	项目序号	项目内容	自查存在问题	完成时间	已采取的整改措施	完成情况	责任人
24	5.7.1.4	保温	生产厂房取暖用热源无专人管理，扣 3 分		安排人员对厂房取暖热源进行专门管理	已整改	
25	5.7.2.2	起重作业	安全技术档案和设备台账不齐全，扣 5 分		对设备台账进行充整理。	已整改	
26	5.7.2.3	焊接作业	电焊机台账记录存在问题，未定期检测，扣 5 分。由于目前现场焊接工作很少，电焊机操作使用人员还未取证，扣 5 分		对电焊机台账进行补充整理	已整改	
27	5.7.2.7	消防安全	消防系切换试验及火灾报警系统试验不到位，未定期开展，扣 5 分		定期对消防系进行切换试验并做记录，定期对火灾报警系统试验并做记录	已整改	
28	5.7.4.1	制度建设	承包商、供应商等相关方安全管理制度内容不全面，扣 3 分		制定承包商、供应商等相关方安全管理制度	已整改	
29	5.7.4.3	安全要求	未对相关方作业人员进行安全考试，扣 2 分。未对相关方作业人员进行安全考试并等级建档，扣 3 分		组织相关方作业人员进行安全考试并记录存档	已整改	
30	5.8.2	隐患排查	隐患排查方案内容有缺失，扣 2 分。未排查出的隐患等级未明确，扣 3 分		完善隐患排查方案并建档定期排查	已整改	
31	5.8.4	监督检查	未对治理效果进行验证和评估，扣 2 分		完善隐患治理效果评估记录表	已整改	
32	5.9.2	登记建档与备案	风电场重大危险源向有关部门备案，扣 2 分		联系相关部门进行备案	已整改	
33	5.10.2.1	告知约定	未按有效方式进行告知职业危害，扣 5 分		对作业人员及时告知职业危害，签订告知书	已整改	
34	5.11.2	应急机构和队伍	未与当地医院、消防签订应急支援协议，扣 2 分		安排人员与医院和消防签订应急支援协议	已整改	
35	5.11.3	应急预案	未落实预案的评审及备案，扣 2 分			未整改	
36	5.13.1	建立机制	管理制度内容不全面，扣 2 分			未整改	

7.3 评审明细表

7.3.1 目标

项目序号	项目	内 容	标准分	评分标准	评 审 情 况	实得分
5.1.1	目标的制定	电力企业应制定明确的总体和年度安全生产目标。安全生产目标应明确企业安全状况在人员、设备、作业环境、管理等方面的各项安全指标。安全指标应科学、合理，包括：不发生人身重伤及以上人身事故，不发生一般及以上安全事故，不发生电力重大及以上各类安全事故。安全生产目标应经企业主要负责人审批，以文件形式下达。	10	①未制定总体和年度安全生产目标，未经企业主要负责人审批，不得分。②指标不全面、内容有缺失，扣2分。③指标不明确，不易于员工获取并贯彻落实，扣2分。④未以正式方式下达，扣2分。	评审对象：综合财务部、安全生产部。查评内容：相关文件、管理制度。查证情况：公司已在人员本质安全、设备工艺本质安全、环境本质安全、管理四个安全等方面制定了公司的中长期的总体安全生产目标，同时制定了评审期内的安全生产目标。评审期内的安全生产目标有企业安全状况在人员、设备、作业环境、管理等方面的安全指标。评审期内的年度安全指标包括了员工年度安全培训100%；安全三级教育100%；生产管理人员及特种作业人员安全经过培训，持证上岗100%；生产现场安全达标合格率达到100%；各类事故"四不放过"，处理100%；不发生全场停电事故；不发生人身伤亡事故及质量事故；不发生误操作事故；不发生一般及以上安全事故；不发生交通事故；不发生火灾事故；不发生环境污染事故；不发生质量恶劣，影响严重的群体性事件，社会治安性事件。职业危害告事件，职业病发病率为零；不发生急性中毒事件，社会治安性重大质量事件。安全生产目标经总经理审批下发。分别以文件形式下发	10

续表

项目序号	项目	内　容	标准分	评分标准	评审情况	实得分
5.1.2	目标的控制与落实	根据确定的安全生产目标制定相应的分级（厂级、部门、班组）目标。基层单位或本部门按照安全生产目标和相应的分级控制措施的职责，制定相应的分级控制措施	15	①未制定相应目标和控制措施，不得分。②控制措施不明确、不具体，未结合岗位特点，扣2分	评审对象：公司、部门、运行值班组。查评内容：公司、部门、班组安全责任书及保障措施。查证情况：按照签订的分级控制的形式与上级公司签订安全生产责任书，以及公司以签订安全责任状的形式相应制定的分级控制目标。《2014年安全生产目标》公司电力运行部、工程管理部、安全生产部等4个部门按照安全生产目标的分级控制签订了相应的安全生产责任书，已制定相应的安全目标控制措施。电力运行部与运行值班组签订的安全目标责任书，制定了本运行值班组安全运行值班组按照相应的安全生产目标，完成安全生产目标和相应班组的控制措施。问题：电力运行部与运行值班组签订的安全目标，缺少努力实现班组管理上做保障措施未分解落实到班组，不具体，未结合岗位特点。扣分依据：控制措施不明确、不具体，未发生降碍的措施。扣2分。整改意见：电力运行部电力运行部委按照《关于加强电力企业班组安全建设的指导意见》（电监安全〔2012〕28号文）以及公司制定的《安全生产责任制》，根据运行值班工作的特点有针对性地对班组上做安全生产保障制度，具有从业人员、设备、作业环境，确保安全方位到位的实现	13
5.1.3	目标的监督与考核	制定安全生产目标考核办法。定期对执行情况进行监督、检查与纠偏。对安全生产目标完成情况进行评估与考核	15	①未实现安全生产目标，不得分。②未制定目标考核办法，扣2分。③未对执行情况进行检查监督，未按办法对目标执行情况考核，扣2分	评审对象：综合财务部、安全生产部。查评内容：安全管理制度、安委会会议纪要、季度会月度、考核通报。查证情况：公司已制定《安全生产考核管理办法》。查阅评审期内安全生产会议纪要、公司在每月（每季）安全生产分析会议，安委会在每月对实施的执行情况进行分析检查。对照每月与部门签订安全生产责任书完成情况每月对目标完成进度与考核。查阅安全生产台账，编制了《2013年安全生产工作总结》。评审期内，公司对2013年安全生产目标完成情况良好，未发生各类事故，其他不安全事件也在在可控范围内	15

7.3.2　组织机构和职责

项目序号	项目	内容	标准分	评分标准	评审情况	实得分
5.2.1	安全生产委员会	成立以主要负责人为领导的安全生产委员会，明确机构的组成和职责，建立健全相关制度。企业主要负责人应定期组织召开安全生产委员会会议，总结分析本单位的工作情况，部署安全生产工作，研究解决安全生产工作中的重大问题、决策企业安全生产工作中的重大事项	10	①未成立企业安全生产委员会并建立相关制度，不得分。②未按规定召开会议或会议记录不完整，扣2分/次。③重大、重要安全事项未经安委会研究确定，扣3分	评审对象：安全生产部、综合财务部。 查评内容：公司文件、管理制度、安委会月度、季度会议纪要。 查证情况： 根据人员变动情况，公司下发了《关于调整安全生产委员会人员机构、人员及职责的通知》。该文件对公司安全生产委员会进行了调整，总经理担任安全生产委员会主任，副总经理任安委会副主任，各部门主任担任委员，安委会办公室设在安全生产部。明确了公司安委会人员的组成符合要求。查阅公司制定的《安全生产例会制度》，明确了安委会的组织机构和制度。 查阅公司评审期内安委会季度会议纪要，总经理牵头组织召开安全生产委员会会议，总结分析本企业安全生产情况，部署企业安全生产工作，如在2013年三季度的安委会上经理能审对本年的安全生产工作进行部署。安全生产委员会工作出了下部署：针对上季度安全检查中发现的大问题、各责任部门要求采取有效措施，完成整改，并组织应急专家对应急预案进行审查，进一步提高应急预案的可操作性。在2013年四季度的安委会上，总经理牵头组织开展安全生产管理；加强外包单位的安全管理，确保安全生产在控；组织安全大检查（隐患排查），要认真真实有内容的安全检查，提高安全意识，确保安全生产在控；组织安全大检查（隐患排查），要认真真实有内容加强现场安全审，安全生产部加强文件的提炼学习，特别强调调电力运行要求采安全会议上级单位相关文件，在2014年一季度安全委员会上，总经理强调要认真真实有内容加强现场管理，安全生产部组织开展安全大检查，重点检查安全隐患和生活区域生产、生活区域基节前安全安排，确保节日期间的安全生产稳定	10

续表

项目序号	项目	内容	标准分	评分标准	评审情况	实得分
5.2.2	安全生产保障体系	建立由生产领导负责和有关单位主要负责人组成的安全生产保障体系。贯彻物"管生产必须管安全"的原则。企业、部门（车间）主要负责人应每月组织召开安全生产分析会议，形成会议记录并予以公布。落实安全生产保障体系所需的人员、物资、费用等需要	10	①未按要求建立安全生产保障体系，不得分。②未每月召开安全分析会，扣2分；会议记录没有公布、不完整，扣1分/次；未分析安全生产存在的问题，扣1分/次；未针对问题制定改进措施，扣1分；未布置安全生产工作和明确完成时间、负责人，扣1分；上次布置的工作未闭环，扣1分。③安全保障体系不健全、职责未有效落实，每项扣1分/项	评审对象：电力运行部、综合财务部。查评内容：管理制度、安全生产保障体系。查证情况：公司下发了《关于调整安全生产委员会机构、人员及职责的通知》，明确了由总经理助理和各部门主任分别主持召开不同层面的安全生产保障体系，贯彻了"管生产必须管安全"的原则。评审期内，总经理助理、部门主任主持召开了不同层面的安全生产分析会，形成了安全台账。查阅安全生产分析记录，电力运行部5月安全生产分析会记录不完整，缺少对本部门5月安全生产分析。查阅《安全生产责任制》，公司的人员配置情况、生产所需的物资、两措费用，费用能得到保障。所需的人员、物资、费用等能得到保障。问题：电力运行部5月安全生产分析会议记录不完整。扣分依据：会议记录不完整没有公布，扣1分/次。整改意见：按照公司召开的《安全生产责任制》的规定，电力运行部安全生产月安全生产情况及时制定对策，确保公司生产可控在控	9

续表

项目序号	项目	内　容	标准分	评分标准	评审情况	实得分
5.2.3	安全生产监督体系	根据国家和上级单位规定要求，设置安全监督管理机构，配备满足安全生产监督工作需要的设施和所需的设施器材。企业应当加强安全监督队伍建设，鼓励和支持安全生产监督人员取得注册安全工程师资质。建立安全生产监督网络，健全安全生产监督网络，每月召开安全监督会议，并做好安全监督工作记录。安全生产监督网络要严格履行安全生产监督职责，布置、督促、检查安全生产工作开展情况，纠正违反安全生产规章制度、违章行为，安全监督考核，工作记录完整	20	①未按要求设置安全生产监督管理机构，素质不健全，不得分。②安全监督人员数量、素质不满足本单位安全生产监督工作需要的设施器材配置的设施器材不满足需要的，扣5分；安全监督人员中没有安全注册工程师的，扣3分。③未按时召开会议或会议记录不完整，扣2分/次。④安全监督人员对关键工作、危险点工作、重点工作进行现场监督，发现违章未制止并跟踪整改，扣3分；现场监督无记录，扣2分/次。⑤现场监督无记录，发现违章现象未制止并跟踪整改，扣2分/次	评审对象：安全生产部。查评内容：岗位设置、监督体系会议纪要、考核通报。查证情况：公司下发了《关于调整安全监督体系的组织机构》，明确了对安全委职责以及相关兼职，其他部门设置兼职安全员，公司已设置专职安全生产员，现有兼职安全监督人员2人，人员及职责符合国家和上级单位规定的要求。安监评审期间有人取得注册安全工程师资质。安监评审期间配备了相应电脑、笔记本电脑、扫描仪、强光手电（防爆）电筒。查阅2014年2月安监部内安全生产监督系统网络的组成，安监评审现场安监部门召开的安全生产监督网络会议、会议记录。查阅2014年2月的记录，缺少2014年2月的记录。查阅资料合账，安全生产监督网络能履行安全生产职责，布置、落实安全公司的安全生产工作，检查安全生产工作开展情况，纠正违反安全生产规章制度的行为，严格安全监督相关人员每天坚持现场安监按月按照《安全考核通报》进行考核。安全监督检查考核记录完整，安监评审现场发现违章行为，及时纠正，检查安全生产监督的问题每月按照《安全考核办法》的要求落实安监部门考核整改。问题：安监监督人员中未有人取得注册安全工程师资质。扣分依据：安全监督人员中没有安全生产注册人员取得注册安全工程师资质的，扣3分。安监评审现场发现现场监督无记录，发现违章现象未制止并跟踪整改，扣2分。整改意见：公司委按照《中央企业安全生产监督管理规定》（国务院国有资产监督管理委员会第21号）第9条的要求，鼓励和支持安全监督人员取得注册安全工程师资质。公司委按照《中央企业安全生产监督管理规定》（国务院国有资产监督管理委员会第21号）第13条要求，加强安全生产监督人员的运行控制、过程控制，总结反馈，持续改进管理过程，确保体系的有效运行	15

续表

项目序号	项目	内　容	标准分	评 分 标 准	评 审 情 况	实得分
5.2.4	安全生产责任制	制定符合本企业的安全责任制,明确各部门、各级、各岗位的安全生产责任。企业主要负责人应按照安全生产法律法规赋予的职责,建立、健全了本单位安全生产责任制,组织制定本单位安全操作规程和制度的有效实施,督促、检查本单位安全生产投入的有效实施,组织消除本单位的安全事故隐患,及时、如实报告生产安全事故,并实施本单位的安全生产应急救援预案。各级、各类岗位安全生产规章制度。企业安全生产应职责履行情况进行检查、考核	20	①未建立安全生产责任制,或未落实的扣分。或责任制落实造成事故,不得分。 ②各级、各类人员安全生产职责未体现工作相关性,扣5分。 ③未制定责任追究制度和考核制度,无安全生产奖惩记录,扣5分。	评审对象:综合财务部、安全生产部。 查评内容:管理制度。 查证情况: 公司已制定《安全生产责任制》。查阅该制度,各类人员安全生产责任制按照《中华人民共和国安全生产法》等法律法规赋予的职责,组织制定了本单位的有效实施,保证了本单位安全生产,组织消除本单位的安全事故隐患,如实报告生产安全事故,实施、组织制定的有效实施,能督促、检查本单位如实报告生产安全事故时,及时报告生产安全事故。 安全审查期内未发生需风电网月度的月度考核中有责任追究,各级管理人员,生产岗位能履行安全生产职责,为公司安全生产目标奠定了基础。 查阅公司已制定的安全生产考核管理办法,查阅评审期内各级安全检查和安全考核纪录,该制度考核纪律。	20

7.3.3　安全生产投入

项目序号	项目	内　容	标准分	评分标准	评 审 情 况	实得分
5.3.1	费用管理	制定满足安全生产需要的安全生产费用计划,按上级规定提取安全生产费用,严格费用审批程序,企业主要领导落实到位,企业主要领导组织有关部门对执行情况进行检查、考核	15	①未按规定提取安全生产费用,不符合费用,不得分。 ②未制定安全生产费用计划,扣3分。 ③审批程序不符合规定,扣2分。	评审对象:安全生产部、综合财务部。 查评内容:管理制度、安全费用计划。 查证情况: 公司制定了《安全生产投入管理制度》,制度中规定了安全生产费用相关部门应认真履行审批手续,并履行审批手续。公司在2014年实施费用计划,按照"两措"实施计划。查阅公司2014年安全生产费用计划,查阅公司季度安全会议纪要,总经理对各级安全职能部门执行的情况进行检查	15

续表

项目序号	项目	内容	标准分	评分标准	评审情况	实得分
5.3.2	费用使用	安全生产费用主要用于以下方面：①安全技术和劳动保护措施：安全标志、安全工器具、安全防护装置、安全设备设施，安全培训，职业病防护和劳动保护，以及重大安全生产课题研究和预防事故采取的安全技术措施工程建设等。②反事故措施：设备重大缺陷和隐患治理，针对事故教训采取的防范措施，落实技术标准及规范进行的设备和系统改造、提高设备安全稳定运行的技术改造等。③应急管理：预案编制，应急物资，应急演练、应急救援等。④安全检测、安全评价、事故隐患排查治理和重大危险源监控整改以及安全保卫等。⑤安全法律法规标准化建设实施与维护、安全监督检查、安全技术建设与安全文化建设与安全月能竞赛、活动等	25	①挪用安全生产费用，不得分。②安全生产费用使用中存在应投入而未投入的，扣2分/项。	评审对象：安全生产部、综合财务部。查评内容：反事故技术措施计划、安全及劳动保护措施计划。评审期内，安全生产费用主要用于：查证情况：①安全技术和劳动保护措施：2013年19.5万元；2014年1—7月18.4万元。②反事故措施：2013年18万元；2014年1—7月10万元。③应急管理：2013年2.2万元；2014年1—7月3.5万元。④安全检测、安全评价、事故隐患排查治理以及安全保卫等：2013年16.3万元；2014年1—7月29.8万元。⑤安全法律法规标准化建设实施与维护、安全培训、企业文化建设与安全月监督检查、安全技术能竞赛、活动等：2013年5.3万元；2014年1—7月18.1万元。	25

7.3.4　法律法规与安全管理制度

项目序号	项目	内 容	标准分	评 分 标 准	评 审 情 况	实得分
5.4.1	法律法规与标准规范	建立识别和获取适用的安全生产法律法规、标准规范的制度，明确主管部门，确定获取的渠道、方式，及时识别和获取适用的法律法规、标准规范。 企业职能部门应及时识别和获取适用的安全生产法律法规、标准规范，并跟踪、掌握有关法律法规、标准规范的修订情况，及时将适用的法律法规、标准规范提供给本企业相关职能部门和主管部门汇总。 企业应将适用的安全生产法律法规、标准规范及其他要求及时传达给从业人员。 企业应遵守安全生产法律法规、标准规范，并将相关要求及标准化为本单位（企业）规章管理制度，贯彻到日常安全管理工作中	15	①未明确识别和获取主管部门的，扣5分。 ②未建立相关制度的，扣5分。 ③未根据识别和获取的法律法规及时完善本企业规章制度和规范的，扣1分/项。 ④未将识别和获取的相关法律法规及其他规定对相关人员进行教育培训的，扣1分/项	评审对象：综合财务部、安全生产部。 查评内容：管理制度。 查证情况： 公司制定了《识别和获取适用安全生产法律法规标准的管理制度》，制度明确了安全生产法律法规对获取的主管部门为安全生产部。获取适用的法律法规、标准的方法和可通过各级政府、行业协会或团体、网络等渠道，及法律法规、标准获取渠道、数据库和服务机构、媒体，并在公司门户网站即可查询。 制度明确了工程管理部、安全生产部、电力运行和资产部门适用的安全生产法律法规、标准规范，并跟踪、掌握有关法律法规、标准规范的修订情况。 现场检查，安全生产部、电力运行和资产部门已将最新的国家标准《电业安全工作规程 第1部分：热力和机械部分》(GB 26164.1—2010)、《电力安全工作规程 高压试验室部分》(GB 26860—2011)、《电力安全工作规程电力线路部分》(GB 26861—2011)、《电力安全工作规程 电力线路部分》(GB 26859—2011)发到相关部门。《风力发电场检修规程》(DL/T 797—2012)、《风力发电场运行规程》(DL/T 666—2012)未发到相关管理人员，生产人员手中（已在5.4.3项中扣分）。 公司制定的《事故隐患整改管理暂行规定》《电力安全生产投入管理办法》（国务院国有资产监督管理委员会令第21号）未将为规范性引用文件。 扣分依据：未将识别和获取的法律法规及时修改完善基本规范。 问题：公司安全生产管理制度《电力安全监督管理规定》的通知（安全生产第21号）未按要求将本基本规范《电力安全生产费用管理暂行规定》（电力安全生产费用管理暂行办法）（国务院国有资产监督管理委员会令第21号）作为规范性引用文件，扣1分/项。 整改意见：公司要按照《企业安全生产标准化基本规范》(AQ/T 9006—2010)第5.4.1条及要求，修改管理制度，将《中央企业安全生产监督管理暂行办法》（电力安全生产第21号）作为规范性引用文件	13

续表

项目序号	项目	内容	标准分	评分标准	评审情况	实得分
5.4.2	规章制度	建立健全符合国家法律法规、国家及行业规章制度的各项要求（仅限于附录 A），并发放到相关岗位、规范从业人员的生产作业行为	15	①规章制度不全，扣 2 分/项。②相关岗位的规章制度配置不全，扣 1 分/处	评审对象：综合财务部、安全生产部。查证内容：规章制度。查证情况：公司建立了《安全生产责任制》等 86 个规章制度。规章制度齐全，满足生产需求，公司各部委、安全生产部的各项规章制度能从公司网站看到所需的各项规章制度、运行规程、检修规程、调度规程、风机现场布置图、电气系统图均有纸质版本，均已发放到生产运行工、检修员等生产岗位，生产人员能满足安全生产的需要。	15
5.4.3	安全生产规程	企业应配备国家及电力行业安全生产规程、设备运行规程、检修规程、系统图册、试验操作规程等有关安全生产规程。企业应将有关安全生产规程发放到相关岗位	10	①未明确部门、岗位，扣 2 分/项；部门、班组、岗位没有获取到最新的规程、规范，扣 1 分/项。②编制的规程内容不全或不符合要求，扣 2 分/项	评审对象：安全生产部、电力运行部。查证内容：各类规程、系统图册。查证情况：公司配备了国家及电力行业安全生产规程 第 1 部分：热力和机械部分》（GB 26164.1—2010）、《电业安全工作规程 第 1 部分：热力和机械部分》（GB 26860—2011）《电力安全工作规程 发电厂和变电站部分》（GB 26861—2011）等电力安全工作规程，运行规程人员手中，同时也能通过网络查询。配备哪些规程制度有效期内。最新的《风力发电场检修规程》（DL/T 796—2012）、《风力发电场运行规程》（DL/T 666—2012）等电力行业技术标准，且均在有效期内。公司已编制班组、检修规程、现场布置图、相关装置、系统图册、作规程等技术规范，且均在有效期内。公司已编制班组、运行规程，检修规程，现场布置图、相关装置，系统图册，且最新的《风力发电场检修规程》（DL/T 796—2012）、《风力发电场运行规程》（DL/T 666—2012）未发到相关部门、班组、岗位。扣分依据：未明确各部门、岗位，扣 2 分/项；未明确各部门、岗位，扣 2 分/项；部门、班组、岗位没有获取到最新的规程，扣 3 分。整改意见：针对存在的两个问题，公司应按照《国家电力监管委员会安全生产标准化基本规范》（AQ/T 9006—2010）第 5.4.1 条的要求，建立各部门、岗位、班组、岗位应配备或获取应最新的《风力发电场运行规程》（DL/T 797—2012）、《风力发电场运行规程》（DL/T 666—2012）发到相关部门、班组、岗位。公司要按照第 3 条要求，将获取最新的《风力发电场检修规程》（DL/T 797—2012）、《风力发电场运行规程》（DL/T 666—2012）发到相关部门、班组、岗位。	3

续表

项目序号	项 目	内 容	标准分	评 分 标 准	评 审 情 况	实得分
5.4.4	评估和修订	每年至少一次对企业执行的安全生产法律法规、标准规范、规章制度、操作规程、试验规程等规章制度的有效性进行检查、修订完善有关规章制度，及时发布有效的法律法规、标准规范、规章制度、规程等清单。每 3～5 年对有关制度、规程、操作规程的修订，重新印刷发布。规章制度、操作规程应严格履行审批手续	10	①未公布现行有效的制度清单，不得分。②未按要求及时修订有关规程和规章制度，扣 2 分/项。③未按规定履行审批手续，扣 2 分/项	评审对象：综合财务部、电力运行部、安全生产部等部门。查评内容：文件、管理制度、操作规程。查证情况：公司每年一次对执行的安全生产法律法规、标准规范、规章制度、操作规程、运行、检修、试验等规程的有效性进行检查评估，2013 年 10 月公司发布了 2013 年有效文件清单并同时在公司内门户网站平台上集中公布了 2014 年有效文件清单，2014 年 6 月发布了收集的法律法规、标准规范、各类规章制度 248 个。查阅公司相关规章制度、规程及规程制（修）订的情况，2011—2014 年对有关规章制度、操作规程进行了修订，公司能履行从公司网站上进行流程、审核、批准审批，逐级审核审批后，由归口部门发布	10
5.4.5	文件和档案管理	严格执行文件和档案管理制度，使用、评审、确保规章制度、规程编制、修订有效性。建立主要安全生产过程、活动，并加强对安全记录的安全管理。安全记录至少包括：班长日志、巡检记录、检修记录、事故调查报告、安全生产通报、安全会议记录、安全日活动记录、安全检查记录等	10	①未建立档案管理制度，没有严格执行，不得分。②未按规定做好安全台账，记录导致缺少的，扣 2 分/项或 2 分/次。③安全记录内容不全面或记录不具体，扣 1 分/项	评审对象：综合财务部、安全生产部。查评内容：管理制度、安全记录、档案管理、安全通报。查证情况：公司制定了文件档案管理制度，制度中规定了文件批阅流程、规程、修订档案管理等，公司各部门能严格执行。查阅安全生产管理，种类包含安全记录档案、安全记录、检修记录、安全会议记录、安全考核通报、事件、活动、检查日志、巡检记录、事故调查报告、安全检查记录符合要求。公司未建立不安全事件记录档案。问题：公司未按规定建立不安全事件记录档案，记录导致缺少的扣 2 分/项。扣分依据：公司依照《企业安全生产标准化基本规范》（AQ/T 9006—2010）第 5.4.6 条要求，建立不安全事件记录档案整改意见：公司要做好安全台账，建立不安全事件记录档案	8

7.3.5 教育培训

项目序号	项目	内　　容	标准分	评　分　标　准	评　审　情　况	实得分
5.5.1	教育培训管理	明确安全教育培训主管部门或专职人，按规定安全岗位需要、定期别实施安全教育培训需要，制定、实施安全教育培训计划，提供相应的资源保证。做好安全教育培训记录，建立安全教育培训档案，实施分级管理，并对培训效果进行评估和改进	10	①安全教育培训主管部门或专责人不明确，扣3分。②没有安全教育培训计划，未建立安全教育培训记录和档案，扣3分。③没有培训效果评估报告，扣2分	评审对象：安全生产部。评审内容：管理制度、年度安全教育培训计划、岗位设置。查证情况：公司制定了《安全生产主管理办法》，制度中明确了安全生产部为安全教育培训主管部门。下发了《2013年度安全培训计划》和《2014年度安全教育培训计划》，查阅安全费用计划，全教育培训费用能满足需求。评审期内，按照风电场的生产特点制定了年度安全教育培训计划。培训内容主要包括安全管理、安全基础知识、安全生产技能、职业健康、事故案例、法律法规、标准规范等内容，培训做到了公司员工、相关方人员安全教育培训有详细记录，每次培训都有签到表。对关键自员培训以及对外出培训方法采用企业自培训方法及对公司员级管理，培训方法及及外出培训每次培训效果进行了评估	10
5.5.2	安全生产管理人员教育培训	企业主要负责人和安全生产管理人员应当接受安全培训，具备与本单位所从事的生产经营活动相适应的安全生产知识和管理能力；经安全生产监督管理部门认定的具备相应资质的培训机构培训合格，取得相应安全生产培训合格证书。企业主要负责人和安全生产管理人员初次安全培训时间不得少于32学时，每年再培训时间不得少于12学时	10	①企业的主要负责人和安全生产管理人员未接受安全培训或取证，行安全生产培训或取证，扣3分。②培训学时不符合规定，扣2分/人	评审对象：综合财务部、安全生产部。评审内容：安全培训资格证书。查证情况：2013年10月，总经理参加了安全管理再次培训（16学时），并取得了合格证书。培训时间符合要求。2013年10月安全生产管理人员4人参加了见明市安监局组织的安全管理再次培训（16学时），并取得了合格证书。培训时间符合安全管理再次培训（16学时）并取得了合格证书。培训时间符合要求	10

续表

项目序号	项目	内　　容	标准分	评 分 标 准	评　审　情　况	实得分
5.5.3	操作岗位人员教育培训	每年对生产岗位人员进行生产技能培训、安全教育和安全规章制度考试,使其熟悉有关的安全规章制度和安全操作规程,掌握触电急救及心肺复苏法,并确认其能力符合国家有关要求。其中,班组工作票签发人、工作负责人、工作票签发人、工作负责人、班组安全培训,考试合格并公布。 新入厂员工、班组三级安全教育前必须进行厂、车间、班组三级安全教育,岗前培训时间不得少于24学时。危险性较大的岗位人员应熟悉与工作有关的氧气、氢气、氮气、乙炔、六氟化硫、酸、碱、油等危险介质的物理、化学特性,培训教育时间不得少于48学时。 生产岗位人员转岗,离岗三个月以上重新上岗者,应进行车间和班组安全生产培训和考试,考试合格方可上岗。 特种作业(设备)作业人员应按有关规定接受专门的安全培训,经考核合格并取得特种作业资格证书后,方可上岗作业。离开特种作业岗位达6个月以上的特种作业人员,应当重新进行实际操作考核,经确认合格后方可上岗作业	20	①工作票签发人、工作负责人、工作许可人未经安全培训,考试合格并公布,作业人员未取证上岗的(设备),不得分。 ②现场安全生产规程未按要求进行或考核不合格仍进行作业,扣1分/人。 ③新入厂人员未进行安全生产三级教育的,扣1分/人。 ④现场作业人员不会紧急救护法的,扣1分/人。 ⑤相关窒息等用品、防护器具,防护用品不会使用的,扣1分/人。	评审对象:安全生产部、电力运行部。 评审内容:管理制度、安规、运规、特种作业上岗证。 查证资料:培训资格证、特种作业人员证。 查证情况: 公司按照《安全生产培训管理办法》的要求,按规定对生产岗位人员进行培训,评审期内制定了安全培训计划、安全生产技能培训、紧急救护培训、安全教育和安全培训,评审期内制定了适行安全工作规程的考试,查阅培训台账,2013年3月、2014年3月,对运行人员进行了适行安全工作规程的考试,2013年6月、2014年6月对生产人员的能力符合岗位要求,通过考核并形成培训接计划进行班组安全培训,(培训内容为:风电机组安全管理)。2013年10月,工作票签发人、工作许可人经安全培训,考试合格后以《关于调整考评人、负责人、许可证员的名单(班长)(值长)下发并公布。 对其进行了三级安全教育。评审期内新进入岗人员,考试合格并未转岗,离岗三个月以上人员。 查阅人力资源台账、考试合格后进入运行岗位。 查阅公司目前未配备电焊工作业,21人取得电焊工,如检修工作需电焊或高处作业,查阅市态设成吊起吊作业证。 公司有22人取得了电工证,证件均在有效期内。公司委托大理风力发电机更换28人其中有2人取得了起吊作业证。 风电场无危化学危险品	20

续表

项目序号	项目	内　　容	标准分	评　分　标　准	评　审　情　况	实得分
5.5.4	其他人员教育培训	企业应对相关方人员进行安全教育培训。作业人员进入作业现场前，应由作业单位所在场的有关部门对其进行现场安全知识教育培训，并经有关部门考试合格。企业应对参观、学习等外来人员进行有关安全规定和可能接触到的危险及应急知识的教育和告知，并做好相关监护工作	10	①未对相关方人员进行安全教育培训，扣1分/人；承包方未经入场考试或考试不合格进入生产现场，扣1分/人；未进行安全技术交底，扣1分/次。②未对外来人员进行安全教育和告知的，扣1分/人；临时用工上岗前未进行培训、未经考试合格，扣2分。	评审对象：安全生产部、电力运行部。 查审内容：管理制度、外包工程合同书、安全教育培训档案。 查证情况： 按照公司制定的《发包工程和临时工安全管理规定》，抽查评审期内承包公司承包项目工程风电机组维护15人、打井工程3人、土建工程维护5人、工业电视电视频处理2人的外包工程安全教育培训资料，除未见打井工程3人的进场考试资料外，其余承包人员公司将其纳入企业安全管理范畴，安全生产部对其进行了安全教育培训，并建立了一人一档培训档案，培训内容符合要求。 查阅相关安全教育人员台账，外来参观、学习人员在进行标准化评审现场入场前进行安全告知，并指定专人监护（包括安全生产标准化评审人员进场）。 问题：未见有打井工程3人进行安全教育培训，扣1分/人。 扣分依据：公司未按照《企业安全生产标准化基本规范》（AQ/T 9006—2010）第5.5.4条的要求，对入场人员进行安全培训、考试，考试合格后方可入场方可进行作业	7

续表

项目序号	项目	内　容	标准分	评 分 标 准	评 审 情 况	实得分
5.5.5	安全文化建设	企业应制定企业安全文化建设规划纲要，重视企业安全文化建设，营造安全氛围，形成企业安全态度和安全行为，引导从业人员形成企业全体员工所认同、共同遵守、带有本单位特点的安全价值观，实现法律和政府监管要求之上的安全生产水平持续提高，保障企业安全生产工作。 定期组织开展安全日活动，学习国家、上级单位、本单位有关安全生产的指示精神和规定及本岗位安全生产知识、交流安全生产工作经验，分析本岗位安全生产风险及预防措施。严格班前、班后会。班前会布置工作任务、设备及系统运行方式、做好危险点分析、布置安全注意事项，班后会认真总结当班工作情况，分析工作中存在的问题，提出改进意见和建议	30	①企业未开展安全文化活动，不得分。企业未纳入企业安全文化建设，无相应的安全文化建设方案并逐级制定实施方案的，扣1分/项。每月制度"反违章"制度。 ②未制定"反违章"制度，或未进行活动分析，扣5分；每月未开展活动，扣2分；现场发现违章，扣3分/次。 ③安全日活动内容不全实，无针对性或记录不全，扣3分；企业未按照规定参加班组安全日活动，扣1分/次。 ④未组织班前、班后会。会议不正常召开，无会议记录，扣2分/次；未能正常开，有一项不符合，扣3分	评审对象：综合财务部、安全生产部。 查评内容：班前、班后会记录，运行日志、安全文化实施方案、安全日活动台账。 查证情况：公司下发了《安全文化建设规划纲要》方案。 标为： ①安全教育和培训：坚持原有的安全教育，开展更多与实际结合紧密与参与的安全培训，内容务实用实用，增强全员安全意识，调动全员参与安全文化的积极性。 ②多通道多途径开展宣传通道和途径开展宣传，依托重点和重要时期在安全文化媒体在公司媒体上创办安全生产专题栏目，无充分调动和发挥公司全媒体在安全生产宣传中的重要作用。 ③无文化融入企业生活：开展形式多样的安全文化活动，达到让安全观念深入人心目的，并使安全文化无分融入企业文化之中。 公司的安全生产理念：奉献、担当、创新、和谐。 查阅台账，各部门、运行值班组相应的安全文化建设结合各自的特点，开展活动。 公司采取多样的安全文化活动方式，开展论文征集、案例评选《反违章管理规定》，查阅安全台账，电力运行部每周组织检查、安全生产月度、结合安全生产分析进行分析、评审中期的同时，运行值班组开展活动。 公司制定了《组织现场检查，现场查阅运行值班活动记录，运行有记录。 评阅意见：安全日活动内容无实，无针对性，班前、班后会，开展安全日活动正常，有记录。缺少2014年2月和6月的活动记录。扣3分。 整改意见：电力运行部未认真组织运行值班班组学习安全〔2012〕28号，按照企业安全建设的指导意见《关于加强电监班组安全活动台账》（电监安〔2012〕28号），督促班组开展安全活动记录，对涉及本班组制定的安全生产责任制重要事项、组织其班组全安全活动班人员讨论、使安全活动能真正把本班组能落实安全生产工作落处	27

7.3.6 设备设施

7.3.6.1 设备设施管理

项目序号	项目	内容	标准分	评分标准	评审情况	实得分
5.6.1.1	生产设备设施建设	建立"三同时"的管理制度。新、改、扩建工程安全设备设施应与建设项目主体工程同时设计、同时施工、同时投入生产和使用。安全预评价报告、安全与职业卫生专篇(等)、安全设施设计、安全验收评价报告、安全卫生工作劳动验收评价报告应当报相关部门备案	10	①新、改、扩建发电机组无该项制度、制度不符合有关规定的，不得分；不符合有关规定的，扣2分 ②没有认可手续或设计、评审不符合规定的，扣2分；设计、评审不符合安全资质规进行的，扣2分；项目未经安全验收评价而投入使用的，扣2分；初步设计未进行安全专篇的，扣2分；安全设施设计未经审核就施工的，扣1分/处；隐蔽工程未经质量检查合格就被投用的，扣1分/处 ③无资料质量备案，不得分；少备案，扣1分/个	评审对象：综合财务部、安全生产部、工程建设 查评内容：管理制度、工程项目"三同时"评审、"三同时"管理制度。 查证情况： 现场检查风电场建设设施已与建设项目主体工程同时设计、同时施工、同时投入使用。公司制定的《建设项目"三同时"管理制度》由相关有资质公司编制，公司建设设施由相关有资质公司编制，通过了评审。 公司通过了《安全预评价报告》的评审，土建施工单位、设备安装单位具有有资质，并建设项目的设计评审可证号及评审资质单位为有资质单位，相关质量等信息此处省略	10
5.6.1.2	设备基础管理	制定并落实设备质量管理责任制。加强设备管理，完善设备质量管理、缺陷管理、保养检修进度等管理，明确相应设备治理责任和年度计划。组织制定实施设备管理规划和年度设备检修计划。保证设备档案、备品备件满足生产需求。加强设备档案管理，分类建立图纸、技术资料和图纸等资料台账，完善设备技术资料和图纸，易燃易爆及危险化学品应进行风险评估。凡拆除的容器、设备、管道内应清洗干净，验收合格后方可拆除或报废	15	①未制定设备责任、无设备质量制度、不按规定执行各项管理工作的，扣3分；缺陷不按时消除的，扣1分/条 ②设备治理规划和年度计划不落实、制度不完善的，扣3分 ③新增设备改造设备未验收投运的，扣5分/台 ④异动设备管理、保养接退等设备不能满足要求的，扣2分 ⑤缺陷管理、保养接退等设备不能满足要求的，扣5分 ⑥图纸、资料不归档，扣2分；资料不全，扣2分 ⑦未拆除设备未落实拆除方案，扣2分；拆除设备中含有危险化学品未清洗干净，立即报废，扣3分	评审对象：电力运行部 查评内容：管理制度、检修计划、修旧计划。 查证情况： 公司制定了《设备管理办法》、制度中明确了检修各专业的分工责任和职责；制定了《风电场2014年度机组检修计划，并已经按实施检修》，并按要求报上级主管部门和备案中心。 查阅公司电力调度中心、企业按计划进行检修，及电气设备检修计划，运行期间没有进行在加强缺陷管理，运行期间没有设备缺陷消除时消除时消除。 查阅公司制定的《设备责任管理制度》《设备缺陷管理规定》《检修规程》《运行标准》《设备台账管理制度》《备品备件日常管理》等制度。各专业资料能满足生产需要。 查阅设备台账、技术资料和图纸等资料台账，各专业资料图纸都完整；设备缺陷已经建立完善了设备备件台账，技术资料和图纸等设备缺陷，各专业资料图纸都完善，设备拆除无旧设备拆除	15

续表

项目序号	项目	内　容	标准分	评　分　标　准	评　审　情　况	实得分
5.6.1.3	运行管理	遵守调度纪律，严格调度命令，落实调度指令。 认真监视设备运行工况，合理设置监视设备状态参数，正确处理设备异常情况。 完善设备检修安全技术措施，做好监护、验收等工作。 严格核对操作内容和操作设备名称，加强操作监护并逐项进行操作。 按规定时间，内容及线路对设备进行巡检查，随时掌握设备运行情况。 按规定时间和方法做好设备定期轮换和试验工作，做好相关记录。 制定万能解锁钥匙和配电设备及配电室钥匙的相关制度，并认真执行。 根据设备状况，合理安排机组运行方式，做好事故预想，开展反事故演习，并做好各类运行记录	20	①违反调度纪律，不得分。 ②因运行监视不到位发生设备异常，扣5分。 ③有在无票操作，操作票不合格，扣2分/张。 ④设备定期轮换和试验工作未执行或执行不到位，扣2分。 ⑤设备巡检不符合要求，扣2分。 ⑥未制定万能解锁钥匙和配电室及配电设备定期制度，扣5分；未严格执行或方式，扣2分。 ⑦未定期组织开展事故预想，扣2分；进行事故演习，记录不完整，不翔实，扣1分/次。	评审对象：电力运行部。 查评内容：上级通报、操作票、运行台账、运行实时数据、安全简报。 查证情况： 查阅运行日志，公司运行人员没有违反调度纪律，风机的启停能及时汇报调度、线路的运行方式能执行调度命令、落实调度指令、运行人员评审期内调整设备运行工况，不安全事件记录，正确处理设备异常情况到位。 查阅现场检修开工的工作票，运行人员能做好监护、设备检修安全技术措施完善，运行期内已执行的操作票86份，合格。 抽查各岗位按照公司制定回检查制度在执行情况。 查阅巡检记录、内容及线路对设备进行巡回检查，运行人员掌握运行规程的要求做好原记录；运行评审期内的定期试验记录，相关记录齐全。 公司制定了《运行钥匙管理规则》，制度中规定了钥匙的使用的使用情况。运行记录总体良好。 风电机组的运行要取决于风量，调度一般不安排专门的发电指令。运行人员每天根据风电机组的运行方式、设备状况做好事故预想、工作票执行记录，2013年运行值班每季开展演习，故障登记，缺陷登记，查阅试验记录，定期试验班每季开展演习，查阅2014年运行开展反事故演习的记录，缺少2014年开展反事故演习。 查阅反事故演习记录，缺少2014年开展反事故演习，进行事故开展一次反事故演习的记录。 问题：未定期组织开展反事故演习，扣2分；记录不完整，扣1分/次。 扣分依据：公司安全〔2012〕28号《关于加强电力企业班组安全建设的指导意见》第12条的要求，不翔实。 整改意见：公司委按照《风电生产特点上提高员工安全意识一次结合风电典型点反事故演习，从根本上提高员工技能和操作技能	18

续表

项目序号	项目	内　　容	标准分	评　分　标　准	评　审　情　况	实得分
5.6.1.4	检修管理	制定并落实设备检修管理制度，健全检修管理机构，编制检修进度网络图或检修标准化指导书或安全组织措施及措施计划重点项目和定重措施、安全措施、落实各项安全措施。严格检修现场应分区域管理、检修现场隔离和定置管理、严格检修工艺要求和质量管控制度、实行检修质量监督和三级检修工作票制度和见证点的检修点签证。	25	①未制定检修管理制度，制度不健全；机构不落实、落实存在问题，扣5分。②检修作业文件、作业指导书内容简单或内容不完整，扣2分。③设备检查无检修记录，扣2分；检查周期不符合要求，扣2分/张。④无票作业不得分，扣2分/张。安全措施落实没有落实，扣3分/处。⑤检修现场管理不到位，扣2分/处。⑥检修质量控制执行不到位，扣3分；检修质量监督和三级验收不到位，扣10分；见证点不签证，扣5分。	评审对象：电力运行部。查审内容：管理制度、检修作业指导书、工作票。查证情况： 了公司制定了《风机检修管理制度》，实行标准化检修管理，编制包括设备检修指导书或安全组织网络图。安全组织措施、技术措施及检修工艺方案。安全组织机构、技术措施及检修工艺方案等。 抽查现场执行的工作票81份，2份不合格。 查阅2014年5月号风电机组更换接号风电机组更换作业指导书，指导书中对吊装物品实行定置管理、检修三级验收，实行吊装作业标准。检修现场分区域管理。吊装置作业作出了规定。 查阅2014年5月号风电机组吊装作业指导书中缺少对严格吊装工艺要求和质量标准。缺少检修工艺过程中配合风电机组整证记录的内容开展检修的相关问题： 号风电机组开展处置一相关作业的电气工作，安全措施在吊装作业频率组维护作业001一种工作票要求在在变压器，在相应措施的栏目内已明确离开关处装置设吊装置作业001号接地线已拆除，不符除，但未拆除栏目内又填写001号接地线未拆除，相互矛盾，不符合要求。 号执行的电气另一种工作编号中，工作内容为为2号补变变压器35kV高压侧连接开关，安全要求更换上2号动态为无动作补接开关是否拉来某安全措施开，工作结束后，在相应的栏目内未填写接地线是否拉开要求。工作票作业文件不完整或者内容不完整简单，扣2分/张。 查审依据： 检修作业指导书或作业指导书内容简单，扣2分。 整改意见不合格，扣2分。 公司要按照《发电企业设备检修导则》（DL/T 838—2003）第 10.3.5.1条、《风力发电场检修规程》（DL/T 797—2012）第6.3.1条的要求。实行吊装三级验收，在检修作业过程中增加中检中对吊装作器对吊装作业指导书中质量标准的相关规定。安全检修在过程中的指导意见。（各级管理人员认真学习规程对关于在执行工作票管理，组织全体级管理人员认真学习规程对关于在执行工作票管理，组织全体人员认真执行工作票标准工作，每月认真填写，电力运行部要加强对在执行工作票上存在的问题的统计，检修人员要加大对检修作业过程中关于工作票认真规范填写，电力运行部要按照工作票防范安全事故的发生。《电力安全工作规程》第7条对工作票的管理，组织监督力度的考核，督促运行、检修、规范执行工作票要求认真填写、防范事故的发生。防范事故制度。使工作票合格率合格率正确100%	19

续表

项目序号	项目	内容	标准分	评分标准	评审情况	实得分
5.6.1.5	技术监督管理	建立健全以总工程师或主管生产副厂（场）长为责任的技术监督网络和各级监督岗位责任制，制定技术监督工作年度计划，建立和保持技术监督活动、报告、记录和台账等资料的完整性。制定技术改造方案新增、改造项目实施的安全措施，加强设备可行性研究，组织编制和保持技术措施、技术措施的组织实施。	20	①未制定技术监督管理制度，不得分；制度建立未有效落实，扣5分；未建立监督网络，扣5分。②未制定年度计划，扣5分。③未定期开展技术监督工作，扣5分；技术分析报告和报告存在较大问题，扣5分；措施执行不到位，扣5分。④未制定并严格执行技术改造管理办法，扣5分；技改造项目资料不完整，扣3分。	评审对象：电力运行部。 查评内容：管理制度、技术监督资料、技改项目资料。 查证情况： 公司制定了《技术监督控制程序》，建立健全了以分管副总经理助理领导为责任的技术监督小组和各级监督岗位及专职。明确了各技术监督专业员的成员组织由专业自动化、金属、化学、电测、风力发电、电能质量、环境保护9个专业组成。查阅资料，继电保护、评审工作计划、会议纪要等资料完整和月度工作计划。建立和保持技术监督工作活动记录、报告、台账。技术监督工作进行总结。 公司制定了2013年度技术监督工作。制度中包含了加强设备重大问题新增、改造项目实施研究，组织项目实施的具体措施，改造。查阅设备台账、设备改造、评审期内风电场无设备重大改造。 问题：公司制定了《设备异动管理办法》编制的《电力技术监督导则》(DL/T 1051—2015) 第5.4.7条的要求，对技术监督过程中存在的不足，不断提高设备进行总结，确保生产设备安全运行。 整改意见：技术分析报告和技术报告，存在较大问题，扣5分。	15
5.6.1.6	可靠性管理	制定可靠性管理工作规范，建立可靠性管理组织网络专责专职，设置可靠性管理专责人员（或兼职）工作岗位，评价取得资格岗位证书，岗位培训并取得资格证书。建立可靠性管理信息系统，采集、统计、分析、审核、报送可靠性信息。编制可靠性管理工作报告和技术分析报告，设法及电网运行可靠性的具体状况，制定定期提高可靠性水平并组织实施，定期对可靠性管理工作进行总结，并开展可靠性管理工作自查工作。	10	①未制定可靠性管理工作规范、可靠性管理组织网络，不得分；人员无证上岗，扣5分。②未建立可靠性管理系统，不得分。③可靠性管理工作报告和技术分析报告，存在较大问题，扣5分；措施制定不到实，扣5分。④未进行可靠性管理自查工作或未开展可靠性总结，扣5分。	评审对象：电力运行部。 查评内容：管理制度、可靠性证书、相关文件。 查证情况： 公司制定了可靠性管理标准。成立了可靠性管理组织网络。设置了可靠性管理兼职岗位。可靠性管理人员取得可靠性管理岗位资格证书。公司建立了可靠性管理信息系统。查阅向相关部门报送可靠性工作进行了总结。2013年全年，2014年上半年可靠性兼职人员无证上岗，扣5分。 问题：可靠性管理兼职人员无可靠性上岗证，扣5分。 整改意见：按照《公司令第24号》《电力可靠性监督管理办法》(国家电力监管委员会令第24号)的统一要求，安排有可靠性管理中心的统一安排。	5

7.3.6.2　设备设施保护

项目序号	项目	内　　容	标准分	评　分　标　准	评　审　情　况	实得分
5.6.2.1	制度管理	建立由企业主要领导负责的有关单位主要负责人组成的安全防护体系，明确主管部门，定期组织召开安全防护工作会议，严格履行企业安全防护工作职责、布置、督查安全防护工作开展情况，纠正违反安全防护工作的行为，严格考核。制定反违反安全防护规章制度，加强出入人员、车辆等的安全检查，防止发生重要责料等事件。实行重要设备的分区管理，严格重要生产现场准入制度	10	①没有建立安全防护体系、不得分；安全防护问题存在的，扣3分。 ②没有电力设施安全保卫制度、不得分；内容不完善的，扣2分。 ③重要生产场所未分区管理，扣2分。 ④未经评审可进入生产现场，扣3分	评审对象：综合财务部、安全生产部。 查评内容：管理制度、会议纪要。 查证情况： 公司制定了《电力设施安全保卫管理制度》，制度明确了主管部门为安全生产部，制度明确了各部门的治安保卫职责和各部门的岗位安全保卫职责，制度组织机构，制度明确由安全生产部门提出了针对风电安全上针对风电管理制度的安全会议在会议上明确的要求。 公司总经理能在区域安全保卫区状况上针对风险以及公司本部的治安情况分析。查阅考核清单本部在区域保卫职责，各部门安全防护工作开展情况，公司安全保卫工作、布置、督查、纠正违反安全保卫规定进行考核。 查阅安全保卫的行的行为，门卫查出入人员、恐怖表击等事件。 查阅出厂门口例行检查。评审期内，公司未发生违反安全生产区域实行区管理按照风电场的巡视巡视进行。风电场未进入生产安全保卫管理必须由风电场人员带入《电力设施安全保卫人员进入》的规定。	10
5.6.2.2	保护措施	建立电力设施永久保护台账和检查记录，架空、地下、海底等输电线路处的永久保护标识。 加强电力设施人物管理，在相关电力设施、生产场所设置永久保护标识、流动岗位、对人、车进行检查。 电力设施物防接入到位，及时加固、修障重要电力生产所防护器材和防暴装置。 在重要电力设施内部及周界电网红外报警等技防设施，根据公安机关将重点部位监控视频监控系统，实现多方监控。 安保器材、防暴装置配置、使用和维护管理到位	10	①未建立电力设施永久保护台账和检查记录、永久保护区无明显标识，扣1分/处。 ②防护器材现场缺少安保卫、扣1分/处。 ③防护器材无效、扣1分/处。 ④未安装监控报警功能失效或监控设施失效、扣1分/处2分。 ⑤安保器材、防暴装置配置不到位，扣1分/处/项	评审对象：电力运行部、安全生产部。 查评内容：现场检查、台账及记录。 查证情况： 风电场已建立电力设施永久保护台账、风机机组及沿线架空架空线路铁塔等设施的巡视记录、风电机组的巡视记视均有现场检查记录。设置了警示标识。 查阅风电场在行政区域，主变区域、配电室、继电保护室、GIS室安装了32个摄像监控装置，在围墙周围安装电子围栏，由运行值班员负责监控、现场查看、各摄像监控点显示正常，能满足安全保卫需要。 风电场人员门岗由保卫人员负责、门卫能履行职责对人员、车进出厂门口例行检查，风电场入行政区域、设备运维对风电场的相关电力现场检查应急电筒、对讲机、橡皮警棍等保护器材，能正常使用	10

续表

项目序号	项目	内容	标准分	评分标准	评审情况	实得分
5.6.2.3	保卫方式	根据重大活动时段安排和安全运行方式，对重要的电力设施和生产场所应采用公安（武警）人员与本单位安全保卫人员联合站岗值勤（警企联防）。对相关电力设施、生产场所和当地群众进行现场值守和巡视检查（专人联防）。组织企业有关人员、安全保卫人员在本单位辖区内现场值守和巡视检查（企业自防）。	5	①被有关部门检查出存在安全保卫问题，不得分。②未按规定实施安保方式的，扣2分。③安保工作存在漏洞的，扣2分。	评审对象：安全生产部电力运行班。查评内容：管理制度、相关文件及工作记录。查证情况：查阅电力安全月度会议纪要，结合节假日的特点，公司根据主管部门的要求、针对安全保卫工作提出了安全保卫工作要求。对其他重大活动和风电场安全生产保卫方式确保重大节假日等时限日期间电力工作的影响程度，合理选用区域防和公司自防保卫方式，生产场所采用风电场员工进行现场值守和巡视检查。公司对相关电力设备设施守和巡视检查	5
5.6.2.4	处置与报告	重要电力设施遭受破坏后，电力企业应当及时处置，并向当地公安机关和所在地电力监管机构报告。	5	未及时处置并报告不得分	评审对象：安全生产部、综合财务部。查评内容：安全保卫记录资料。查证情况：公司制定了《生产安全事故报告调查处理暂行规定》，制度对发生电力设施遭受破坏后，公司应当及时处置，并向当地主管部门作出了规定。和所在地公安机关，上级主管部门电力监管机构，查阅安全台账，公司评审期内未发生重要电力设施遭受破坏事件	5

7.3.6.3 设备设施安全

项目序号	项目	内容	标准分	评分标准	评审情况	实得分
5.6.3.1	电气一次设备及系统	发电机及其所属系统的设备状态良好，无缺陷；发电机转子接触良好与集电环刷状况良好；定子绕组、转子绕组和铁芯温度正常；冷却水进出水温度及交流符合规定，日补氢量在规定范围内；检测仪表指示正确。 变压器和高压并联电抗器的分接开关接触良好，有载开关及操动机构状况良好，有载开关无渗漏油问题；本体油、储油柜之间无渗漏油系统（如潜油泵及风扇）运行正常，本体、套管等部位无渗漏油，储油柜、套管等部位无渗漏油问题。 高低压配电装置的系统接线和要求、母线及支架构符合，变电缆等高开关、隔离开关、断路器、绝缘子；误闭锁设施正常开关、互感器、防误；电容器、过电压保护装置和接地装置运行正常。 高压电动机运行电流、振动值、轴瓦（轴承）温度在允许范围；防护等级符合现场使用环境。 所有一次设备绝缘监督指标合格。	15	①存在影响电气一次设备安全稳定运行的重大缺陷或隐患，扣3分/项；未进行分析并制定措施，不得分。措施无针对性，扣3分。 ②一次设备绝缘监督指标不合格，扣2分/项。 ③发电机转子碳刷与集电环接触不好，造成发热和火花，扣5分。 ④电机各部运行温度超标，未采取措施，扣5分。 ⑤变压器本体、套管、散热器、冷却器等部位有渗漏油，扣2分/项。 ⑥高低压配电装置缺陷，扣2分/项。	评审对象：电力运行部、安全生产部。 评审内容：运行日志、缺陷记录、现场检查、检修记录和试验报告等。 查证情况： 查运行日志、缺陷记录、变频器、运行参数，如2014年7月29日某型号发电机组运行状况良好。集电环刷状况良好，转子绕组和铁芯温度正常，1520kW，定子绕组温度为77.34℃，未超110℃报警值。再如某型号风机发电机 $P=1546kW$，定子绕组温度为67.87℃，未超110℃报警值。公司1号、2号主变压器为有载调压有载开关，目前档位均运行在第13档，66台风电机组箱式变压器和SVG变压器，直流电阻均合格。查阅2012年8月13日《升压站试验报告》主变压器、SVG变压器、箱式变压器，接地变压器分接开关接地接触良好，结论合格。（见下表）	15

1号主变压器分接开关直流误差第13档	AO/mΩ	BO/mΩ	CO/mΩ	不平衡率/%
	196.5	196.9	196.8	0.20
	ab/mΩ	bc/mΩ	ca/mΩ	不平衡率/%
	32.47	32.48	32.50	0.09

2号主变压器分接开关直流误差第13档	AO/mΩ	BO/mΩ	CO/mΩ	不平衡率/%
	321.6	322.6	322.3	0.31
	ab/mΩ	bc/mΩ	ca/mΩ	不平衡率/%
	49.79	49.77	49.79	0.04

M01F号箱变压器分接开关运行档	AB/mΩ	BC/mΩ	CA/mΩ	不平衡率/%
	8748	8751	8755	0.08
	ao/mΩ	bo/mΩ	co/mΩ	不平衡率/%
	2.533	2.537	2.537	0.158

J09F号箱变压器分接开关运行档	AB/mΩ	BC/mΩ	CA/mΩ	不平衡率/%
	8519	8516	8515	0.04
	ao/mΩ	bo/mΩ	co/mΩ	不平衡率/%
	2.536	2.533	2.539	0.24

271

续表

项目序号	项目	内容	标准分	评分标准	评审情况	实得分
5.6.3.1					现场检查，1号主变压器、2号主变压器、SVG变压器、抽屉式变（采用全密封结构箱式变）变压器本体、散热器、储油器、套管等部位无渗漏油现象。 高低压配电系统接线方式正常，符合风电场运行要求。开关状态标识清晰，35kV系统母线封开关柜封闭运行正常无缺陷。现场设备防误闭锁和电力电缆设备运行正常无缺陷，设施可靠。查采误装置有电磁闭锁和机械闭锁相结合的防误措施。110kV升压站、GIS开关设备、主变压器、接地变压器、SVG变压器和FC、SVG装置、风电机组箱式变压器、35kV系统开关柜中所有设备（避雷器、互感器、35kV母线、开关、过电压保护器、电缆等）、35kV集电线路等预防误性试验设备均全部通过，目前电气系统一次设备全部投入运行末端，110kV集电线路、110kV母线、主变中性点、35kV各开关柜输电线路进出线、35kV集电线路首末端，风电机组箱式变压器运行正常无缺陷。110kV、35kV高电线路全线避雷器、避雷线架设避雷线，以防直击雷损害，升压站有过电压独立避雷针，保护升压站户外电气设备和建筑物不受雷击；接地装置施工，安装基本符合设计要求，接地装置接地电阻，导通电阻通过交接试验验收合格。 现场查看，该风电公司无高压电动机。 查阅该风电公司2013年技术监督工作总结，一次设备绝缘监督指标为：一次设备绝缘网络完整，组织措施健全，技术措施完善，电气设备绝缘无缺陷率达到100%。电气设备预防试验完成率为100%。电气设备绝缘监督完成率达到100%	15

续表

项目序号	项目	内　容	标准分	评　分　标　准	评　审　情　况	实得分
5.6.3.2	电气二次设备及直流系统	励磁系统设备运行可靠,调节器在正常运行方式和定值正确,可靠;调节器特性符合要求,励磁系统的保护的定值符合要求,励磁变压器大修后或新投入前进行励磁系统按要求进行各项试验合格;继电保护及安全自动装置的配置符合合规要求,运行工况正常,定期进行检验,接规程正常,并定期进行故障录波器定值校验,仪器仪表齐全;故障录波测试技术指标测试,接入试验正常,仪器仪表齐全;通信设备、电缆、光缆及二次回路,电源及直流系统运行状况良好,电缆及光缆运行正常,通信站做好消防措施完善、合理;蓄电池设备安全可靠;升压站与机组直流系统相互独立;直流系统各级熔断器和空气小开关的定值有人管理,备件齐全	15	①存在影响机组安全稳定运行的缺陷和隐患,扣3分/项。②二次回路、二次设备存在未及时消除的缺陷,扣1分/项。③励磁系统设备存在块陷,扣1分/项。④继电保护装置安全自动装置未按规定检验,项目缺失,扣2分。⑤故障录波器运行不正常或未投入运行,扣2分。⑥定期测试技术参数未进行测试,扣2分。⑦通信设备、电缆、光缆、电源及直流环境存在问题,扣5分。⑧直流系统各级熔断器和空气小开关的定值没有人管理,备件不齐全,扣2分。⑨蓄电池未做对性试验,扣2分	评审对象:电力运行部。评审内容:检查继电保护及安全自动装置的配置情况;继电保护和直流电源、通信设备的运行规程,运行规程和修程,运行记录和缺陷报告,电气设备试验报告。查证情况:风电场风电机组使用交流励磁变速恒频双馈风力发电机、双馈型感应发电机(Doubly Fed Induction Generator, DFIG),定子直接接到电网上,转子通过三相变频器实现励磁。风电机组进行交流励磁,现场查看风电机组进行励磁,现场查看风电机组终端内的自动励磁调节装置,监控系统显示风电机组变频器运行正常、新投数据刷新正常,未发生异常情况,评审期内风电机组运行正常、可靠,未发现异常消除的缺陷。现场查看继电保护及安全自动装置的配置,110kV母线保护,风电场110kV线路保护、110kV主变压器保护、6条35kV集电线路与母联保护,无功补偿装置保护,以及风电机组变压器保护。试验合规要求所需仪器仪表提供。线路保护采用光纤保护,查看运行记录支接时报入光纤保护,通道均投入运行,试验正常、通道正常,故障录波器。但目前对测的对端保护没有光纤电流差动功能,建议目前对调时对端保护装置没有光纤电流差动保护,配电线及相应的线路保护装置一直未投用(此方案未地调确定)。继电保护整定已计算。所有定值单均由地调进行计算,厂家定值单均由厂家进行计算。由地调下达的命令定单符合规程要求,查看运行记录,二次回路,二次接线运行正常、二次接线验收完整。400V系统,与实际配置设备设备。保护装置支接入运行合规要求,查看运行记录,二次回路,二次接线运行正常、二次接线验收完整。直流电阻测试仪和开关特性测试仪经电科院校验合格。现场发现2号主变压器油温、绕组温度为20.8℃,油温2分、油温2分为15℃,直流电阻测试。油温22.3℃,油温2分为15℃,绕组温度为20.8℃。风电场220V直流系统高频开关电源系统及配套设备。蓄电池发现蓄电池104只,2号蓄电池配103只,与公司生产阀控型高频开关电源系统配置2套;2套蓄电池,1号配置阀控式密封结结碱电池,容量为200Ah,并配置1号微机绝缘生产固定阀控型直流电源直流设计技术规程,满足固定阀控直流《电力工程直流电源系统设计技术规程》(DL/T 5044—2014)	7

续表

项目序号	项目	内容	标准分	评分标准	评审情况	实得分
5.6.3.2					的要求。蓄电池的个数可以按照设计规程，蓄电池单体浮充电压为2.25V，可以选择103只的规定。以满足无时母线电压不超过110%Un的规定。温度满足蓄电池运行要求。温度为20.5℃，湿度为62%。 因蓄电池6年内已进行了每2年全容放一次，安排进行核对性试验。 空气开关未设专人管理，直流分电屏空气小开关与负荷对应的C16，不满足设计规程规定，负荷侧为滤网对应为C6，分电屏口空气小开关比下级电流大于4倍的规定。 风电场在110kV升压站架设了两条24芯OPGW光缆至当地支电站，经两端端子接到110kV升压站接入电力通信网。通信交换机、调度交换机、通信端电源均由相应厂家生产提供。 通信电源的交流电源为双路交流电源；无电装置设置2套。一套没有无电装置设置SDH、PCM、调度总机等提供电位铜排，符合要求。交流电源为一路48V直流电源给交流模块。接入控制室等电位接地。 电模块。一路配置SPD防雷模块。通信接入规范接地。 求。OPGW光缆在门架。架空接地线缆均符合要求。 光缆线路运行状况良好。空接地线缆接地。 查看运行记录及现场查看，调度录音查看通信设备、电路及通信通道运行正常。通信通道工作正常。 问题： 2号主变压器保护屏表计油温为15℃，绕组温度为20.8℃，绕组数据不准确。 油温2为15℃，绕组温度为20.8℃。 继电保护装置未按规程规定一年后进行保护全部校验。 空气开关未设专人管理，直流分电屏空气小开关与负荷第1年后进行保护装置全部校验。 级差不配。 扣分依据： 一次设备存在及时消除的缺陷，扣1分/项； 二次电保护装置及安全及全自动装置未按规定检验，项目缺失，扣1分/项； 信号指示缺失，扣2分。 直流系统各级熔断器及空气小开关与负荷值没有专人管理，扣5分。 整改意见： 仪表不准表计，常规表计，电能表计，电测监督应开展工作，电能表计入管理工作，电能表计入管理工作尽快进行。 应按照规程规定，安排对新安装的继电保护装置第1年后进行全部校验项目校验。 空气小开关要满足《电力工程直流系统设计技术规程》(DL/T 5044—2014)的要求，直流系统一般分为2~3级，要求各级级差满足规定，同时控制应控制级差满足规定的要求。 规程满足规定，特性满足级差配置的要求。	7

续表

项目序号	项目	内　　容	标准分	评　分　标　准	评　审　情　况	实得分
5.6.3.3	热控自动化及计算机监控系统	模拟量控制系统（MCS）、汽机数字电液控制与保护（DEH/ETS/TSD）、水轮机调速与保护系统（TCS、TPS）、燃机保护系统（FSSS）、数据采集系统（SCS）、顺序控制系统（DAS）等设备配置规范，机网协调功能（AGC、一次调频）齐全，运行正常，DCS系统或水电厂计算机监控设备的抗射频干扰测试合格。分散控制系统（DCS）或水电厂机监控系统的电子设备间环境、控制机柜接地、电源及接地、过程控制站、仪表控制系统的质量满足要求。DCS操作员站、过程控制装置、现地控制装置（LCU）、通信网络及电源有冗余配置。热控严格执行热工系统分级管理制度。热控投入率、仪表达到标准点，投入率、DCS测点。	20	①存在影响机组安全稳定运行的缺陷和隐患，扣3分/项。②系统配置、功能或满足要求，扣2分/项。电子间环境、电源、接地、接地质量不满足要求，扣2级/项。执行不严格，扣2分/项。仅投入率、仪表、自动投入率、保护投入率，DCS测点投入率达到标准，扣3分/项。	评审对象：电力运行部。查评内容：检查风电机组现场控制柜、控制室和继电保护室；检查设备运行情况及运行记录和试验验收报告。查评情况：升压站安装风电机组电气监控系统及风电机组监控系统由66台风电机组生产监控器台自独立运行。风电机组监控系统由与压站生产监控器台自独进，监控器通过监控与站内监控站内电气接地等运行与MOXA交换机连网，双监控机质量良好，完成对风电站内电气接地及接地等运行正常。双监控机模式通信系统、通信网络和电源及接地等有冗余。查风电电子监控系统运行环境，就地测试及接地等，其控制系统的运行正常，没有热工系统的自动投入率要求。风电机组等温度、仪表的转速、自由测点等投入率为100%要求。公司已制定《计算机系统分级管理权限》，严格规定了管理员和值班员的管理和操作权限。没有热工系统的统计的数据，发电机驱动端轴承温度，出口温度等测点投入率定子温度，冷却风扇进口温度、冷却和端承温度、仪表风组承温度率。	20
5.6.3.8	环保设备及系统	烟气脱硫系统、烟气脱硝系统、废水处理系统、电除尘器等项运行参数符合运行要求，满足环保排放要求，废弃物能够综合利用，其他现场废弃物能够综合利用，综合利用率逐年递增，并取得一定经济效益。	10	①各类环保设备及系统存在影响主机满负荷运行的缺陷，扣3分/项。②废弃物综合利用不满足环保要求，扣5分。	评审对象：电力运行部、安全生产部、物料处理办法。查评内容：废水、油、废水处理系统、除尘器设备等。查证情况：公司无烟气脱硫系统、烟气脱硝系统、电除尘器等。污染物的排放进风电场升压站污水处理利用，现场检查生活污水处理，结合风电升压站实际特点，设置生活配污水井—出水—污水，用于场区道路洒水或绿化。沉淀污泥清理后与生活垃圾集中外运山下姚安县垃圾集中处理场。公司《废润滑油处理办法》的规定，回收的废油已集中分类存放管理，定期交售给有关部门认可的废油再生产厂或回收处理场。废油处理，无违法交售给个人和单位。	10

续表

项目序号	项目	内容	标准分	评分标准	评审情况	实得分
5.6.3.9	信息网络设备及系统	信息网络设备及其系统可靠，符合相关要求；总体安全策略、网络安全策略、应用信息安全策略、部门安全策略、设备安全策略等应正确，符合规定。构建网络基础设备和软件系统没有预留后门或逻辑炸弹，没有接入国内的VPN用户，能够控制各种传输、处理、存储的数据可信，非授权访问及数据上传。 电力二次系统安全防护满足《电力二次系统安全防护总体方案》和《发电厂二次系统安全防护方案》，分区分段，具有数据网络安全隔离措施完备、可靠。 路由器、交换机、服务器、目录系统、安全设备、数据库、密钥参数、交换机端口、IP地址、用户服务端口等网络资源应统一管理。 安全区间应实现逻辑隔离，有进行生产控制大区间的横向单向安全隔离装置，并且该安装装置应经过国家认证。 网络节点具有备份恢复能力，能够防范病毒木马的攻击，所引起的网络瘫痪和数据丢失等	10	①信息网络设备及其系统硬件存在缺陷，扣2分。 ②各类安全技术管理存在问题，扣2分。 ③电力二次系统安全防护存在安全隐患，扣3分。 ④向隔离装置未经过国家认证机构的测试和安全认证，扣3分。 ⑤信息备份恢复能力不健全，扣3分。	评审对象：电力运行者。 查审内容：网络系统图纸、施工方案、省调通知、现场设备检查等。 查评情况： 查公司制定了《电力安全信息管理制度》(GB/T 20269—2006) 规定安全信息技术的安全策略及网络安全策略、总体安全策略、应用信息安全策略、设备安全策略、部门安全策略等。 未发现网络设备、服务器、操作系统有预留后门或逻辑炸弹，未按现网络基础设备和软件系统有预留后门或逻辑炸弹，密码和隔离网络均为国内经过认证的VPN用户，能够接入及接入网络访问各种传输、处理、存储的数据系统以及接入网络访问权控可信。不发生非授权访问的数据，处理、存储的数据恶意篡改。 按照当地电力二次系统防护规定的要求。风电场现场至省调的远程通道未用通信条件，可暂时采用双专线、工作站本身具备的双110kV风电场本身不具备两路不同路由的2M专用通道。风电场实时信息运动终端器经2个2M口上送。但接地调只有一个2M专用通道。送地调一个2M专线，一路PCM通道。 目前省内由于调度数据网专用通道，实时工作站送上海集团交换机，一路网络加密装置。思科路由器具备。但接地调纵向认证加密向横向系统隔离。组用电信运动信息传输、实时信息和风功率预测系统向横向系统隔离。安全设置。纵向认证加密向横向隔离离。安全交换公司内路由器、服务器、数据库、服务器、域名系统、域名专统一管理。机端口、IP地址、服务器端口等网络资源没有专向专一管理。传输至上海集团国家数据，装置经过国家授权认证。生产I区和II区网络独立，与外网无物理联系，传输至上海集团国家授权。装置来厂家单向横向安全隔离装置未汉专认证。在I区和II区间安装装置来厂家单向横向安全隔离装置未经国家认证。网络系统所有信息服务器均通过服务器进行备份。防止信息丢失。生产监控系统本身均经过瑞星杀毒软件，自带防火墙可以升级。问题：未按《信息安全技术规定。应用信息网络系统安全策略，设备名系统，用户服务端口等网络资源应汉专人管理 扣分依据：各类网络安全策略、部门安全策略、设备安全策略，公司总体信息安全的总体的安全策略及网络安全策略，公问题整改意见：按照《信息安全技术规定。部门安全策略，设备安全策略，邮件系统、域名系统、用户服(2015)规定安全技术信息安全管理要求》(GB/T 20269—司信息网络系统安全策略。网络资源应设专人管理整改意见：未按《信息安全技术管理要求及信息网络系统安全策略，应用信息网络系统安全管理标准，域名系统、用户服20269—2006)规定信息网络系统的总体安全管理存在问题，扣务端口等网络资源应设专人管理	8

续表

项目序号	项目	内容	标准分	评分标准	评审情况	实得分
5.6.3.14	风力发电设备及系统	风电机组具备低电压穿越能力。风力发电机、变频变流设备运行良好，无缺陷。风电场无功补偿装置运行可靠，容量配置和有关参数能满足系统电压调节需要。风电机组各连接部位（塔筒之间，塔筒与机舱，机舱与轮毂，轮毂与叶片）符合要求。液压系统、润滑系统和冷却系统各构件的连接面连接可靠，无渗漏。风电机组控制系统及保护系统正常，定期进行检验。风力发电机组远程监控系统运行良好	30	存在缺陷，扣2分/条	评审对象：电力运行部，工程管理部，安全生产部。 查评内容：风电机组设备运行，低电压穿越能力，无功补偿装置运行，风电机组定期巡检记录，风电机组及系统运行工况。 查证情况：风电场风力发电机总装机容量99MW，共安装66台单机容量1.5MW的某型号风电机组。2012年4月22日—2012年4月27日，由权威机构对风电机组进行了检测，出具了检测报告；该型号风电机组连续运行不脱网具有低电压穿越能力。对在风电机组出口电压降至20%U_e的两种工况下，能不脱网连续运行。对在小功率（$0.1Pe \leq P \leq 0.3Pe$）和大功率（$0.9Pe \leq P$）的两种工况下，风电机组FD82A型风电机组已通过低电压穿越能力验证，满足《风电场接入电力系统技术规定》（GB/T 19963—2011）的要求。 一期风电场33台风电机组无功补偿配8Mvar功率，二期风电场Ⅱ段33台风电机组无功补偿配13Mvar容量，分列安装在35kV Ⅰ段Ⅱ段母线。用于调节风电场无功功率，2012年7月12日检测报告。高压运测项目包括：电气安全试验，一般性检验，显示功能检查和电压运行试验，保护动作试验，风电场无功补偿系统响应时间小于10.0ms，满足风电场接入电力系统自动调节需要。符合要求。满足《风电场接入电力系统技术规定》（GB/T 19963—2011）要求。 对一期风电机组、二期风电机组各连接部位（塔筒与机舱，机舱之间，机舱和轮毂，轮毂与叶片）连接可靠，符合要求。液压系统、润滑系统和冷却系统各构件的连接面连接可靠。 查阅《风电机组定期检修维护，风电机组生产厂家负责检修维护，风电机组控制系统及保护系统运行工况正常。查阅运行记录，2014年6月28日二期风电场显示报警叶片与运行不一致故障，A编码器故障，现场检查处理断开蓄电池开关，手动将叶片机械对零，调整桨叶角度为116°，B编码器角度为262°，调整桨叶角度到92°，触发限位开关恢复正常。 查阅风电机组定期进行了校验。风电场定期做超速保护、刹车保护系统护等试验。评审期间现场检查，风电机组远程监控系统运行正常	30

7.3.6.4　设备设施风险控制

（1）电气设备及系统风险控制。

项目序号	项目	内　容	标准分	评 分 标 准	评　审　情　况	实得分
5.6.4.1.1	全厂停电风险控制	制定并落实防止全厂停电事故预防措施，特别是单母线、单母线分段运行方式下的保障措施。全厂机组运行稳定。严格升压站检修和倒闸操作管理，防止误操作和直流管理，误动和拒动系统操作设备。加强继电保护和直流管理，柱绝缘电保护定值整定及防误动、拒动及直流故障引发或扩大系统事故。	10	①未制定防止全厂停电事故预防措施，不得分；措施制定不完善或落实不到位，扣5分。②保护装置误动、拒动，扣5分/次；影响到系统安全，不得分；发生误操作，不得分。③直流系统出现接地等异常未及时处理，扣2分/项。	评审对象：电力运行部、安全生产部。查评内容：反事故措施、运行日志、缺陷记录等。查证情况：查阅设计资料和现场检查，公司110kV系统为单母线分段、设母线分段开关，两段母线分别接有输电线路，以双回线路与电网相连。根据《防止全场停电事故措施汇编》（2014年4月1日发布执行）中第12节"防止全场停电事故"的要求。针对站内单母线、单母线故障，继电保护动作和误动作运行方式引起一次设备故障、直流系统故障等因素引起全场停电事故制定了预防措施。公司电气系统运行方式服从调度安排，400V站用电正常运行时由工作站用电供电，备用电网10kV供电空载运行，作为400V站用电备用电源。站用电系统按运行规程安排一次系统运行方式合理。机组须由值长长批准。该风电机组运行稳定，未发生事故现象。查看公司制定的《防止全场停电事故措施》及《防止电气误操作措施》《防止电气误操作管理制度》，对升压站检修和倒闸操作设备。公司制定了《操作票、操作监护制度》，操作监护，动作现象。查看票等各项制度进行了核对操作票、操作监护，该检修作业进行操作设备。查阅2012年9月当地供电局局发下了《风电场电保护定值整定》清单，整定全场继电保护及定值的定值，并有记录，对全场继电保护进行了核对，投退压板板进行该风电场直流系统设防止全场继电保护误投、误退，母线联络开关该风电场直流系统正常置了220V Ⅰ段、Ⅱ段母线运行，每段母线各配置一组200Ah蓄电池时Ⅰ段、Ⅱ段母线独立运行，各设一套独立供电及电模块运用，互为备用。正常屏两网独立供电及直流故障引起有直流电源由直流馈电该审期内直流系统内没有因直流故障引发或扩大系统事故	10

续表

项目序号	项目	内容	评分标准	标准分	评审情况	实得分
5.6.4.1.2	发电机损坏风险控制	制定并落实发电机反事故技术措施。加强对措施落实及反事时消缺的应反时消缺。风电机组检修时，检查定子绕组端部绕组接头直流电阻测量，不合格的应及时消缺。200MW 及以上发电机绕组端部引线及接头等处绝缘和对定子绕组进行检查和测试，停机过程中未修有大修过程和相关应措施，自励磁保护报警后采取相应措施。调峰中分别进行动态、静态匝间短路试验，励磁调节器过励磁动态监测器色谱分析，必要时停机处理。有条件的可加装转子绕组匝间短路在线监测装置，发现转子绕组动态发生绝缘异常时，应立即停机；当转子绕组短路故障点，质一未接地时，应立即接地，一点接地处理。水内冷管道，阀门密封件符合要求，设备正常可靠，水质定期化验。自动励磁调节器过励磁保护的低励磁限值，对定子绕棒进行反冲洗。励磁调节器过励磁限和励磁调节器定值符合要求。氢内冷却器正常可靠运行。严禁风电机组防止发生绝缘过热监测器在热报警，热监测过热报警时应立即停机处理。风电机组的自动控制及保护应具备对功率、叶轮转速和发电机转速、温度、齿轮箱油温度、电气设备的自动控制及继电保护、重要部件等信号（故障）行相应保护和发出异常停机情况，并在紧急事故情况下，风电场解列时不应对风电机组造成损坏。相应保护动作停机，风电场解列时不应对风电机组造成损坏。	① 未制定发电机反事故技术措施，不得分；制定不到位，措施落实不到位，扣 5 分。② 未对大型发电机组定子绕组端部引线、异声手包绝缘、引水管或接头处绝缘和对定子绕组进行检查和测试，停机过程中未进行大修检查，接地保护报警后未采取相应措施，励磁动态监测没有采取热监测，发电机非全相运行，发现转子绕组故障时未进行全相运行，发生上述一项问题，不得分。③ 200MW 及以上发电机定子大修做定子绕组端部振型模态试验，未做的，扣 2 分。④ 发生定子绝缘损坏、转子绝缘损坏，扣 2 分。⑤ 引水冷管道发生渗漏，励磁调节器存在长期缺陷，扣 2 分。⑥ 自动励磁调节器的低励磁保护定值，过励磁限制和过励磁保护定值不符合要求，扣 2 分。⑦ 水内冷管道，阀门密封件不在规定范围，水质或定子绕棒对定值进行反冲洗，扣 2 分。⑧ 氢冷控制执行不到位，或氢气湿度超限，扣 2 分。⑨ 漏氢量超过允许值，未及时处理，齿轮箱存在缺陷未及时处理，扣 2 分/项。⑩ 风电机组自动控制功能不全，发电机转速、风速、温度、齿轮箱温度等监测量超过各性能，设备故障及制动系统存在缺陷，扣 2 分/项，扣 3 分。	10	评审对象：电力运行部、工程管理部、安全生产部。查评内容：发电机反事故措施，运行日志，控制室设备运行情况和运行记录。查阅风电机组检修记录、定期巡检点的特点对风电机组的风险控制记录。查评情况：公司制定了《风力发电机反事故技术措施》：能针对风电机组的特点对风电机组的无损有坏事故技术措施中引出出能针对风电机组的特点对风电机组的无损坏。风电机组检查内容：能针对风电机组老化、老化、绝缘、振动、直流电阻作检查内容。定期检查发电机定子绕组端对大型电厂大型机组定子绕组适用于风电机组第 2 章第 9 段判鉴定风电机组经同期并网运行。风电机组非同期并网开关 690V 风电机组开关 690V 三相机械联动开关，不能可靠防止非全相运行。查阅一期风电中控室发电机运行参数：一期风电机线电压为 681V，风速为 4.95m/s，舱外温度 16.4℃。发电机驱动端轴承温度 45.8℃，自由端轴承温度 31.1℃，定子温度 63.2℃。发电机冷却风扇 1 启动风扇 2 启输出功率 154.9kW。发电机冷却风扇 1 停止温度 58.7℃，发电机冷却风扇 2 停止温度 60℃。发电机冷却风扇 2 停机温度 65℃，发电机冷却风扇 1 停止温度 70℃，齿轮箱油温度 48.3℃，非驱动端轴承温度 52.1℃，液压系统 度 75℃，齿轮箱温度 70℃，齿轮箱轴承温 50.5℃，齿轮箱驱动端轴承高速轴温度 度 140℃，齿轮箱温度超温 90℃，发电机定 力超限值 200bar，风电机组风轮超速极限值 22.54 转。绕组温度超温 110℃，出现上述情况，风电机组具有相应的电气 时相应动作停机。在紧急事故情况下，风电 及风机机械保护功能，解列不会对风电机组的电气。	10

续表

项目序号	项目	内容	标准分	评分标准	评审情况	实得分
5.6.4.1.3	高压开关损坏风险控制	制定并落实高压开关设备反事故技术措施，完善高压开关设备防误闭锁功能。 开关设备断口外绝缘符合工作要求或采用防污涂料等措施。 做好气体管理，运行情况分析，定期气体监测和红外线测温仪测量隔离开关接触器的温度，SF_6 压力表和密度继电器的定期校验。 加强对隔离开关转动部件、操作机构、机械及电气闭锁装置的检查和润滑，并进行红外线测量隔离开关接触器的检查和异常分析。 定期清扫过滤器，排放储气罐内积水，空气机构回路有异常现象及时处理。 定期检查液压机构回路及时处理，发现缺陷应及时处理。	10	①发生高压开关损坏事故不得分。 ②未制定高压开关反事故技术措施或完善不到位，扣5分。 ③高压开关设备防误闭锁功能不完善，扣3分/项；防误闭锁功能不完善造成事故不得分。 ④未对隔离开关进行润滑、检查及设备的气体试验、检查及设备的气体管理不到位，扣2分/项。 ⑤气体管理，运行及设备的气体监测和异常分析不到位，扣3分。未定期测量温度，扣5分。	评审对象：电力运行部、安全生产部。 查评内容：运行日志、缺陷记录、测温记录、现场检查、检修记录。 查评情况： 公司已制定并落实了《反事故措施汇编》（2014年4月1日发布执行），第13节"防止开关设备事故"。 查110kV GIS组合电器的出厂资料及图纸，110kV GIS组合电器内部隔离开关查看、接地隔离开关已设计电气闭锁，隔离开关及接地隔离开关还具有机械五防闭锁机构。查看35kV高压开关设备防误闭锁功能。 现场查看资料及现场查看，电气闭锁和机械闭锁功能齐全，目前使用情况良好。 查看开关设备断口外绝缘，无外绝缘要求。 查阅2012年9月4日《GIS气体绝缘全封闭开关设备试验报告》，对110kV系统GIS设备中的25个气室进行了 SF_6 气体微水检测，其结果立方米中有1g水蒸气），小于150g/m^3，（微水含量单位：g/m^3，结论合格，但按检测一年后未进行 SF_6 气体做微水测量。35kV系统FC装置开关未对全封闭 SF_6 开关，不具备 SF_6 开关。 查2012年9月《电力设备安装调试报告》，2013年6月成套变压器35kV侧，SVG侧。 查对66台风电机组箱变压器35kV侧未进行定期试验。 系统隔离开关查看转动部件，接触器操作维护，并进行了操作大风，高温期间对隔离开关进行定期校验。巡检人员对隔离开关接触器进行红外线测温，每月或大风、高温期间复测温。高温期间对隔离开关接触器进行红外测温，未发现超温现象，未发现异常现象。 公司高压开关电动操作弹簧机构，无气动、液压系统。SF_6 气体压力和密度表未进行定期校验。 问题：110kV GIS投运一年未进行 SF_6 气体微水检测和异常分析。 扣分依据：按《电力设备预防性试验规程》（DL/T 596—2005）和《电力设备检修规程》，新装GIS及大修后1年内要进行 SF_6 气水分复测1次，如正常运行中1～3年1次，如1年内复测湿度不符合要求或密度异常时，按实际情况增加的检测；SF_6 压力和密度继电器应委托有资质的检测单位进行定期校验。扣3分。 整改意见：110kV GIS投运一年为电动弹簧机构，无气动，无气动。SF_6 气体压力复核。SF_6 压力和密度液压机构回路处理，湿度符合要求未委托有资质的检测单位进行定期校验；运行中变要加强 SF_6 气体监测和异常情况分析	7

续表

项目序号	项目	内 容	标准分	评 分 标 准	评 审 情 况	实得分
5.6.4.1.4	接地网事故风险控制	设备设施的接地引下线设计、施工符合要求，有关生产设备接地率高。接地装置的焊接质量、接地试验应符合规定，各种接地与主接地网的连接应可靠，扩建接地网间应多点连接，应根据接地网短路容量的变化，校核接地装置（包括设备引下线）的热稳定容量，并根据接地装置短路容量的变化对接地装置进行改造。每年进行一次接地装置的导通检测工作，根据历次测量结果进行分析比较。对于高土壤电阻率地区的接地网，在接地电阻难以满足要求时，应有完善的均压及隔离措施。变压器中性点应有两根与主接地网不同地点连接的接地引下线，且每根接地引下线均应符合热稳定要求，连接引下线应便于定期进行检查测试	5	①设备设施的接地引下线设计、施工不符合要求，生产设备与接地网连接不牢固，扣2分。②接地装置的焊接质量、接地试验不符合规定，接地网连接存在问题，扣2分。③未对接地装置进行校核、改造，扣2分。④接地装置引下线的导通检测工作和分析不到位，扣2分。⑤土壤电阻率不符合要求，地网接地电阻不符合要求时，又未采取均压及隔离措施，扣1分。⑥变压器中性点未采取接地或接地引下线、根引下线不符合热稳定要求，扣2分。⑦重要设备及设备架构等未采取两根接地引下线的要求，或不符合热稳定要求的，扣2分	评审对象：电力运行部、安全生产部。查评内容：设计图纸、缺陷记录、现场检查、检测试验报告等。查证情况：查看《站区接地布置图》、接地装置的敷设工程《电气接地工程施工及验收规范》（GB 50169—2006）要求。现场装置接地基本符合设计图纸，接地网与主接地网连接牢固。查阅设备设施设计资料。查阅2012年8月13日《风电场接地网监测报告》，对接地网关12个点进行现场检查，接地装置安装牢固，符合《电气装置安装工程电气装置的接地施工及验收标准》（GB 50150—2006）及设计要求。各风电机组设备接地施工、风电机组接地引下线等报告。查阅2013年7月《风电机组接地安全检测技术报告》，公司站区内和66台风电机组设施全部合格。查阅接地等技术资料和现场测量。查阅35kV系统接及110kV系统接地网路。依据近期计算得提供的110kV系统最有接地电流为7.93kA。接式 S_g $\geq \dfrac{I_g}{c}\sqrt{t_c}$ 计算，校核，110kV系统接地面积至少要有80.11mm²，35kV系统接地引下线截面至少要有73.94mm²，而现场使用的35kV系统110kV系统接地引下线均采用60mm×6mm热镀锌扁钢，横截面积（360mm²）均大于极值，热稳定校核为基础上有46处被测引下线满足要求，结论合格。公司每年按要求进行一次接地装置安全检测工作，如查看设计资料及竣工验收资料，该风电公司加做高土壤接地体及垂直接地加阻降电阻技术方案，接地电阻值测试结果在3.3～83.4mΩ之间，结论合格。查看设计资料及竣工验收资料，查阅重庆渝北熊州防雷技术有限公司出具的《升压站开关场接地网改造技术方案》，接地电阻值测试结果在3.3～83.4mΩ之间，结论合格。查看阻降设计校核计算书及现场查看，主变压器中性点接地引下线、主接地引下线均满足，110kV配电设备等配电设备满足（DL/T 621—1997）要求。查看阻降设计校核计算书及现场查看，热稳定校核接地点接地引下线及现场查看，每根接地引下线均满足热稳定要求。有两根与主接地网不同地点连接接地引下线，主接地引下线及现场查看，每根接地引下线均满足热稳定要求。查看设计资料，热稳定校核计算书及现场查看，35kV SVG、FC、避雷器、隔离开关、互感器等配电设备满足热稳定要求。主变压器、35kV配电设备等配电设备均满足热稳定要求	

续表

项目序号	项目	内容	评分标准	标准分	评审情况	实得分
5.6.4.1.4					构架均有两根与主接地网不同地点连接的接地引下线，每根接地引下线截面焊接而不符合热稳定要求。 问题：一期某型号变压器箱体与接地极本体搭接连接，接地试验不符合规定。 扣分依据：接地而不符合热稳定质量、接地装置要求。 整改意见：按《交流电气装置的接地》（DL/T 621—1997）第6.2.13条要求，举一反三，对接地装置进行普查，当无采用搭接焊接时，其搭接长度应为扁钢宽度的2倍。焊接点应涂防腐材料。	
5.6.4.1.5	污闪风险控制	落实防污闪技术措施，管理规定和实施要求。定期对输变电设备外绝缘表面进行盐密测量、污秽调查和运行巡视，及时根据污秽情况及防污闪措施。运行设备外绝缘爬距，应与污秽分级相应，而又应与污秽分级相应调整。坚持做好定期的清扫，落实"清扫责任制"和"质量检查制"。	①发生污闪事件，引起电网或机组安全运行，不得分。 ②未严格落实防污闪措施，管理规定未实化和实施要求，扣3分。 ③运行设备外绝缘爬距未与污秽分级相应，而又未采取措施，扣2分。 ④未进行定期清扫，扣3分。	5	评审对象：电力运行部，安全生产部。 查评内容：运行记录、安全记录、现场检查、清扫记录和巡视记录等。 查评情况： 公司已制定并落实了《反事故措施汇编》（2014年4月1日发布执行）第18节"防止污闪事故"，措施中对防污闪工作从制订计划、盐密测量、清扫记录、设备巡视等方面进行了规定。 公司1号主变压器、2号主变压器、TV、SVG支变压器、FC、110kVGIS套管、110kV线路避雷器等进行盐密值测量。 查巡视记录，每班对户外设备外绝缘进行检查、悬式绝缘子等为户外设备。 查阅线路接地IV级污秽等级按II级设计，本地区外绝缘防污，变电站室内设计。查阅设备说明书，交接试验报告，TV外绝缘爬距满足本地区污秽要求。 设备外绝缘小于IV级小于3906mm，实际爬电比距为31mm/kV，满足本地区污秽要求。根据设计，连停检查及110kV主变压器及电气第一查阅能按照2013年8月5日《风电场防污闪消缺设备外绝缘爬距满足标准要求。公司能按照"防污闪工作原则做好110kV主变压器及电气设备停电对户外绝缘进行定期清扫，满足防污闪技术措施要求。 问题：未对户外35kV、110kV电气设备外绝缘进行盐密测量。 扣分依据：未严格落实变电站防污闪技术措施，110kV技术措施、周期和要求，高度重视、尽快在支变压器处悬式绝缘子定期试验等工作。 整改意见：按照《电力设备预防性试验规程》（DL/T 596—2005）发电厂未严格落实支柱绝缘子试验工作，周期和要求，完善防污闪管理体系，落实防污闪的各项措施，尽快在支变压器处悬式绝缘子每年进行盐密值检测，做好防污闪的基础工作。	2

续表

项目序号	项目	内 容	标准分	评分标准	评 审 情 况	实得分
5.6.4.1.6	继电保护故障风险控制	贯彻落实继电保护技术规程、整定规程、技术管理规定等。对于大型发电机、变压器保护的配置和整定计算，包括与相关线路保护的微机保护的整定配合；对于220kV及以上母线和重要变电厂变电站应做到双套保护，220kV及以上母线和变电站应该做到双套保护灵活保护。 保证继电保护操作电源的可靠性，防止出现二次寄生回路，提高继电保护装置抗干扰能力。 机组大修后，发变组保护必须经一次短路试验验证和变压器保护必须经一次回路检验合格，所有保护装置装设工作结束后，方可投入运行	10	①未落实继电保护技术规程、整定规程、管理规定，扣2分/条。 ②继电保护装置整定值超差、动装置须设双重化配置，扣2分/项。 ③继电保护操作电源不可靠，扣2分/项。 ④出现误碰、误接线、误整定，不得分。 ⑤继电保护装置误动、拒动，不得分	评审对象：电力运行部。 查评内容：现场检查设备、检查继电保护图纸资料以及试验报告。 查证情况： 查公司已制定继电保护运行和检修规程。查公司继电保护配置符合规程要求。继电保护整定计算，公司未委托有资质的继电保护计算单位进行计算。对公司的所有系统（风电机组调制系统、控制系统，400V系统、110kV和35kV线路保护，各类变压器保护，400V系统、直流系统）的整定值进行了计算，但没有经过流程审批的整定单。 I回线、II回线均由于对侧线路保护采用了统一的数字式线路保护装置，其中光纵差保护，无保护装置均为辐射型回路，保护为中光纵差配置双重化配置。公司最高电压等级为110kV，无保护装置均为辐射型回路，保护和控制回路。 查继电保护装置均采用独立电源开关控制，无二次寄生回路，设备接地、继电保护屏柜接地，设备接入零电位铜排，均符合要求。继电保护装置抗干扰能力符合要求。 公司风电机组未进行过大修，对大修后的短路试验报告，所有保护装置均未通过二次回路检验试验即投入运行。继电保护交接试验不符合技术管理要求。 问题：公司所辖设备基建初期委托当地的继电保护整定计算，整定计算和保护管理规定不符合技术规程、管理规定。整定单有整定计算，所发整定单未经编制、校核、审核、批准的流程后下发执行。 扣分依据：未落实继电保护技术规程、管理规定，扣2分/条。 整改意见：公司应具有整定计算，整定单经校核、审核、批准地的继电保护整定须委托地方有资质的继电保护整定计算单位进行计算下发执行	8

续表

项目序号	项目	内 容	标准分	评分标准	评审情况	实得分
5.6.4.1.7	变压器、互感器损坏风险控制	制定并落实变压器、互感器设备反事故技术措施。220kV及以上电压等级的变压器应到厂监造和验收。加强油质管理，对变压器油要加强质量控制。大型变压器安装在线监测装置，在线监测完好。在近端短路后，应做用频法测试或用频率法测试绕组变形，并与原始记录比较。冷却和装置电源定期切换，事故装置电源定期切换符合规定。排油设施符合规定。加强变压器绕组温度、铁芯温度和油温温升的检测检查。	10	①未制定变压器、互感器设备反事故技术措施，不得分5分。制定不完善或落实不到位，扣5分/位。 ②变压器设备选型、订货、监造、验收、投运等过程管理不到位，扣1分/项。 ③变压器油存在质量问题，扣2分。 ④大型变压器未安装在线监测装置，扣2分。 ⑤在近端发生短路后，未做相应试验，不得分。 ⑥冷却和装置电源定期切换，扣2分。 ⑦事故排油设施不符合规定，扣3分。	评审对象：电力运行部、安全生产部。查评内容：运行日志、缺陷记录、现场检查、试验报告等。查评情况：公司已制定并落实了《反事故措施汇编》（2014年4月1日发布执行），第12节"防止变压器（含箱式变压器）和互感器损坏事故措施"。查看设计资料，变压器出厂文件及了解基建过程资料，设备选型、订货、投运全过程管理、投运赴云南变压器股份有限公司进行监造和验收。公司加强质量管理，按要求定期进行油色谱分析和油中含水量、击穿电压等电气设备绝缘油试验。如查阅2013年8月9日《电气设备绝缘油溶解气体试验报告》中主变数据如下：	7

项目	H_2 /(g·m⁻³)	C_2H_2 /(g·m⁻³)	CO /(g·m⁻³)	CO_2 /(g·m⁻³)	C_1+C_2 /(g·m⁻³)	击穿电压 /kV	微水 /(g·m⁻³)
执行标准	≤150g/m³	≤5g/m³			≤150g/m³	≥40kV	≤20g/m³
1号主变压器	10.6	0	55.45	443.87	0.71	42.00	6.10
2号主变压器	19.94	0	72.65	428.73	1.39	42.20	4.10
A箱变压器	22.88	2.14	191.39	1776.17	46.69	48.00	10.35
B箱变压器	18.40	0	1.9	1872.72	48.31	42.00	8.05

查阅2012年9月9日《电气设备（一次）支撑性试验报告》，1号、2号主变压器绕组变形试验合格，此数据作为原始数据。查看运行记录，1号、2号主变压器从2012年10月29日投运至今未发生过近端短路。

续表

项目序号	项目	内容	评分标准	标准分	评审情况	实得分
5.6.4.1.7					该风电公司油浸变压器均为自然冷却，冷却装置无风扇、油泵。现场检查，除1号、2号主变压器有事故排油阀，升压站主变压器事故排油池积水外，其他设备、巡检人员每班对变压器油温进行检查，记录齐全。在2014年2月16日16时，1号主变压器 P=90MW，绕组温度77.34℃，油温60.87℃，均正常。 问题：变压器事故排油阀门法兰用铁板封堵，并用四只螺栓固定，不符合规定；110kV升压站事故消型消防池，事故排油池口法兰口朝下，防止排油时造成四减；积水多。 扣分依据：按照《电力设备典型消防规程》(DL 5027—2015)第7.3.4条要求，将变压器事故排油阀，扣3分。 整改意见：事故排油阀门法兰口朝下，应定期检查和清理蓄油事故排油池玩淡泥、积水	

（2）热控、自动化设备及系统风险控制。

项目序号	项目	内容	评分标准	标准分	评审情况	实得分
5.6.4.2.1		严格执行分散控制系统或监控系统有关技术规程和规定。重要I/O点未采用非同一板件的冗余配置，接地。主要控制器应采用冗余的可靠技术要求。系统电源遵守技术要求。CPU负荷率、电源容量应有适当裕度，满足规范要求。通信负荷率满足连接的通信电缆选型质量合格和接地。独立控制；主系统及LCU系统控制范围合理范围国内，且有良好的后备专用操作手段。系统软件和应用软件符合规范，且有良好的系统防病毒的管理，建立针对性的系统防病毒措施。	①发生失灵事故，系统失灵，不得分。 ②未严格执行规程和规定，不得分。技术未规程和规定。 ③主要控制器未采用冗余配置，不符合要求，扣3分。 ④系统电源未做到冗余配置，扣3分。 ⑤系统有关裕度不满足系统要求的，扣3分。主系统及主系统连接的通信负荷率超限，扣3分。 ⑥控制信号电缆选型方式不符合要求，扣2分。后备操作手段不到位，扣2分。 ⑦系统软件和应用软件无良好的系统防病毒措施，扣2分。	10	评审对象：电力运行部。 查评内容：运行日志、缺陷记录、设备图纸、现场检查。 查评情况：查全公司生产变电站方电气配套的TCS风电机组监控系统，配套的变电站电气监控系统。两系统各自独立，监控机组均符合技术规程和监控系统I/O点均为冗余配置。结构、网络功能、系统功能、互防、同期等均为冗余配置；风电机组监控系统有I/O点均为冗余配置。公司监控系统采集、110kV、35kV供录监控系统规程要求。UPS失电自动切换双套UPS双路电源，监控系统所有提供互为双路的专用冗余电源。UPS关电时CPU正常满足规定要求。监控系统接地符合规程正常，通信网络正常。监控系统专用电缆接地，接地经电缆屏蔽小铜排接入等电位。CPU负荷率小于20%，电源容量小于10%。35kV断路器、110kV断路器的应操作手段均有配置。风电机组监控系统有合格操作屏蔽电源，低压侧开关，35kV监控系统与就地均无联系，风电监控系统自常规屏端显示方面的防病措池。隔高开关在控制室的启停，监控系统有操作配置。由厂商服务进行升级；制定了硬件和病毒方面的防病措施。	10

续表

项目序号	项目	内 容	标准分	评分标准	评审情况	实得分
5.6.4.2.2	热工保护拒动风险控制	热工各项保护配置符合要求，工作正常，电源可靠。就地取样测点布置符合要求，安装规范，工作可靠。定期进行定值的核实检查和相应仪表的校验。保护的动作校验。热工保护装置（系统）发生故障时，必须按检测设备、拒绝、退制处理，办理热工保护投、退制手续，并限期恢复措施。	10	①发生热工保护拒动事故，不得分。②保护配置不符合要求，扣3分。③保护装置及相关配置工作不正常，扣2分/项。④取样不符合要求或存在隐患，扣1分/项。⑤未定期进行检查、试验，扣1分/项。⑥故障处理时执行拒退制或恢复不严格、退制度不严格或恢复不限期恢复时，扣3分。	评审对象：电力运行部。查评内容：风电机组和风电机组取样测点。查证情况：检查现场风电机组监控系统。"热工保护"为热力生产过程中出现异常情况或事故时，根据"热工保护"的性质和程度，按照预定的程序自动地对相关设备进行事故的操作。风电场无此表设备及系统，发电机驱动端轴承温度、发电机定子温度、机舱温度、发电机定子温度、出口温度、机舱温度、冷却风扇进口温度、齿轮箱高速轴承温度、冷却风扇出口温度、齿轮箱低速轴承温度等工作正常可靠。风电机组保护定值目前由厂家保养维护人员进行维护。风电场无热工保护	10

（3）风力发电设备及系统风险控制。

项目序号	项目	内 容	标准分	评分标准	评审情况	实得分
5.6.7.1	风电机组着火风险控制	建立健全预防风电机组火灾的管理制度，严格风电机组内动火作业管理，定期巡视检查风电机组防火控制措施。严格按设计图册规定布置电缆，各类电缆的弯曲半径应符合要求，布线工整，电缆的弯曲半径应符合要求，进免交叉。风电机组内、塔筒选用阻燃电缆，机舱、发电机、齿轮箱及电缆处的封堵、塔筒等热点等封堵措施，靠近电缆的电力设备应采用隔热措施，电缆通过热力设备应采取分段阻燃措施。定期监控设备轴承、发电机、齿轮箱及机舱内环境温度变化，发现异常及时处理。	15	①预防风电机组火灾的管理制度和措施不健全，不得分。②电缆布置不符合要求及盘面盘布置不符合要求，扣3分/处。③电缆材质、隔热措施，电缆孔洞阻燃措施不符合要求，扣5分/项。④风电机组内存有效易燃物品，不得分；机舱面盘柜面封堵孔洞及电缆孔洞，扣5分/项。⑤风电机组轴承、发电机、齿轮箱及机舱内环境温度进行定期监测，拒，扣5分。⑥未设母排、变频器、并网接触器、变压器等动力设备一次设备处未位进行接温度及探测，扣5分。	评审对象：电力运行部、工程管理部、安全生产部。查评内容：管理制度、技术档案资料、风电机组着火风险控制、防火安全检查。现场设备状态。查证情况：公司制定了《防止风电机组火灾管理制度》，在管理制度中，明确了风电机组动火作业管理要求。每月定期开展风电机组防火安全控制措施。现场警示标志齐，各类整。查看电缆能按设计图册布置，各类、二次通信电缆按要求，电缆的弯曲半径符合要求。现场电缆布置，二期风电机组的润滑油报告和产品合格证《电力工程电缆设计规范》（GB 50217—2007）。有检测报告查看，风电机组着火近用阻燃型无杂物易燃物品。电缆材料、隔热措施，风电机组看隔热，风电机组看近用加热器电缆（型号：ZRC-YJV22）电缆（德阳）电缆有限公司生产。现场查看，风电设备有隔热措施，靠近带电设备的变压器位进加热密封，等热源附近的电缆通道采取分段加热措施。风电机组塔筒与变压器之间电缆槽盒之间电缆均为	5

续表

项目序号	项目	内 容	标准分	评 分 标 准	评 审 情 况	实得分
5.6.4.7.1	风电机组着火风险控制	定期对母排、开网接触器、励磁接触器、变频器、动力电缆连接点及设备本体等部位进行温度探测。定期对风电机组防雷系统和接地系统检查、测试。严格控制油系统加热温度在允许控温度范围内,并有可靠的超温保护措施	15	⑦未对风电机组防雷系统和接地系统检查、测试,扣5分。⑧控制油系统加热系统的超温保护措施无限,或无可靠的超温保护措施,扣5分/项	穿管直理敷设,机舱通往塔筒穿越平台、盘、柜各孔洞处电缆已进行了防火封堵。查阅设计资料及现场查看,中控室实时监控设备发电机、齿轮箱油温及环境内环境温度,发现发电机定子线圈温度达到140℃,齿轮箱油温等超温定值时报警,当定子线圈温度达到140℃、齿轮箱油温80℃、发电机前后轴承110℃,齿轮箱前后轴承90℃、齿轮箱油温60℃、当机前开网跳闸,断开开网开关、保护设备安全。查阅了运行《设备缺陷记录簿》,在运行中发现风电机组出现缺陷时能通知检修人员及时处理。 检查风电机组定期保养记录表,加油、加油,并询问检修维护人员,对风电母线季对风、风电每月定期探别灵在高温季对风电组母排、变频器、变压器等一次设备动力电缆连接点进行温度探测。公司于2013年7月由当地防雷检测中心对一、二期66台风电机组进行了测试,接地电阻最大为0.318Ω,风电机阻符合"设计值小于4Ω"要求,但今年以来尚未开展风电机组电阻检测和接地系统已超每年在雷雨前进行检测的周期。 风电机组视常维护人员定期探别灵在高温季对风电机组母排、变压器等一次设备加油、当油温度大于10℃时开始加油,停止浸入式加热器电源;当齿轮箱油温大于60℃时开启强制制冷;当齿轮箱油温大于80℃时故障报警并停机。 今年以来尚未开展风电机组防雷系统和接地系统检测:检查风电机组定期保养表,并询问检修维护人员,并网母排、励磁接触器、变频器、变压器等本体各接地系统进行温度探测、风电机组防雷系统检查、测试,扣5分。 设备动力电缆连接点及风电机组防雷系统和接地系统未进行:未对母排、并网接触器、励磁接触器、变频器等本体各接地系统未位进行温度探测、风电机组进行检测,扣5分。 整改意见:按照《防止电力生产二十项重大事故要求》(2014)161号》第2.11.6条要求,定期对母排、并网接触器、励磁接触器、变频器、变压器等设备本体各接触点进行温度探测。按照《风力发电场电气安全规程》(DL/T 796—2012)规定,每年在雷雨前对风电机组进行接地雷点检测一次	5

续表

项目序号	项目	内　容	标准分	评 分 标 准	评 审 情 况	实得分
5.6.4.7.2	倒塔风险控制	风机塔筒及主机设备选型时应符合设计要求，安装时严格遵循认真做好力矩检查，维护时及时油脂添加，定值核准风机基础混凝土工艺，接地按规范风机基础要求做好基础强度，在基础混凝土回填，电阻测试结果及风机组吊上法兰水平测试合格后方可下对风机组进行水平测试，基础水平评估进行检查。 企业二级以上资质单位安装必须具备设备安装进行，特种作业人员必须持证上岗。 所有螺栓紧固可靠，塔筒顺序及紧固力矩符合要求，塔筒连接与紧固的高强度螺栓符合要求，塔筒连接，塔筒连接部件和防腐情况螺栓力矩检验须经验收。 加强风机组基础的检查，定期开展风电机组基础沉降，塔筒垂直度，塔筒螺栓力矩的检测。 制定暴雨、台风、地震等自然灾害应对措施	15	①风机塔筒及主机设备选型、安装不符合要求，不得分；设备维护不到位，扣5分/次。 ②风机基础混凝土浇筑工艺不符合要求，扣5分/项。 ③未定期进行基础水平测试的，扣3分。 ④安装作业单位资质不合格，特种作业人员无证作业，扣3分/人次。 ⑤塔筒安装和防腐情况不到位，扣5分/处。 ⑥塔筒连接部位不到位，扣5分；风机基础沉降、塔筒垂直度、塔筒螺栓力矩检测不到位，扣3分/项。 ⑦暴雨、台风、地震应对措施落实不到位，扣5分	评审对象：电力运行部、工程管理部、安全生产部。 查评内容：风电机组倒塔风险控制，基建施工文件，现场设备状态，设计、维护记录台账，施工单位资质，基建施工质量。 查证情况： 查阅图纸、资料、风电机组塔筒及主机设备选型符合设计要求。经查执行《风电机组安装作业指导书》、各风电机组维护时进行了力矩检查工作。 安装时遵循《风电机组安装保养记录表》，在风电机组基础施工中，钢筋防腐抽检符合要求，油脂定期添加，定值核准及机械和电气试验工作。 查阅施工工艺资料，风电机组电气试验合格后，定期接地电阻测试全部小于0.5Ω，(最大值为0.318Ω)，基础养护和回填。基础未破坏，查阅施工工艺有资料，按规范风电机组基础经权威机构进行了不承压变形、破坏等要求。满足设计要求。经质量进行质量验收。 一期、二期风电机组基础工程质量验收合格后，对桩基进行试验。结论：满足设计面积，对桩基进行质量验收。 通过了工程质量检测。对风电机组进行安装作业。 格后进行施工的66台风电机组基础，但以后66台公司委托权威机构对报运行2012年12月、2013年3月，进行二次沉降观一年左右的时间内未继续观测。2014年7月又对66台测，通过对测中的23台进行测试变更，不符合每3个月沉降观测点，(某一风电机组基础施工，风电机组安装时由有资印件行电焊，起重等作业时省略资质书，特种作业人员做到持证上岗。安装资质及相关记录。查看特殊工种有电焊，起重等作业指导书》要求执行。 查阅《风电机组定期维保记录表》，塔筒材料拉伸试验符合《金属材料拉伸试验 第1部分：室温试验方法》(GB/T228.1—2010)标准。塔筒拉伸试验合格。 固程序与紧固顺序符合《风电机组螺栓紧固可靠，塔筒连接螺栓连接能符合《风电机组高强度螺栓维护人员每月定期对塔筒螺栓紧维护人员每月及对各风电机组塔筒螺栓力矩检验合格。 兰法连接与接地引下线和塔基防腐情况的检查和接地引下线的检测力矩力矩检查。	9

续表

项目序号	项目	内容	标准分	评分标准	评审情况	实得分
5.6.4.7.2					公司制定了《防暴雨、泥石流应急预案》《防气象灾害应急预案》《防森林火灾应急预案》《防汛应急预案》《防地震灾害应急预案》等各种自然灾害应对措施。评审期内未发生自然灾害。 问题： 公司对一期、二期66台风电机组未按规定每年3个月对风电机组基础进行水平测试。 扣分依据： ①未定期进行风电机组基础水平测试，扣3分。 ②风电机组基础沉降、塔筒垂直度、塔筒螺栓力矩检测不到位，扣3分/项。 整改意见： 按照《关于印发〈发电企业安全生产标准化规范及评级标准〉的通知》（电监安全〔2011〕23号）第5.6.4.7.2条要求、每3个月对风电机组基础进行水平测试。 按照《风力发电场检修规程》（DL/T 797—2012）A12.7的规定、每年基础变形测量3～4次，对塔筒垂直度检测。待基础稳定后，根据有资质检测单位的要求延长定期检测时间，直到基础稳定。	

续表

项目序号	项目	内容	标准分	评分标准	评审情况	实得分
5.6.4.7.3	轮毂（桨叶）脱落风险控制	完善风电机组巡检制度，加强风电机组（叶片）的检查，发现螺栓松动、断裂等现象及时处理。实时监控机舱振动、风电机组功率、主轴承温度等参数，对振动异常、主轴承温度异常的风电机组应进行气动力方面的检查。严格异常情况处理，由于振动触发安全链导致停机，叶片未经动平衡试验不可启动风机，若风机达到极限风速并未停止，必须采取强制停机措施。出厂前按要求做好风轮质量不平衡试验，桨叶与轮毂连接螺栓力矩测试、开桨测试、收桨偏移校准、正负荷测试、急停阀测试等工作	15	①未制定风电机组巡检制度，不得分；制度不完善或落实不到位，扣5分。 ②机舱振动、风电机组参数等未监控，扣5分。 ③异常情况处理不正确，扣5分/次。 ④各项测试和试验未按规定执行，每项扣5分/项。	评审对象：电力运行部、工程管理部、安全生产部。 查评内容：风电机组巡检记录、风电机组定期维护报告、轮毂（桨叶）脱落风险控制。 查证情况： 公司制定了《风机组巡检管理规定》，查阅《风电机组定期保养记录表》，维护人员按规定定期对风机巡检（叶片）的检查，发现齿轮箱对轮振动、电缆发热、螺栓松动、损伤、断裂缺陷能够及时处理。 现场检查，监控系统中风电机组机舱振动、功率、主轴承温度等参数正常。1号风电机组的功率303.62kW，机舱振动值0.08m/s²，（报警值−0.6m/s²，+0.6m/s²）2号风电机组功率56.47kW，发电机驱动端轴承温度48.5℃，发电机非驱动端轴承温度63.5℃，齿轮箱驱动端轴承温度59℃，齿轮箱非驱动端轴承温度56℃正常。查阅《风电机组定期保养单》及《风电机组定期保养支撑单》，发现异常和缺陷时，检修维护人员能够及时消缺。 检修规程中规定，当出现机舱振动触发安全链发生致停机异常时，检修维护人员应立即对叶片进行零位，齿轮箱安装螺栓进行检查，处理。制造厂规定，风电机组达到极限风速25m/s时，风电机切动作能够自动停止风机，查看监控及风电机组说明书，风电机组具有风速停机方案紧急停机的保护功能。 经查阅其他《风电机组质量不平衡试验报告》，风电机组出厂前按要求进行了风轮质量不平衡试验，桨叶与轮毂连接螺栓测试，厂家对1.5MW风电机组进行了电控支撑、开桨收桨测试，开桨偏移校准。因均为风电机组灵电控操作，不需要进行正负荷测试，急停阀测试等工作	15

续表

项目序号	项目	内　容	标准分	评 分 标 准	评 审 情 况	实得分
5.6.4.7.4	叶轮超速风险控制	完善风机巡检制度，认真检查刹车系统、转速检测装置，确保各个元件性能完好无损。加强大风季节远控监管，若风速经常触发急停停机，超过4～5次后，应停止风电机组运行，进行现场检查，避免因风电机组频繁启停冲击导致风电机组超速保护系统损坏。定期做好超速保护试验、弹性联轴节、复合联轴器连接牢固，控制系统可靠、保护定值符合要求，急停装置定期测试合格。液压系统无缺陷或故障、各电磁阀动作可靠性	15	①未制定风机巡检制度，制度不完善或落实不到位，扣3分。②因机组频繁启停冲击导致超速保护系统元件损坏，不得分。③未定期开展超速试验，扣3分/次。④弹性联轴节、复合联轴器存在缺陷，控制系统不符合要求、急停装置未进行定期测试，扣3分/项。⑤液压系统存在缺陷，扣2分/处	评审对象：电力运行部、工程管理部、安全生产部。查评内容：风电机组巡检记录、风电机组定期维护风险控制、设备状态等。查证情况： 公司制定了《风机维修保养记录》、定期进行季度风机巡检，定期进行各个元件性能完好。查阅一期、二期66台风电机组叶轮超速检测测风动器刹车片厚度6.8mm，测量为2.1mm，(2mm±0.3mm)。对转速检测装置进行了检查调整。制动器刹车片厚度(大于2.5mm)。 风电场刹车系统、运行规程规定，一天内同一故障超过2次后，停止风电机组运行，避免因风电机组频繁启停触发急停停机，通知维护人员进行现场检查，评审期内，未发生因超速保护导致超速保护系统元件损坏。 查阅《风机维护记录》2013年10月15日对1号风电机组进行校验。(风电机组在2148r/min时自动停机)风电机组运行各电磁阀急停装置进行了超速试验动作合格。 公司每年分批次对风电机组的超速保护进行定期校验、合格。每台风电机组定期急停装置维护记录，各台风电机组弹性联轴器连接牢固，控制系统可靠、保护定值符合要求(按钮)，合格，合格。2013年10月15日末号风电机组超速保护进行测试。 查阅《风机发电机组定期维护记录》和查阅《风力发电机组定期维护记录》、风电场各台风电机组无缺陷、故障，现场监控检查和查阅风电机组目前液压系统无缺陷，风电场风电机组进行定期测试可靠	15

291

续表

项目序号	项目	内容	标准分	评分标准	评审情况	实得分
5.6.4.7.5	齿轮箱损坏风险控制	定期进行油样化验检测、振动检测、根据滤检检验报告进行状态检修，加强滤芯检测，温度检测，必须按要求定期进行油滤芯更换工作	10	①检验报告已要求进行检修，过期不检修，不得分。②未定期进行油样化验检测，扣 3 分。③未定期进行振动检测，扣 3 分。④未按要求更换油滤芯，扣 3 分。齿轮箱前后压力，温度测点，有缺陷，扣 2 分。	评审对象：电力运行部、工程管理部、安全生产部。查评内容：齿轮箱润滑油油样报告、振动检测，温度检测，油滤芯更换风险控制。查证情况：查阅《齿轮箱油样化验报告》，风电场每年进行一次齿轮箱油经的化验。2013 年 10 月 14 日一期、二期 66 台齿轮箱油进行化验，各项指标符合要求，合格。查阅《风电机组定期维护记录》，维护人员对做好记录，进行跟踪观察。查阅现场监控一期梅雨山 M25 号风电机组齿轮箱前后压力，压差及温度进行测点。当出现 0.35MPa 风电机组齿轮箱管理制度规定 0.17MPa（报警值 0.35MPa），温度 53℃，温度高报警时，维护人员应及时到现场检查处理。查阅《设备巡视检查管理规定》，各风电机组齿轮箱前后压力、温度测点、显示正常。《风电机组定期维护记录》中规定，根据油质化验报告每年来、每年按计划进行维护各台风电机组定期进行齿轮箱油滤芯更换工作。	10
5.6.4.7.6	风电机组防雷接地风险控制	雷电高发地区应加强防雷控制工作；对于长度大于 20m 的桨叶，应在桨叶上设置多个接闪器，大于 20m 叶片上设置三个接闪器（叶顶、叶中、叶根各 1 个）；各接地均与引下导体做良好连接。这样可以大幅度的改善防雷装置对雷电行先导引下线的拦截功能。定期对塔筒接地进行检查。定期检查包括各接接地引下线各接部分的可靠性，导体本身受过电压冲击后的影响	10	①桨叶接闪器存在缺陷，不得分。②未定期对塔筒接地进行检查，不得分。③防雷接地设施存在缺陷，未及时处理，扣 5 分。	评审对象：电力运行部、工程管理部、安全生产部。查评内容：风电机组接地风险控制，风电机组巡检控制，风电机组设备检修台账。查证情况：查阅《风电机组定期维护记录》和《风电机组定期维护记录》，风电场桨叶长度均为 40.3m，大于 20m，在长桨叶片上设置三个接闪器（叶顶、叶中、叶根各 1 根）。查阅对进行了防雷整改处理，各接地均与引下导体做好电气连接，改善了防雷装置对雷电先导引下线的拦截功能。查阅风电场每年定期对塔筒进行接地检查。2014 年 5 月 5 日维护时能接受对两台风电机组接地引下线检查正常。每年风电场定期接受雨季对保养未与接之前对未二期对雷两季节引下线连接进行检查，查看维护人员对接地引下线各接部分的可靠性、导体本身是否受过电压冲击后去的检查	10

（4）其他设备及系统风险控制。

项目序号	项目	内　容	标准分	评 分 标 准	评 审 情 况	实得分
5.6.4.8.3	燃油、润滑油系统着火风险控制	储油罐或油箱的加热温度必须根据燃油种类严格控制在允许的范围内，加热燃油品的自燃点。 润滑油系统无渗漏，设备完好，法兰垫材质符合安全要求，法兰垫材质符合要求、无振动及摩擦；油系统附近热源保温及管道支架破损和渗漏，消防器材配置符合要求。 油区、输卸油管道应有可靠的防雷、防静电安全接地装置，并定期测试接地电阻值。 油区内严禁存放易燃物品，消防系统应按规定进行检查试验	10	①燃油系统存在渗漏点，扣2分。 ②储油罐或油箱的加热温度不符合有关要求，不得分。 ③润滑油系统有渗漏点，扣2分。 ④法兰密封材质不符合要求，扣1分。 ⑤管道支架附近热源保温破损和渗油，扣2分。 ⑥消防器材配备不符合要求，扣2分。 ⑦油区、输卸油管道未安全接地装置的防雷、防静电接地，不得分；未定期测试，扣3分。 ⑧油区内存放易燃物品，消防系统未按规定不得分；消防系统未试验，定期进行检查不符合要求；消防器材配置不符合要求，扣5分	评审对象：电力运行部、安全生产部。 查评内容：风电机组设备运行/检修台账等。 现场设备状态等。 查证情况： 该公司不设储油罐或油箱用燃油的燃油系统。 该公司风电机组齿轮箱润滑油系统设备完好。风电机组润滑油系统渗漏油现象，目前未发现风电机组润滑油系统渗漏油现象，润滑油软管连接附近无高温热源；当润滑油温度低于10℃时润滑油自动投入加热装置，停止运行风机塔筒底运行温度为自动投入冷却装置。现场查看，每台风机塔筒备一台，天火器配置符合滑油温度达60℃时能自动停止加热装置；当温度降至55℃时润滑油系统无保温冷却和加热装置。现场查看，每台风机塔筒备一台，天火器配置符合要求。 该公司无锅炉附则油储油区及输油管道。 该公司设有桶装润滑油放置仓库，库内均有天火器材要求。	10

7.3.6.5 设备设施防汛、防灾

项目序号	项目	内　容	标准分	评分标准	评　审　情　况	实得分
5.6.5.1	制度管理	建立、健全防汛、防雨雪、防范台风、泥石流和地震等自然灾害制度和应急预案，落实责任。完善防范自然灾害影响工作机制，组织机构健全，及时研究解决突出的应急管理问题。加强化自然灾害减灾的应急管理，组织防灾减灾宣传教育和培训，定期组织开展预案演练	5	①未建立防灾减灾规章制度，未进行宣传教育和培训，有上述任一项，不得分。②防灾减灾的责任制落实工作有缺失、漏洞，扣2分。③未定期开展预案演练，扣3分。	评审对象：安全生产部、电力运行部。查评内容：管理制度、应急预案。查证情况：公司制定了《防灾减灾管理制度》《防雨雪灾害应急预案》《防大雾应急预案》等相关制度。按照各部门主任职为成应急领导小组，建立了汛期值班制度，在2014年二季度转发了上级公司的《防灾减灾管理制度和应急管理台账》，并根据天气变化出了《防汛期地区气候特点，希望度的安全教育加强风电场安全运行工作。查阅二季度防灾安全运培训计划，注意气候变化，根据气候变化，做好今年防灾减灾工作，确保风电场安全运行。查阅年度培训计划组织了3次防灾减灾教育和1次防灾培训教育，森林火灾、流天气已按照年度演练（地震、强对流天气应急预案）强对流天气应急预案希望对应……	5
5.6.5.2	监测检查和水电站防洪调度	定期组织开展厂区安全检查，及时消除危及安全生产的问题。影响安全生产厂区周围可能存在的危险源、大坝、蓄水库、水源地、泥石流、滑坡等隐患。定期观测（沉降）、建（构）筑物抗震定度普查和鉴定工作。水电厂应编制年度洪水调度计划，并报上级主管部门审批。通过核定洪水调度方案，报上级主管报完成核准。洪情自动测报系统完成通。严格按照核准的泄洪流量，确定闸门开启数量和开度，按规定通知定时闸门操作时间，并向有关单位通报操作信息	10	①未定期组织开展抗震减灾安全检查，或未及时消除问题，不得分。②未定期进行建（构）筑物抗震性能普查和鉴定，扣5分。③水电厂未编制年度洪水调度计划，及时上报扣2分。④水情自动测报系统故障，扣2分；洪水预报不准时，扣2分。⑤未按规定开启操作闸门，扣2分；反违有……扣5分/次。	评审对象：应急管理部、工程管理部、建厂可研报告。查证情况：公司处于平山地地区，查阅风电场周边的应急预案。能够进行安全检查台账。并查阅安全检查的隐患整改排查。《防地震灾害应急预案》定期进行的机构于2012年10月的第1.0.6条参考工作，并查阅设备台账，该风电场建成，按照《建筑抗震定标准》（GB 50023—2009）分别于资有资料，沉降观定，电力抗震设备不考要少发生对相关的机构对风电场设备设施。查评期内对不考要少发生对相关的机构对风电场建筑物定期进行问题。公司未委托有资质的机构对风电场建筑构定期进行分析，并扣分依据：未定期进行厂区鉴定：《建筑物变形测量规程》（JGJ 8—2007）观测期限一般不少于5年，应每年安排一次检测，及时掌握厂土物基5年，黏土物3年，应每年安排一次检测，及时掌握厂区主要物沉降定的动态变化，筑物观测和分析，并全稳定状态为止	5

续表

项目序号	项目	内 容	标准分	评 分 标 准	评 审 情 况	实得分
5.6.5.3	设防措施	加强电力设施抗灾能力建设，提高地震易发区和超标准洪水多发区的电力设施设防标准。有针对性地对电力设施进行抗震、防洪等其他专项设防措施。按照差异化设计要求，提高发电区域和超标准洪水多发区设施设防标准。制定汛期、汛前、汛后检查总结及整改。检查记录齐全，汛期目录齐全。做好汛期巡视，加强重点巡查。坚守岗位，立即做好抢险措施，并及时报告。规定大洪水、大暴风雨、高蓄水位等特殊条件下的巡视次数和方法，系统以及零水以下部件的监测。保证厂房、系房及零水以下设施处于良好状态。	10	①设防标准不满足要求，不得分；②未落实抗震措施，不得分；③无防汛检查内容，扣5分；无防汛检查总结，扣3分；无防汛检查总结及整改不及时，扣3分；④汛期检查巡视不到位，出现险情，扣2分/项；出记录不全，措施不力，扣2分/项；库存水、高蓄水、大暴风雨、库容水位、地震等特殊条件的巡视不到位，扣5分/项；措施规定不具备措施或执行不好，扣2分/项；⑤厂区防汛台，防汛设施不能发挥作用，扣2分/项	评审对象：安全生产部、工程管理部。评审内容：可研报告、初步设计资料、防汛检查的钢及总结、相关实物资料。 查证情况： 地质概况由权威机构编制的《可行性研究报告》中的第3章节区域中地质概况的描述可知。场址区地势总体向东北高西南低，属高山中山地貌范畴，山地地质有代表性，在漫长的地质年代里，经历了多次构造变动。工程区自复旦纪以来，主要构造线NNW向，按《中国地震动参数区划图》（GB18306—2015），工程区地震动峰值加速度为0.10g，地震动反应谱特征周期为0.40s，对应的地震基本烈度为Ⅷ度。 场址区水文地质条件相对较简单。沿地面向山脊沟谷两侧地表沟谷排进或沿山坡下渗。按地下大气降水补给，相对的介质条件主要为基岩裂隙潜水，与其砂岩、粉砂岩、泥岩。主要赋存在各节理裂隙的节理裂隙中，接受大气降水网络运动，向附近补给的节理岩溶水。山间盆地排泄。 查阅设计资料、防汛检查记录，可满足要求。公司成立了按上述的结论进行设计，防汛检查结论符合要求。现场检查巡视到位，对应设有地震基准人。	10
5.6.5.4	技术研究和灾后修复	开展自然灾害防护措施研究。电力设施建设应尽量避开自然灾害易发区，确需在灾害易发地区建设的电力设施采取相应防护措施。加强应置技术研究，将自然灾害应急自动处置技术纳入安全运行控制系统，提高对破坏性灾害的应对能力。及时编写汛期和汛后大事记，及时修复被损坏工程。	5	①未落实抗灾技术防护措施，不得分；②未编写防汛大事记或未做防汛总结，扣3分；损坏工程修复不及时，不得分	评审对象：安全生产部、电力运行部。评审内容：可研报告、公司的《防森林火灾要求》并落实相关实物资料。 查证情况： 行设计对场址地处《防森林火灾要求》的结论进行了总结。 风电场对地震、防地质灾害、防火等自然灾害研究，评审期内防汛工作进行了总结。 查阅设计资料有关资料，对2013年防汛工作进行汇报期工作记录。 编写了防汛期和汛期大事记，公司防汛、防汛台总结。现场检查防汛物资储存好，无实施实施完。 好，无实灾造成损坏。	5

7.3.7 作业安全
7.3.7.1 生产现场管理

项目序号	项目	内容	标准分	评分标准	评审情况	实得分
5.7.1.1	建(构)筑物	建(构)筑物布局合理，易燃易爆设施、宿舍含仓库等楼房与办公楼等安全距离符合安全要求。建(构)筑结构完整，无开裂、变形和下塌现象，门窗结构完整。建(构)筑物的化妆板、外墙装修不存在脱落伤人等缺陷和隐患，屋顶、通道等场地设计载荷符合要求。生产厂房内外保持清洁，无积水、油、杂物，门口、通道、楼梯、平台等处无杂物阻塞，通道等处符合有关要求。防雷建筑物及区域的防雷装置应符合有关要求，并接地规定定期检测	10	①建(构)筑物布局不合理，安全距离不合安全要求，扣5分。②建(构)筑结构不符合要求，钢结构锈蚀严重变形，扣5分。③化妆板、外墙装修存在脱落伤人等缺陷和隐患，屋顶、通道等场地设计载荷不符合要求，扣3分。④生产厂房内外有积水、油、杂物，门口、通道、楼梯、平台等处有杂物阻塞，扣2分。⑤防雷装置不符合有关要求，未定期检测，扣5分。	评审对象：安全生产部、电力运行部。查评内容：建(构)筑物现状、结构现状；生产厂房的文明生产状况；建筑物及区域的防雷检测情况；查证情况。公司综合控制室、继电室、35kV开关室、升压站、110kVGIS室、消防泵房、易燃易爆仓库及办公、生活楼，距离建设符合安全要求。查阅建筑防火、建筑消防与办公、生活楼检测评价报告，报告对公司风电场建筑防火、防火分隔、平面布置、安全出口和疏散通道等进行检测，检测结果：合格。公司办公、生活楼、升压站、综合控制室、继电室、110kV升压站、110kV GIS室、消防泵房、仓库及1~66号风电机组等建(构)筑结构良好，无变形、裂纹，外墙修缮未发现有脱落伤人缺陷和隐患。公司建筑物化妆板、外墙修缮在综合控制室、继电室、35kV开关室、110kV升压站、110kV GIS室、消防泵房、1~66号风电机组(风电机组选型符合设计载荷相同，现场无积水、油和杂物)，由当地办公、生活楼，通道平台符合设计载荷相同，现场无积水、油和杂物。查评试验：2013年5月2日至9日，对办公、生活楼、综合控制室、继电室、35kV开关室、110kV升压站接地装置进行安全检测，检测结论：合格。(试验时间：2013年5月2日至9日)。防雷装置试验：2013年5月2日至9日，对综合控制室、继电室、35kV开关室、升压站、110kV GIS室、消防泵房、仓库及门口无积水、平台门口、1~66号风电机组的防雷设施已超过下次试验周期，下次试验时间应为：2014年5月2日至9日。扣分依据：防雷装置不符合有关要求，未定期检测，扣5分。整改意见：按照建筑物防雷设计规范(GB 50057—2010)、《建筑物防雷装置检测技术报告》第一部分《接地系统的土壤电阻率、接地电阻、地面电位测测》(GB/T 621—1997)和《建筑物防雷装置接地》(DL/T 17949.1—2000)规定，综合控制室、生活楼有防雷的常规检测资质单位，对公司办公、生活楼、综合控制室、35kV升压站接地装置等防雷设施进行试验检测工作机组，110kV升压站、综合控制室、35kV开关室、风电机组接地装置及区域防雷设施已超过下次试验周期：2014年	5

续表

项目序号	项目	内　容	标准分	评　分　标　准	评　审　情　况	实得分
5.7.1.2	安全设施	楼板、升降口门、吊装孔、污水井、盖板、地面闸门、雨水池、坑池、沟等处的栏杆、护板等设施安全，符合国家标准要求；因工作需临时拆除栏杆或围护设施，工作终结后，及时恢复防护设施。电气高压试验现场应装设遮栏或围栏，设醒目安全警示牌。热水井、污水井具有防止人员坠落措施。梯护围和踢脚板等防护功能良好，符合国家安全生产要求，机器设备的转动部分防护罩齐全、完整，露出的轴端设备没有防护罩或其他防护措施，电气设备金属外壳问题、完全，生产现场紧急疏散通道必须保持畅通	30	①安全设施不符合安全要求，扣1分/项。②电气高压试验或围栏、设遮拦标牌，未设现场安全标牌，扣2分。③热水井、污水井没有设遮拦，扣2分。④梯台的结构和材质、钢直梯护围和踢脚板等防护功能不符合国家安全生产要求，扣1分/项。⑤机器的转动部分设备存在问题或其他地，扣1分/项。⑥电气设备金属外壳有问题，扣1分/项。⑦生产现场紧急疏散通道不畅通，扣3分。	评审对象：安全生产部、电力运行部。 查评内容：生产现场的楼板、盖板、护板等设施，梯台的结构和材质、紧固螺栓，吊装孔、电源盘柜外壳和防护装置，栏杆、雨水池、坑池、沟等处栏杆，护板等设施符合安全要求。 查证情况： 公司综合控制室、110kV GIS室、继电室、35kV升压站开关室、仓库等现场的楼板、盖板、护板等设施符合安全要求。在评审期间，没有发现因工作需要拆除防护设施需要拆除防护设施的工作。 公司在2013年6月—2014年7月评审期间，查验坠落事故落事件。 公司无热水井。查污水井，风电场吊装口装有防护功能和防护网。 公司办公、生活楼，110kV升压站，踢脚梯等防护功能不符合设置要求。如1~66台风电机组机舱，1号、2号消防水泵转动的机械地面未接地未接地网。 GIS室的直爬梯无防护罩（直爬梯通向电动葫芦上方）。 查污水现场设有防护网。 35kV开关室，110kV GIS室、消防泵房、仓库等现场电气设备金属外壳未接地，露出的轴端电气设备金属外壳未接地问题。 公司办公、生产楼，综合控制室、继电室、110kV GIS室、消防泵等现场生产疏散通畅好。 扣分依据： 110kV GIS室的直爬梯无防护罩（直爬梯护围和踢脚板等问题存在问题），扣1分/项。 国家标准《固定式钢直梯》(GB 4053.1—2009)第5.3.2条规定，将110kV GIS室加装防护罩，以防发生高处坠落事件。 电气设备金属外壳未接地不符合国家《电业安全工作规程》(GB 26164.1—2010)第3.5.1条要求，对1号消防泵、热力外壳未接地情况，进行整改，确保人身安全。	28

续表

项目序号	项目	内 容	标准分	评 分 标 准	评 审 情 况	实得分
5.7.1.3	生产区域照明	生产厂房内外工作场所常用照明应保证足够充度，仪表盘、楼梯、通道以及机械转动部分和高温表面等地方光充足。控制室、升压站及翻车机房、主厂房、母线室、开关室、油区、楼梯、通道等事故安全故障照明配置合理，自动投入安全可靠。常用照明与事故照明定期切换，并有有关记录。应急照明齐全，符合相关规定。	10	①生产厂房内外工作场所常用照明应保证足够充度，仪表盘、楼梯、通道以及高温转动部分和高温地方充度不足，扣2分。②控制室、开关室、升压站及翻车机房、主厂房、母线室、油区、楼梯、通道等事故安全场所照明正常，扣1分/处。③应急照明齐全，扣3分。	评审对象：安全生产部、电力运行部。查评内容：现场查看，现场抽查一期、二期尖山梁子风电机组选型和配置相同，依次配置，高压配电室等常规照明，应急照明，以及运行记录和管理制度。查证情况：公司办公、生活楼、110kV升压站、110kV GIS室、消防泵房、1～66台风电机组塔筒内外照明，以及仪表盘等常规照明光充符合要求。公司综合控制室、35kV开关室、继保室、110kV GIS通道等场所事故照明配置合理，自动切换投入运行，每月能进行定期切换。查2014年5月20日办公、生活楼、110kV升压站、综合控制室、35kV开关室、110kV GIS室、事故照明切换正常。查综合控制室应急照明灯具，查消防泵房无应急照明灯具。评审结果：综合控制室、110kV升压站、消防泵房无应急照明齐全。问题：消防泵房无应急照明灯具。扣分依据：根据《建筑设计防火规范》（GB 50016—2014）第11.3.2条规定，在消防泵房产设应急照明灯具	7
5.7.1.4	保温	高温管道、容器等设备表面温度符合要求。生产厂房取暖用热源符合规定。生产厂房内的暖气布置合理。各项防寒防冻措施落实	10	①高温管道、容器等设备表面温度超标，表面温度符合要求，扣3分。②生产厂房取暖用热源无专人管理，或暖用设备及运行压力不符合规定，扣3分。③生产厂房暖气布置不合理，扣2分。④防寒防冻措施落实不到位，存在受冻危险，扣5分。	评审对象：安全生产部、电力运行部。查评内容：风电场区内设备、管道等设备。查证情况：查公司为风电场，无高温设备。查公司综合控制室、继电室、办公、生活楼等空调运行符合要求。查综合控制室、继电室、办公、生活楼等取暖管理符合要求。公司印发的《生活厂房管理办法》，针对秋冬季取暖空调，对办公、生活楼等进行秋冬季安全检查，符合要求，防寒防冻措施已落实。公司于2013年进行秋冬季安全检查，防寒防冻措施落实，提出了9项具体要求，综合控制室、办公、生活实	10

续表

项目序号	项目	内容	标准分	评分标准	评审情况	实得分
5.7.1.5	电源箱及临时接线	电源箱体接地良好，接地线应选用足够截载面的多股线，消弧罩齐全，开关外壳、引入、引出电源箱防护设施良好。 电源箱内电导线数设工艺符合安全要求，内部器件安装及配置装置合理，多路配线有标志清晰，动作可靠，熔丝（片）容量符合规定，无铜丝替代其他物质熔丝现象。 电源箱护套接地，牢固可靠，接系统安全要求，零线、中性线、接地端子标志符合规定，接线端子标志清楚。 临时用电源线路数设路符合规程要求，不得在有爆炸和火灾危险场所架设临时用电线，不得将临时导线上或缠绕在绝缘子捆扎护套、管道及脚手架上或脚手架上。 临时用电导线架空高度满足要求，室内大于2.5m，室外大于4m，跨越道路大于6m（指最大弧垂），原则上不允许地面敷设，若采取地面敷设时应采取可靠、有效的防护措施。 临时接线不得接在隔离开关或开关上口，使用的隔离开关、开关，保护设备符合要求	20	①电源箱内、外部设备和设施存在问题，扣1分/项。 ②临时用电电源线路敷设不符合要求，扣1分/项。 ③临时接线存在安全隐患，插头、开关、保护设备存在问题，扣2分/项。	评审对象：安全生产部、电力运行部。 查评内容：生产现场电源配置和使用情况。 查证情况： 公司综合控制室、继电室、110kV GIS室、消防泵房，1～66台风电机组塔筒等电源箱简体接地基本符合要求，检修电源箱开关外壳、消弧罩齐全，电源盘和控制柜等引出电缆孔洞封堵无吻，电源箱、检修电源箱补充接地；升压站主变无连接，动力配电导线敷设方式符合规定，造成电源箱门未接地。 公司综合控制室、继电室、110kV GIS室、消防泵房，1～66台风电机组塔筒等电源箱内串器件安装及配线工艺符合要求，熔丝符合规定。电源箱内串置合理、多路配线有标志，无铜丝替代其他物质代替熔丝等要求。 公司综合控制室、继电室、110kV GIS室、消防泵房，1～66台风电机组塔筒等电源箱保护接系统连接正确，牢固可靠，符合安全要求，插座相线、无接线端子。 公司综合控制室、继电室、110kV GIS室、消防泵房，1～66台风电机组电源箱采用密封插头插座，未发现在有爆炸和火灾危险场所设设临时电源。 公司综合控制室、继电室、110kV GIS室、消防泵房对临时用电均有管理流程，查现场临时用电的使用没有违章，没有现场安全和风险管控的临时电源。 公司对临时作了规定。查现场外借临时电源均符合规定。外借箱，外借设备均设在有连接，对临时电源设在有危险场所的临时电源。 110kV GIS室或裸露的空气开关，隔离开关或开关的开关，没有发生设备外壳接地均符合要求；110kV升压站桩头未接地；电源箱有爆炸危险场所的，造成电源箱设在有爆炸危险场所；110kV升压站检修电源箱门未接地隐患的问题。 扣分情况：电源箱外壳，外借箱门没在问题，扣1分/项；热动力和机械。 整改意见：根据国家标准《电业安全工作规程》第1部分：热力和机械》（GB 26164.1—2010）第3.5.7条要求，做好继电保护电动力和机械动力配电箱外壳检修电源箱门升压站接地隐患的整改工作，确保人身安全	18

7.3.7.2　作业行为管理

项目序号	项目	内　　容	标准分	评 分 标 准	评 审 情 况	实得分
5.7.2.1	高处作业	企业应建立高处作业安全管理规定（含脚手架验收和使用管理规定），有关作业人员须持证上岗。高处作业使用的脚手架应由取得相应资质的专业人员进行搭设或者使用所有符合规定的脚手架和登高用具应符合附录 C 要求。了解并正确使用合格的安全带等安全防护用品，立体交叉作业有防坠措施和登高防止落物伤人、落物损坏设备等安全防护措施	30	① 未制定相关规定，不得分；作业人员无证上岗，扣 5 分。② 搭设的脚手架使用或使用所有登高用具不符合安全要求，扣 5 分。③ 安全防护用品使用或相应安全防护措施不到位，扣 1 分/项	评审对象：安全生产部、电力运行部。查评内容：高处作业管理制度；脚手架搭设方案、高处作业防护用品管理及使用。查证情况：公司下发了高空作业管理办法等三个安全生产管理制度，针对现场出了 32 条具体规定。查公司高处作业现有 21 名高处作业人员，均持证上岗。高处作业和使用的脚手架应进行搭设相应资质的脚手架应专门设计。查 2013 年 7 月—2014 年 7 月，现场没有规定所有的脚手架搭设情况或者使用所有符合规定的脚手架和登高用具符合附录 C 要求。查综合控制室 2 个防坠器没有定期试验合格证。现场抽查 2 名工作人员，了解并正确使用安全带或高处作业公司《电力高处作业管理办法》中对高处设备使用人、落物防止落物伤人、落物损坏设备有要求。评审期间没有交叉作业情况。 问题：综合控制室 2 个防坠器交叉作业没有定期试验合格证（DL/T 1147—2009）。搭设的脚手架（登高用具）的检查和试验不符合安全要求，确保人身安全。 整改意见：根据《电力高处作业监督器》（DL/T 1147—2009）要求，做好防坠器（登高用具）的检查和试验工作，扣 5 分。	25

续表

项目序号	项目	内　　容	标准分	评　分　标　准	评　审　情　况	实得分
5.7.2.2	起重作业	制定起重作业和起重设备设施管理制度，建立健全设备台账和设备技术档案和设备台账，定期进行检验。操作人员持证上岗，严格按操作规程作业。做好起重设备维修保养，维修保养单位具有相应资质。起重机械工作性能良好，主要零部件完好，电气和金属结构系统可靠，安全保护（防）护装置、联锁（闭）安全功能正常，设备安全满足附录D的要求。重大物件起吊应制定安全方案，落实安全措施，并有专业技术人员指挥。炉内检修平台应由专业人员搭设，安全防护措施齐全，经验收合格后方可使用。起重时重物件不得斜拉、不准把起重物品、物件吊挂，不得超过设计荷载。货物码放或堆放的材料符合安全要求，堆放的材料不得超过设计荷载。	30	①未制定相关规定，不得分；安全技术档案和设备台账不齐全，扣5分；作业人员无证上岗，扣5分。②维修保养单位资质不合要求，不得分。③起重机械设备存在缺陷，扣1分/项。④重大物件起吊、炉内检修平台的搭设和安全防护措施存在问题，扣5分/项；炉内检修平台未经验收合格进行使用，不得分。⑤货物码放或堆放的材料不符合要求，扣3分	评审对象：安全生产部、电力运行部。查评内容：起重作业管理制度、起重设备维护保养工作。查评情况：公司制定了《特种设备管理办法》，制度对起重设备及作业人员提出了19条具体要求。查公司生产证上岗人员2人，全部持证上岗。公司生产的起重机由来自有产品合格证。公司委托有相关资质的公司对GIS室电动单梁起重机进行定期检验。公司现有1台电动单梁起重机（外委单位），该公司现有起重作业人员具有相应资质。公司现有1台电动单梁起重机，现场检查起重设备其工作性能良好，主要零部件完好，电气和控制系统可靠，设备安全满足附录D的要求。规定重大物件起吊时，应制定专项安全措施，并要求有资质的风电机组更换出了工作的风电吊作业。施工单位编制了安全方案，针对现场起吊作业并由起重技术负责人及施工负责人进行安全交底，最后由起重作业负责人指挥。公司为风电场，没有炉内检修平台。规定了起吊重物时不能上下抛掷物品、不准把起重物品、修理现场货物码放须符合安全要求，缺少GIS室电动单梁起重机定期检验内容。问题：公司现有起重作业人员安全技术档案和设备台账不齐全，缺少的材料安全技术交底记录。扣分依据：安全技术档案和设备台账不齐全，扣5分。整改意见：根据《中华人民共和国特种设备安全法》第三十五条规定，进一步完善特种设备安全技术档案、档案应当包括特种设备定期检验和自行检查记录。	25

续表

项目序号	项目	内容	标准分	评分标准	评审情况	实得分
5.7.2.3	焊接作业	电焊机使用管理，检查试验制度完善，检查维护责任落实，建立台账，编号统一，清晰。电焊机性能良好，符合安全要求。接线端子屏蔽罩齐全，电焊机接线良好，金属外壳有可靠的接地（零），一次、二次线组及绕线及外壳绝缘良好，一次线长度不得超过 2~3m，二次线无裸露现象。焊接作业人员按焊接作业规程持证上岗，严格按现场的防火措施，作业人员按规定正确佩戴个人防护用品	20	①未制定相关规定，不得分；制度内容不全，责任落实不到位，编号不统一，台账记录、编号问题，扣 5 分。②电焊机与外壳绝缘规范，金属外壳在有缺陷不合格，扣 1 分/项。③焊接作业现场防火措施规定不到位，作业人员未按规定正确佩戴个人防护用品，扣 5 分	评审对象：安全生产部、电力运行部。查评内容：电焊机使用管理及焊接作业。查证情况：公司编制了《电焊机安全管理制度》，制度中含有电焊机检查、试验和管理内容。公司有一台电焊机，已建立台账和定期检查记录齐全。使用电焊机性能符合安全要求，接线端子屏蔽罩齐全。现场电焊外壳有接地，金属外壳有接地，一次、二次绕组及绕线可靠接地。查现场未发现裸露情况。公司电焊柜基础焊接资格证书在有效期内。现有 1 名焊接作业人员，查 2014 年 5 月 4 日进行动火工作票，动火作业前将现场可燃物清理干净，动火点正下方铺设防火石棉垫，并设专人监护，现场无裸露。作业人员能按规定正确佩戴个人防护用品	20
5.7.2.4	有限空间作业	有限空间作业要有专人监护，并落实有防火、防窒息及逃生等措施。进入有限空间危险作业时要进行通风换气，并保证气体浓度测试，严禁连续输送氧气；进入有限空间内作业必须符合安全电压要求的照明及电气工具，装设电保护器，电源连接器和控制箱等应放在容器外面。进行焊接工作时必须符合防止金属玻璃钢工作涂胶、涂漆、刷环氧气要求的涡电保护器，在金属容器内工作必须符合防止金属熔渣气减、掉落引起火灾、触电、爆炸等措施以及防止烫伤	20	①有限空间作业无专人监护，防火、防窒息及逃生等措施落实不到位，不得分。②进入有限空间危险场所作业前未进行气体浓度测试、防窒息空间气体浓度检测不到位，不得分。③在金属容器内工作，电气工具和用具使用不符合安全要求，不得分；进行焊接安全措施设置不合格，不得分	评审对象：安全生产部、作业现场。查评内容：有限空间安全管理制度，作业现场。查证情况：公司编制了《有限空间安全作业管理制度》，对有限空间作业进行电缆隧道敷设有人监护，进入地沟、消防池检查等作业，风机塔筒内，电缆隧道敷设有人监护，对于有限空间作业，并落实第 3 条规定，防窒息、防火等逃生措施。制度第 3 条规定，进入有限危险场所作业前要求不超标，符合安全。制度第 4 条规定，在有限空间内作业前，进行通风换气，对空间内氧气、可燃和有害气体含量进行连续检测，根据检测结果取得相应的措施。禁止使用通氧方法解决缺氧问题，确保符合安全要求和消防规定后方可工作。上述制度第 13 条规定，在工作现场入金属容器内工作时，在安全电压要求的电气工具，使用安全和手持电动工具，安全措施经过定期检验，并将电源电缆沟内作业，电源应安设在位置。电保护器，并将电源电缆沟内作业，变压器本体内作业，风电场有限空间作业主要包括电缆沟内作业、风电机组塔筒内检修作业等。查评审期间，风电机工作现场无有限空间作业	20

续表

项目序号	项目	内　容	标准分	评分标准	评　审　情　况	实得分
5.7.2.5	电气安全	企业应建立电气安全用具、手持电动工具、移动式电动机具台账；统一编号，专人专柜对号保管；定期试验。作业人员具备必要的电气安全知识，掌握使用方法并在有效期内正确使用。 企业购置的电气安全用具、手持电动工具、移动式电动机具经国家有关部门试验鉴定合格。 现场使用的电气安全用具、手持电动工具、移动式电动机具等设备满足附录E要求。	40	①台账、编号和保管存在问题，扣3分；未进行定期试验，扣3分/台；使用人员使用方法存在问题，扣5分。 ②企业购置的电气安全用具、手持电动工具、移动式电动机具有未经国家有关部门试验鉴定现象，不得分。 ③现场使用的电气安全用具、手持电动工具、移动式电动机具等设备不满足要求，扣1分/项。	评审对象：安全生产部、电力运行部。 查评内容：安全工器具、电动工器具及相关制度。 查证情况： 公司编写了《安全工器具管理办法》，购进安全工器具和电动工器具等型号、检验日期、购进日期、安全工器具柜。 查证了安全工器具台账填写有型号、下次检验的绝缘器具、试验结果、合格证等内容、高压测电笔等，查综合控制室电动工具柜，高压测电笔等存放在干燥通风室内场所，绝缘靴、绝缘手套等。设专人保管。公司运行值班和设备维护人员应掌握相应电气安全知识和安全工器具使用方法，查电力运行部仓库有1只手枪电钻，1只手提式加热吹风机。 但安全工器具定期试验还存在不到位情况，移动式加热吹风机、手持电动工具，移动式电动工具均有安全用具、安全帽、安全带、电气安全生产许可证，出厂合格证和试验鉴定合格。公司购置的电动工器具、手持电动工具、移动式电动机具经国家有关部门试验鉴定合格。 现场使用的电气安全用具、手持电动工具、移动式电动机具等设备满足安全要求。 存在问题：电力运行部仓库有1只手枪钻和3台/分。没有进行定期试验，扣3分/台。 扣分依据：根据《手持式电动工具的管理、使用、检查和维修安全技术规程》（GB/T 3787—2006）的规定，做好手枪钻和手提式加热吹风机进行预防性试验。 整改意见：电力运行部对手持式电动钻、手提式加热吹风枪和手提式加热吹风机进行预防性试验，张贴验验合格证。	34

续表

项目序号	项目	内　容	标准分	评 分 标 准	评 审 情 况	实得分
5.7.2.6	防爆安全	油区、氧气站、制（储）氢室、氢气罐等应制定有严格管理的管理制度并有效落实，其防爆设施和系统符合缺陷；设备设施和作业工具不符合要求，作业工具不符合要求及管道系统运行严密。 现场承压设备及管道系统经过定期检验检验合格、安全附件齐全完好、材质符合安全要求，承压能力满足系统运行工况。 高压气瓶无严重腐蚀或严重损伤，定期检验合格。色环清晰，存放在防爆周期内使用防爆型照明和防爆安全处理室、油罐室、油处理室等蓄电池室重点场所等重点场所处理照明和防爆型照明和防爆型使用的防爆工具。 在易爆场所或设备设施及系统上作业，要严格履行工作许可手续，保持与运行系统的有效隔离，并落实防爆安全措施。	30	①油区、氧气站、制（储）氢室、氢气罐等管理制度不全，扣5分；落实不到位，扣5分；设备设施和系统存在缺陷，有关管道系统及阀门不严密，作业工具不符合要求，扣5分。 ②现场承压设备及管道系统未进行定期检验检验，安全附件存在问题，不得分。 ③高压气瓶和安全装置不符合安全要求；色环严重缺陷，不得分；色环存在问题，扣1分/项；存放和使用不符合安全要求，扣10分。 ④蓄电池室、油罐室、油处理室等未使用防爆设备的，不符合要求；未配置必要的防爆工具，扣5分。 ⑤在易爆场所作业，未履行工作许可手续，安全措施落实不到位，不得分。	评审对象：安全生产部、电力运行部。 查评内容：危险化学品安全管理制度。 查证情况： 公司制定了《危险化学品安全管理制度》。查公司没有氧气站、制（储）氢室、氢气罐等设备。查临时使用 SF₆ 及乙炔时符合等防爆范围全。设备设施和作业工具符合安全要求。 现场 SF₆ 气瓶定期试验合格，安全附件齐全、完好，材质符合安全要求，承压能力满足系统安全运行要求。 现场 SF₆ 气瓶无腐蚀、损伤情况，色标清晰，检验合格，并在检验周期内使用。查公司 3 号仓库有 2 只 SF₆ 气瓶和少量油漆、电气设备等满足要求。不符合防爆安全要求。 公司没有油罐室、油处理室。现有少量齿轮油，变压器油储存在 1 号、2 号仓库内，仓库内设有防爆照明、通风排气扇、消防器材等。现有设置了 UXL SERIES 型防爆控制柜中，在易爆场所有效在继保室控制柜中，现场工作人员在易爆场所及设备设施上作业，严格履行工作许可手续，并落实防爆安全接地措施。 2014 年 5 月 4 日进行的继保室及设备设施上作业前将现场清理子净，动火作业前将设施放置消防器材，动火作业后方铺设防火石棉毡等安全措施。 问题：公司 3 号仓库有 2 只 SF₆ 气瓶，与少量油漆、电气设备等不符合防爆安全要求。 扣分依据：根据《危险化学品安全管理条例》（中华人民共和国国务院第 591 号）要求，将 SF₆ 气瓶与油漆、电气设备等分类储藏，确保防爆安全分开储藏，分开存放。	20

续表

项目序号	项目	内 容	标准分	评 分 标 准	评 审 情 况	实得分
5.7.2.7	消防安全	建立健全消防安全组织机构，完善消防安全规章制度，落实消防安全生产责任制，开展消防培训和演习。 生产厂房及仓库配备必要的消防设备，并建立消防设备台账，定期进行检查和试验，合格。 消防设施的防火等级符合建筑设计防火要求。 具有易燃易爆物品库房且远离有人员集中的场所。 消防泵有自启动和远方启动功能，火灾报警及自动灭火正常并投入运行。 电缆和电缆构筑物安全可靠，电缆沟排水设施完好，电缆隧道及照明及架空电缆主通道符合要求。 采取阻燃措施及隔离措施，重要电缆防火隔离槽符合要求，重要电缆应采取电缆更换阻燃电缆，沟内设置电缆防火分层，沟及沟道区域配备电缆监控井，沟道及防火门（墙）等设施。 现场应配备直流、直流油泵以及现场区域消防设施符合安全要求。 操作直流、主保护、重要电缆取分槽盒等消防器材性能、布置和使用方法，现场动火作业人员应熟悉消防特殊防火措施，布置有人监护，且防火措施落实	30	①未建立组织机构，规章制度不完整，责任制未落实，未定期开展消防培训或演习，不得分。 ②消防设备配备不全，或检查试验不到位，扣5分。 ③存放易燃易爆物品库房，建筑设施的防火等级不符合要求，不得分。 ④消防泵无两套独立电源，不符合；相应配套功能不齐全，扣5分。 ⑤电缆和电缆用构筑物设施不符合要求，扣1分/项。 ⑥现场电缆数不符合安全要求，扣1分/项。 ⑦现场动火防火措施落实不到位，扣10分。	评审对象：安全生产部、电力运行部。 查评内容：消防安全管理、消防设施安全管理、电缆防火设施。 查证情况： 公司下发了《消防安全管理办法》，成立了以总经理为主任的消防委员会，建立了消防组织机构（三级网络），设立了义务消防队各级人员，各岗位的消防安全责任人。同时，在员工中进行消防知识和技能的宣传教育，培训和演练活动。查2013年6月29日，公司组织义务消防队39名人员，消防报警系统的使用和注意事项，培训内容有：消防栓、灭火器、消防知识和应急救援知识等。培训结束后，在公司办公楼前进行了消防事故应急预案演练，并对演习活动进行评估和总结。 公司综合控制室、35kV开关室、110kV升压站、110kV GIS室、1~66台风电机组、消防泵房、易燃易爆设施及仓库消防系统及配备定置管理，标志齐全，并建立了灭火器、建筑设施等防火等级建筑设计防火要求，报告对此进行检测，检测结果：合格。 公司设有2台消防泵，空气断路器自动或电源直接手动投入运行。 火灾报警等2个消防系统有两套独立电源，查询独立投入使用，并通过火灾报警系统已投入运行。 公司电缆及电缆构筑物基本符合要求。电缆沟排水设施完好，架空电缆主通道符合要求，而采用阻燃数设，10kV SVG功率柜电缆封堵存在缺口；35kV I回线5-1~1号出线电缆底部未封堵，查电缆封堵符合安全要求，继电室，操作直流，110kV GIS，风电机组电缆符合安全要求及阻燃数设等特殊防火措施。 现场电缆主山梁子集线路部分直埋或采用直埋方式数设，不符合防火安全要求，而采用电缆封堵符合安全要求，主保护符合。	27

续表

项目序号	项目	内 容	标准分	评分标准	评审情况	实得分
5.7.2.7					查公司作业人员熟悉消防器材性能、布置和使用方法，各项防火措施能落实到位。 问题： 1) 35kV集线线路部分电缆未采用直埋或或电缆沟敷设，而是采用铁制板覆盖方式敷设，不符合防火安全要求；35kV I回线5-1-1号出线电缆封底部分未封堵。 2) 10kV SVG功率柜封堵部分未封堵。 扣分依据： 现场电缆敷设不符合防火安全要求，扣1分/项。 现场电缆敷设不符合防火安全要求，扣1分/项。 整改意见： 按评《电力工程电缆设计规范》（GB 50217—2007）第5.3条要求，将35kV集线线路敷设不到位部分进行整改，确保防火安全。 按评《电力设备典型消防规程》（DL5027—2015）要求，将10kV SVG功率柜电缆，以及35kV I回线5-1-1号出线电缆底部进行封堵，确保防火安全。	27
5.7.2.8	机械安全	机械设备外露转动部分有防护罩，并设配必要的闭锁装置。机床配置的各种保护装置、安全防护装置及安全保护控制装置应齐全、性能可靠。 较长输送距离的机械，在其需要跨越处及带有护栏的人行跨梯。 带式输送机的尾部滚筒及其他向滚筒抽轴端处，应分别加所设护罩及可拆卸护栏，所制最重于上托辊最高点的可拆卸护栏。 运行程地面及运行通道侧应设预防止误送开关，设有启动预报装置和防止误启动装置。 露天贮煤场轨道机械装置和夹轨器和轴定器。 机械场轨道检修应进行系统隔离，并有防转动措施。	20	①机械设备外露转动部分无防护罩，或设有的闭锁装置的机床配置的各种保护装置及安全装置未设置，扣1分/项。 ②机床配置的各种保护装置及安全装置未设置或设置不合理，扣1分/项。 ③人行跨梯未设置或设置不合理，扣5分。 ④护罩或护栏配置不合理，扣5分。 ⑤运煤胶带机、运煤斜井人行通道侧未设置护栏，扣5分；启动预报装置和防止误送报警装置和防止误启动装置存在问题，扣5分。 ⑥露天贮煤场机道机械定未设检修，扣5分。 ⑦设较大缺陷，扣5分。 ⑧设备检修措施，无防转动措施。	评审对象：安全生产部、电力运行部。 查证内容：现场检查各转动设备安全措施落实情况。 查公司现场1～66台风电机组设备外露转动部分防护罩齐全，机械设备有防护罩，并设有手动闭锁装置。 此外，还有机械设备运行规程中明有和防护转动措施。查各公司风电机组，停运风电机组，安全措施有："1"位置，锁住轮毂。 公司没有较长输送距离的机械设备，不需要设置带护栏的人行跨梯。 公司没有运煤长输送带的机械设备。 查风电场没有煤带式输送人车，工作内容风电机组维修保养，停运风电机组有"1"位置；风电机组在检修状态。 作票，工作票内容风电机组维护保养，安全措施有："1"位置；风电机组在检修状态；锁住轮毂等，确保风电机组在检修状态。	20

续表

项目序号	项目	内容	评分标准	标准分	评审情况	实得分
5.7.2.9	交通安全	制定交通安全管理制度，完善厂区交通安全设施。加强对驾驶人员培训，严格驾驶行为管理。定期对机动车辆检测和检验，保证机动车辆车况良好。吊车、斗臂车、又车等作业起重机械部分符合安全要求。遇山区道路滑坡、泥石流、冰雪等特殊情况的通勤车辆（大客车）铁路车辆。合理规划厂区线路、铁路运输线路，运发车辆卸煤，完善卸煤、装发车辆运输方案	①未制定制度、不得分；交通安全设施不齐全，扣5分。②驾驶人员培训或管理不到位，扣5分；无证驾驶，不得分。③机动车辆或起重机械部分的安全隐患，检测不到位，扣2分/项。④通勤车辆情况，应对措施不完善，扣5分。⑤运输合理，卸煤、运发车等装发车辆运输方案存在问题，扣5分	20	评审对象：安全生产部、电力运行部、综合财务部。查评内容：交通安全管理、交通道路限速等要求，查公司财务部和机动车辆完好情况。查证情况：公司下发了《车辆及驾驶员管理办法》，查公司交通安全限速、限速等安全设施基本符合要求，厂区道路限速设置良好，查风电场110kV升压站入口处，未设置限速标志（已见5.7.3.1项中扣分）。公司加强驾驶员行为管理。查2013年中有学习记录，记录人、主持人、以及车3月10日驾驶员签名日志有；交通法、车辆管理制度，安全行车、以及微驶人员日志签名日志有；维护保养工作，发现异常时处理，进一步加强车辆运行监控，严禁公车私用等。公司现有机动车2辆，其中1辆通勤车，1辆检修车（发动机机油泵，油泵要求车辆，2014年7月12日该车辆进行安全检查，检查车况色泽；发动机、灯光装置等），驾驶制动液、转向液等），检验轮胎磨损情况，公司无尽车，斗臂车、又车起重车，检验单位进行检查，轮胎板状态等）。检验日期为2013年10月19日，检验项器。临时使用的汽车起重机械由来公司提供，一台汽车起重机试验报告，包括：技术支持，作业环境和处置，司机为，金属结构，吊钩的防脱装置的接地装置，钢丝绳端固定装置，司机室，电气控制系统（电气设备与接地），力矩限制器，连接零），液压系统，防护罩，防护架，隔热装置等内容，起重量限制器，应急断电开关，限位开关，防护罩，隔热装置等内容，检验结果合格。查公司交通道路分为两部分。一部分为见风电机组间道路和风机道路升压站之间道路。另一主要是见风电机组遇山己有的山区道路，路基宽度5～压站之间道路，其中利用己有的山区道路，设置了错车道，路面宽度在3.5～5m，进场道路结合当地形特点，外侧6m以上，路面宽度在6～7m，同时通向升压站遇山区道路滑坡、泥石流、冰雪等错车道设置及应对措施不到位，缺少针对特殊天气的行车安全防范措施。问题：公司通勤车辆遇山区滑坡、泥石流、冰雪等特殊情况的应对措施存在不到位，缺少针对特殊天气的行车安全设置位置，缺少限速行车110kV升压站入口处的应对措施。扣分依据：《企业安全生产标准化基本规范》（AQ/T9006—2010）要求，编制针对山区滑坡、泥石流、冰雪等特殊天气的防范措施，确保通勤车辆对特殊情况对措施不齐全，扣5分。交通安全设置意见：根据《风力发电场运行安全规程》（DL/T796—2012）第5.2.2条的要求，按照110kV升压站通道入口处，设置限速行车标志牌，以防止发生在110kV升压站通道入口处触电事件。	10

7.3.7.7.3　标志标识

项目序号	项目	内容	标准分	评分标准	评审情况	实得分
5.7.3.1	标志标识	设备名称、编号、手轮开关方向标志及阀位指示清晰、规范，正确，管道介质名称、色标或流向标志齐全、规范，安全标识符合国家规定，满足有关安全设施配置要求。安全标志应设在所涉升的醒目位置，局部应有危险地点或设备附件涉及的醒目位置，应急信息标志和应急疏散救地标识应和应急疏散救场地标识应明显	40	①设备名称、编号、手轮开关方向标志及阀位指示存在问题，扣1分/项。②管道介质名称、色标或流向标志存在问题，扣1分/项。③安全标识标志配置不符合规定，不符合要求，扣1分/项。④应急疏散地标志标识配置不合理，扣1分/项。	审评对象：安全生产部、电力运行部。查评内容：标志标志、安全禁止、指示、提示等标识的管理和设置。查证情况：公司综合控制室、110kV升压站（110kV GIS室、35kV开关室、继电室、主变压器室、电容器及断路器室及隔离高压开关室、电流互感器、电压互感器、控制柜、电源箱、避雷针、线路及构架、避雷器、消防泵房等处），35kV开关室电容器及断路器手轮隔离开关无设备名称及编号；1号、2号消防泵进出阀门无设备名称和编号。生产现场满足安全设施配置规定，能够满足标准要求。公司综合控制室、110kV升压站（110kVGIS室、主变压器室、35kV开关室、电容器、断路器及隔离、电流互感器、控制柜、电源箱、电流互感器等）、消防泵房等处、35kV集电线路、110kV集电线路安全标识基本在醒目位置或设备附件的禁止攀登、高压危险的禁止攀登、缺少限制高度的应急疏散救地标志标明显。查现场存在问题：35kV集电线路、铁塔集电线路、出水阀门处、铁塔爬梯处，缺少"禁止攀登"警告；35kV集电线路、铁塔集电线路、铁塔爬梯处，缺少"禁止攀登、高压危险"安全警示牌。110kV升压站入口醒目的禁止操作牌。扣分依据：设备名称、编号、手轮开关方向标志配置不合理，不符合要求，扣1分/项。设备名称、编号、手轮开关方向标识配置不合理，不符合要求，扣1分/项。安全标志标识配置不合理，在35kV集电线路梅家山、夹山梁子铁塔家山，设置适当位置，装设设备名称牌。安全标志审意见：根据依据《风力发电场安全规程》（DL/T 796—2012）第5.2.2条的要求，手轮面向操作离塔隔离开关止操作牌。	36

续表

项目序号	项目	内 容	标准分	评 分 标 准	评 审 情 况	实得分
5.5.3.1					按照《风力发电场安全规程》（DL/T 796—2012）第5.2.2条的要求，在1号、2号消防泵进、出水阀门处设置阀门名称的标示牌；根据《电力安全工作规程 F规定》（GB 26860—2011）附录F规定，在35kV集电线路铁塔爬梯处，增设"高压危险，禁止攀登"安全警示牌。 按照《风力发电场安全规程》（DL/T 796—2012）第5.2.2条的要求，在110kV升压站通入口处，设置限制高度的禁止标志牌，以防止发生触电事件	

7.3.4 相关方安全管理

项目序号	项目	内 容	标准分	评 分 标 准	评 审 情 况	实得分
5.7.4.1	制度建设	企业应完善承包商、供应商等相关方安全管理制度，内容至少包括：资格预审、选择，审查相关方的安全生产条件，作业前安全技术交底，服务前技术服务，表现评估、续用等	5	未建立制度，不符合要求，不得分；制度内容不全面，扣3分	评审对象：安全生产部、电力运行部、工程管理部、供应商、外委单位。 查证情况： 公司编写了《发包工程和工管理规定》，包括对合作和承包队伍资格预审、监督检查、提供产品、作业过程、续用等内容。	5
5.7.4.2	资质及管理	企业应确认相关方具有相应安全生产资质，审查相关方作业条件和档案。建立合格相关方名录。企业应与相关方签订安全生产协议，明确双方安全生产责任和义务	5	①相关方资质要求，不符合作业要求，扣3分 ②未建立相关方名录和档案，扣3分；未签订安全生产协议，或相关方责任和义务不明确，不得分	评审对象：安全生产部、电力运行部、工程管理部、外委单位。 查证情况： 公司对相关方的安全生产的安全资质进行审查，相关公司均具备工作的安全生产条件和任务。神委东方汽轮机有限公司，大理市德成供电服务有限公司，安全生产许可证、企业法人安全许可证、企业组织代码，特种作业人员，设备设施等资质均符合安全管理要求。 查公司目前已与2家经过资质审查相关的合格方签订了安全生产相关的名录和档案。 查公司未建立相关方名录和档案，与合格相关方签订安全生产相关的名录和档案。 整改意见：公司未建立相关方名录和档案问题，扣分依据：按照《企业安全生产标准化基本规范》（AQ/T 9006—2010）要求，建立相关方名录和档案，加强相关方管理，确保安全	2

续表

项目序号	项目	内　　容	标准分	评 分 标 准	评 审 情 况	实得分
5.7.4.3	安全要求	企业审查相关方制定的安全作业工作方案。企业和相关方对作业人员进行安全教育、安全交底和安全规程考试，合格后方可进入现场作业	10	①企业未审查相关方制定的作业任务的安全工作方案，或审查任务安全方案严重存在问题，不得分。②相关方未对作业人员进行安全教育、安全交底和安全规程考试，不得分，安规考试不合格者进入现场作业，扣5分	评审对象：安全生产部、电力运行部、外委单位。查评内容：相关安全管理制度、安全管理方案、安全教育、安规考试等。查证情况：查公司东方汽轮机有限公司2014年5月23日编制的J01F风电机组发电机更换施工方案。如电力运行部对东方汽轮机有限公司2014年5月23日，安全交底和相关方对10名装作业人员进行安全规程考试合格后，许可进入生产现场工作。查施工方未提供作业人员安全教育、安规考试和安全交底的材料。问题：施工方未提供作业人员安全教育、安规考试和安全交底的材料。扣分依据：相关方未进行安全教育、安全交底和考试等内容的书面材料。整改意见：按照《企业安全生产标准化基本规范》（AQ/T 9006—2010）要求，加强相关方安全管理，要求相关方在工程开工前，提供对作业人员进行安全交底和考试等的书面材料。	0
5.7.4.4	监督检查	企业应根据相关方作业行为定期识别作业风险，督促相关方落实安全措施。企业应对两个及以上的相关方在同一作业区域内作业进行协调，组织制定并督促落实防范措施	10	①企业未督促相关方落实安全措施，不得分；未定期识别作业风险，扣2分。②企业未协调同一作业区域内两个及以上相关方作业，扣2分，未组织制定并督促落实防范措施，扣5分	评审对象：安全生产部、设备维护部、相关方。查评内容：根据项目和作业行为，以及危险源管理形式，定期识别作业风险。查证情况：公司根据施工方的工程项目和作业行为，并通过安全管理方案、安全技术措施、工作票、危险点控制卡、定期识别作业风险，落实安全措施。查2013年6月至2014年7月，公司监护人员对参加风电机组更换施工人员统一协调管理，并组织制定电机更换施工的施工人员对参加风电机组安全措施。	10

7.3.7.5 变更管理

项目序号	项目	内 容	标准分	评 分 标 准	评 审 情 况	实得分
5.7.5.1	变更管理	企业应制定并执行变更管理制度，严格履行变更的审批手续，系统或有关事项履行的审批程序。企业应对设备、技术、工艺、人员、工艺过程及作业过程等变化时进行变更控制。企业应对变更的从业人员进行专门的教育和培训。企业应对设备变更后的设备进行专门的教育和培训的验收和评估。企业应对变更过程中可能产生的隐患进行分析和控制	10	①未制定管理制度，或未严格履行变更的审批手续，不得分。②企业未对永久性或暂时性变更计划进行有效控制，扣5分。③企业未及时执行变更以及变更过程中可能产生的隐患进行分析和评估，扣5分。	评审对象：安全生产部。查评内容：变更管理制度、变更安全教育和危险源控制。查证情况：公司编写了《设备异动管理标准》，对管理变更（法律法规、标准变更、机构变更、人员变更、职责变更）、工艺变更、设备设施变更，对设备管理均作了具体规定，对反馈提出具体要求。对管理变更、人员变更、工艺变更、设备设施变更均由变更责任部门进行专门的教育和培训，并对使用设备厂家进行专门的教育和培训，包括情况变更培训教育。规定对变更设备及系统变更后及时进行分析控制，由电力运行部组织人员进行验收和评估。查公司评审期内（2013年6月至2014年7月），未发生过变更事宜	10

7.3.8 隐患排查和治理

项目序号	项目	内 容	标准分	评 分 标 准	评 审 情 况	实得分
5.8.1	隐患管理	建立隐患排查治理制度，界定隐患分级、分类管理标准，明确"查找—评估—报告—治理—验收"的闭环管理流程。每季、每年对本单位事故隐患排查治理情况进行统计分析，并按要求及时报送电力监管机构，统计分析表应由当地主要负责人签字	15	①未建立隐患排查治理制度，不得分。②制度内容有缺失，扣2分。③未按要求及时报送电力监管机构，统计分析未签字，扣2分/项	评审对象：安全生产部、电力运行部。查评内容：《事故隐患排查治理标准》、《电力安全隐患排查治理月报表》。查证情况：公司制定了《安全生产隐患排查管理制度》，将事故隐患分级、分类管理，界定隐患、评估、报告（治理）—验收（控制）—销号的《事故隐患排查治理流程》，明确"查找—评估—报告—治理"的闭环管理流程。数事故隐患和重大事故隐患，将事故隐患填写《事故隐患排查治理分类登记表》，由总经理签字后上报公司，并通过分公司继续上报。公司每月月底将风电场隐患排查治理情况统计月报表，由总经理签字后报公司，并通过分公司继续上报	15

续表

项目序号	项目	内 容	标准分	评 分 标 准	评 审 情 况	实得分
5.8.2	隐患排查	制定隐患排查治理方案，明确排查的目的，范围和排查方法，落实责任人，结合安全检查，积极开展隐患排查工作。对排查出的隐患等级并登记建档。 隐患排查要做到全员、全过程、全方位，涵盖生产经营相关的场所、环境、人员、设备设施和各个环节。 生产经营单位应当建立奖励与事故隐患报告和举报奖励制度，对发现、排除和举报事故隐患的人员，应当给予表彰和奖励	15	①未制定隐患排查治理方案，未开展隐患排查工作，有上述任一项，不得分。 ②未定期组织开展隐患排查活动，扣3分。 ③隐患排查内容有缺失，扣2分。 ④隐患排查方案执行不到位，扣2分。 ⑤未对排查出的隐患确定等级并登记建档，扣3分	评审对象：安全生产部、电力运行部。 查评内容：《安全隐患治理管理方案》《安全月活动方案》《安全月大检查方案》。 查证情况： 公司制定了《安全隐患治理管理方案》，明确排查的目的、范围和排查方法，落实了责任人。查看了公司2014年《安全月活动方案》《安全月安全通知》等，公司能结合安全检查、安全性评价工作，积极开展隐患排查治理情况统计表。查阅2013年7月—2014年6月公司填报的《事故隐患排查治理情况月报表》，对排查出的隐患确定了等级并建档。 安全生产部每月开展一次隐患排查，并结合季节特点，每月填写安全生产动态信息，从人员、设备、环境、管理等各个环节开展排查，但隐患排查不彻底，未风现场检查，存在人员脱岗，第七节中明确了对发现的隐患等级并奖励。 查阅《安全生产隐患治理制度》，消除隐患排查出的人员坚持落实。 问题： 某风电机组进入塔筒底部的盖板固定螺丝松动，存在人员坠落松动。 2013年11月末对排查出的隐患。 扣分依据： 隐患排查方案执行不到位，扣2分； 未对排查出的隐患确定等级并登记建档，扣3分。 整改意见： 加强隐患排查，按照《电监安全〔2013〕5号》的要求，环境、人员、设备设施落实到各个环节，确保设备设施相营相关的场所、人员，设备设施进入塔简底部的螺丝生产设备。（电监安全〔2013〕5号）第二十条电力企业应当建立隐患管理台账，对排查出的隐患登记建档。 按照《电力安全隐患排查监督管理暂行规定》（电监安全〔2013〕5号）第二十条电力企业应当建立隐患管理台账，对排查出的隐患登记建档	10

续表

项目序号	项目	内 容	标准分	评 分 标 准	评 审 情 况	实得分
5.8.3	隐患治理	排查出的隐患要及时进行整改。短时间内无法消除的隐患要制定整改措施，落实责任人，明确时限和编制预案，做好安全措施，强制执行到位，责任落实到位。加强重大安全隐患监控，在治理前应采取有效控制措施，制定相应应急预案，并按照有关法律法规、标准要求做好防灾减灾工作及时上报。因自然灾害可能导致事故灾难的隐患，按照相关要求做好防灾减灾工作	20	①未对排查出的隐患进行整改，不得分。②整改工作未实施闭环管理，扣1分/项。	评审对象：安全生产部、电力运行部。查评内容：事故隐患排查情况统计表、安全生产事故隐患排查情况月报表。查证情况：查看公司隐患排查与治理情况统计表、查看内容包括：存在问题、整改措施、落实资金、责任部门、责任人、落实资金、整改时限及进行一般隐患66条、整改66条，完成整改率为100%。查看2013年7月至2014年6月期内未发现的重大安全隐患。公司已按照本地区的自然环境、地质结构的特点，制定了《防汛应急预案》《防地质灾害应急预案》《防森林火灾应急预案》并能按时开展演练，切实做好防灾减灾工作	20
5.8.4	监督检查	企业应加强隐患排查治理过程中的隐患排查，对重大隐患实行挂牌督办。隐患排查治理后要对治理效果进行验证和评估	10	①对重大隐患未实行挂牌督办，不得分。②对隐患排查监督检查进行监督检查，扣5分。③未对治理效果要对治理效果进行验证和评估，扣2分	评审对象：安全生产部、电力运行部。查评内容：事故隐患排查与治理情况统计表。查证情况：查看公司治理过程中的监督检查。查看公司安全生产工作周报、安全生产工作月报，能加强隐患排查。查阅公司2013年7月—2014年6月事故隐患排查治理情况统计表，评审期内未发现重大隐患。对隐患治理后的效果有验证和评估（GIS室风扇GIS电源回路故障未评估）。问题：未对治理效果进行验证和评估（GIS室风扇电源回路故障验证未评估）。扣分意见：未按照《企业安全生产标准化基本规范》（AQ/T 9006—2010）第5.8.4条要求，隐患排查治理后要对治理效果进行验证和评估	8

7.3.9 重大危险源监控

项目序号	项目	内 容	标准分	评 分 标 准	评 审 情 况	实得分
5.9.1	辨识与评估	企业应组织对生产系统和作业活动中的各种危险、有害因素可能产生的后果进行全面辨识。企业应对使用新材料、新工艺、新设备以及改造技术进步可能产生的后果进行危害辨识。企业应按《危险化学品重大危险源辨识》（GB 18218—2009）等国家标准，开展重大危险源辨识与评估，建立重大危险源应急预案和相关管理制度。	15	①未建立重大危险源管理制度，不得分；未组织开展危险源辨识，扣5分。②未对重大危险源进行评估，扣5分	评审对象：安全生产部。查评内容：风电场危险源。查证情况：公司制定了《重大危险源监督管理规定》。查看公司风电场危险源识别、评价、控制措施清单，2013年12月份对生产系统和作业活动中各种危险、有害因素及可能产生的后果进行了全面辨识，并列表记录在案。同时对上报给上级安全管理部门。公司制定的《重大危险源监督管理规定》中对使用新材料、新工艺、新设备以及改造技术改造可能产生的后果进行了辨识。公司至今没有新的"四新"项目应用。查证情况：系统至今无重大危险源。公司依据《危险化学品重大危险源辨识》（GB 18218—2009）评估结果，公司无危险化学品重大危险源	15
5.9.2	登记建档与备案	企业应当按规定对重大危险源登记建档，进行定期检测。企业应将本单位重大危险源的名称、地点、性质和可能危害及有关安全措施、应急救援预案报有关部门备案。	10	①未对重大危险源建立档案的，扣4分。②未对重大危险源定期检测，扣4分。③未向有关部门备案的，扣2分	评审对象：安全生产部。查评内容：风电场危险源。查证情况：风电场无危险化学品重大危险源。	10
5.9.3	监控与管理	企业应采取有效的技术和设备及其装置对重大危险源实施监控。企业应加强重大危险源储存、使用、装卸、运输过程管理。企业应落实有效的管理措施和技术措施。	15	①未采取有效控制手段的，扣1分/项。②管理制度和措施未落实的，扣5分	评审对象：安全生产部。查评内容：风电场危险源。查证情况：风电场无危险化学品重大危险源。	15

7.3.10 职业健康

7.3.10.1 职业健康管理

项目序号	项目	内 容	标准分	评 分 标 准	评 审 情 况	实得分
5.10.1.1	危害区域管理	企业对可能发生急性职业危害的有害、有毒工作场所,应设置报警装置,配置现场急救设置和必要的泄险区。企业应定期对作业场所职业危害进行检测,在检测超标区域设置目标设识牌于以告知,并将检测结果存入职业健康档案	10	①危害场所设施、装置不符合要求,扣1分/项。②未定期进行职业危害检测,扣2分。③未将检测结果存入职业健康档案,扣2分。	评审对象:安全生产部、电力运行部、职业危害检测报告。查证情况:公司在中控室及现场的66台风电机组塔筒内配置了急救药箱,对可能发生毒性的有毒、有害工作场所设置了SF$_6$气体检测报警装置,10个检测点并设置了对应急撤离通道和紧急疏散区。现场排气风扇运行正常并设置了对应急撤离通道和紧急疏散区"0",风电场职业危害控制效果评价报告:职业病危害控制效果检测结论:职业危害程度定为轻微。公司因素有噪声、工频电场、工频磁场、职业危害职业病危害程度定为轻微,已将并将检测结果存入职业健康档案	10
5.10.1.2	职业防护用品、设施	企业应为从业人员提供符合职业健康要求的工作环境和条件,配备必要的职业健康防护设施、器具。各种防护器具应定点存放在安全、便于取用的地方,并有专人负责保管,定期校验和维护。企业应对现场职业用品、设施和防护性的检修维护、定期检测其性能,确保处于正常状态。企业应按安全生产费用专项规定,保证职业健康防护专项经费,定期对费用落实情况进行检查、考核	10	①职业健康防护设施、器具不满足要求,扣2分。②管理不善,器具未定点存放,扣2分。③现场急救用品、设备和防护用品缺失或无效的,扣2分。④职业防护用品投入不足或没有按规定使用的,不得分。⑤费用审批、落实不符合要求的,扣1分/项	评审对象:安全生产部、劳动防护用品管理办法、防护设施、防护用品、现场急救用品及情况。查证情况:公司制定了《劳动防护用品管理办法》,规定了劳动防护用品领用单;公司按标准配能的发放范围和发放工作服、绝缘鞋、两水平职业健康给相关员工发放工作服、防装服、耳塞,并由值长负责发放。公用的防护器具定点存放,并由值长负责发放。公用的防护器具定点存放安全工器具有专人负责维护,安全工器具每个小都在中控室及现场安全工器具、急救药箱都在有效期内。查阅公司2013年、2014年安全生产费用记录;2013年劳保用品费用支出共7.5万元,职工体检2万元,2014年劳保用品费用支出共9万元,职工体检2.4万元。公司能对费用使用情况进行检查、考核。问题:GIS室未按要求发放SF$_6$防护服。	6

续表

项目序号	项目	内　　容	标准分	评 分 标 准	评 审 情 况	实得得分
5.10.1.2					中控室缺少正压式呼吸器。 扣分依据： 职业健康防护设施、器具不满足要求，或有关失效的，扣 2 分。 现场急救用品、设备和防护用品缺失或有失效的，扣 2 分。 整改意见： 按照现场职业病防治指南》（GBZ/T 225—2010）第 4.4.5 条的要求，可能发生急性职业危害的有毒、有害工作场所配置现场急救药品，防护服的规定增放 SF$_6$ 防护服。 按照《劳动防护用品监督管理规定》（国家安全生产监督管理总局令 1 号①）中第十五条规定的要求，集控室、网控室应配备正压式空气呼吸器，每个地点至少配备 2 台正压式空气呼吸器	
5.10.1.3	健康检查	企业应组织开展职业健康宣传教育，安排相关岗位人员定期进行职业健康检查	10	未开展职业健康宣传教育，未安排相关岗位人员定期进行职业健康检查，有上述任一项，不得分	评审对象：安全生产部，电力运行部。 查评内容：职业健康宣传教育，职工体检报告。 查证情况： 公司能组织开展形式多样的职业健康宣传教育，如宣传栏，企业内部局域网，培训班，查看培训记录，2014 年 6 月 11 日，举办了有关的卫生救护培训，2014 年 7 月公司进行了职业健康知识宣贯培训，共 22 人参加，现场查看宣传栏有相关岗位人员进行了与预防职业危害活动，共 25 人参加。公司能定期安排相关岗位人员进行职业健康宣传教育内容。2013 年 11 月，共安排了 16 个相关岗位人员全部进行体检。查看职业健康中心体检报告，本报告中内容查评时间为 2014 年 7 月 28 日至 8 月 2 日，属于可查体检。查看体检结果 16 人体检结果全部正常	10

① 《劳动防护用品监督管理规定》（国家安全生产监督管理总局令第 1 号）已于 2015 年 7 月 1 日废止，本报告查评时间为 2014 年 7 月 28 日至 8 月 2 日，属于可引用时间范围内。

7.3.10.2 职业危害告知和警示

项目序号	项目	内容	标准分	评分标准	评审情况	实得分
5.10.2.1	告知约定	企业与从业人员订立劳动合同时，应将工作过程中可能产生的职业危害及其后果和防护措施如实告知从业人员，并在劳动合同中写明	5	企业与从业人员订立劳动合同时，未按有效方式进行告知职业危害，扣5分	评审对象：安全生产部、电力运行部。 查评内容：劳动合同、职业危害告知书。 查证情况：查看《职业危害告知书》，公司与从业人员订立劳动合同时，劳动合同附件定将工作过程中可能产生的职业危害及其后果和防护措施进行告知	5
5.10.2.2	警示说明	对存在严重职业危害的作业岗位，应按照标准要求设置警示标识和警示说明。警示说明应载明职业危害的种类、后果、预防和应急救治措施	5	警示标识和警示说明有缺失，内容不符合要求的，扣1分/项	评审对象：安全生产部、电力运行部。 查评内容：现场警示说明、警示标识。 查证情况：公司没有化学酸、碱库和液氨站等存在严重职业健康危害作业岗位，但没有设置SF$_6$警示说明。110kV GIS室、GIS室门外设置了"注意事项"警示说明，但现场有钢丝网，内容不符合要求的问题。 扣分依据：按照《工作所职业病危害警示标识》（GBZ 158—2003）的要求，设置警示说明，警示标识不符合要求，扣1分/项。 整改意见：110kV GIS室没有警示标识和警示说明，后果，预防和应急救治措施明职业危害的种类	4

7.3.10.3 职业健康防护

项目序号	项目	内容	标准分	评分标准	评审情况	实得分
5.10.3.1	粉尘防护	输煤、制粉、锅炉、除灰、脱硫等设备及其系统的场所空气中粉尘含量应符合标准要求。在此区域内设置粉尘提示标志；在此区域作业的人员应配备防尘口罩等防护用品	10	粉尘防护工作有不符合要求的，扣1分/项	评审对象：安全生产部。 查评内容：标志。 查证情况：风电场无输煤、制粉、锅炉、除灰、脱硫等设备	10

续表

项目序号	项目	内容	标准分	评分标准	评审情况	实得分
5.10.3.2	噪声防护	磨煤机、碎煤机、排粉机、送风机、给水泵、汽轮机等高噪声设备应采取有效措施。在此区域内设置噪声提示标志；在此区域作业的人员应配备耳塞等防护用品。	10	噪声防护工作有不符合要求的，扣1分/项	评审对象：安全生产部。查评内容：噪声防护、噪声提示标志。查证情况：风电场没有磨煤机、碎煤机、排粉机等高噪声设备。现场检查设备已采取降低噪声有效措施。公司给风电场高噪声设备处设置了噪声提示标志，在风电塔筒处配置了耳塞。	10
5.10.3.3	振动防护	采取必要的减振措施，减少振动的危害。对可产生振动危害的各种机械设备应进行消振和隔离处理。对动载荷量较大的机器设备，采取隔振、减振措施，与振动产生自身能产生振动的管道应采用软连接。对于平台无围护结构处的通风管道与围护板间的连接，应通过围护计算并采取必要的减振措施。	5	振动防护工作有不符合要求的，扣1分/项	评审对象：安全生产部、电力运行部。查评内容：现场检查。查证情况：公司没有产生振动危害的各种机械设备。查《66台机组振动测试报告》，结论：风电机组运行状况良好，齿轮箱、发电机振动正常。现场检查：风电机组运转正常，无开停振动。风电场控制室无通风管道，周边无振动设备，设计时未考虑减振措施。	5
5.10.3.4	防毒、防化学伤害	企业应组织进行有毒有害物质的辨识，根据储存数量和物质特性，确定危险化学品的分布区域和控制措施，按照危险化学品对储存和使用有毒、有害化学品（如：酸、碱、氨、联胺、SF_6等）化学品、工业废水和生活污水确定地上布置的酸碱贮存设备周围应设有酸碱防护围沽，围沽内容积应大于或最大的一台设备的容积。当围沽有排液措施时，可适当减小其容积。酸、碱贮存池内应设置安全全球浴器。	10	①防毒、防化学伤害有不符合要求的，扣1分/项。②危险化学品使用、存储、运输不符合国家有关规定，扣2分/项	评审对象：防毒、防化学伤害、电力运行部。查评内容：防毒、防化学伤害，SF_6高压开关室。查证情况：2013年12月公司组织进行了有毒有害物质的辨识，根据评估：公司无储存和使用有毒、有害化学品（如酸、碱、氨、联胺化学品）。公司无加氯系统和联氨系统仓库存储区。公司无酸碱贮存设备。公司无氢罐储存油。公司无抗燃油。现场查看有SF_6高压开关室设10台排气风扇，风扇运行正常，通风良好。	10

续表

项目序号	项目	内容	标准分	评分标准	评审情况	实得分
5.10.3.4	防毒、防化学伤害	地上布置的酸碱贮存设备周围应设耐酸、碱防护围沿，围沿内容积应大于最大一台酸、碱设备的容积。当围沿有排放沟池时，可适当减小其容积。酸、碱贮存区域内应设安全淋浴器。加氯系统应有泄氯报警装置。加氯间、联氨仓库及酸碱的浸漆室、电气和氯气吸收装置应符合要求。电气检修间的操作场所，生活污水处理站内有产生易燃、有毒、有害气体的场所，应设置通风及机械通风装置。氨罐储存区应有自动监测装置、报警装置、水喷淋系统、冲洗设施、安全信号指示器、逃生风向标等。应对汽机机油抗燃油建立管理制度，按规定回收。SF₆高压开关室及SF₆高压开关检修室应通风良好。				
5.10.3.5	高、低温伤害防护	长期有人值班场所、汽轮机机房、天车司机室、斗轮机、卸船机等机械设备的司机室等应安装空调等装置。异常高温、低温作业环境下的防护用品的发放应符合要求	10	高、低温伤害防护工作有不符合要求的，扣1分/项	评审对象：安全生产部、电力运行部。查评内容：管理制度、现场检查、劳保用品发放记录。查证情况：公司没有汽轮机房天车司机室、斗轮机、卸船机等机械设备的司机室。公司在中控室安装了空调。公司所处区域气温适宜，低温环境下作业环境发放发放进行防寒服。按照公司员工个人劳动防护用品的发放标准，运行人员发放了防寒服	10

续表

项目序号	项目	内容	标准分	评分标准	评审情况	实得分
5.10.3.6	辐射伤害防护	电离辐射工作室及放射源库防护设施应符合要求，管理制度健全	5	①未建立管理制度，不得分。②管理制度内容有缺失、防护设施有不符合要求的，扣1分/项。③射源管理不符合要求，不得分	评审对象：安全生产部、电力运行部。查评内容：管理制度、劳保用品及放射记录。查证情况：风电场未建立电离辐射工作室放射源库。问题：无电离辐射工作室风电机组检修作业方面的管理制度。扣分依据：未建立电离辐射工作室风电机组检修作业方面的管理制度，不得分。整改意见：建立电离辐射作业方面的管理制度，风电场申请外单位对风电机进行射线探伤	0

7.3.10.4　职业危害申报

项目序号	项目	内容	标准分	评分标准	评审情况	实得分
5.10.4.1	职业危害申报	企业应按规定，及时，如实向当地主管部门申报生产过程中存在的危害因素，并依法接受其监督	10	未按要求进行职业危害申报，不得分	评审对象：安全生产部。查评内容：职业危害申报。查证情况：公司2012年2月对风电场职业危害因素进行了检测，但尚未向当地有关部门进行职业危害申报。问题：未向当地主管部门申报职业危害。扣分依据：按照《职业病申报办法》（国家安监总局第48号），向当地主管部门申报生产过程中存在的职业危害因素，依法接受监督	0

7.3.11　应急救援

项目序号	项目	内容	标准分	评分标准	评审情况	实得分
5.11.1	应急管理与投入	加强应急规章体系建设，完善应急管理规章制度等各项工作。建立应急信息发布及应急投入保障机制，确保应急管理应急管理经费，确保应急管理和应急体系建设顺利实施	5	①未建立应急法规体系、未建立应急资金投入保障机制，无应急规章制度，应急信息发布和管理不得分。②应急管理规范，扣3分	评审对象：安全生产部、电力运行部、应急管理规章制度、应急资金投入保障体系建设。查证情况：公司制定了应对安全事故预案体系、按规定应急预案发布等各项工作；编制了应急预案体系，应急管理和应急体系建设。公司制定了安全投入管理制度，在该制度中明确应急管理和应急体系建设。应急管理经费能够确保电力应急体系建设投入保障机制，应急管理经费投入顺利实施	5

续表

项目序号	项目	内 容	标准分	评 分 标 准	评 审 情 况	实得分
5.11.2	应急机构和队伍	建立健全行政领导负责制的应急工作体系，成立应急领导小组以及相应应急工作机构，明确应急专业人员分工，并指定专门工作。安全生产应急管理加强应急专业化应急抢险救援队伍建设。企业应取得社会应急支援，必要时可与当地驻军、医院、消防队专业队伍签订应急支援协议	5	①未建立应急工作体系，不得分。②未建立应急抢险救援队伍，扣3分。③未签订应急支援协议，扣2分	评审对象：应急工作部、电力运行部。查评内容：应急工作体系、应急抢险救援队伍。查证情况：公司制定了应对安全事故预案体系，成立了领导小组，建立了应急领导小组办公室会议及应工作体系，设立了应急领导小组。明确了各应急管理机构的工作责任和分工。急处理现场指挥体系，明确应急工作责任和分工。公司成立了由总经理为队长的共10人的抢险救援队伍。公司积极和当地医院、消防支队加强联系，必要时取得社会应急支援，并与当地中医院签订了应急支援协议	5
5.11.3	应急预案	结合自身安全生产和应急管理工作实际情况，按照《关于印发〈电力突发事件应急演练导则（试行）〉等文件的通知》（电监安全〔2009〕22号）中的《电力企业应急预案编制导则（试行）》和《电力（试行）企业综合应急预案编制导则（试行）》文件规定，制定应急现场处置方案及应急预案备案，评审无不权限于附录B）。加强应急预案动态管理，评审备案，根据实际情况进行修订和完善，预案应当每三年至少修订一次，预案修订应当有详细记录	10	①未建立预案备案、评审制度，未制定本单位应急预案，不得分。②对照附录B，应急预案缺项的，扣1分/项。③未及时对预案备案、评审制度，扣2分。④未及时修订和完善，扣2分	评审对象：安全生产部、电力运行部。查评内容：应急预案、预案备案、评审制度。查证情况：公司根据三个导则，结合风电场安全生产情况编制完善了1个突发事件总预案，18个专项预案，13个现场处置方案。发署公司《应急预案管理》制度，上报制度。根据实际情况进行修订和完善。查看应动态管理，建立应急预案，评审制度。2013年11月对应急预案已经按要求进行修订。应急预案进行了修订，但未进行专家评审和未向地方电力监管机构备案。问题：应急预案未向有关部门评审、评审实际应急预案备案，但未进行专家评审和未向地方电力监管机构备案。扣分依据：未落实预案备案、评审制度，扣2分。根据《电力企业应急预案管理办法》。整改意见：按照《电力应急预案管理办法》（电监安全〔2009〕61号）中的规定，将应急预案报电力监管机构备案	8

续表

项目序号	项目	内　容	标准分	评　分　标　准	评　审　情　况	实得分
5.11.4	应急设施、装备、物资	根据本企业实际情况，建立与有关部门互联互通的应急平台和移动应急平台。接国家有关标准配备卫星通信、数字集群、短波电台等无线通信设备，并根据需要配备保密通信设备。加强应急物资和装备的维护管理，完善重要应急物资的储备、补充及紧急调拨、配送体系。	10	①未按要求配备无线通信设备，扣5分。②应急平台、应急物资和装备的维护管理不满足要求，扣5分。	评审对象：安全生产部、电力运行部。查评内容：通信设备、以及应急消防、气象、水利、地震等部门的电话联系，并定期上报有关信息。查证情况：公司建立与政府、应急物资台账。控制室配备了对讲机，设置了调度电话，主要岗位人员配备了手机，并要求24小时不关机。公司编制了应急设施、装备、物资等物资，配有防火、防汛等应急物资，但是现场查看应急物资和设备台账不符（缺少沙袋、头灯）。问题：应急物资和台账不符，应急平台、应急物资和装备的维护管理不满足要求，扣5分。整改意见：公司委按照《关于印发〈发电企业安全生产标准化规范及达标标准〉的通知》（电监安全〔2021〕23号）第5.11.4条条要求，做好应急物资和装备的维护管理。	5
5.11.5	应急培训	每年至少组织一次应急预案培训。电力企业应定期开展企业领导和管理人员应急管理能力培训以及重点岗位员工应急知识和技能及应急知识和技能培训。	5	①未按要求组织培训，不得分。②未按要求组织进行应急管理能力培训，扣2分。③未按要求组织应急知识和技能培训，扣3分。	评审对象：安全生产部、电力运行部。查评内容：应急预案培训培训记录、技能培训证书。查证情况：现场查看，公司领导、管理人员和运行人员加了于2013年8月16日防地震灾害培训，2014年6月11日的森林火灾应急救援应急预案培训。评审期应急管理人员参加了安全培训，培训内容包括应急管理能力培训。现场查看，评审期运行人员参加了登高作业、电工作业，培训内容有应急管理能力培训和技能培训。	5

续表

项目序号	项目	内　容	标准分	评　分　标　准	评　审　情　况	实得分
5.11.6	应急演练	对应急演练活动进行3~5年的整体规划，制定具体的年度应急演练工作计划，在5年内全部演练完毕。按照《关于印发〈电力突发事件应急演练导则（试行）〉的通知》（电监安全〔2009〕22号），要求开展实战演练（包括程序性和检验性应急演练）和桌面应急演练，并适时开展联合应急演练	10	①未制定规划、未进行演练，不得分。②规划内容和演练工作不符合要求、缺少演练记录，扣1分/项	评审对象：安全生产部、电力运行部。查评内容：应急演练规划、应急演练计划、应急预案演练记录。查证情况：查看《2013—2017年应急预案五年演练工作规划》，计划在5年内全部演练完毕。查看公司制定的《2014年应急演练计划》（电监安全〔2009〕22号）要求，开展突发事件应急演练、2014年4月30日开展应急演练，2014年2月26日开展了防火灾应急演练、防汛，2014年5月28日开展防汛实战演练，防强对流应急演练	10
5.11.7	监测预警	加强电力设备设施运行情况和状态的监测和预警。建立与气象、水利、林业、地震等部门沟通联系，及时获取各类应急信息。建立预警信息快速发布机制，采用多种有效途径和手段，及时发布预警信息	5	①未建立预警信息快速发布机制，不符合，扣2分。②应急信息不畅通、渠道不畅通，扣2分	评审对象：安全生产部、电力运行部。查评内容：巡检记录、风电机组维护记录。现场查看。查证情况：现场查看巡检进度记录、风机维护记录、风电机组风功率预测系统。公司能对设备设施运行情况进行监测。公司建有风功率预测系统，计算机OA管理系统，员工可通过OA、QQ群、手机短信等获取信息。公司和电网公司调度、气象、森林、消防部门、水利、地震调度会获得相应的外部监测和预警信息，内网方式接收和发布预警信息，并且由安全生产部通过公司电话和手机短信平台及各会议等多种快速渠道发布到各级人员，通信网络渠道畅通	5

续表

项目序号	项目	内　容	标准分	评分标准	评　审　情　况	实得分
5.11.8	应急响应与事故救援	按突发事件分级标准确定应急响应级别，应急启动，应急指挥，做好应急处置和现场应急救援工作。针对不同级别的响应，应做好应急资源调配等应急响应工作。当突发事件发生后，应急处置和事故救援。应急指挥部可批准结束应急响应，符合事故应急处理、生产秩序恢复、污染物处理、善后理赔、应急能力评估，对应急预案的评价和反馈处置工作	10	未确定应急响应分级原则和标准，发生突发事件后未按要求进行响应和救援，不得分	评审对象：安全生产部、电力运行部。查评内容：应对安全事故应预案体系，按照安全事故控制和现场处置和应急预案体系。查证情况：公司制定了应对可能波及的范围以及现场控制事件发生严重性、紧急程度和可能性别分为特别重大、重大、较大和一般四级。公司应急针对不同级别的响应，分别由公司总经理、副经理组织人，在最短应急响应的时间内布置各项应急实施工作并启动，做好应急响应工作。有关重大应急问题做出决策和布置，应急资源调配以控制以控制，消除环境污染和危害，由应急领导小组进行取证调查进行，并已为事故调查进行取证调查进行布控解除现场状态。公司负责组织安全生产事故的善后处置工作，尽快消除影响的影响和家属，消除事件危害，导致消除事进行污染，恢复生产或工程建设，组织重建建设、协调配合政府主管部门的事故调查，环境污染，进行评估、对整个事件造成的损失评估，进行评估工作。评审期间，公司未发生需启动应急预案的自然灾害、事故灾难、公共卫生事件，社会安全事件	10

7.3.12　信息报送和事故调查处理

项目序号	项目	内　容	标准分	评分标准	评　审　情　况	实得分
5.12.1	信息报送	建立电力安全生产和电力安全事件电力安全信息管理制度，落实向有关电力监管机构报送电力安全信息，电力安全信息报送做到准确、及时和完整	15	①未建立电力安全信息管理制度，未按规定报送电力安全信息，有上述任一项，不得分。②未落实信息报送工作或未明确责任人，信息报送工作有缺失，扣2分/项	评审对象：安全生产部、电力运行部。查评内容：安全信息管理制度、安全生产管理办法、安全生产管理办法、安全生产管理办法。查证情况：公司制定了电力安全信息管理制度、安全生产管理办法、安全生产管理办法，落实了公司负责人为信息报送责任人。公司能按规定向分公司报送电力安全信息，电力安全信息报送做到准确，2013年7月—2014年6月公司按规定，电力安全信息报送做到准确、及时和完整	15

续表

项目序号	项目	内 容	标准分	评 分 标 准	评 审 情 况	实得分
5.12.2	事故报告	电力企业发生事故后,应按规定及时向上级单位、地方政府有关部门和电力监督机构报告,并妥善保护现场及有关证据。	15	瞒报、谎报,不得分;迟报,扣2分/次。	评审对象:安全生产部、电力运行部。 查评内容:生产安全事故报告和调查处理暂行规定。 查证情况: 公司制定了《生产安全事故报告和调查处理暂行规定》,明确规定发生电力企业事故后,及时向有关部门报告,并妥善保护事故现场及有关证据。现场查阅2014年5月10日《公司安全月报》,评审期内该部门安全生产无事故、人员伤亡事故,不存在瞒报、谎报现象。	15
5.12.3	事故调查处理	电力企业发生事故后应按规定成立事故调查组,明确其职责和权限,进行事故调查或配合有关部门进行事故调查。事故调查应查明事故发生时间、经过、原因、人员伤亡情况及经济损失等,编制完成事故调查报告,认真落实事故整改措施,严肃处理相关责任人	10	①发生事故后,未按要求进行事故调查或成立事故调查组,未按规定处理,不得分。 ②事故调查处理未执行"四不放过"原则,扣5分。 ③落实整改措施,扣5分	评审对象:安全生产部。 查评内容:生产安全事故报告和调查处理暂行规定。 查证情况: 查阅公司制定的《生产安全事故报告和调查处理暂行规定》,制度对事故的报告、调查、统计、处理的及时性和规范性做出明确规定,明确其职责和权限,并要求事故后成立事故调查组或配合有关部门进行调查。 公司明确规定,事件发生后,各级人员应坚持"四不放过"原则,要求及时对事件进行应急处理,对安全行进行调查将事发生时间、经过、原因、人员伤亡事故报告中明确,委及时组织有关应急处理,填写事故报告及安全事件报告单。并认真落实整改措施,编写安全事故报告或安全事件报告中明确整改责任人和安全生产意见;判正行动措施必须必须严格处理细则实施。查阅公司安全月报,评审期间未发生相关类型安全事件	10

7.3.13　绩效评定和持续改进

项目序号	项目	内　容	标准分	评　分　标　准	评　审　情　况	实得分
5.13.1	建立机制	建立安全生产标准化绩效评定的管理制度，明确对安全生产目标完成情况、现场安全生产状况与标准化规范的落实情况、安全管理实施计划的测量与分析评估的方法、组织、周期、报告与分析评估出本企业的安全绩效应得出可量化的绩效指标。 制定本企业安全绩效评定实施细则，并认真贯彻执行	5	①未建立安全生产标准化绩效评定的管理制度，未制定本企业的安全绩效考评实施细则，有上述任一项，不得分。 ②管理制度内容不全面，扣 2 分	评审对象：安全生产部、电力运行部。 查评内容：安全生产标准化绩效评定制度与评定状况的符合性。 查证情况： 查阅公司安全标准化绩效评定管理制度，制度明确了对安全生产目标完成情况、现场安全生产状况与标准化规范的落实的测量评估的方法做出了规定，同时对绩效评估定周期、信息收集、准备、组织、过程、报告与分析和考核都做出了具体体现。 公司制定了绩效管理办法，查看个人收入明细表，绩效考核在月度与绩效奖中等具体规范执行。 问题：安全生产标准化绩效评定制度中缺少现场安全状况与标准化规范的符合性，管理制度内容不全面。 扣分依据：公司安评标准化规范及达标评审《关于收入》的通知（电监安全〔2011〕23号）5.13.1 条要求，完善安全生产标准化的管理制度	3

续有

项目序号	项目	内　　容	标准分	评　分　标　准	评　审　情　况	实得分
5.13.2	绩效评定	每年至少一次对本单位安全生产标准化的实施情况进行评定，验证各项安全生产制度措施的适宜性、充分性和有效性，检查安全生产工作目标、指标的完成情况，提出安全生产标准化的改进意见，形成年度评价报告。评价报告应以企业正式文件的形式下发，将结果和从业人员通报，所属单位向从业人员评审，作为年度评审的重要依据。安全生产标准化的评审结果要明确下列事项： ①系统运行效果。 ②出现的问题和缺陷，所采取的改进措施。 ③统计技术、信息技术等在系统中的使用和效果。 ④系统的使用情况和效果。 ⑤绩效监测系统的使用的适宜性及结果的准确性。 ⑥与相关方的关系	5	①未按期进行评定，不得分。 ②评定工作有缺陷，扣1分/项。	评审对象：安全生产部。 查评内容：绩效评定情况。 查证情况： 现场查看，公司已制定了标准化绩效评定管理制度。查看公司以文件下发的《2013年度安全工作总结》，总结中对安全生产标准化的实施情况，指标的完成情况，安全性评价总结，安全监督意见，并提出改进意见。安全生产监督发现的问题及改进情况。对主要经济指标完成情况，安全大检查标准化评审情况、电力生产为公司安全生产标准化自评的年度目标中缺少：统计技术、信息等在系统中使用情况，信息等在系统中使用情况。 发现的问题：评定工作有缺陷，扣1分。 整改意见：评定有缺陷，扣1分/项。 扣分依据：依据安全生产标准化的要求，信息等在系统中统计技术、信息技术，完善公司安全生产标准化在本年度评定报告中明确安全生产标准化的要求，信息等在系统中使用情况和效果，与相关方的关系等事项	3

续有

项目序号	项目	内　容	标准分	评　分　标　准	评　审　情　况	实得分
5.13.3	绩效改进	企业应根据安全生产标准化评定结果和安全预警指数系统，对安全生产目标与指标、规章制度、操作规程等进行修改完善，制定完善和改进措施，实施 PDCA 循环，不断提高安全绩效。 企业委对责任履行、系统运行、检查监控、隐患整改、考评等方面分析和查找出的问题由安全生产委员会或安全生产领导机构讨论提出纠正、预防的管理方案，并纳入下一周期的安全工作计划实施当中。	5	绩效改进未按要求执行，不得分	评审对象：安全生产部、电力运行部。 查评内容：绩效改进情况。 查证情况： 现场查看，公司能根据安全生产标准化自查评结果，补充完善安全生产制度 8 项，对应急预案、运行规程、检修规程等进行了补充完善，修订、对现场作业的设施设备进行了整改。同时对安全生产目标与指标和反措进行完善，制定完善安全生产标准化的工作计划和措施，不断提高安全绩效。 公司能按要求对系统运行、检查监控、隐患整改，各类检查发现的问题的整改情况，分析汇总，制定工作计划和措施，定期跟踪完成情况，不断提高安全绩效。公司每一季度召开一次安委会，每月召开安全分析会，对于安全生产上出现的各类较大问题，能够通过召开安委会提出整改意见，制定改进措施，并进行落实。公司对绩效评价提出的改进措施，委认真落实，改进措施，保证绩效落实到位	5
5.13.4	绩效考核	企业应根据绩效评价结果，对有关单位和岗位见奖惩	5	未见现奖惩，不得分	评审对象：安收入运行部、电力运行部。 查评内容：收入明细表、安全管理月度绩效考核表。 查证情况：查看公司安全标准化绩效管理制度，个人收入明细表，公司能按安全标准化绩效评定管理制度，根据绩效考核月度、年终奖惩各部门和岗位见现奖惩	5

7.4 评审发现问题整改措施及整改计划表

序号	项目序号	整改措施	计划完成时间/（年-月-日）	完成情况	检验部门/人员
5.1 目标					
1	5.1.2	公司2015年鉴订安全责任书时合理明确合组安全生产目标，完善班组安全生产保障措施；正确完善"四不伤害"的描述和保障措施	2015-01-01	未完成	
5.2 组织机构和职责					
2	5.2.2	电力运行部按照要求补充完善了部门的安全生产分析，增加了对上个月的安全生产实情况的分析。同时要求各部门在后续会议上，按照要求认真总结分析并做好记录	2014-09-05	已完成	
3		将积极鼓励支持相关人员的培训学习，争取在2016年底前有份安全管理人员取得注册安全工程师的资质	2016-12-30	未完成	
4	5.2.3	公司工作中按照第21号会第13条要求，进一步加强安全生产管理委员会（国务院国有资产的运行控制，过程督查、总结反馈、持续改进等管理过程	2014-09-05	已完成	
5.4 法律法规与安全管理制度					
5	5.4.1	已根据要求对公司的《安全生产隐患排查制度》《安全生产费用管理暂行办法》进行了修编完善	2014-12-20	已完成	
6		公司已按要求补充完善了电力运行部门应配备相关的管理标准	2014-10-25	已完成	
7	5.4.3	公司已按要求补充完善了运行值班班组所应配备相关的管理标准	2014-10-25	已完成	
8		公司已及时采购了《风力发电安全规程》(DL/T 797—2012)、《风力发电场运行规程》(DL/T 666—2012)，电力运行部、运行班组各留有一套上述规程，每位运行维护岗位人员也均配发到位	2014-09-30	已完成	

续表

序号	项目序号	整 改 措 施	计划完成时间 /（年-月-日）	完成情况	检验部门/人员
9	5.4.5	公司定期向上级公司报送安全周报、月报，并结合安全周报、月报内容要求建立不安全事件记录档案	2014-10-30	已完成	
5.5 教育培训					
10	5.5.4	已在后续工作中按要求开展外单位人员的安全告知以及安全规程的考试，外来单位人员经安全规程考试合格后方可开展工作	2014-08-25	已完成	
11	5.5.5	组织运行人员学习了《关于加强电力企业班组安全建设的指导意见》（电监安全〔2012〕28号），补充完善了2月、6月安全活动记录，组织运行人员开展电力安全事故学习，并形成详细记录	2014-09-05	已完成	
5.6 生产设备设施管理					
5.6.1 设备设施管理					
12	5.6.1.3	已按要求组织开展了风电场35kV系统电压异常、110kV大龙口升压站全失压、直流系统接地故障反事故演练，并认真记录，努力提高员工的安全素质和操作技能	2014-09-30	已完成	
13	5.6.1.4	在后续企业设备更换或重大检修工作中，已要求作业班组严格根据《发电企业设备检修导则》（DL/T 838—2003）第10.3.5.1条，《风力发电场检修规程》（DL/T 797—2012）第6.3.1条、认真编制作业指导书，明确作业过程中的工艺要求和质量要求，对重要环节或工序进行重点控制。对后续吊装作业要求落实三级验收，并在吊装过程中做好签证工作	2014-08-25	已完成	
14		已对工作票中存在的问题进行了原因分析，组织运行人员学习了公司工作票管理制度，明确了工作票办理过程中相关规范要求及注意事项，同时利用电力运行每月开展类似工作票过程合格率统计，并上墙公示，及时发现问题并进行整改，切实真规范落实工作票制度	2014-09-30	已完成	

续表

序号	项目序号	整改措施	计划完成时间/(年-月-日)	完成情况	检验部门/人员
15	5.6.1.5	已根据《电力技术监督导则》(DL/T 1051—2015)第5.4.7条的要求，补充开展了2013年年度技术监督工作总结，认真分析该年度技术监督工作方面存在的问题，提出日后开展此项工作的技术要点和发展方向	2014-12-15	已完成	
16	5.6.1.6	根据可靠性管理中心的统一安排，及时组织安排相关人员参加可靠性管理的培训取证	2015-12-30	未完成	
5.6.3　设备设施安全					
17		公司按照年度停电检修计划，在8月25日至8月28日设备检修期间，对2号主变压器油温、绕组温度显示不准数据进行了分析，对测温装置进行了校验，更换了2号主变压器绕组、油温温度控制器及后台数字式显示仪，目前2号主变压器绕组、油温温度显示正常。同时对1号主变压器绕组、油温测温装置也按要求进行了校验	2014-08-30	已完成	
18	5.6.3.2	公司按照年度停电检修计划，在8月25日至8月28日设备检修期间，已根据作业指导书对风电场升压站继电保护装置，包括保护定值校验，整组传动校验等交流采样定值校验，保护定值校验等	2014-08-30	已完成	
19		已制定空气开关专人管理责任制，落实到人；在2015年度定检预校验时对直流系统电屏与风电场空气负荷开关小开关匹配进行校验	2015-08-30	未完成	
20	5.6.3.9	已补充制定了公司的总体安全策略及网络安全策略，应用系统安全策略，设备安全策略等信息管理标准，并设专人针对公司信息网络系统路由器、交换机、服务器、邮件系统、数据库、域名系统、安全设备、密钥系数、交换机口、用户账号、IP地址、服务机端口、服务器端口等网络资源进行管理	2014-12-01	已完成	

续表

序号	项目序号	整 改 措 施	计划完成时间 /（年-月-日）	完成情况	检验部门/人员
5.6.4	设备设施风险控制				
5.6.4.1	电气设备及系统风险控制				
21	5.6.4.1.3	公司按照年度停电检修计划，在 8 月 25 日至 8 月 28 日设备检修期间，已委托云南电力技术有限责任公司完成各室内 110kV GIS 设备微水检测，并对 SF$_6$ 密度继电器进行了校验	2014-08-30	已完成	
22	5.6.4.1.4	已按要求对末端变压器箱体与接地局重新进行了搭接，搭接长度更改为扁钢宽度的 2 倍，并在焊接点处涂刷防锈漆	2014-10-20	已完成	
23	5.6.4.1.5	在户外 35kV 区域适当位置以及 110kV 主变压器区域适当位置悬挂试验绝缘子串，于 2015 年进行盐密检测	2015-06-30	未完成	
24	5.6.4.1.6	公司积极联系所辖区域调相关人员，及时给定了本站设备继电保护整定计算。公司所辖设备的继电保护整定计算书，调度所发定值通知单均严格按接线编制、校核、审核，批准后下发流程执行	2014-11-20	已完成	
25	5.6.4.1.7	主变压器厂家人员已到现场对主变压器事故排油阀门结构进行了更改，取消了之前固定排油口上所固定的堵板，并排油口改为朝下，及时组织运行人员对 110kV 升压站内事故油池内积水抽净，并对其余油池内淤泥、垃圾等进行清理	2014-08-30	已完成	
5.6.4.7	风力发电设备及系统风险控制				
26	5.6.4.7.1	根据《风电机组巡检管理规定》，每月按照要求对风电机组导电机、变频器内母排、并网接触器、自用变压器等用红外线测温仪进行了温度检测，并做好了相关记录；同时每日值中通过动力电缆连接处采用红外线测温仪进行定期对机舱内环境温度、齿轮箱油温及发电机温度等进行监测	2014-11-30	已完成	
27		2015 年雷雨季节前联系相关资质单位对风电机组防雷接地电阻进行测试	2015-06-30	未完成	

续表

序号	项目序号	整改措施	计划完成时间/（年-月-日）	完成情况	检验部门/人员
28	5.6.4.7.2	联系具有相关资质的检测单位按要求定期对风电机组基础水平度进行检测	2015-03-31	未完成	
29		联系具有相关资质的检测单位按要求定期对风电机组塔筒垂直度进行检测	2015-03-31	未完成	
5.6.5 设备设施防汛防灾					
30	5.6.5.4	已联系设计院对风电场升压站内建筑物基础沉降情况进行检测	2015-03-31	已完成	
5.7 作业安全					
5.7.1 生产现场管理					
31	5.7.1.1	2015年雷雨季节前联系具备防雷检测资质单位对生活楼、设备室、升压站设备以及场区箱变、风电机组防雷接地装置进行检测	2015-06-30	未完成	
32	5.7.1.2	已在110kV GIS室直爬梯处加装焊接了防护笼，保护人身安全，以防发生高处坠落	2014-12-30	已完成	
33	5.7.1.3	已及时对1号消防泵外壳加装了接地线，从动力配电箱空余电源端子处单独引线至应急照明灯具，目前水泵房应急照明灯良好	2014-09-15	已完成	
34		已接要求对继电保护室动力配电箱外壳进行了接地连接，110kV升压站主变修电源端子处单独引线	2014-11-10	已完成	
35	5.7.1.5	已接要求对继电保护室动力配电箱与箱变修电源箱进行了可靠连接，确保主变修电源箱门接地良好	2014-09-15	已完成	
5.7.2 作业行为管理					
36	5.7.2.1	已将防坠器（安全带）送往楚雄滇中实业有限公司进行了检测并完成注册备案，以后每2年进行1次检测	2014-11-30	已完成	
37	5.7.2.2	2014年8月对GIS室内单梁起重机进行了检测	2014-11-30	已完成	

续表

序号	项目序号	整改措施	计划完成时间/（年-月-日）	完成情况	检验部门/人员
38	5.7.2.5	已将手枪电钻和手提式加热吹风机送往建煤滇中实业有限公司进行了检验	2014-11-30	已完成	
39	5.7.2.6	已根据《危险化学品管理条例》（中华人民共和国国务院令第591号）要求，将 SF₆ 气瓶单独放置，并将3号仓库中的设备备品配件、劳保物资、少量油漆等进行了分类摆放	2014-08-05	已完成	
40	5.7.2.7	已按照《电力工程电缆设计规范》（GB 50217—2007）第5.3要求对35kV尖山梁子集电线路敷设不到位部分整改为直埋方式	2014-09-30	已完成	
41		已用防火泥对10kV SVG 功率柜电缆封堵缺口处及35kV I 回线 5-1-1 号出线电缆底部进行了封堵	2014-09-30	已完成	
42	5.7.2.9	已针对山体滑坡、泥石流、冰雪特殊天气，编制了《恶劣天气行车安全管理制度》	2014-10-15	已完成	
5.7.3	标志标识				
43		已在35kV集电线路梅家山、尖山梁子铁塔处安装的箱变高压侧离开关操作把手上悬挂了设备名称编号标示牌	2014-10-20	已完成	
44		已在1号、2号消防泵进、出水阀门处设置了阀门名称标志牌	2014-10-20	已完成	
45	5.7.3.1	在35kV集电线路梅家山、尖山梁子铁塔爬梯处补充增设了"禁止攀登、高压危险"的安全警示牌	2014-10-20	已完成	
46		在风电场入口处已设置了限高行驶警示牌，在升压站入口处根据要求补充设置了限制高度的禁止标志牌	2014-10-20	已完成	

续表

序号	项目序号	整改措施	计划完成时间/(年-月-日)	完成情况	检验部门/人员
5.7.4	相关方安全管理				
47	5.7.4.2	已建立和补充了合格相关方的名录和档案，明确相关方责质等	2014-12-30	已完成	
48	5.7.4.3	在后续的工作中接受未加强相关方人员的安全管理，做好相关方入场考试、安全交底及责质审查，并留存好相关记录材料	2014-08-25	已完成	
5.8	隐患排查和治理				
49	5.8.2	已对风电机组塔筒底部盖板松动的紧栓进行了重新紧固处理，并对风电场其他风电机组塔筒内各盖固定紧栓进行了检查和紧固	2014-09-30	已完成	
50		针对2013年11月所排查出的隐患根据安全等级和相应治理情况进行了登记建档工作	2014-10-20	已完成	
51	5.8.4	GIS室风扇电源回路故障进行处理后运行正常稳定，根据要求对治理情况进行了评估	2014-09-30	已完成	
5.10	职业健康				
5.10.1	职业健康管理				
52	5.10.1.2	已采购了两套正压式呼吸器，并放置于中控室指定位置，同时也可供GIS室发生气体泄露时的紧急使用	2014-12-30	已完成	
53		已采购了两套正压式呼吸器，并放置于中控室指定位置	2014-10-30	已完成	

续表

序号	项目序号	整 改 措 施	计划完成时间（年-月-日）	完成情况	检验部门/人员
5.10.2	职业危害告知和警示				
54	5.10.2.2	结合 SF₆ 气体的物理和化学性质、危害性和相应安全预防措施，已根据要求增设了 SF₆ 警示说明牌，并悬挂于 110kV GIS 室入口处	2014-10-20	已完成	
5.10.3	职业健康防护				
55	5.10.3.6	建立对机组检修过程中申请外部单位对风机进行射线探伤作业方面的管理制度	2014-11-10	未完成	
5.10.4	职业危害申报				
56	5.10.4.1	积极与当地主管部门通联系，2015 年 7 月底前完成向其申报公司生产过程中存在的职业危害因素	2015-07-30	未完成	
5.11	应急救援				
57	5.11.3	公司应急预案已编制，将与当地有关部门进行沟通联系，根据其意见或建议对现有应急预案进行修编完善，2015 年 7 月份前完成评审备案工作	2015-11-30	未完成	
58	5.11.5	对仓库存的应急物资重新进行了分类整理，补充采购了头灯、沙袋、防沉沙、救援担架等应急物资，并对应急物资完善了台账	2014-11-05	已完成	
5.13	绩效评定和持续改进				
59	5.13.1	已建立了公司《安全生产标准化绩效评价管理制度》，根据现场实际情况逐步细化完善	2014-11-10	已完成	
60	5.13.2	将于 2014 年年底进行公司年度安全工作评价总结时，根据现场实际实施情况进行客观综合的评定	2014-12-25	未完成	

编委会办公室

主　任　胡昌支　陈东明

副主任　王春学　李　莉

成　员　殷海军　丁　琪　高丽霄　王　梅

　　　　邹　昱　张秀娟　汤何美子　王　惠

本书编辑出版人员名单

封面设计　芦　博　李　菲

版式设计　黄云燕

责任排版　吴建军　郭会东　孙　静　丁英玲　聂彦环

责任校对　张　莉　梁晓静　张伟娜　黄　梅　曹　敏

　　　　　吴翠翠　杨文佳

责任印制　刘志明　崔志强　帅　丹　孙长福　王　凌